U0338206

向为创建中国卫星导航事业

并使之立于世界最前列而做出卓越贡献的北斗功臣们

致以深深的敬意!

"十三五"国家重点出版物
出版规划项目

卫星导航工程技术丛书

主　编　杨元喜
副主编　蔚保国

卫星导航终端测试系统原理与应用

Principle and Application of Satellite Navigation Terminal Test System

李隽　陈锡春　叶红军　编著

国防工业出版社
·北京·

内容简介

本书系统介绍了卫星导航终端测试系统的发展建设情况，详细阐述了卫星导航终端测试知识及室内测试、室外测试、抗干扰测试等系统建设技术。全书共11章，内容包括导航终端测试理论与方法、卫星导航终端软件仿真与测试系统、北斗导航终端室内测试系统、多模导航终端测试评估系统、室内无线抗干扰测试环境、室外测试系统、导航信号模拟器、导航终端测试方法、测试系统标校等。

本书基于作者多年的北斗卫星导航终端测试技术研究和工程建设经验，汇聚了该领域长期积累的宝贵技术成果，对我国从事卫星导航终端研发及测试的工程技术人员有较高的参考价值，亦可作为高等院校师生进行导航终端测试知识学习和相关研究工作的参考书。

图书在版编目(CIP)数据

卫星导航终端测试系统原理与应用 / 李隽，陈锡春，叶红军编著. — 北京 : 国防工业出版社，2021.3
(卫星导航工程技术丛书)
ISBN 978 - 7 - 118 - 12092 - 9

Ⅰ. ①卫… Ⅱ. ①李… ②陈… ③叶… Ⅲ. ①卫星导航 - 终端设备 - 测试 Ⅳ. ①TN967.1

中国版本图书馆 CIP 数据核字(2020)第137260号

审图号 GS(2020)4410号

※

国防工业出版社出版发行
(北京市海淀区紫竹院南路23号　邮政编码100048)
天津嘉恒印务有限公司印刷
新华书店经售

*

开本 710×1000　1/16　**插页** 8　**印张** 18½　**字数** 342千字
2021年3月第1版第1次印刷　**印数** 1—2000册　**定价** 128.00元

国防书店：(010)88540777　　书店传真：(010)88540776
发行业务：(010)88540717　　发行传真：(010)88540762

孙家栋院士为本套丛书致辞

探索中国北斗自主创新之路
凝练卫星导航工程技术之果

当今世界，卫星导航系统覆盖全球，应用服务广泛渗透，科技影响如日中天。

我国卫星导航事业从北斗一号工程开始到北斗三号工程，已经走过了二十六个春秋。在长达四分之一世纪的艰辛发展历程中，北斗卫星导航系统从无到有，从小到大，从弱到强，从区域到全球，从单一星座到高中轨混合星座，从 RDSS 到 RNSS，从定位授时到位置报告，从差分增强到精密单点定位，从星地站间组网到星间链路组网，不断演进和升级，形成了包括卫星导航及其增强系统的研究规划、研制生产、测试运行及产业化应用的综合体系，培养造就了一支高水平、高素质的专业人才队伍，为我国卫星导航事业的蓬勃发展奠定了坚实基础。

如今北斗已开启全球时代，打造"天上好用，地上用好"的自主卫星导航系统任务已初步实现，我国卫星导航事业也已跻身于国际先进水平，领域专家们认为有必要对以往的工作进行回顾和总结，将积累的工程技术、管理成果进行系统的梳理、凝练和提高，以利再战，同时也有必要充分利用前期积累的成果指导工程研制、系统应用和人才培养，因此决定撰写一套卫星导航工程技术丛书，为国家导航事业，也为参与者留下宝贵的知识财富和经验积淀。

在各位北斗专家及国防工业出版社的共同努力下，历经八年时间，这套导航丛书终于得以顺利出版。这是一件十分可喜可贺的大事！丛书展示了从北斗二号到北斗三号的历史性跨越，体系完整，理论与工程实践相结合，突出北斗卫星导航自主创新精神，注意与国际先进技术融合与接轨，展现了“中国的北斗，世界的北斗，一流的北斗”之大气！每一本书都是作者亲身工作成果的凝练和升华，相信能够为相关领域的发展和人才培养做出贡献。

“只要你管这件事，就要认认真真负责到底。”这是中国航天界的习惯，也是本套丛书作者的特点。我与丛书作者多有相识与共事，深知他们在北斗卫星导航科研和工程实践中取得了巨大成就，并积累了丰富经验。现在他们又在百忙之中牺牲休息时间来著书立说，继续弘扬“自主创新、开放融合、万众一心、追求卓越”的北斗精神，力争在学术出版界再现北斗的光辉形象，为北斗事业的后续发展鼎力相助，为导航技术的代代相传添砖加瓦。为他们喝彩！更由衷地感谢他们的巨大付出！由这些科研骨干潜心写成的著作，内蓄十足的含金量！我相信这套丛书一定具有鲜明的中国北斗特色，一定经得起时间的考验。

我一辈子都在航天战线工作，虽然已年逾九旬，但仍愿为北斗卫星导航事业的发展而思考和实践。人才培养是我国科技发展第一要事，令人欣慰的是，这套丛书非常及时地全面总结了中国北斗卫星导航的工程经验、理论方法、技术成果，可谓承前启后，必将有助于我国卫星导航系统的推广应用以及人才培养。我推荐从事这方面工作的科研人员以及在校师生都能读好这套丛书，它一定能给你启发和帮助，有助于你的进步与成长，从而为我国全球北斗卫星导航事业又好又快发展做出更多更大的贡献。

2020 年 8 月

祝贺卫星导航工程技术丛书

圆满出版

杨元喜

于 2019 年第十届中国卫星导航年会期间题词。

期待卫星导航工程技术丛书

助力中国北斗系统发展

周承芝

于 2019 年第十届中国卫星导航年会期间题词。

卫星导航工程技术丛书
编审委员会

卫星导航工程技术丛书
编写委员会

丛书序

宇宙浩瀚、海洋无际、大漠无垠、丛林层密、山峦叠嶂，这就是我们生活的空间，这就是我们探索的远方。我在何处？我之去向？这是我们每天都必须面对的问题。从原始人巡游狩猎、航行海洋，到近代人周游世界、遨游太空，无一不需要定位和导航。

正如《北斗赋》所描述，乘舟而惑，不知东西，见斗则寤矣。又戒之，瀚海识途，昼则观日，夜则观星矣。我们的祖先不仅为后人指明了“昼观日，夜观星”的天文导航法，而且还发明了“司南”或“指南针”定向法。我们为祖先的聪颖智慧而自豪，但是又不得不面临新的定位、导航与授时（PNT）需求。信息化社会、智能化建设、智慧城市、数字地球、物联网、大数据等，无一不需要统一时间、空间信息的支持。为顺应新的需求，“卫星导航”应运而生。

卫星导航始于美国子午仪系统，成形于美国的全球定位系统（GPS）和俄罗斯的全球卫星导航系统（GLONASS），发展于中国的北斗卫星导航系统（BDS）（简称“北斗系统”）和欧盟的伽利略卫星导航系统（简称“Galileo 系统”），补充于印度及日本的区域卫星导航系统。卫星导航系统是时间、空间信息服务的基础设施，是国防建设和国家经济建设的基础设施，也是政治大国、经济强国、科技强国的基本象征。

中国的北斗系统不仅是我国 PNT 体系的重要基础设施，也是国家经济、科技与社会发展的重要标志，是改革开放的重要成果之一。北斗系统不仅“标新”“立异”，而且“特色”鲜明。标新于设计（混合星座、信号调制、云平台运控、星间链路、全球报文通信等），立异于功能（一体化星基增强、嵌入式精密单点定位、嵌入式全球搜救等服务），特色于应用（报文通信、精密位置服务等）。标新立异和特色服务是北斗系统的立身之本，也是北斗系统推广应用的基础。

2020 年 6 月 23 日，北斗系统最后一颗卫星发射升空，标志着中国北斗全球卫星导航系统卫星组网完成；2020 年 7 月 31 日，北斗系统正式向全球用户开通服务，标志着中国北斗全球卫星导航系统进入运行维护阶段。为了全面反映中国北斗系统建设成果,同时也为了推进北斗系统的广泛应用,我们紧跟北斗工程的成功进展,组织北斗系统建设的部分技术骨干,撰写了卫星导航工程技术丛书,系统地描述北斗系统的最新发展、创新设计和特色应用成果。丛书共 26 个分册,分别介绍如下:

卫星导航定位遵循几何交会原理,但又涉及无线电信号传输的大气物理特性以及卫星动力学效应。《卫星导航定位原理》全面阐述卫星导航定位的基本概念和基本原理,侧重卫星导航概念描述和理论论述,包括北斗系统的卫星无线电测定业务(RDSS)原理、卫星无线电导航业务(RNSS)原理、北斗三频信号最优组合、精密定轨与时间同步、精密定位模型和自主导航理论与算法等。其中北斗三频信号最优组合、自适应卫星轨道测定、自主定轨理论与方法、自适应导航定位等均是作者团队近年来的研究成果。此外,该书第一次较详细地描述了“综合 PNT”、“微 PNT”和“弹性 PNT”基本框架,这些都可望成为未来 PNT 的主要发展方向。

北斗系统由空间段、地面运行控制系统和用户段三部分构成,其中空间段的组网卫星是系统建设最关键的核心组成部分。《北斗导航卫星》描述我国北斗导航卫星研制历程及其取得的成果,论述导航卫星环境和任务要求、导航卫星总体设计、导航卫星平台、卫星有效载荷和星间链路等内容,并对未来卫星导航系统和关键技术的发展进行展望,特色的载荷、特色的功能设计、特色的组网,成就了特色的北斗导航卫星星座。

卫星导航信号的连续可用是卫星导航系统的根本要求。《北斗导航卫星可靠性工程》描述北斗导航卫星在工程研制中的系列可靠性研究成果和经验。围绕高可靠性、高可用性,论述导航卫星及星座的可靠性定性定量要求、可靠性设计、可靠性建模与分析等,侧重描述可靠性指标论证和分解、星座及卫星可用性设计、中断及可用性分析、可靠性试验、可靠性专项实施等内容。围绕导航卫星批量研制,分析可靠性工作的特殊性,介绍工艺可靠性、过程故障模式及其影响、贮存可靠性、备份星论证等批产可靠性保证技术内容。

卫星导航系统的运行与服务需要精密的时间同步和高精度的卫星轨道支持。《卫星导航时间同步与精密定轨》侧重描述北斗导航卫星高精度时间同步与精密定轨相关理论与方法,包括:相对论框架下时间比对基本原理、星地/站间各种时间比对技术及误差分析、高精度钟差预报方法、常规状态下导航卫星轨道精密测定与预报等;围绕北斗系统独有的技术体制和运行服务特点,详细论述星地无线电双向时间比对、地球静止轨道/倾斜地球同步轨道/中圆地球轨道(GEO/IGSO/MEO)混合星座精密定轨及轨道快速恢复、基于星间链路的时间同步与精密定轨、多源数据系统性偏差综合解算等前沿技术与方法；同时，从系统信息生成者角度，给出用户使用北斗卫星导航电文的具体建议。

北斗卫星发射与早期轨道段测控、长期运行段卫星及星座高效测控是北斗卫星发射组网、补网，系统连续、稳定、可靠运行与服务的核心要素之一。《导航星座测控管理系统》详细描述北斗系统的卫星/星座测控管理总体设计、系列关键技术及其解决途径，如测控系统总体设计、地面测控网总体设计、基于轨道参数偏置的 MEO 和 IGSO 卫星摄动补偿方法、MEO 卫星轨道构型重构控制评价指标体系及优化方案、分布式数据中心设计方法、数据一体化存储与多级共享自动迁移设计等。

波束测量是卫星测控的重要创新技术。《卫星导航数字多波束测量系统》阐述数字波束形成与扩频测量传输深度融合机理，梳理数字多波束多星测量技术体制的最新成果，包括全分散式数字多波束测量装备体系架构、单站系统对多星的高效测量管理技术、数字波束时延概念、数字多波束时延综合处理方法、收发链路波束时延误差控制、数字波束时延在线精确标校管理等，描述复杂星座时空测量的地面基准确定、恒相位中心多波束动态优化算法、多波束相位中心恒定解决方案、数字波束合成条件下高精度星地链路测量、数字多波束测量系统性能测试方法等。

工程测试是北斗系统建设与应用的重要环节。《卫星导航系统工程测试技术》结合我国北斗三号工程建设中的重大测试、联试及试验，成体系地介绍卫星导航系统工程的测试评估技术，既包括卫星导航工程的卫星、地面运行控制、应用三大组成部分的测试技术及系统间大型测试与试验，也包括工程测试中的组织管理、基础理论和时延测量等关键技术。其中星地对接试验、卫星在轨测试技术、地面运行控制系统测试等内容都是我国北斗三号工程建设的实践成果。

卫星之间的星间链路体系是北斗三号卫星导航系统的重要标志之一，为北斗系统的全球服务奠定了坚实基础，也为构建未来天基信息网络提供了技术支撑。《卫星导航系统星间链路测量与通信原理》介绍卫星导航系统星间链路测量通信概念、理论与方法，论述星间链路在星历预报、卫星之间数据传输、动态无线组网、卫星导航系统性能提升等方面的重要作用，反映了我国全球卫星导航系统星间链路测量通信技术的最新成果。

自主导航技术是保证北斗地面系统应对突发灾难事件、可靠维持系统常规服务性能的重要手段。《北斗导航卫星自主导航原理与方法》详细介绍了自主导航的基本理论、星座自主定轨与时间同步技术、卫星自主完好性监测技术等自主导航关键技术及解决方法。内容既有理论分析,也有仿真和实测数据验证。其中在自主时空基准维持、自主定轨与时间同步算法设计等方面的研究成果,反映了北斗自主导航理论和工程应用方面的新进展。

卫星导航"完好性"是安全导航定位的核心指标之一。《卫星导航系统完好性原理与方法》全面阐述系统基本完好性监测、接收机自主完好性监测、星基增强系统完好性监测、地基增强系统完好性监测、卫星自主完好性监测等原理和方法,重点介绍相应的系统方案设计、监测处理方法、算法原理、完好性性能保证等内容,详细描述我国北斗系统完好性设计与实现技术,如基于地面运行控制系统的基本完好性的监测体系、顾及卫星自主完好性的监测体系、系统基本完好性和用户端有机结合的监测体系、完好性性能测试评估方法等。

时间是卫星导航的基础,也是卫星导航服务的重要内容。《时间基准与授时服务》从时间的概念形成开始:阐述从古代到现代人类关于时间的基本认识,时间频率的理论形成、技术发展、工程应用及未来前景等;介绍早期的牛顿绝对时空观、现代的爱因斯坦相对时空观及以霍金为代表的宇宙学时空观等;总结梳理各类时空观的内涵、特点、关系,重点分析相对论框架下的常用理论时标,并给出相互转换关系;重点阐述针对我国北斗系统的时间频率体系研究、体制设计、工程应用等关键问题,特别对时间频率与卫星导航系统地面、卫星、用户等各部分之间的密切关系进行了较深入的理论分析。

卫星导航系统本质上是一种高精度的时间频率测量系统,通过对时间信号的测量实现精密测距,进而实现高精度的定位、导航和授时服务。《卫星导航精密时间传递系统及应用》以卫星导航系统中的时间为切入点,全面系统地阐述卫星导航系统中的高精度时间传递技术,包括卫星导航授时技术、星地时间传递技术、卫星双向时间传递技术、光纤时间频率传递技术、卫星共视时间传递技术,以及时间传递技术在多个领域中的应用案例。

空间导航信号是连接导航卫星、地面运行控制系统和用户之间的纽带,其质量的好坏直接关系到全球卫星导航系统(GNSS)的定位、测速和授时性能。《GNSS 空间信号质量监测评估》从卫星导航系统地面运行控制和测试角度出发,介绍导航信号生成、空间传播、接收处理等环节的数学模型,并从时域、频域、测量域、调制域和相关域监测评估等方面,系统描述工程实现算法,分析实测数据,重点阐述低失真接收、交替采样、信号重构与监测评估等关键技术,最后对空间信号质量监测评估系统体系结构、工作原理、工作模式等进行论述,同时对空间信号质量监测评估应用实践进行总结。

北斗系统地面运行控制系统建设与维护是一项极其复杂的工程。地面运行控制系统的仿真测试与模拟训练是北斗系统建设的重要支撑。《卫星导航地面运行控制系统仿真测试与模拟训练技术》详细阐述地面运行控制系统主要业务的仿真测试理论与方法，系统分析全球主要卫星导航系统地面控制段的功能组成及特点，描述地面控制段一整套仿真测试理论和方法，包括卫星导航数学建模与仿真方法、仿真模型的有效性验证方法、虚-实结合的仿真测试方法、面向协议测试的通用接口仿真方法、复杂仿真系统的开放式体系架构设计方法等。最后分析了地面运行控制系统操作人员岗前培训对训练环境和训练设备的需求，提出利用仿真系统支持地面操作人员岗前培训的技术和具体实施方法。

卫星导航信号严重受制于地球空间电离层延迟的影响，利用该影响可实现电离层变化的精细监测，进而提升卫星导航电离层延迟修正效果。《卫星导航电离层建模与应用》结合北斗系统建设和应用需求，重点论述了北斗系统广播电离层延迟及区域增强电离层延迟改正模型、码偏差处理方法及电离层模型精化与电离层变化监测等内容，主要包括北斗全球广播电离层时延改正模型、北斗全球卫星导航差分码偏差处理方法、面向我国低纬地区的北斗区域增强电离层延迟修正模型、卫星导航全球广播电离层模型改进、卫星导航全球与区域电离层延迟精确建模、卫星导航电离层层析反演及扰动探测方法、卫星导航定位电离层时延修正的典型方法等，体系化地阐述和总结了北斗系统电离层建模的理论、方法与应用成果及特色。

卫星导航终端是卫星导航系统服务的端点，也是体现系统服务性能的重要载体，所以卫星导航终端本身必须具备良好的性能。《卫星导航终端测试系统原理与应用》详细介绍并分析卫星导航终端测试系统的分类和实现原理，包括卫星导航终端的室内测试、室外测试、抗干扰测试等系统的构成和实现方法以及我国第一个大型室外导航终端测试环境的设计技术，并详述各种测试系统的工程实践技术，形成卫星导航终端测试系统理论研究和工程应用的较完整体系。

卫星导航系统 PNT 服务的精度、完好性、连续性、可用性是系统的关键指标，而卫星导航系统必然存在卫星轨道误差、钟差以及信号大气传播误差，需要增强系统来提高服务精度和完好性等关键指标。卫星导航增强系统是有效削弱大多数系统误差的重要手段。《卫星导航增强系统原理与应用》根据国际民航组织有关全球卫星导航系统服务的标准和操作规范，详细阐述了卫星导航系统的星基增强系统、地基增强系统、空基增强系统以及差分系统和低轨移动卫星导航增强系统的原理与应用。

与卫星导航增强系统原理相似，实时动态（RTK）定位也采用差分定位原理削弱各类系统误差的影响。《GNSS 网络 RTK 技术原理与工程应用》侧重介绍网络 RTK 技术原理和工作模式。结合北斗系统发展应用，详细分析网络 RTK 定位模型和各类误差特性以及处理方法、基于基准站的大气延迟和整周模糊度估计与北斗三频模糊度快速固定算法等，论述空间相关误差区域建模原理、基准站双差模糊度转换为非差模糊度相关技术途径以及基准站双差和非差一体化定位方法，综合介绍网络 RTK 技术在测绘、精准农业、变形监测等方面的应用。

GNSS 精密单点定位（PPP）技术是在卫星导航增强原理和 RTK 原理的基础上发展起来的精密定位技术，PPP 方法一经提出即得到同行的极大关注。《GNSS 精密单点定位理论方法及其应用》是国内第一本全面系统论述 GNSS 精密单点定位理论、模型、技术方法和应用的学术专著。该书从非差观测方程出发，推导并建立 BDS/GNSS 单频、双频、三频及多频 PPP 的函数模型和随机模型，详细讨论非差观测数据预处理及各类误差处理策略、缩短 PPP 收敛时间的系列创新模型和技术，介绍 PPP 质量控制与质量评估方法、PPP 整周模糊度解算理论和方法，包括基于原始观测模型的北斗三频载波相位小数偏差的分离、估计和外推问题，以及利用连续运行参考站网增强 PPP 的概念和方法，阐述实时精密单点定位的关键技术和典型应用。

GNSS 信号到达地表产生多路径延迟，是 GNSS 导航定位的主要误差源之一，反过来可以估计地表介质特征，即 GNSS 反射测量。《GNSS 反射测量原理与应用》详细、全面地介绍全球卫星导航系统反射测量原理、方法及应用，包括 GNSS 反射信号特征、多路径反射测量、干涉模式技术、多普勒时延图、空基 GNSS 反射测量理论、海洋遥感、水文遥感、植被遥感和冰川遥感等，其中利用 BDS/GNSS 反射测量估计海平面变化、海面风场、有效波高、积雪变化、土壤湿度、冻土变化和植被生长量等内容都是作者的最新研究成果。

伪卫星定位系统是卫星导航系统的重要补充和增强手段。《GNSS 伪卫星定位系统原理与应用》首先系统总结国际上伪卫星定位系统发展的历程，进而系统描述北斗伪卫星导航系统的应用需求和相关理论方法，涵盖信号传输与多路径效应、测量误差模型等多个方面，系统描述 GNSS 伪卫星定位系统（中国伽利略测试场测试型伪卫星）、自组网伪卫星系统（Locata 伪卫星和转发式伪卫星）、GNSS 伪卫星增强系统（闭环同步伪卫星和非同步伪卫星）等体系结构、组网与高精度时间同步技术、测量与定位方法等，系统总结 GNSS 伪卫星在各个领域的成功应用案例，包括测绘、工业控制、军事导航和 GNSS 测试试验等，充分体现出 GNSS 伪卫星的“高精度、高完好性、高连续性和高可用性”的应用特性和应用趋势。

GNSS 存在易受干扰和欺骗的缺点，但若与惯性导航系统（INS）组合，则能发挥两者的优势，提高导航系统的综合性能。《高精度 GNSS/INS 组合定位及测姿技术》系统描述北斗卫星导航/惯性导航相结合的组合定位基础理论、关键技术以及工程实践，重点阐述不同方式组合定位的基本原理、误差建模、关键技术以及工程实践等，并将组合定位与高精度定位相互融合，依托移动测绘车组合定位系统进行典型设计，然后详细介绍组合定位系统的多种应用。

未来 PNT 应用需求逐渐呈现出多样化的特征，单一导航源在可用性、连续性和稳健性方面通常不能全面满足需求，多源信息融合能够实现不同导航源的优势互补，提升 PNT 服务的连续性和可靠性。《多源融合导航技术及其演进》系统分析现有主要导航手段的特点、多源融合导航终端的总体构架、多源导航信息时空基准统一方法、导航源质量评估与故障检测方法、多源融合导航场景感知技术、多源融合数据处理方法等，依托车辆的室内外无缝定位应用进行典型设计，探讨多源融合导航技术未来发展趋势，以及多源融合导航在 PNT 体系中的作用和地位等。

卫星导航系统是典型的军民两用系统，一定程度上改变了人类的生产、生活和斗争方式。《卫星导航系统典型应用》从定位服务、位置报告、导航服务、授时服务和军事应用 5 个维度系统阐述卫星导航系统的应用范例。“天上好用，地上用好”，北斗卫星导航系统只有服务于国计民生，才能产生价值。

海洋定位、导航、授时、报文通信以及搜救是北斗系统对海事应用的重要特色贡献。《北斗卫星导航系统海事应用》梳理分析国际海事组织、国际电信联盟、国际海事无线电技术委员会等相关国际组织发布的 GNSS 在海事领域应用的相关技术标准，详细阐述全球海上遇险与安全系统、船舶自动识别系统、船舶动态监控系统、船舶远程识别与跟踪系统以及海事增强系统等的工作原理及在海事导航领域的具体应用。

将卫星导航技术应用于民用航空，并满足飞行安全性对导航完好性的严格要求，其核心是卫星导航增强技术。未来的全球卫星导航系统将呈现多个星座共同运行的局面，每个星座均向民航用户提供至少 2 个频率的导航信号。双频多星座卫星导航增强技术已经成为国际民航下一代航空运输系统的核心技术。《民用航空卫星导航增强新技术与应用》系统阐述多星座卫星导航系统的运行概念、先进接收机自主完好性监测技术、双频多星座星基增强技术、双频多星座地基增强技术和实时精密定位技术等的原理和方法,介绍双频多星座卫星导航系统在民航领域应用的关键技术、算法实现和应用实施等。

本丛书全面反映了我国北斗系统建设工程的主要成就,包括导航定位原理,工程实现技术,卫星平台和各类载荷技术,信号传输与处理理论及技术,用户定位、导航、授时处理技术等。各分册:虽有侧重,但又相互衔接;虽自成体系,又避免大量重复。整套丛书力求理论严密、方法实用,工程建设内容力求系统,应用领域力求全面,适合从事卫星导航工程建设、科研与教学人员学习参考,同时也为从事北斗系统应用研究和开发的广大科技人员提供技术借鉴,从而为建成更加完善的北斗综合 PNT 体系做出贡献。

最后,让我们从中国科技发展史的角度,来评价编撰和出版本丛书的深远意义,那就是:将中国卫星导航事业发展的重要的里程碑式的阶段永远地铭刻在历史的丰碑上!

杨元喜

2020 年 8 月

前言

卫星导航系统作为高精度的空间位置和时间基准，能够直接为地球表面和近地空间的广大用户提供全天时、全天候、高精度的定位、导航与授时服务，是当今国民经济、社会发展和国防建设的重要空间信息基础设施。

卫星导航系统一般由空间段卫星星座、地面运行与控制系统和用户终端组成。空间段导航卫星虽然是系统中最为关键和核心的部分，但用户终端才是用户接受北斗服务的最终装备，因此用户终端的研发和建设历来被视为导航应用的“重中之重”。

我国研发和应用 GPS 及北斗导航终端的厂商有上千家之多，但是大多数规模小、经验少，对于导航终端的测试认证了解不多，对于研发和测试导航终端的测试系统知之甚少。这一方面制约了研发和应用卫星导航终端的水平，另一方面也使部分质量不佳的终端产品流入了市场，造成市场混乱与用户的损失。有鉴于此，作者集中团队成员十多年从事北斗卫星导航终端测试技术研究及测试系统建设经验编写此书，希望能够为我国从事卫星导航终端研发和应用的技术人员提供一个参考。如果还能够有利于卫星导航应用产业的规范与发展，则是作者团队成员们共同的心愿。

卫星导航终端测试系统几乎是与卫星导航终端同时诞生的，但是由于其处于应用的后台，长期没有专门的著作对其进行说明，即便是对卫星导航系统进行整体描述的图书，也往往对其一带而过，甚至避而不谈。国内外相关论文发表数量也明显少于其他卫星导航技术。与之对照的是卫星导航终端技术，特别是接收机设计，几乎是所有卫星导航图书必然会重点阐述的单元。但仅仅了解导航终端技术是不足以保证就能够开发出高质量的用户终端的，测试系统及其测试技术是开发高质量导航终端的必要保障。随着终端研发人员与系统测试人员认识的不断深入，近年来也出现了一些导航终端测试系统及技术相关的图书，为困顿中的终端研发人员带来了一丝甘霖。

本书与其他同类书籍的典型不同是，本书侧重导航终端测试系统及方法的说明，依据本书说明，能够帮助导航终端开发与应用方快速找到自己的解决方案，根据本书描述的系统体系、应用方式、测试方法，能够支持读者实现导航终端测试与试验。本书特别关注了北斗导航终端的测试系统建设及测试技术发展，着重描述北斗系统特有的 RDSS 终端测试方法、阵列抗干扰终端测试方法等，对北斗系统终端应用推广具有重要意义。

本书所述内容的研究工作得到了国家重点研发计划（2016YFB0502100）资助。

本书的编写主要由 3 位作者完成：李隽负责第 1、5、6、11 章撰写；陈锡春负责第 2、4、9、10 章撰写；叶红军负责第 3、7、8 章撰写。在本书编写过程中还得到了许多专家和领导的支持和指点，其中：北京卫星导航中心王礼亮高工对本书的章节编排提出了宝贵建议，并对第 10 章“测试系统标校”的编写给予了无私的指导；中国电子科技集团公司第五十四研究所王绪宁、黄建生高工分别对第 3、8、11 等章节贡献了很多智慧，贾诗雨对书稿进行了校对。在此一并表示感谢。

限于我们的水平和经验，书中可能还存在缺点和不足，希望广大读者批评指正。

作者

2020 年 8 月

目 录

第1章 绪　论

1.1 导航终端测试技术概述

近年来以全球定位系统(GPS)为代表的全球卫星导航定位系统,在众多导航定位应用中体现出其成熟性和卓越性能,但其也存在一些不足之处,例如在系统完好性监测、区域高精度服务、高抗干扰性服务等方面,尚不能满足所有用户需求。为全面提升卫星导航定位应用服务水平,世界上一些国家、地区和组织正在纷纷建立自主的卫星导航定位系统,例如欧盟的 Galileo 卫星导航系统、我国的北斗卫星导航系统以及印度区域卫星导航系统等。我国北斗区域卫星导航系统已于 2013 年底正式建成投入运行。北斗全球卫星导航系统也于 2020 年建成运行。随着北斗卫星导航系统的广泛应用,陆、海、空、天不同用户的各种类型卫星导航终端设备应用数量也在快速增长。

卫星导航正在从 GPS 时代向全球卫星导航系统(GNSS)时代转变,形成 GPS、Galileo 系统、GLONASS 和 BDS,以及各区域导航及增强卫星系统多模式综合应用的局面。未来很长一段时间内,将会多种系统并存,通过对 GPS、BDS、GLONASS、Galileo系统信号的组合利用,可以提高导航终端定位精度和可靠性,并进一步提升终端定位连续性和可用性,使用户摆脱对单一导航星座的依赖。GNSS 在可用性、连续性和完备性等方面的保障将远比任何单一卫星导航定位系统要好得多。已有研究表明,Galileo 系统与 GPS 配合使用可大幅提高导航卫星的可用性,使单一的 GPS 市区可用性从 55% 提高到 GPS/Galileo 系统共用时的 95%[1]。但是在 GNSS 用户受益的同时,也势必将提高导航终端设计的难度和复杂度,也对 GNSS 导航终端的性能指标及其测评技术提出了更高的要求,特别是在多系统兼容和互操作性方面。

国务院在 2016 年 6 月发布了《北斗卫星导航系统白皮书》,预计到 2020 年,国内导航产业总体规模将超过 4000 亿元,北斗在重要领域应用达到 80% 以上,并具备较强的国际竞争力,这体现了我国政府对发展导航终端与应用和推广北斗产业的巨大决心[2]。推动多模卫星导航终端规范化、标准化发展,已经成为促进卫星导航应用健康、有序地发展的突出问题。在全球卫星导航系统国际委员会(ICG)和国际电信联盟(ITU)的合作框架下,协调发展各卫星导航定位系统,以使世界各卫星导航系统之间实现发播信号的兼容与互操作,使所有用户都能享受到卫星导航系统建设和技术发展的成果,已经成为各国发展 GNSS 产业的共识。ICG 是联合国的一个非正式机构,成立于2006年,其目的是推进民用卫星定位、导航、授时和增值服务,协调解决各种全球卫星导航系统的兼容性问题,促进各国在GNSS领域的合作与发展[3]。

2017年,北斗系统已经广泛应用于我国交通、海事、电力、民政、气象、渔业、测绘、矿产、公安、农业、林业、国土、水利、金融等十几个行业领域,各类国产北斗终端产品累计超过4000万台(套),包括智能手机在内的采用北斗兼容芯片的终端产品社会用户总保有量接近5亿台(套)[4]。

目前卫星导航终端品种多样、功能用途不一,科学测试已成为推进和加快卫星导航应用的重要技术环节。为满足导航终端的多方位需求,规范终端的性能指标,建立多模卫星导航终端测试规范,科学全面地评价多模卫星导航终端的各项性能指标已成为我国卫星导航领域亟须解决的问题。

建立多模卫星导航终端的测试标准,目前各国还处在一个起步阶段。对不同功能、不同类型的多模卫星导航终端指标规范不统一,测试评估理论和方法多样,缺乏系统性且不够全面,我国相关系列标准也在制定之中。为推进多模卫星导航终端的开发与测试,欧洲在2000年就启动开展多模测试场建设项目,当前已经建成了德国Galileo测试环境(GATE),和位于意大利罗马的Galileo测试场(GTR)。GATE测试场在德国慕尼黑附近的山区,依靠6颗伪卫星、两个监测站和控制中心组成的室外无线测试环境,可以对GPS、Galileo系统多模兼容导航终端进行试验和测试,当前GATE系统测试精度已经达到4m[5]。除依托外场对导航终端进行测试外,欧洲的Spirent、IFEN等多家公司已经开发了GPS、GLONASS、Galileo系统、BDS多模兼容的导航信号模拟器,能够在室内环境下支持多模导航终端的开发与测试。

伴随着20多年来北斗卫星导航系统建设与应用推广,我国也有一些研究机构在卫星导航终端测试方面开展了长期研究,并已取得了一些研究成果、形成了一些产品,积累了丰富的经验,但在多模卫星导航终端测试系统研究方面尚未形成体系。2013年中国伽利略测试场(CGTR)建设完成,它既可以在室内通过无线环境对卫星导航终端进行精确的测试与评估,也可以在室外环境下对导航终端进行测试验证,这在很大程度上弥补了我国在多模卫星导航终端开发、测试、试验环境方面的不足[6]。

国际卫星导航终端测试系统及技术的发展,是伴随着GPS卫星导航应用而做大做强的。我国卫星导航终端测试系统及技术的发展,也与北斗卫星导航系统应用推广密切相关。随着北斗区域卫星导航系统开始提供卫星无线电导航业务(RNSS)导航定位服务信号,北斗卫星导航终端不再受到系统用户数量的限制,各类北斗导航应用系统及终端产业也开始快速发展。

对于卫星导航终端的用户及设备供应商,只有经过完备、权威的测试鉴定,生产和投放市场的终端设备才是可靠、可用的装备。因此,社会对卫星导航终端测试的准确性、全面性、权威性、标准化提出了越来越严格的要求。而由于已应用于各领域中的导航终端种类繁多,功能指标各异,接口不统一,使得终端测试在功能、性能、可靠

性等方面常常出现测试不全面、评估不准确等一系列问题。

通过发展卫星导航终端测试技术,可以支撑各类导航终端测试系统的开发与应用,支持导航终端测试评估标准化工作,进而可以对导航终端进行全面、准确、标准的测试,保证其性能符合相应的技术规范,保证卫星导航应用系统能够正常、可靠和稳定的运行。

1.2　导航终端测试系统发展历程

国外导航测试研究起步较早,建设导航测试评估系统基本与导航系统建设相一致,GPS 终端测试经过长时间的发展积累了大量技术及工程经验,对提升其导航武器装备水平作用巨大。国外从事卫星导航终端模拟测试系统生产的厂商主要包括英国的 Spirent 公司,美国的 Aeroflex 公司、Agilent 公司、Litepoint 公司,德国的 IFEN 公司,芬兰的 Naviva 公司等。

如图 1.1 所示,早先国外厂商的模拟测试系统以 GPS 为主,随着各大卫星导航系统的民用信号向着兼容互操作的方向发展,当前的模拟测试系统已经越来越多的支持多系统 GNSS 导航信号模拟测试服务[2]。这些测试系统为国外卫星导航终端设备的开发和测试提供了良好的测试环境,极大地推进了卫星导航系统应用的推广。

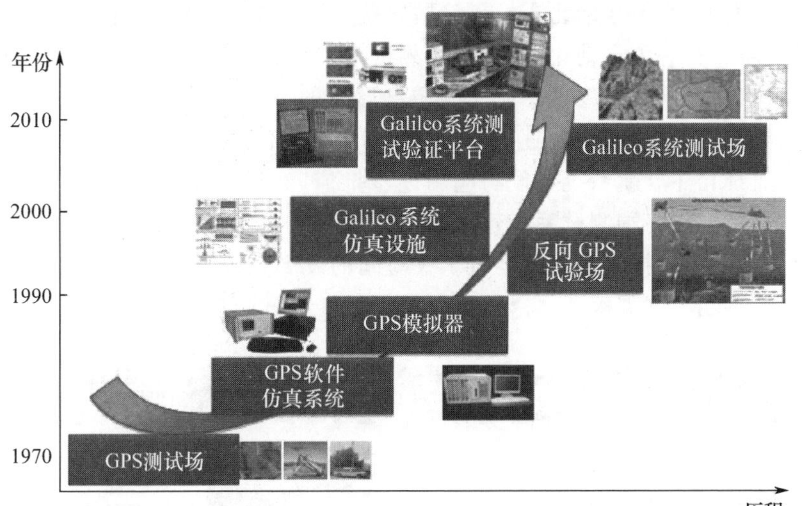

图 1.1　国际卫星导航测试技术发展历程图

国内卫星导航终端测试技术起步较晚,相较于国外技术发展存在不小差距。早期的北斗导航设备测试系统脱胎于我国原有的“卫星地面站自动测试系统”,其起步时间甚至先于卫星导航终端的发展。

卫星地面站是负责处理各类卫星业务的地球站的总称。由于卫星地面站种类多、设备庞杂、对无人值守要求高，因而伴随着20世纪八九十年代我国卫星事业的发展，卫星地面站自动测试系统研发也逐步得到了国家支持。卫星地面站自动测试系统(图1.2)，采用“通用化、标准化、模块化”的设计原则，较好地实现了对地面站装备的自动测试功能。

图1.2　卫星地面站自动测试系统

随着我国1995年开始北斗一号卫星导航系统建设，以及随后的导航终端应用发展，也提出需要有一种自动化、标准化的测试系统来满足卫星导航终端的入网测试要求。因此，相关工业厂商逐步在航天领域已形成的卫星地面站自动测试系统的基础上，通过不断升级、改造、发展，逐步形成了具有中国特色的卫星导航终端测试系统。

之后随着北斗导航系统建设与应用逐步推广，经过了20多年的发展，我国也开展了多种卫星导航终端测试系统建设，研发了各类卫星导航终端测试仪表，如图1.3所示，相关测试评估技术及装备经过了长时间的发展和积累，逐步开始满足国内日趋复杂的导航终端测试需求。

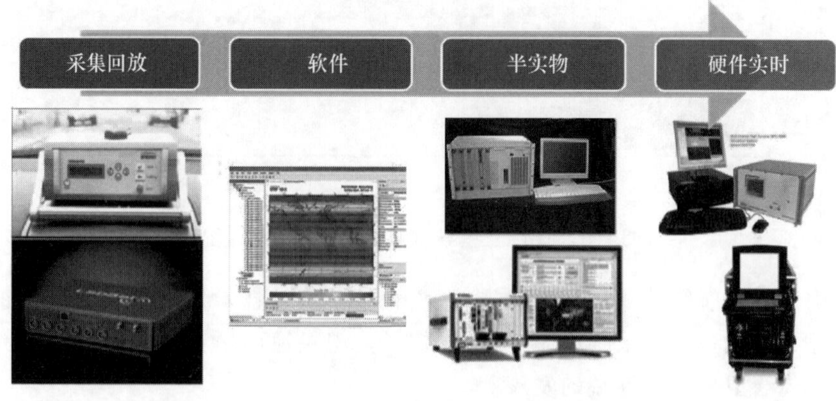

图1.3　国内卫星导航测试技术发展历程图

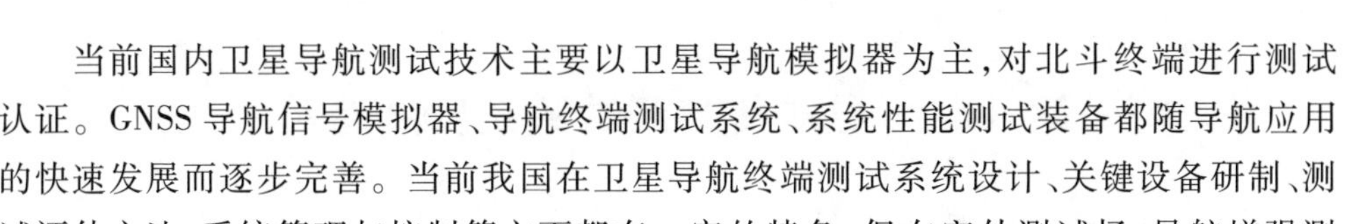

当前国内卫星导航测试技术主要以卫星导航模拟器为主，对北斗终端进行测试认证。GNSS导航信号模拟器、导航终端测试系统、系统性能测试装备都随导航应用的快速发展而逐步完善。当前我国在卫星导航终端测试系统设计、关键设备研制、测试评估方法、系统管理与控制等方面都有一定的特色；但在室外测试场、导航增强测试系统等基础建设方面仍落后于国外。

1.3 发展导航终端测试系统意义

在北斗系统建设和导航应用发展的驱动下，以北斗导航终端为核心的卫星导航应用产业蓬勃发展，当前国内参与到导航终端研制、生产、应用的单位已达上万家，形成了产品多样化、产量规模化、产地分散化的北斗应用产业发展格局[6]。与此同时，北斗应用主管部门要求各类北斗导航终端必须通过入网检测，以确保导航终端不对北斗卫星系统造成危害、不因质量问题影响北斗应用效果；与我国卫星导航产业发展格局相协调的导航终端检测能力可支撑卫星导航应用产业健康有序发展和确保主管部门相关要求有效落实[7]。

GNSS以其全天候、高精度、自动化、高效率等显著特点及其所独具的定位导航、授时校频、精密测量等多方面的强大功能使其用途越来越广泛。国内外卫星导航系统建设和应用产业的发展，使各国越来越认识到卫星导航终端测试系统的重要性。无论是GPS，还是Galileo系统，都研发了大量仿真、分析、测试、试验验证设备与系统。

相比单一的卫星导航终端，多模卫星导航终端在定位精度、完好性、可用性、连续性等方面都有所改善。我国是卫星导航定位应用大国，卫星导航的应用市场广阔，导航终端是卫星导航产业链中最重要部分。特别是随着北斗全球卫星导航系统的建设与应用推广，亟须开展与多模导航终端性能测试、校准及检定等相关技术研究与系统建设，推动多模导航终端测试系统的应用进步和产业化。

随着多模导航终端的用户需求日益广泛，其性能要求也将日益细化，开展多模导航终端测试系统方面的研究，具有重大应用前景和实用价值。

导航终端测试系统研究的意义包括：

(1) 更加全面地保障系统工程建设任务的实施，为北斗全球卫星导航系统的工程建设奠定测试技术基础。

(2) 更加全面地提升卫星导航测试水平和综合试验验证能力，健全我国卫星导航测试装备的型谱体系。

(3) 更加全面地满足北斗导航终端、芯片和应用系统研发与测试需求，为我国北斗卫星导航应用产业的健康发展保驾护航。

(4) 更好地为我国卫星导航系统培养测试技术专业人才，形成若干测试领域的技术领军团队。

1.4 导航终端测试系统发展趋势

1.4.1 完好性测试将成为热点

完好性是表征卫星导航系统服务有效性能力的重要指标，当前卫星导航系统完好性研究主要从3方面入手[8]。①从导航接收机入手：利用卫星导航接收机获取的冗余导航信号信息，以及载体上的其他辅助信息(如气压表、惯导等)，来实现卫星导航服务性能故障的实时监测与排除，这种方法称为接收机自主完好性。②从外部增强系统入手：通过在地面设置信号监测站，实时监测空间导航卫星信号发播状况，然后广播给特定用户。美国的广域增强系统(WAAS)和局域增强系统(LASS)都是常见的外部增强系统。③从导航系统自身运行入手：为保证每个导航卫星能够正常运行，导航系统的运行控制段有全球分布的导航卫星发播信号监测站，可以进行一定的完好性监测，但由于站点少，注入等待时间长等原因，存在用户获得告警时间较长的问题。当前这些应用主要服务于对安全性要求很高的民用航空用户和军事用户，随着自动驾驶汽车、无人机等新兴应用发展，完好性将成为比导航精度更重要的导航终端应用指标。

当前，外部辅助完好性实现方案是通过在地面设置完好性监测站，实时监测GNSS卫星导航服务状况，经处理中心分析评估后，形成增强信息广播给导航终端用户。美国提出的WASS和LAAS是两种常见的外部增强系统，它们分别支持广域差分和局域差分技术来实现不同区域、不同完好性指标的增强信息发布。已有部分航空导航终端支持这两类完好性增强信息，但针对完好性增强终端及系统的测试、评估环境建设还是空白，这是一项非常必要同时又十分迫切的工作。

1.4.2 组合导航终端测试需求越来越迫切

在组合导航领域中，惯性导航系统(INS)有着短期连续性好、长期有累积误差的特点，GNSS有着误差不随时间、距离累积的优点，因此两者的互补性很强，一直是高端导航终端技术研究领域中的热点。将INS和GNSS组合应用，不仅可以充分发挥其各自优势，而且能取长补短提高用户服务的导航精度和可靠性[9]。

当前，组合导航终端已经越来越多的应用在各种行业应用中，甚至手机中亦有其应用。随着耦合程度的加深，组合后终端的总体性能要远优于各自独立服务能力，这就要求测试平台要能够同时对卫星导航信号和惯性运动特性进行模拟。特别是要将其准确地结合起来，才能满足对终端的测试需求，而这两种模拟本身属于无线电信号模拟和机械运动模拟两个范畴，因此对测试系统的研发能力提出了很高的跨域设计要求。随着融合了微惯导和微原子钟的组合导航微定位、导航与授时(PNT)终端的研发应用，对该类测试系统的需求已经越来越迫切，同时这类跨域融合的测试系统对

于组合导航技术的研究也具有十分重要的意义。

1.4.3　多源融合导航终端的测试需求已经出现

未来的导航终端将越来越体现出多源融合的特性，其导航信息将不会仅来自于导航卫星信号，而是会融合入惯性、通信辅助、光学等多种信息源实现综合的定位导航能力。如何实现如此多源的信息模拟与测试，是当前终端测试系统工程师所面临的新挑战。

以卫星导航系统与装备技术国家重点实验室承担的国家“十三五”重点研发计划项目“室内混合智能定位与室内地理信息系统（GIS）技术”为例，其开发的室内导航终端就是一款融合了 GNSS 卫星导航、伪卫星定位、微机电系统（MEMS）航迹推算、图像匹配定位等多种手段的综合导航定位终端。未来的导航终端将越来越多的属于这种复合型终端，对这类终端的测试技术是一个需要持续、深入研究的课题。

1.5　本书内容说明

令人遗憾的是，卫星导航终端测试系统当前并没有一个统一的系统架构，能够将各类导航终端测试系统从原理、组成到实现、应用统一起来。因此本书的内容系统性有所欠缺、稍显零散，为便于读者查询掌握，特编制卫星导航终端测试系统分析图（图 1.4）统领本书所有内容。

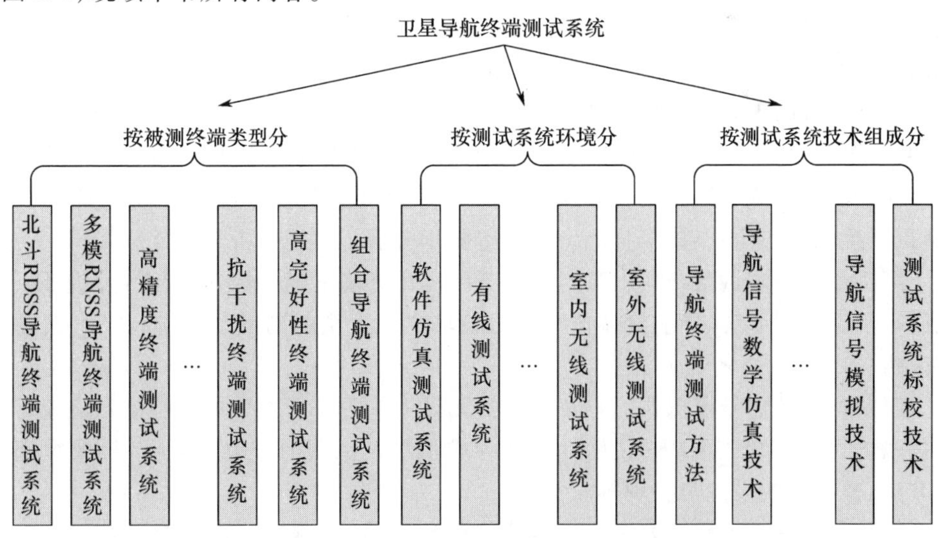

图 1.4　卫星导航终端测试系统分析图

如图 1.4 所示，按照被测终端类型不同，卫星导航终端测试系统分为北斗 RDSS 导航终端测试系统、多模 RNSS 导航终端测试系统、高精度终端测试系统、抗干扰终端测试系统、高完好性终端测试系统、组合导航终端测试系统等；按照测试系统环境不同可分为软件仿真测试系统、有线测试系统、室内无线测试系统、室外无线测试系统等;按照测试系统技术组成分为导航终端测试方法、导航信号数学仿真技术、导航信号模拟技术、测试系统标校技术等。

本书共包含 11 章内容,全部围绕卫星导航终端测试评估技术研究和系统建设方法展开,但限于作者水平与全书篇幅难以囊括卫星导航终端测试系统的所有类别及所有技术,读者可以对照图 1.4 来理解相关内容在导航终端测试系统中的作用。

第 1 章绪论。本章对导航终端测试技术的发展历史、发展情况进行了综述,阐述了导航终端测试系统研发与应用的意义,给出了导航终端测试系统的发展趋势预计,是全书内容的铺垫。

第 2 章导航终端测试理论与方法。本章从导航终端应用需求出发,详细分析了多模卫星导航终端的测试与评估体系、典型参数测试等理论与方法,有针对性地研究了卫星导航终端指标评估技术和多模卫星导航终端测试评估技术。

第 3 章卫星导航终端软件仿真与测试系统。本章对多模导航终端测试与评估仿真系统进行了设计,研究测试与评估仿真系统的卫星轨道、电离层、对流层、卫星钟误差等多种模型,并给出了软件仿真测试结果。

第 4 章北斗导航终端室内测试系统。本章针对北斗导航终端的测试要求,全面分析研究了导航终端室内测试系统的测试任务、工作模式、内外接口、可扩展性,给出了详细的系统组成方案。

第 5 章多模导航终端测试评估系统。本章针对多模卫星导航终端的测试评估要求,给出了多模卫星导航终端测试评估平台的设计方案,开展了多模卫星导航终端测试与评估方法研究,给出了试验结果与相关数据分析结果。

第 6 章室内无线抗干扰测试环境。本章针对新型抗干扰卫星导航终端的测试需求,基于室内暗室无线测试环境,给出了适用于具有抗干扰自适应波束合成能力的导航终端的测试系统建设方案,同时也对与之相关的干扰与抗干扰技术、复杂电磁环境分析、干扰建模与仿真、抗干扰能力评估等技术开展了详细分析与研究。

第 7 章室外测试系统。本章对室外无线测试环境下,导航终端静态检测系统、导航终端动态检测系统、导航终端抗干扰试验场 3 种类型的测试系统进行了方案设计与说明。

第 8 章导航信号模拟器。本章对各类测试系统中应用的卫星导航信号模拟器相关技术进行了详细地介绍与说明。包括导航信号模拟器的分类、导航信号模拟理论与方法、模拟器的设计与实现等。

第 9 章导航终端测试方法。本章从北斗 RDSS 信号测试、北斗 RNSS 信号测试和差分定位定向测试等 3 个类别全面给出了各种导航终端项目的测试方法,这些测试方法适用于前面各章的各种测试系统。

第 10 章测试系统标校。本章针对测试系统中需要标校的链路衰减、链路时延、模拟器零值、模拟器功率、入站导航终端零值、入站导航终端功率、时间间隔测量、秒

脉冲(PPS)链路等信息,给出详细的标校方法,并介绍了自动化监测校准系统的建设方法。

第 11 章导航终端测试系统展望。本章对全书内容进行了总结,并对后续导航终端测试评估的发展给出了建议,展望了该领域后续的发展趋势。

参考文献

[1] 曹阳,朱小虎. 多模增强型卫星导航接收机芯片的机遇与挑战[J]. 中国集成电路,2007,9(1):64-66, 82.

[2] 石磊. 北斗卫星应用产品认证测试系统的研究[D]. 成都:电子科技大学, 2016.

[3] 陈飚.联合国全球卫星导航系统国际委员会第十三届大会在西安召开[EB/OL]. (2018-11-05)[2019-12-30]. http://www.beidou.gov.cn/yw/xwzx/201811/t20181105_16473.html.

[4] 中国卫星导航定位协会咨询中心. 2018 中国卫星导航与位置服务产业发展白皮书[R]. 北京:中国卫星导航定位协会,2018.

[5] WOLF R,THALHAMMER M,HEIN G W. GATE-The German Galileo test environment[C]//Proceeding of the 16th International Technical Meeting of the Satellite Division of The Institute of Navigation(ION GPS/GNSS 2003),Portland,OR,September,2003:1009-1015.

[6] "中国伽利略测试认证环境"项目启动会在京召开[EB/OL]. (2005-10-19)[2019-12-30]. http://finance.sina.com.cn/Chanjing/b/20051019/1533355790.shtml.

[7] 李腾,王礼亮,杨勇,等. 卫星导航终端批量测试系统设计[J]. 导航定位学报, 2016, 4(2):75-80.

[8] 宋美娟,唐荣龙. 北斗卫星导航系统完好性性能测试方法与分析[J]. 北京测绘,2015,24(1):93, 109-113.

[9] 黄汛,高启孝,李安,等. INS/GPS 超紧耦合技术研究现状及展望[J]. 飞航导弹,2009,39(4):42-47.

第2章　导航终端测试理论与方法

本章在导航终端测试指标的基础上,通过对导航终端测试系统的体系设计及需求分析,用于指导后续各类终端的具体测试系统建设。

2.1　卫星导航终端应用需求概述

国际卫星导航技术和产业飞速发展,应用水平不断提高,其应用载体——卫星导航终端的技术和产品形态也在不断演进。卫星导航终端已经发展多年,经过技术的不断进步,其演变过程经过从“板卡”式到“现场可编程门阵列(FPGA)+数字信号处理器(DSP)”式硬件架构,再发展到当前的模块化、芯片化形态[1],未来还将逐步代码化,融入通信、雷达、自动控制等各种业务芯片中。

本节在分析各个应用类型导航终端需求特点的基础上,研究各个应用类型对卫星导航终端性能的“定性”需求,为确定卫星导航终端测试评估的基本指标体系奠定基础和依据。

1）车载型终端应用需求

车载终端是目前应用最为广泛的一种,其技术牵涉到通信、导航、GIS、自动控制、计算机以及系统集成和复杂的软件系统等诸多行业。

普通型车载导航终端比较关心的是导航终端首次定位时间和接收信号灵敏度,用户普遍希望车辆一启动,导航终端即给出准确的定位结果,并立刻给出到达目的地的道路规划。这要求导航终端在城市/树荫道路条件下,也需要具有良好的信号跟踪性能,这类用户对定位精度、测速精度方面的指标要求相对并不高。

2）手持型终端应用需求

手持型导航终端常常与电子地图配合使用,向用户提供所在点的位置、目的地距离、方位等服务,由于需要手持携带使用,用户普遍对导航终端体积、重量、功耗和接收信号灵敏度要求高,但对导航定位精度要求一般不高。此类导航终端功能简单,但要求人机交互性能好、成本低、使用方便。近年来,高灵敏度成为手持型导航终端又一个重要的发展趋势。

3）大地测量型终端应用需求

传统大地测量工作采用卫星导航终端开展作业后,已经大大减轻了测绘人员的工作强度,提高了工作效率。大地测量业务目前是高精度导航终端的一种最主要应

用形式，测绘专业人员对大地测量型终端的定位精度要求比较高，但是动态性能的要求相对较低，该类终端一般采用载波相位差分定位，对导航终端的伪码测距和载波相位测距精度都有很高要求。当前这类终端也在扩展一些应用领域，例如将这类终端应用于星载定轨应用中，这种应用对该导航终端的高动态环境性能提出了较高要求。

4）航海型终端应用需求

按照航路类型划分航海导航，可以分为五大类：远洋导航终端、海岸导航终端、港口进近导航终端、内河导航终端和湖泊导航终端。航海型导航终端都需要向用户提供位置、航速、航向和时间信息，支持包括海图航迹显示。当终端应用于港口进港引导时，用户对导航终端的精度要求高，一般需要采用差分 GNSS 或其他增强技术；因此航海型终端应用具有车载型和大地测量型两方面的特点。

5）航空型应用

卫星导航在航空领域中已得到广泛应用，涉及洋区空域航路、内陆空域航路、终端区导引、进场/着陆、机场场面监视和管理、特殊区域导航，如农业、林业等方方面面。航空中的导航应用极少出现陆地应用中的信号遮挡造成强度衰减现象，除飞机进场/着陆场合（不考虑该场合）外，定位精度需求不高，但可能涉及定位定向测试。

卫星导航终端作为应用系统的一个位置信息“传感”单元，在实际应用中，往往只关心整机性能。卫星导航终端的最主要的性能指标有首次定位时间、灵敏度、定位精度、测速精度、重新捕获时间等，这些指标也是卫星导航终端测试评估技术和平台关注的主要内容。上面 5 种类型导航终端性能需求总结如表 2.1 所列。

表 2.1　多模导航终端指标测试需求表

类型	灵敏度	首次定位时间	定位精度	重捕时间	测速精度
车载型	一般	高	一般	高	一般
手持型	一般/高灵敏度	高	一般	一般	一般
大地测量型	一般	一般	高	一般	一般
航海型	一般	一般	一般/高	一般	一般
航空型	一般	一般	一般	一般	一般

2.2　多模卫星导航终端的测试与评估体系

从应用角度分析，卫星导航终端提供定位、授时、测速等服务。应用领域一般仅关心卫星导航终端整机性能，而对其内部设计细节并不关心，因而对卫星导航终端的性能测试需要关注整体使用性能及其技术条件的检测与评估。

2.2.1　多模卫星导航终端测试与评估概念及其方法

多模卫星导航终端测试与评估是指为测试和评估多模卫星导航终端的指标而进

行的各种测试和评估活动,其重点是测试和评估多模导航终端的兼容性、互操作性。

多模卫星导航终端可采用的评估是检验和验证导航终端是否满足多模卫星导航应用要求的技术手段,其方法和手段包括仿真验证、室内基于信号模拟器的测试与评估及室外实际环境测试。测试与评估的性能指标包括定位精度、灵敏度、捕获时间、兼容性、互操作性、抗干扰性等。

2.2.2 多模终端测试指标体系

尽管卫星导航终端开发与测试技术日益成熟,但是在多模终端开发与测试领域,指标体系及其测试技术与方法仍是一个有待系统研究的课题。GNSS 多模导航终端的测试指标体系包括一些商业公司提出的测试体系,如 Spirent 通信提出的《GNSS/GPS 导航终端基本性能参数及其测试》[2]、安捷伦公司提出的《利用 GPS 信号仿真器进行典型的 GPS 导航终端验证测试》[3];此外还有一些标准化组织提出的推荐标准,如 1997 年 1 月发布的导航协会(ION) 标准 101《GPS 导航终端推荐测试方法》[4]、中国国家标准化管理委员会 2013 年 12 月发布的《车载卫星导航设备通用规范》[5]等。

根据以上各种指标体系,经过综合整理与分析,形成如下多模卫星导航终端的主要测试指标。

1) 首次定位时间

该技术指标包括冷启动、温启动和热启动 3 种情况。首次定位时间(TTFF)是指导航终端从开机到获得首次正确定位所需的时间,它是测量导航终端从启动到实现导航定位所需的时间,用于衡量导航终端信号捕获的快慢程度。

冷启动定义为导航终端加电至其捕获第一个有效导航数据点所需时间,该过程具有随机性,在不同的精度衰减因子(DOP)值下测试若干 TTFF 并取平均值;温启动定义为导航终端加电至其捕获第一个有效导航数据点所需时间,但须满足时间和历书信息已知、无星历数据,并且距离上次定位点的位置在 100km 范围内的条件;热启动定义为导航终端加电至其第一次捕获第一个有效导航数据点所需时间,但是必须满足时间、历书、星历信息已知,并且距离上次定位点的位置在 100km 范围内的条件。

2) 重新捕获时间

重新捕获时间是指导航终端在接收导航信号短时失锁后,从信号恢复到重新捕获导航信号所需的时间。较快的重新捕获时间对于车辆导航来说非常重要,例如车辆经过隧道,将会产生失锁现象,但是当车辆驶出隧道,则导航终端需要快速的提供导航功能。

3) 定位精度

定位精度是指导航终端输出的观测位置值与真实位置值之差的统计值。定位精度的测试一般分为静态定位精度测试和动态定位精度测试。

静态定位是指在卫星导航定位过程中导航终端天线固定不动,根据接收机获得的观测数据确定待定点位置的定位方式。静态定位精度测试具备 3 个特点:可预测

性,相对于一个已知点、标定的位置点,导航终端解算的位置与之比较应处于该精度范围内,要求两者基于相同的大地坐标系;可重复性,是指用户可以返回到此前用同一导航终端测量的某坐标点,能够获得相同的静态定位精度;相对性,意味着一个用户测得的位置与另一用户在同一时间使用相同导航终端测得的位置处于同精度范围内。针对多个接收机的组网测试还涉及定位定向测试。

动态定位是指利用安置在运动载体上的 GNSS 信号导航终端实时测定 GNSS 信号接收天线的所在位置。动态定位测试可以通过设定导航终端平台运动路径,或通过对比单点定位、差分 GNSS 定位、RTK 定位、GNSS 增强定位结果等方式完成。

4) 射频干扰

射频干扰信号会导致导航性能下降、部分损失或完全损失。干扰分为故意干扰和无意干扰。故意干扰就是人为的阻止 GNSS 导航终端使用卫星导航系统。在战场上更容易出现这种情况,蓄意干扰的更高形式被称为“欺骗”,使导航终端误认为自己在正确的导航,但事实并非这样。

5) 灵敏度

灵敏度一般分为捕获灵敏度和跟踪灵敏度。捕获灵敏度是指导航终端在冷启动条件下,捕获导航信号并正常定位所需的最低信号电平;跟踪灵敏度是指导航终端在正常定位后,能够继续保持对导航信号的跟踪和定位所需的最低信号电平,跟踪阈值与导航终端锁相环(PLL)跟踪环路中的误差源引起的测试误差有密切关系,其中相位误差、动态应力误差和热噪声是主要的误差来源,降低这些因素的影响,可以使导航终端能够以更低的功率连续跟踪信号。

6) 兼容性和互操作性

兼容性和互操作性是传统导航终端“多模化”对系统整体性能影响的综合评价[6]。“兼容性是指两个或多个系统同时工作时,不会引起冲突,相对于单系统工作的情况不会产生显著的性能下降,即系统间干扰引起的性能降低应在一个可接受的范围内。互操作是指在两个或多个卫星导航系统同时工作时,通过联合利用不同星座的多颗卫星的信息(如伪距观测量、导航电文),来提高导航定位的可用性和精度的方法。”[7]

导航终端的兼容性和互操作性,具体表现在导航终端对多卫星导航系统发播信号的兼容接收能力、组合使用能力、选择应用能力 3 个方面。具有这 3 方面能力的终端称为多模导航终端。当前的卫星导航终端主要都是这类终端。

2.2.3　导航终端测试系统

无论是对卫星导航终端的整机功能进行测试验证,还是测量各种导航芯片的性能指标,一般都需要在能够重复执行精确测量的可控环境(如微波暗室)中进行。当前仍有许多接收机开发厂商仅使用天线接收实际的 GNSS 卫星信号进行测试,由于受到电离层延迟、多径衰减等多种因素影响,往往使测量可重复性非常差,很难得到导航终端真实而精准的测试数据。为了实现导航终端测试的可重复性,一般采用信号仿真器对 GNSS 导航终端进行性能测试。它通过对车辆及卫星运动、信号特性及大气和其他效应的建模,重现 GNSS 导航终端在动态平台中的环境,使导航终端可以根据测试场景中的参数执行实际导航。

图 2.1 是一个 GPS/BDS/Galileo 系统多模导航终端综合测试认证和演示系统环境,它能够支持上述 3 种导航系统终端测试评估。此外,该测试环境的功能包括:“支持 Galileo 系统伪卫星信号的分析、研究和标准化活动;支持导航服务和应用的开发、研究和测试验证;支持 GPS/BDS/Galileo 系统多模导航终端的开发、测试和应用;支持 Galileo 系统服务的演示和推广等。它具备未来的升级和扩展能力,可兼容其他卫星导航系统、广域差分增强系统和本地增强系统应用。”[8]

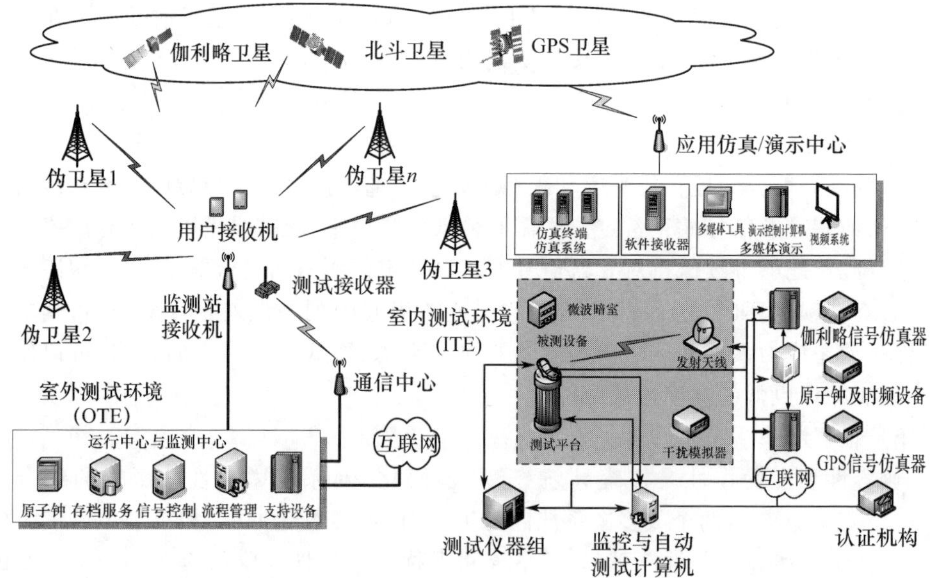

图 2.1　GPS/BDS/Galileo 系统多模导航终端综合测试认证和演示系统环境

GPS/BDS/Galileo 系统多模导航终端测试系统由软件仿真评估、室内与室外测试环境构成。软件仿真评估环境是一个全软件的信号仿真模拟环境。主要由 GPS/BDS/Galileo 系统多模导航信号模拟器软件导航终端和数据后处理模块构成。多模卫星导航信号模拟器完成星座模拟、信号产生、信号模拟等功能;软件导航终端实现信号的捕获和跟踪;数据后处理模块完成必要的后处理工作。室内测试环境包括可配置的多模 GNSS 导航终端平台和多模 GNSS 信号模拟器,两者通过有线或无线连接。室外测试环境包括空间导航卫星子系统、地面伪卫星网络子系统和被测多模导航终端平台等组成部分。

1) 软件仿真评估环境

对多模导航终端的测试与评估可以使用软件仿真评估环境。该仿真环境可以支

持多星座、多信号、多场景的导航信号端到端的仿真，多模导航终端可以很方便地在该平台上加以验证，包括捕获算法、跟踪算法、信息处理算法、兼容性与互操作性等。

该软件仿真设施能完成对多模卫星导航终端各种性能的仿真工作，用户利用集成仿真环境为仿真任务创建仿真场景文件，选择适当的模型并配置合适的参数，然后由仿真核心软件进行仿真处理；仿真结束后，其结果将以图形显示、仿真报告等形式提供给用户，并将仿真数据保存在仿真数据库中。

对多模卫星导航终端进行各种性能的仿真是一个复杂的任务，且用户的仿真需求种类多，要满足用户对多模卫星导航终端的性能仿真评估需求，需要软件仿真设施在结构设计上采取开放灵活的设计体系。为实现上述目标，软件仿真设施采用组件化设计，建立仿真软件核心组件接口规范、仿真模型组件规范和仿真数据处理组件接口规范，以实现对仿真软件核心、仿真模型和仿真数据处理的灵活配置。

该软件仿真评估环境采用了软件总线的思想为用户提供多模卫星导航终端通用的仿真测试评估工具和环境，不同的导航终端性能仿真评估要求可以在该平台上分别实现完成。

2）GPS/BDS/Galileo 系统多模导航终端室内测试环境

GPS/BDS/Galileo 系统多模导航终端室内测试环境的体系结构如图 2.2 所示，带箭头的实线表示控制关系，带箭头的虚线表示信号传输关系。测试环境包括性能测试实验室（PTL）、环境实验室、电磁兼容性（EMC）实验室、安全性实验室等 4 个实验室。

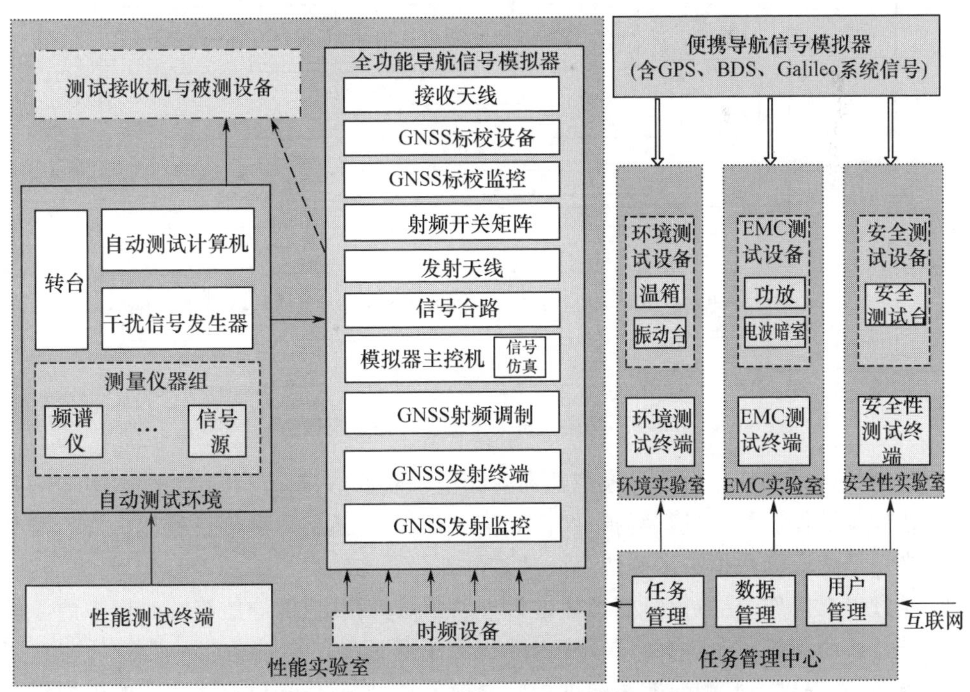

图 2.2　室内测试环境的体系结构图（见彩图）

PTL是一个微波暗室环境，配备有GNSS全功能导航信号模拟器(SSG)及发射天线、测试转台、干扰信号发生器(ISG)、测试仪器组(MIG)、自动测试计算机等设备。它们相互配合产生GNSS模拟导航信号及干扰信号，实现对GNSS组合导航终端的功能、性能测试。

环境实验室、EMC实验室、安全性实验室实现对GNSS导航终端的环境适应性、电磁兼容性和安全性测试。

自动测试计算机是性能实验室的核心装备，它通过网络控制导航信号模拟器、被测导航终端、测试接收机(TRx)、时频设备等设备；自动测试计算机还可以通过通用接口总线(GPIB)、以太网等方式与频谱仪、信号源等各种仪器及转台相连，实现自动测试及控制。

性能测试终端(PTT)主要负责实施性能测试活动，它接受任务管理中心下发的测试任务，并按照其任务安排，控制自动测试计算机完成相应的测试任务。测试完成后，它负责收集汇总导航终端的测试结果，并将其上报任务管理中心[9]。

GNSS导航终端室内测试系统的信号流程如图2.3所示。首先通过软件设置导航信号模拟器中的导航电文和导航信号环境模拟的参数；导航信号环境仿真软件通过各种仿真模型计算信号传播环境对信号的影响，它把计算得到的参数传递给导航电文封装模块、通道处理设备和射频前端设备；导航电文封装完毕后把完整的导航电文传回信息处理软件。

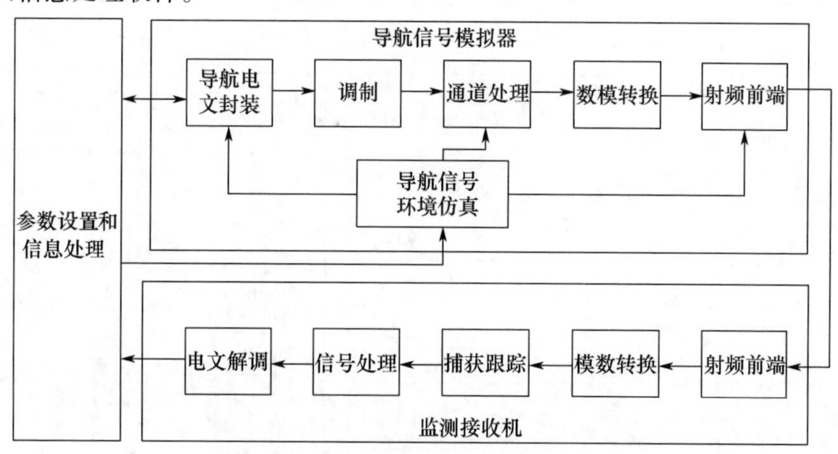

图2.3 室内测试环境的工作信号流程图

监测导航终端从导航信号模拟器的射频前端获取信号，进行前置放大、下变频和中频处理等操作。然后进行解扩、解调等信号处理，再进行导航信息处理。最后监测导航终端把相应的数据输出到信息处理软件部分。

通过以上操作，导航信号模拟器进行导航信号模拟，监测导航终端对模拟的导航信号进行监测标校，在室内测试系统内部构成了测试导航终端功能与性能的完整闭环。当然，除提供给监测导航终端进行监测标校外，导航信号模拟器产生的模拟信号也提供被测设备，完成功能性能测试。

3）GPS/BDS/Galileo 系统多模导航终端室外测试系统

GPS/BDS/Galileo 系统多模导航终端室外测试系统的体系结构如图 2.4 所示，它由 6 个伪卫星、2 个监测站、1 个测试终端、1 个测试控制中心及相关通信和同步设备等组成。

室外测试环境（OTE）的测试控制中心包括系统任务控制中心和操作管理中心，相互协作来完成伪卫星的灵活控制和时间同步处理，同时控制全系统通信设备正常工作；伪卫星信号可以灵活加载配置，支持产生模拟 GNSS 卫星信号；通信和同步设备负责完成 OTE 内部和外部通信，保证伪卫星之间、伪卫星和空中真实卫星的时间同步；监测站接收并处理伪卫星和真实导航卫星发播的信号，完成对伪卫星信号完好性的监测，完成对真实卫星信号的接收处理；可重配置的测试终端可以同时接收伪卫星和真实卫星的信号，通过解调和定位算法提供出终端实时的位置、速度和授时等准确信息，为被测导航终端提供参考比对信息[9]。

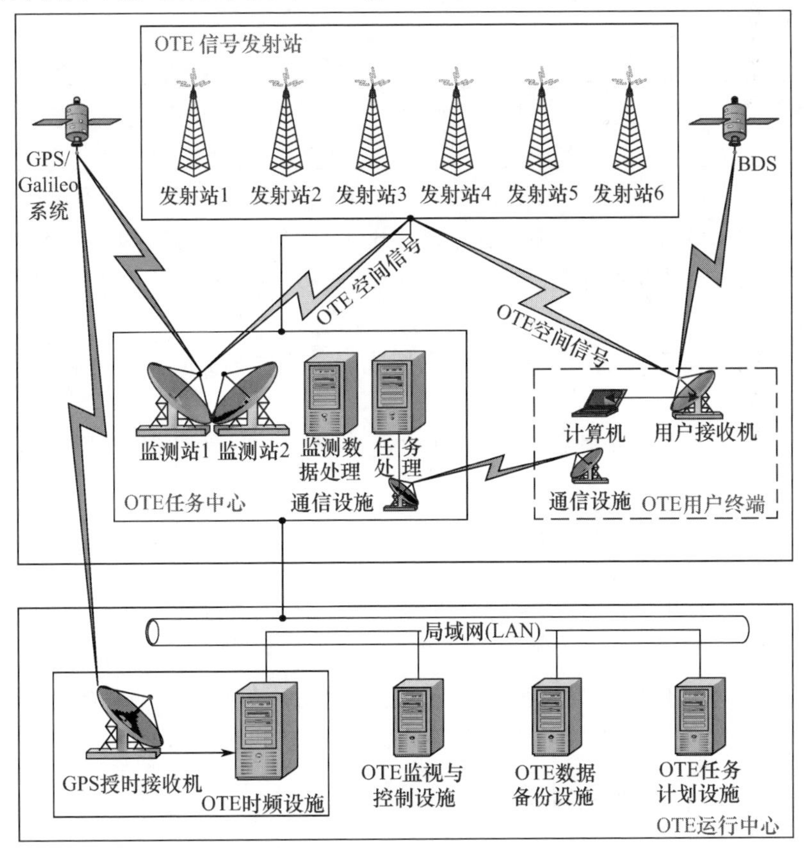

图 2.4　室外测试环境的体系结构图（见彩图）

室外测试环境（OTE）在测试控制中心控制下，以无线方式灵活组网；每个伪卫星都向被测导航终端发送模拟导航信号，以便导航终端利用此信号进行导航定位。6

颗伪卫星经过精心的场站设计与布设,在测试区中导航终端至少能同时接收到4颗伪卫星信号,支持其完成三维空间定位、授时与测速。

2.3 卫星导航终端典型参数测试方法

2.3.1 导航终端首次定位时间测试

首次定位时间是衡量导航终端性能的重要指标之一,目前市场上出现的GPS导航终端芯片所能提供的性能参数大致归纳如表2.2所列。

表2.2 著名厂家GPS芯片启动时间情况

芯片厂商	启动时间/s		
	冷启动	温启动	热启动
SIRF	<35	<35	<1
U-blox	<32	<32	<1
Nemerix	30~45	15~25	5~8
Atmel	34	—	—

从表2.2看出,首次定位时间因启动方式不同而不同,也因各厂商不同而不同。对首次定位时间的测试,已有测试标准如GB/T 18214.1—2000、GB/T15527—1995,对不同的启动方式也进行了区分。如在现行标准GB/T 18214.1—2000中做了如下描述[10]:

(1) 在没有正确的星历数据时,GPS接收设备应在30min内获得满足精度要求的位置数据;

(2) 在有正确的星历数据时,GPS接收设备应在5min内获得满足精度要求的位置数据;

(3) 当GPS信号中断至少24h后而不断电源时,GPS导航终端设备应在5min内重新获得满足精度要求的位置数据;

(4) 当发生掉电60s时,GPS接收设备应在2min内重新获得满足精度要求的位置数据。

可见,3种不同启动模型的性能取决于定位的初始条件,在对导航终端进行首次定位时间指标测试时,将初始条件设置不同,即可实现相应指标的测试。

2.3.2 重新捕获时间测试

导航型导航终端工作环境复杂,在城市或乡村的林荫道路、隧道等环境,卫星信号将可能受到短暂的中断。重新捕获时间是指导航终端失锁后,设备再次给出满足精度要求的定位解输出所经历的时间。测试时通过导航终端先跟踪信号再失锁的过程来进行。

重新捕获时间利用导航信号模拟器进行测试，设置导航信号模拟器仿真速度为2m/s的直线运动用户轨迹。在被测设备正常定位状态下，短时中断卫星信号30s后，恢复卫星信号，以1Hz的位置更新率连续记录输出的定位数据，找出自卫星信号恢复后，首次连续20次输出三维定位误差不超过指标要求的定位数据时刻，计算从卫星信号恢复到上述20个输出定位数据时刻中第1个定位数据时刻的时间间隔，即为该导航终端的重新捕获时间。

2.3.3　静态定位精度测试

静态定位精度测试可针对导航终端的电离层、对流层等误差修正、导航终端信号处理等综合方面的能力进行考核。根据使用的测试环境不同可分为以下两种方法。

1）室外测试

天线的安装应按厂家的说明书进行，其高度应距电气地1～1.5m，从天顶到水平面以上5°仰角的空间，对卫星的视野要清晰，天线的位置应已知，且相对1984世界大地坐标系（WGS-84）基准的精度在X、Y、Z方向应优于待测导航终端指标值。在测试过程中应使用厂家规定的最大电缆长度，并利用标校点进行验证[11]。

静态定位精度室外测试方法一般是将被测设备的天线按使用状态固定在一个位置已知的标准点上，连续测试时间24h以上，将获取的定位数据与标准点坐标进行比较，并剔除平面精度衰减因子（HDOP）>4或位置精度衰减因子（PDOP）>6的定位数据。将全部有效定位数据的误差从小到大进行排序，取位于全部有效样本总量95%处样本点的误差作为本次静态定位精度（95%）测量结果。

2）室内测试

静态定位精度室内测试采用导航信号模拟器进行，设置导航信号模拟器播放运动轨迹为固定位置的静态测试场景。被测导航终端接收导航信号模拟器输出的射频仿真信号，每秒输出一次定位数据，以导航信号模拟器仿真的用户位置作为基准，将全部有效定位数据的误差从小到大进行排序，取位于全部有效样本总量95%处样本点的误差作为本次静态定位精度（95%）测量结果。

研究表明，室外、室内两种测试比较如表2.3所列。

表2.3　导航终端精度室外、室内测试比较

比较因素	室外测试	室内测试
信号强度	难控制	可控
误差模型	部分消除误差	可完全消除误差
测试连续性	不易保证，需剔除DOP值不符合要求的定位数据	可保证
测试结果与各自评估结果比较	精度低	精度高
DOP值可控性	不可控	可控

从表 2.3 可得出:室外测试更接近真实应用场合,但测试条件难以控制;室内测试条件可控,尽管与实际应用存在差距,但测试结果具有重要的参考价值。针对定位定向测试,则需根据基线条件设置相应的基准点并提前完成校准,测试结果与其真值进行比较得到。

2.3.4 动态定位精度测试

在一般动态条件下,主要是考核导航终端的信号跟踪能力,目前针对动态定位精度的测试也分室外、室内两种。

室外情况下的测试方法为:使用具有实时动态(RTK)测量功能的接收机(包括基准站和流动站)获取载体在运动过程中各时刻的标准点坐标,基准站与流动站距离不超过 5km。将导航单元所用天线和流动站所用天线安装在运动载体上,两天线的相位中心相距不超过 0.2m,载体以规定的速度运动,在运动全过程中以 1Hz 更新率采集导航单元输出的位置坐标,并与流动站提供的标准点坐标比较,将全部有效定位数据的误差从小到大进行排序,取位于全部有效样本总量 95% 处样本点的误差作为本次动态定位精度(95%)测量结果。

动态定位精度室内测试利用导航信号模拟器进行,设置导航信号模拟器分别仿真如下载体运动轨迹:

(1) 仿真场景 1:以 25m/s(±1m/s)的速度,沿直线运行 2min,然后 5s 沿同一直线将速度降到 0。

(2) 仿真场景 2:以 12.5m/s(±0.5m/s)的速度,在水平面沿直线运动 100m,并在运动中相对直线两侧以 12s 周期均匀偏移 2m,保持 2min。

被测导航终端接收导航信号模拟器输出的射频仿真信号,每秒输出一次定位数据,以导航信号模拟器仿真的用户位置作为基准位置,将全部有效定位数据的误差从小到大进行排序,取位于全部有效样本总量 95% 处样本点的误差作为本次动态定位精度(95%)测量结果。

室外、室内两种测试的比较与静态定位精度测试相同,室内测试通过仿真实现了灵活性,具有室外测试所不具备的优势。针对定位定向测试,则需与更高的基准进行比对得到。

2.3.5 导航终端灵敏度测试

导航终端灵敏度包括信号捕获灵敏度和跟踪灵敏度。

通常情况下,导航终端能够稳定跟踪的信号强度比捕获时需要的信号强度要求低。目前弱信号环境下的导航定位研究主要是在两个方向:一是高灵敏度 GPS 技术;另一个是辅助 GNSS 技术,包括辅助全球卫星导航系统(A-GNSS)、辅助全球定位系统(A-GPS)、辅助北斗卫星导航系统(A-BDS)等。

从技术实现角度看,提高灵敏度主要通过导航终端体系和算法改进实现。

目前已经实现的高灵敏度GPS芯片如表2.4所列。

表2.4　主要GPS厂商的芯片灵敏度

厂商	捕获灵敏度/dBm	跟踪灵敏度/dBm
SIRF	-142	-159
U-Blox	-142	-160
ATmel	-140	-150

对导航终端灵敏度的测试需要信号强度精确控制并分别针对捕获灵敏度与跟踪灵敏度进行测试。

1）捕获灵敏度测试

使用导航信号模拟器进行测试，设置模拟器仿真速度不高于2m/s的直线运动用户轨迹。从导航终端不能捕获信号的状态开始，设置模拟器输出的各颗卫星的各通道信号电平以1dB步进增加，或者以比导航终端技术文件声明的捕获灵敏度量值低2dB的电平值开始。

在导航模拟器输出信号的每个电平值下，导航终端在冷启动状态下开机，若能够在300s内捕获信号，并以1Hz的更新率连续20次输出三维定位误差不大于指标要求误差的定位数据，记录该电平值，该电平值就是该导航终端的捕获灵敏度。

2）跟踪灵敏度测试

使用导航信号模拟器进行测试，设置模拟器仿真速度不高于2m/s的直线运动用户轨迹。在导航终端正常定位的情况下，设置模拟器输出的各颗卫星的各通道信号电平以1dB步进降低。

在模拟器输出信号的每个电平值下，测试导航终端能否在300s内连续20次输出三维定位误差不大于指标要求误差的定位数据，找出能够使导航终端满足该定位要求的最低电平值，该电平值就是该导航终端的跟踪灵敏度。

2.4　卫星导航终端指标评估技术

2.4.1　卫星导航终端指标评价约束分析

对导航终端采取合理正确的评估方法才能正确评价导航终端的性能。导航终端的每项性能指标都是在一定条件下给定的，是有前提条件约束的。

导航终端工作时首要的任务是实现导航信号的捕获和跟踪。捕获是二维的信号复现过程，包括导航卫星伪随机噪声（PRN）码和载波。捕获方法与策略有多种，如伪码串行载波串行搜索方法，优点是硬件电路简单，容易实现，缺点是捕获时间长，适合应用在硬件资源紧张但对捕获时间要求较低的情况。伪码串行载波并行搜索方法，优点是捕获速度快、硬件规模与码长关系较小，在硬件条件相当情况下可兼容多种码长，缺点是捕获速度与伪码长度成正比。伪码并行载波串行搜索方法和伪码并行载波并行搜索方法，优点是捕获速度快，但信号处理量会成倍增加，消耗硬件资源比较大。

一般情况下，由单次试验判决产生的检测概率和虚警概率是不满足性能要求的，因此通常需要采用带有验证逻辑的多滞留时间方法（如 N 中取 M 搜索检测器）或者是适当调谐的可变滞留时间方法（如唐搜索检测器）来提高性能。同时，捕获概率与载噪比有密切关系（图 2.5）。

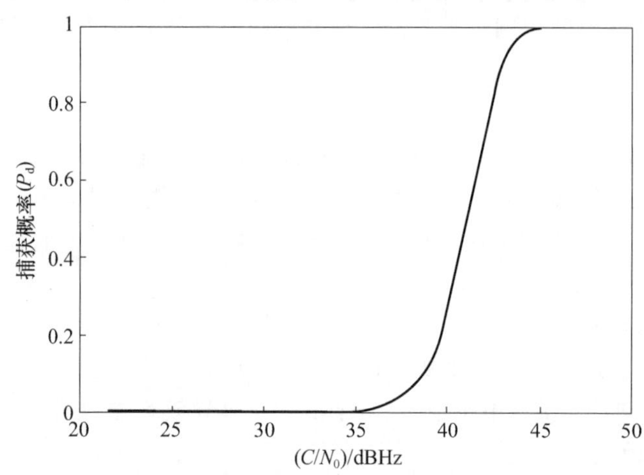

图 2.5 单次检验下的捕获概率与 C/N_0 的关系

因此，对于捕获性能的评估需要从信号强度、捕获概率、捕获时间 3 个参数角度综合考虑。

当捕获模块检测到卫星导航信号的存在并给出其多普勒频偏和码相位偏移的粗略估计后，导航终端便进入跟踪状态。此时，导航终端将在一定的动态范围内保持对导航信号的载波和伪随机码的同步，并实现对载波多普勒相位和伪码相位的精确测量，得到导航定位解算所需的各种原始观测数据。

由热噪声引起的环路跟踪误差只取决于载噪比、鉴相前的相关器积分时间和环路带宽，而与所采用的 PRN 码以及环路滤波器的阶数无直接依赖关系（只要环路增益不至于太大而引起稳定性问题）。

“如非相干延迟锁定环（DLL）鉴别器，当超前滞后相关器间隔 D 很小时，热噪声码跟踪误差的近似表达式如式（2.1）：

$$\sigma_{\mathrm{DLL}} \approx \frac{1}{T_{\mathrm{c}}}\sqrt{\frac{B_{\mathrm{n}}}{(2\pi)^2 (C/N_0)\int_{-B_{\mathrm{fe}}/2}^{B_{\mathrm{fe}}/2} f^2 S(f)\,\mathrm{d}f}\left[1+\frac{1}{T(C/N_0)\int_{-B_{\mathrm{fe}}/2}^{B_{\mathrm{fe}}/2} S(f)\,\mathrm{d}f}\right]} \quad (\mathrm{chip}) \tag{2.1}$$

式中：B_n表示码环的噪声带宽（Hz）；B_{fe}表示双边前端带宽（Hz）；T_c表示码元宽度；$S(f)$表示归一化到无穷带宽单位面积上的信号功率谱密度函数；T 表示预检测积分时间；C/N_0 表示载噪比[12]。

输入频率（速度）和相位（距离）的动态应力（即信号随时间的变化）造成的环路稳态跟踪误差与环路滤波器的特性密切相关。一定阶数的环路对于相同阶数的动态是敏感的（一阶环路对速度变化敏感，二阶环路对加速度变化敏感，三阶环路对加加速度变化敏感），对于低一阶的动态则可无误差地跟踪。实际应用时针对不同动态情况选择环路阶数。

跟踪精度体现在伪码测距精度上。当导航终端环路进入锁定状态后，可以根据接收信号的相位完成发射时间的提取，进而获得伪距观测量。通过对测距精度的评估即可评估出跟踪性能。

因此，信号接收处理是实现导航终端各项功能及性能的基础，从信号的捕获、跟踪角度，并结合定位测速的基本原理，在评价以下指标时必须限定相应的约束，如表 2.5所列。

表 2.5 终端测试内容及约束

测试内容	测试约束
首次定位时间	信号强度、导航终端启动类型、卫星分布特性、导航终端运动特性
重新捕获时间	信号强度、卫星分布特性、导航终端运动特性
静止定位精度	信号强度、卫星分布特性
动态定位精度	信号强度、卫星分布特性
导航终端灵敏度	信号强度、卫星分布特性、导航终端运动特性

2.4.2 卫星导航终端性能评估方法与准则

导航终端的指标评价有两类：一类是对系统灵敏度的评价，例如可捕获信号最低强度、首次定位时间以及重新捕获时间等；另一类是对系统定位精度的评价。

对灵敏度和定位精度的评价本质都是通过重复性观测量进行统计分析，涉及观测量及其参数估值的统计特性。对于精度可使用精密度和准确度两种指标细化度量，图 2.6 给出了精密度、准确度的不同含义。

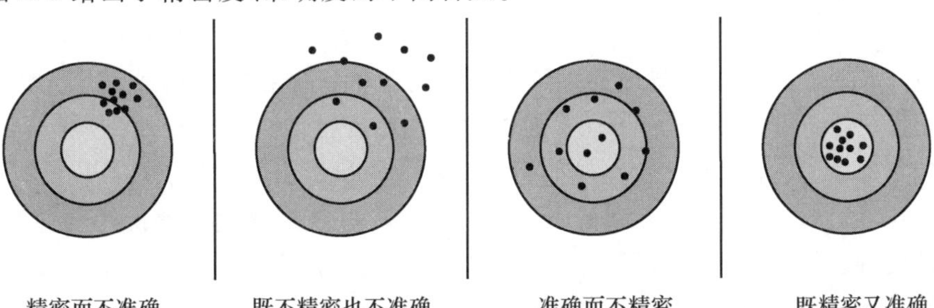

图 2.6 精密度、准确度的不同含义（见彩图）

精密度指在相同条件下，对被测导航终端进行反复测量多次，其获得值之间的一致性程度。从误差的角度来说，精密度所反映的是测量值随机误差。精密度高则测量值随机误差小，但其系统误差不一定也小[13]。对于随机变量 x，真值设为$\tilde{x}$，其参数估值为$\hat{x}$，则均方误差 MSE 可表示为

$$\mathrm{MSE}(\hat{x}) = \mathrm{trace}(\mathbf{COV}(\hat{x})) + \| E(\hat{x}) - \tilde{x} \|^2 \tag{2.2}$$

式中：$\mathbf{COV}(\hat{x})$为参数估值方差协方差矩阵。

特别地，若$\hat{x}$为无偏估计，即 $E(\hat{x}) = \tilde{x}$，则其均方误差可表示为

$$\mathrm{MSE}(\hat{x}) = \mathrm{trace}(\mathbf{COV}(\hat{x})) \tag{2.3}$$

准确度指被测导航终端的测量值一致性程度，以及其与“真值”的接近程度，它是精密度和正确度的综合概念。从测量误差的角度来说，精确度是测得值的随机误差和系统误差的综合反映[13]。测定值与真实值相符合的程度，用误差的大小衡量，其绝对误差大小度量可定义为

$$E_{\mathrm{a}} = \| x - \tilde{x} \|_2 \tag{2.4}$$

相对误差表示误差在测定结果中所占的百分率，其误差大小度量可定义为

$$E_{\mathrm{r}} = \frac{E_{\mathrm{a}}}{\| \tilde{x} \|_2} \times 100\% \tag{2.5}$$

在实际应用中，一般通过将导航终端性能测试数据进行系统分析，或通过与已知结果进行比对，实现各类性能指标的评价。

导航终端测试的最终目的是为导航终端设计和使用提供参考，因此，除了对导航终端特定技术指标定性测试外，还需要对导航终端综合性能进行评价，特别是多模导航终端性能评价时，需要在各种约束条件下（如灵敏度、开发成本等），综合“多模”带来的利与弊，例如多模导航终端引起对观测误差的影响和对几何精度衰减因子（GDOP）的改善，最终建立目标函数以综合评价多模导航定位导航终端的整体性能。通过建立多目标评价准则，可以实现定量评价例如单模导航终端和多模导航终端的综合性能，以及评价不同多模导航终端设计方案的优劣。下面给出目标函数模型：

$$\begin{cases} \mathrm{Obj}: f(x_1, x_2, \cdots, x_n) = \min \\ \mathrm{St.}\ \ g_1(x_1, x_2, \cdots, x_n) < a_0, \quad g_2(x_1, x_2, \cdots, x_n) < a_1, \cdots \end{cases} \tag{2.6}$$

式中：$x_1, x_2, \cdots, x_n$ 为决定导航终端综合性能的各种指标。通过测试，首先获取导航终端的各项性能指标 $x_1, x_2, \cdots, x_n$，在对导航终端综合性能进行评价时，设导航终端 a 对应的目标值 $f_{\mathrm{a}}(x_1, x_2, \cdots, x_n)$，导航终端 b 对应的目标函数值为 $f_{\mathrm{b}}(x_1, x_2, \cdots, x_n)$，可通过比较 $f_{\mathrm{a}}(x_1, x_2, \cdots, x_n)$ 和 $f_{\mathrm{b}}(x_1, x_2, \cdots, x_n)$，以定量描述和评价两台导航终端整体性能的差异是否足够明显。

测试数据处理如下：

（1）计算实时水平定位偏差 $\Delta i_{(\lambda\Phi)}$ 与垂直（高度）定位偏差 $\Delta i_{(h)}$：

$$\Delta i_{(\lambda\Phi)} = \sqrt{(\lambda_i - \lambda_0)^2 + (\Phi_i - \Phi_0)^2} \tag{2.7}$$

$$\Delta i_{(h)} = \sqrt{(h_i - h_0)^2} \tag{2.8}$$

式中：$\Delta i_{(\lambda\Phi)}$ 为第 i 次实时定位水平定位偏差与垂直定位偏差(m)；λ_i、Φ_i、h_i 为第 i 次实时定位的天线位置坐标(m)；i 为自然数，$i=1,2,\cdots,n$（n 为测量数）；λ_0、Φ_0、h_0 为天线标准位置坐标(m)。

(2) 计算实时定位偏差的算数平均值 $\overline{\Delta}$：

$$\overline{\Delta}_{(\lambda,\Phi)} = \frac{1}{n}\sum_{i=1}^{n}\Delta i_{(\lambda,\Phi)} \tag{2.9}$$

$$\overline{\Delta}_{(h)} = \frac{1}{n}\sum_{i=1}^{n}\Delta i_{(h)} \tag{2.10}$$

式中：$\overline{\Delta}_{(\lambda,\Phi)}$ 为实时水平定位偏差的算数平均值(m)；$\overline{\Delta}_{(h)}$ 为实时垂直定位偏差的算数平均值(m)。

(3) 计算实时定位的实施标准偏差 S：

$$S_{(\lambda,\Phi)} = \sqrt{\frac{1}{n-1}\sum\left(\Delta i_{(\lambda,\Phi)} - \overline{\Delta}_{(\lambda,\Phi)}\right)^2} \tag{2.11}$$

$$S_{(h)} = \sqrt{\frac{1}{n-1}\sum\left(\Delta i_{(h)} - \overline{\Delta}_{(h)}\right)^2} \tag{2.12}$$

式中：$S_{(\lambda,\Phi)}$ 为实时水平定位的实施标准偏差(m)；$S_{(h)}$ 为实时垂直定位的实施标准偏差(m)。

(4) 计算定位精度在规定的范围内：

$$\Delta_H = \overline{\Delta}_{(\lambda,\Phi)} + 2S_{(\lambda,\Phi)} \tag{2.13}$$

$$\Delta_V = \overline{\Delta}_{(h)} + 2S_{(h)} \tag{2.14}$$

式中：Δ_H 为水平定位精度(m)；Δ_V 为垂直定位精度(m)。

定位精度评估时，存储导航终端输出的定位、测速结果，将定位、测速结果与真实结果比对，即可得到其性能。

2.5　多模卫星导航终端性能测试与评估技术

2.5.1　多模对卫星导航终端测试方法影响

多模导航终端性能测试除传统性质的导航终端所需要的指标外，还要围绕着兼容与互操作性展开，即需要测试两个或多个系统同时工作时，是否会引起冲突，相对于单系统工作的情况是不是会产生显著的性能下降，即系统间干扰引起的性能是否降低在一个可接受的范围内等多个方面[6]。互操作测试是指在多个卫星导航系统同时工作的条件下，测试多模系统是否能够提供多系统工作模式下的系统用户相比利用其中任何一个单独系统显著改善的服务性能的能力。兼容性和互操作性测试都是建立在对多模导航终端的性能评价的基础上,即在接收多模信号的情况下,测试导航终端性能的提升或降低情况。

如图 2.7 所示,参数输入包括单模系统参数配置、多模系统参数配置及导航终端参数配置等,主要完成模拟测试导航终端所需的各种环境。测试处理模块是测试方法中的核心内容,包括多模对载噪比、测距精度、跟踪性能、捕获性能、DOP 值的影响上,对其最终的评估都要归结于定位精度是否得到了改善。

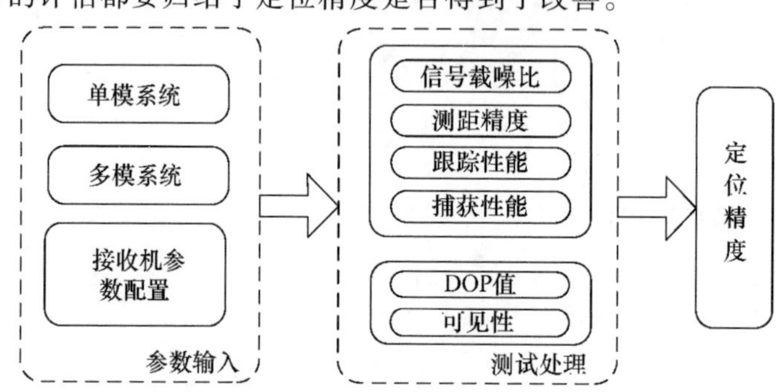

图 2.7　导航终端测试方法

下面将分别描述以上测试内容。

1）多模对载噪比的影响

载噪比是体现接收信号强度的变量,当存在其他卫星导航信号干扰时可以把这些干扰等效为白噪声,对应的噪声影响可用下式给出的等效载噪比来衡量:

$$\frac{C}{N_0'}=\frac{C}{N_0+I_{\text{intra}}+I_{\text{inter}}} \tag{2.15}$$

式中:C 为导航终端收到的期望信号功率;N_0 为导航终端热噪声;I_{intra} 为由系统同频段导航信号干扰而引入的等效白噪声;I_{inter} 为由其他系统同频段导航信号干扰而引入的等效白噪声。可见接收多模导航信号必然会使得接收载噪比下降[6]。

2）多模对测距精度的影响

多模对测距精度的影响主要体现在干扰对码跟踪精度的影响上。干扰对码跟踪精度的影响与干扰对载噪比的影响不同,后者依赖于相关器输出端的输出信干比,而前者依赖于超前相关器和滞后相关器的差分,可以通过码跟踪误差来度量干扰的影响。对于非相干 DLL 鉴别器,当超前滞后相关器间隔 D 很小时,热噪声码跟踪误差的近似表达式如下:

$$\sigma_{\text{DLL}}^2\approx\frac{B_{\text{n}}}{2\pi\int_{-B_{\text{fe}}/2}^{B_{\text{fe}}/2}f^2S_{\text{s}}(f)\sin(\pi fDT_{\text{c}})\,\mathrm{d}f}\int_{-B_{\text{fe}}/2}^{B_{\text{fe}}/2}\left[\left(\frac{C}{N_0}\right)^{-1}+\frac{C_1}{C}S_1(f)\right]S_{\text{s}}(f)\sin^2(\pi fDT_{\text{c}})\,\mathrm{d}f \tag{2.16}$$

式中：B_n 为码环的噪声带宽；B_{fe} 为双边前端带宽；T_c 为码元宽度；$S_s(f)$ 为归一化到无穷带宽单位面积上的信号功率谱密度函数；$S_1(f)$ 为归一化到无穷带宽单位面积上的信号功率谱密度函数；C/N_0 为载噪比[12]。

3）多模对跟踪性能与捕获性能的影响

多模导航终端不同于单模导航终端，由于其要接收多模信号，所以在信号处理算法与信息处理算法上要进行改进与优化。对于这些算法的评估指标主要体现在处理损耗、重捕时间、失锁概率等。

4）多模对 DOP 值与可见性的影响

GDOP 值是以导航终端为参考点评估空间星座分布的参量，主要取决于空间卫星到导航终端的方位矢量，是将导航终端位置和时间偏差的参数估值精度与伪距误差的参数相联系起来的几何因子。GDOP 可细分为位置精度衰减因子（PDOP）、水平精度衰减因子（HDOP）、垂直精度衰减因子（VDOP）和时间精度衰减因子（TDOP）[12]。

对于同一个全球定位系统的不同卫星分布计算 GDOP 值时，可以认为导航终端对不同卫星的跟踪和观测误差相同。在单模系统中，传统的 GDOP 计算公式如下：

$$\text{GDOP} = \sqrt{\text{trace}(\boldsymbol{H}^{\mathrm{T}}\boldsymbol{H})^{-1}} \tag{2.17}$$

式中：$\boldsymbol{H}$ 为系统设计矩阵或称为图形矩阵。而对于 GNSS 多模卫星定位系统，不同的卫星定位系统一般具有不同的定位精度，因此，在多模导航终端计算 GDOP 值时，需要分析不同卫星定位系统的定位精度差异。一定的测量条件对应着一定的误差分布，而一定的误差分布对应着一个确定的方差。在实际测量中可通过各观测值方差之间的比例关系来表征精度，这就是权重的概念，合理进行对多个导航定位系统观测信息进行定权，才能获得当前参考点处可靠的 GDOP 值。因此，在多模条件下，可定义加权 GDOP 为

$$\text{WGDOP} = \sqrt{\text{trace}(\boldsymbol{H}^{\mathrm{T}}\boldsymbol{P}\boldsymbol{H})^{-1}} \tag{2.18}$$

式中：矩阵 $\boldsymbol{P}$ 表征了多系统观测量精度高低。导出的多模增益对系统加权 GDOP 的影响递推关系为

$$\text{WGDOP}_{m+1}^2 = \text{WGDOP}_m^2 - \lambda \sum_{i=1}^{6} \boldsymbol{\Phi}_i^2 \tag{2.19}$$

式中：WGDOP_{m+1} 和 WGDOP_m 分别表示系统存在 $m+1$ 颗卫星和存在 m 颗卫星时的加权 GDOP 值；$\boldsymbol{\Phi} = \boldsymbol{\beta}_{m+1}^{\mathrm{T}}(\boldsymbol{H}_m^{\mathrm{T}}\boldsymbol{P}_m\boldsymbol{H}_m)^{-1}$。由于

$$\lambda = (\boldsymbol{p}_{m+1}^{-1} + \boldsymbol{\beta}_{m+1}^{\mathrm{T}}(\boldsymbol{H}_m^{\mathrm{T}}\boldsymbol{P}_m\boldsymbol{H}_m)\boldsymbol{\beta}_{m+1})^{-1} > 0 \tag{2.20}$$

则可知

$$\text{WGDOP}_{m+1} < \text{WGDOP}_m \tag{2.21}$$

因此加权 GDOP 在由 m 颗星组成的定位星座中增加第 $m+1$ 颗星时，精度衰减因子必减小，而由于第 $m+1$ 颗卫星增加了定位信息，因而能提高定位精度[14]。需

要指出,随着系统可观测卫星数量的增多,观测结构可靠性也总是会得到改善。

2.5.2 多模卫星导航终端测试模式

为研究多模导航终端的测试方法,需要构建多模导航终端测试与评估平台。该平台的构建可采用仿真、室内与室外3种测试模式。

仿真评估环境是一个全软件的导航信号仿真模拟环境,主要由多模卫星导航信号模拟器和多模软件导航终端构成。其中,多模卫星导航信号模拟器完成指定导航星座模拟、导航信号产生、信号特征模拟等功能。软件导航终端在计算机软件上实现导航信号的捕获和跟踪,其数据后处理模块完成必要的接收机信息后处理工作。

室内测试环境包括可配置的多模GNSS导航终端平台和多模GNSS信号模拟器,两者通过有线或无线连接。

室外测试环境除包括多模GNSS导航终端平台外,还包括空间在轨卫星及地面伪卫星网络,共同向被测导航终端提供多模GNSS信号[15]。

采用软硬件相结合的方式开展多模卫星导航终端测试研究,软件环境具有理想的、可控的仿真环境,可以方便地更改仿真中的各参数,从而较理想地验证多模导航终端各种信号处理算法。在计算机仿真评估的基础上,构建可配置的多模GNSS导航终端平台,多模GNSS信号模拟器根据仿真环境中提供参数产生射频模拟或中频模拟/数字信号,用于导航终端算法的硬件验证。

与计算机仿真评估相比,室内评估不仅要建立高保真的信号数学模型,分析和评估各种信号选项对卫星导航系统性能的影响,而且需要考虑端到端信号的实时产生和处理问题。所以,室内信号评估更能真实地评估卫星导航信号接收处理问题。外场环境比室内环境具有更高的逼真度,尤其是多径影响。所以最终在该环境下测试导航终端的各项性能将更符合实际的情况。

2.5.3 多模卫星导航终端评估准则

2.5.3.1 兼容性评估准则研究

多模GNSS导航终端与单模导航终端不同,需要多达48个通道,同时由于不同卫星系统的信号体制不同,其载波频率、信号带宽、信号调制方式多种多样,决定了多模GNSS导航终端在前端处理、信号捕获方法和信号跟踪方法方面与普通导航终端存在着很大的不同。

多模卫星导航终端的研究应该考虑两个方面的内容:导航信号处理与信息处理,这两个方面分别与多模卫星导航终端兼容性与互操作评估密切相关。对于多模GNSS导航终端的导航信号处理研究,主要考虑在接收不同系统相同频率上用于相同服务的信号时,导航终端应具有通用的相关、捕获与跟踪算法,以及多系统带来信号处理算法的差异。对于多模GNSS信号导航终端的导航信息处理,主要实现不同GNSS的导航电文解析、多系统导航观测量提取和多系统组合导航解算,进而输出用

户的位置、速度和时间等导航信息。相比单一系统而言，对于多系统导航观测量提取，需要考虑多系统的伪距等效误差修正；对于多系统组合导航解算，需要考虑不同系统的坐标系统转换和时间系统统一，多系统的选星策略与自主完好性算法，多系统的自适应滤波技术等。

多模兼容性要求导航终端整体性能提高的前提是，在满足一定信噪比的前提下，可同时接收处理两个或多个导航系统的卫星信号，且多模信号带来的导航终端性能降低要在可承受的范围内。而导航终端性能的降低主要体现在载波环性能、码环性能、载噪比衰减、首次捕获时间、定位精度与误码率等方面，这就需要综合考虑这些性能指标，通过建立准则以评估多模导航终端相对于单模导航终端在整体性能方面的改善情况。

本书研究表明，兼容性评估准则主要归结于载噪比的降低程度（载噪比为等效载噪比），导航终端处理过程中的捕获、码跟踪、载波跟踪与数据解调均与信号载噪比有关，下面研究给出这些性能指标与载噪比的关系。

1）捕获：初始捕获时间

初始捕获时间为用户命令（开机）到首颗卫星被捕获与跟踪的时间，影响初始捕获时间的因素有检测概率 P_{D}、虚警概率 P_{FA}、最大非相干累积次数 $N_{\mathrm{nc,max}}$、初始时间不确定度 $\pm\Delta_{\mathrm{t}}$、初始频率不确定度 $\pm\Delta_{\mathrm{f}}$、搜索时间方格大小 $\pm T_{\mathrm{P}}$、搜索频率方格大小 $\pm F_{\mathrm{P}}$ 与相干积分时间 T_i 等。

在检测概率的限制下所需要的信噪比：

$$P_{\mathrm{D}} = \int_{\sqrt{2\tau_{\mathrm{D}}}}^{\infty} x\mathrm{e}^{\left(-\frac{x^2+2m\rho}{2}\right)} I_0(\sqrt{2m\rho}x)\,\mathrm{d}x \tag{2.22}$$

式中：归一化检测门限 τ_{D} 由下式求得，即

$$P_{\mathrm{FA}}(\tau_{\mathrm{D}}, N_{\mathrm{nc}}) = \int_{\tau_{\mathrm{D}}}^{\infty} \frac{v^{N_{\mathrm{nc}}-1}}{(N_{\mathrm{nc}}-1)!}\exp(-v)\,\mathrm{d}v = \mathrm{e}^{-\tau_{\mathrm{D}}}\sum_{k=0}^{N_{\mathrm{nc}}-1}\frac{\tau_{\mathrm{D}}^k}{k!} \tag{2.23}$$

$$N_{\mathrm{nc}} = \min\left\{\left\lfloor T_{\mathrm{Synch}} \Big/ \left\lceil\frac{2\Delta_{\mathrm{t}}}{2T_{\mathrm{P}}}\right\rceil \left\lceil\frac{2\Delta_{\mathrm{f}}}{2F_{\mathrm{P}}}\right\rceil T_i \right\rfloor, N_{\mathrm{nc,max}}\right\} \tag{2.24}$$

2）载波跟踪：平均周跳时间

整周跳变与倍数为 2π 的 PLL 或为 π 的科斯塔斯环的跟踪环路中的参考压控振荡器有关。主要影响参数包括跟踪环路带宽 B_{L}、整周跳变概率 P_{CS}、稳态相位误差 θ_{e}、观测间隔长度 t_{CS} 与预检测积分时间 T_{L}（注：由于码跟踪被认为受载噪比影响不如其他 3 个接收处理过程敏感，这里暂不考虑它的影响）。载波环载噪比门限为

$$\chi_{\mathrm{PLL}} = \frac{B_{\mathrm{L}}}{\sigma_\phi^2} \tag{2.25}$$

式中：相位噪声 σ_ϕ 可由下式求得，即

$$\frac{-t_{\mathrm{CS}}}{\ln[1-P_{\mathrm{CS}}]}=\frac{\pi\mathrm{th}(\pi\theta_{\mathrm{e}}\psi)}{2B_{\mathrm{L}}\theta_{\mathrm{e}}}=\left(I_0^2(\psi)+2\sum_{n=1}^{\infty}(-1)^n\frac{I_n^2(\psi)}{1+(n\psi^{-1}/\theta_{\mathrm{e}})^2}\right)_{\psi=0.79(p/2\pi\sigma_{\phi})^2} \tag{2.26}$$

式中：I_n 为修正的贝塞贝函数。

3）数据解调：误比特率（误码率）

误比特率为导航终端解调电文的错误位与所有数据位的比值。主要影响参数包括稳态相位误差、数据位速率、跟踪环路带宽、电文长度与载波环预检测积分时间。

通过这3个导航终端处理过程可以判断出单模及多模情况下载噪比的变化情况，如果这个差值小于门限值，则导航终端是兼容的，如果大于门限值就认为是非兼容的。此门限值是由导航终端配置参数及定位精度共同决定的。通过以上研究，可以构建如图2.8所示的评估准则。

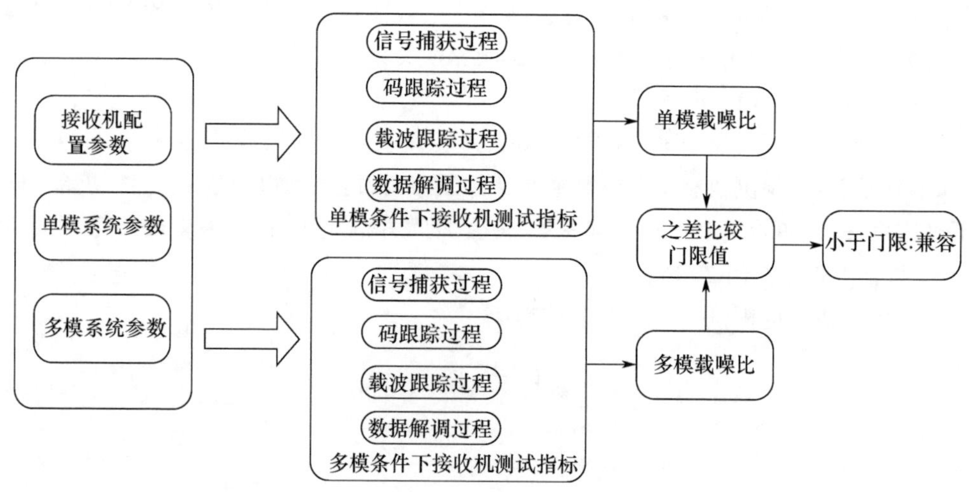

图2.8　兼容性评估准则

2.5.3.2　互操作性评估准则研究

对于多模导航终端，其互操作要求导航终端的多模定位精度优于单模定位精度，更广义上讲为多模导航性能要优于单模导航性能。导航性能包括定位精度、完好性、可用性与连续性。本书仅研究给出其狭义准则，即以定位精度来衡量导航终端的互操作性。

对于多模导航终端的定位精度主要与两个因素有关：一是伪距精度；二是空间卫星几何分布。一方面，多模信号在某种意义上可以等效为干扰信号，会导致导航终端的跟踪误差增大；另一方面，由于导航终端可以同时接收多个星座的卫星信号，则使得可用的卫星数增多，通过合理的选星策略可以选择最优的星座布局，克服多径与信号衰减的影响。这两个方面在一定程度上相互矛盾，相互制约，共同决定导航终端的互操作性能，在实际应用中需要建立合理信号处理算法，折中两者矛盾。为了评价多模导航终端整体性能的改善，本书研究并建立了互操作测试评估准则，如图2.9所示。

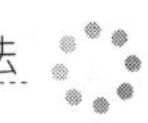

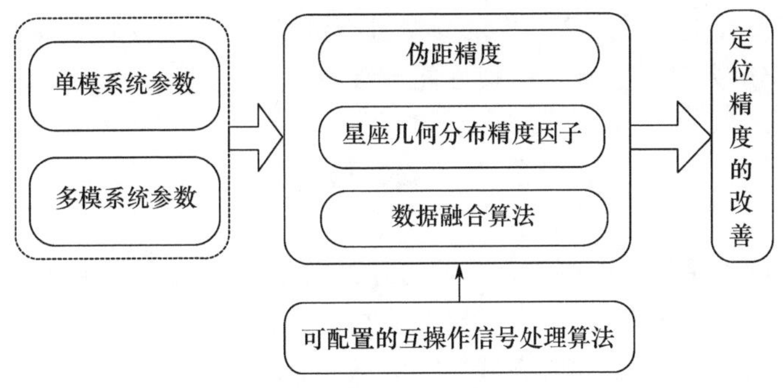

图 2.9　互操作评估准则

由于多模信号的复杂性，对导航终端的处理算法提出了更高的要求。互操作信号的处理算法也是导航终端互操作的重要评估准则的重要研究内容。载噪比对伪距测量精度影响可由式(2.26)获得，其精度主要取决于跟踪环路的结构及多模信号的结构。星座 GDOP 主要取决于卫星与导航终端的方向矢量，好的星间星座分布具有较小的 GDOP 值。结合式(2.22)，多系统组合导航在定位精度可表示为

$$\sigma_x = \mathrm{WGDOP} \cdot \sigma_0$$

式中：σ_0 为组合系统的单位权方差。再结合式(2.26)就可以在理论上分析多系统组合导航在定位精度方面的增益。需要指出，卫星数目的增多到一定程度，增加卫星数目对 WGDOP 的改善不敏感，而此时多模引起的组合观测系统单位权方差 σ_0 变化的灵敏性决定其对定位结果精度的总体增益。

2.5.3.3　兼容性与互操作评估方法研究

测试与评估导航终端的多模性能，主要是从兼容与互操作两方面测试，通过合理选择不同性能技术指标在整体性能中的权重，在上面兼容性与互操作评估准则研究的基础上，根据 2.4.2 节建立目标函数的方法，可以评价和比较单模导航终端与多模导航终端的性能。表 2.6 给出了多模性能测试的基本参量及其等级，并通过设定各参量在整体性能评价中的权重，最终可判定导航终端多模性能等级。

表 2.6　多模测试评估准则

评估参量	等级	加权因子
首次捕获时间	1,2,3,4,5	α_1
载噪比衰减	1,2,3,4,5	α_2
载波环性能测试	1,2,3,4,5	α_3
码环性能测试	1,2,3,4,5	α_4
误码率测试	1,2,3,4,5	α_5
伪距精度测试	1,2,3,4,5	α_6
定准精度测试	1,2,3,4,5	α_7
互操作算法损耗	1,2,3,4,5	α_8

通过对多模导航终端表 2.6 中的参量进行测试,给出各自的等级,根据加权因子得到最终的评分,判定导航终端多模性能等级。

2.6 本章小结

本章在分析卫星导航终端测试方法与体系的基础上,选取了导航终端典型参数,以精密度和准确度作为参考,研究了导航终端定位精度、测速精度等多种性能指标的测试方法,重点分析了多模导航终端性能测试和评估方法,确定了捕获时间、定位精度和灵敏度等参数的测试方法。通过研究分析得出了以下结论:

(1) 分析不同应用场合对导航终端性能的“定性”需求,并以此为基础研究了多模导航终端评估体系;研究室内与室外两大测试环境,以支持双模 GNSS 导航终端的开发、测评及应用。

(2) 为科学合理评估导航终端性能,需要研究卫星导航终端指标评价约束,即性能评估时必须给出信号强度、导航终端启动类型、卫星分布特性、导航终端运动特性等多种参量。

(3) 提出了多模导航终端兼容性与互操作性的评估方法与准则。导航终端捕获、载波跟踪与数据解调等处理过程,在多模信号的条件下性能降低都可以等效为载噪比的降低,提出了以等效载噪比为兼容性评估参量;以导航终端多模处理算法与定位精度作为互操作性评估参量。

参考文献

[1] 黎俊明. 北斗卫星导航终端的发展分析[J]. 信息通信, 2018(03): 96-97.

[2] 佚名. GNSS/GPS 接收机基本性能参数及其测试[R/OL]. (2011-12-18)[2018-07-15]. https://wenku.baidu.com/7fdd266e684ae45c3b358cc9.html.

[3] 佚名. 利用 GPS 信号仿真器进行典型的 GPS 接收机验证测试[R/OL]. (2011-02-18)[2018-07-21]. https://wenku.baidu.com/view/12d45c 4efe4733687e21acc8.html.

[4] REVISION C. Recommended test procedures for GPS receivers:ION STD 101[S]. Manassas:Institute of Navigation,2007.

[5] 西安东强电子导航有限公司,等. 车载卫星导航设备通用规范:GB/T 19392—2013[S]. 北京:中国国家标准化管理委员会,2013.

[6] 卢杰, 张波, 杨东凯,等. 卫星导航接收机兼容性测试评估技术研究与实现[J]. 导航定位学报, 2014, 2(1):87-90.

[7] 王垚, 罗显志. 多模 GNSS 兼容与互操作技术浅析:卫星导航定位与北斗系统应用[M]. 北京:测绘出版社,2012.

[8] 蔚保国, 甘兴利, 李隽. 国际卫星导航系统测试试验场发展综述[C]//中国卫星导航学术年会,北京,2010:431-437.

[9] 刘学林. CGTR 项目系统分析与管理方法研究[D]. 天津:天津大学,2008.

[10] 信息产业部第二十研究所. 全球导航卫星系统(GNSS) 第 1 部分:全球定位系统(GPS) 接收设备性能标准、测试方法和要求的测试结果:GB/T 18214.1—2000[S].北京:国家质量技术监督局,2000.

[11] 全球定位系统编辑部. 国际电工委员会 GPS 接收设备性能标准 IEC1108—1 介绍[J]. 全球定位系统,1999(Z1):13-20.

[12] 赵静,蔚保国,李隽. GPS/Galileo 双模接收机定位精度分析与仿真测试研究[J]. 遥感信息,2010(6):63-66.

[13] 赵彩琳. 正确理解精度和准确度概念[J]. 大众标准化,2006(s1):40-41.

[14] 俞晨晟. 高动态 GNSS 接收机及多模解算技术研究[D]. 杭州:浙江大学,2008.

[15] 蔚保国,李隽,王振岭,等. 中国伽利略测试场研究进展[J]. 中国科学:物理学力学天文学,2011(5):528-538.

第 3 章　卫星导航终端软件仿真与测试系统

本章通过研究 GNSS 定位误差源及建模仿真技术，基于第 2 章多模导航终端基本原理，说明多模卫星导航终端测试与评估软件仿真平台构建方案，并详细介绍仿真平台各主要模块的原理和实现方法。本章提出的测试系统是基于模拟源的室内测试系统，而室外测试场等内容将在后续各章逐步介绍。本章还基于第 2 章研究的多模导航终端测试准则与方法，利用该平台对多模导航终端进行测试和评价，并给出多模导航终端整体性能的初步测试结果。

3.1　多模导航终端测试与评估仿真系统设计

无论是验证导航终端整机的功能，还是客观地测量各种卫星导航模块的性能，都需要一个能够重复执行精确测量的可控环境(比如微波屏蔽暗室)。大多数情况下，制造商使用天线来接收实际的空间导航卫星信号对接收终端进行测试，但这样的测试由于受到复杂观测条件的影响(例如电离层延迟、多径衰减等因素)往往使得测量可重复性非常差，虽然耗费了很多人力和时间，但是很难得到一个真实而精准的结果数据。

3.1.1　系统原型构成

多模 GNSS 导航终端与单模导航终端不同，具有较多信号通道，同时由于不同卫星系统的信号体制不同，其载波频率、信号带宽、信号调制方式多种多样，这决定了多模 GNSS 导航终端在前端处理、信号捕获方法和信号跟踪方法方面与普通导航终端存在着很大的不同。此外，在未来导航信号仍可能变更的情况下，多模 GNSS 导航终端平台应具有灵活的可变更架构，各个部分需要模块化。这要求导航终端灵活可配置，更趋于软件导航终端的架构。

多模导航终端测试与评估仿真系统需要支持多星座、多信号、多场景的导航信号端到端的仿真，多模导航终端可以很方便地在该平台上加以验证，包括捕获算法、跟踪算法、信息处理算法、兼容性与互操作性等。

如图 3.1 所示，系统主要由三大部分组成：第一部分为信源部分，其软件模拟器主要完成轨道参数的模拟、导航终端动态的模拟、信号参数的配置与产生、有效载荷模拟器件的非线性等，从而生成纯净的中频卫星导航信号；第二部分为信道，主要完成噪声和干扰的模拟、多径信号模拟、对流层延时、电离层延时、多普勒频偏等信道链路的外界环境模拟;第三部分为多模导航终端,主要完成多模信号条件下的捕获、跟踪、位置解算等信号及信息终端处理。该平台基于 Matlab 构建,具有多通道、多星座且灵活可控的特点,信源部分支持多种信号形式,例如二进制相移键控(BPSK)、二进制偏移载波(BOC)、二进制符号码(BCS)、交替二进制偏移载波(AltBOC)及自定义信号,多模导航终端支持各种多模信号处理算法,接口规范,方便各模块之间的切换及调用。

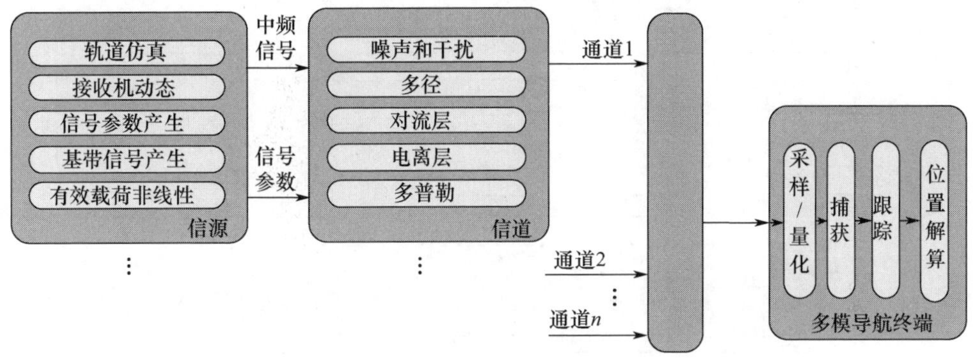

图 3.1 多模导航终端测试与评估仿真系统框图(见彩图)

测试与评估仿真系统完成对多模卫星导航终端各种性能的仿真工作。用户通过在集成仿真环境中创建场景文件,并选择适当模型与配置参数,来执行仿真任务;然后由仿真核心软件进行仿真处理;仿真结束后,仿真结果将以图形显示、仿真报告等形式提供给用户,并将仿真数据保存在仿真数据库中。

3.1.2 多模软件模拟器

为了实现导航终端测试的可重复性,一般采用信号仿真器对 GNSS 导航终端进行性能测试。它通过对车辆及卫星运动、信号特性及大气和其他效应的建模,重现 GNSS 导航终端在动态平台中的环境,使导航终端可以根据测试场景中的参数执行实际导航。

多模软件模拟器需要支持 GPS、Galileo 系统及 BDS 这 3 个系统的信号格式。如图 3.2 所示,主要功能模块包括参数输入模块、仿真数据库、轨道仿真模块、信号参数产生模块、信号产生和控制模块 6 部分。参数输入模块根据仿真场景设置仿真时间、星座图、信号、大气环境和导航终端环境(多路径)等必要参数。轨道模拟和信号参数生成模块根据模拟场景模拟卫星星座,计算卫星星座和导航终端观测,并提供卫星导航终端几何参数、伪码相位延迟参数、载波频率和相位参数以及信号发生模块的信号增益。数据参数如卫星发射机高功率放大器(HPA)的非线性模型参数。信号产生模块根据参数产生可见卫星的基带信号,并合成各个信号,最后在某个中频载波上调制信号,来提供软件导航终端的输入信号[1]。

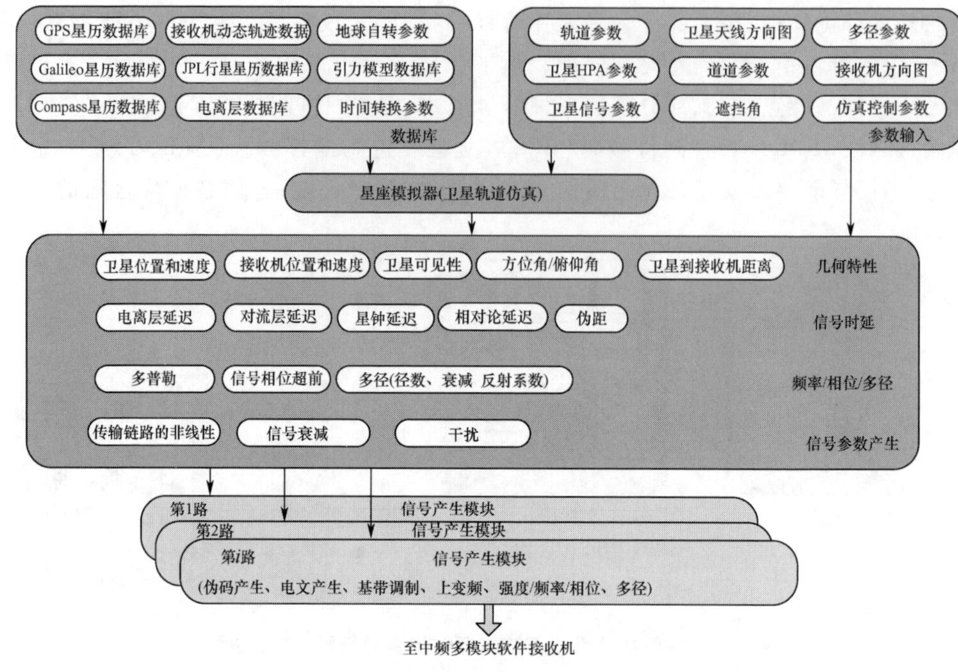

图 3.2 多模软件信号模拟器(见彩图)

在星座仿真模块中,对于 GPS 采用 YUMA 历书或 RINEX 历书,从文件中获取星钟、星历等参数。而对于 BDS 与 Galileo 系统的轨道参数文件,采用 Walker 星座,并预留了进一步扩展的接口,用于未来历书的更新。

电离层对 GNSS 信号的影响包括绝对测距误差、相对测距误差、距离变化率误差、折射、失真等,平台采用 Klobuchar 电离层模型。这些环境段参数的计算过程如图 3.3所示。根据星历或历书获得卫星轨道参数和时钟漂移参数,通过卫星轨道参数计算导航卫星在地心地固(ECEF)坐标系下的坐标,提供导航终端在 ECEF 坐标系下的坐标。计算自由空间延迟、电离层延迟、总对流层延迟、多径效应、卫星时钟延迟及多普勒频移。其具体的模型将在 3.2 节进行研究。

3.1.3 多模软件导航终端

为保证多模软件导航终端的通用性和灵活性,在导航终端信号处理部分的结构上,采用模块化的方式对各部分进行封装,使其能够方便地进行配置,最后需要将跟踪和解调数据进行数据分析处理,通过软件得到定位结果,以分析在多系统条件下的信号特性及导航终端特性,仿真数据可视化控件可以显示中间数据和最后的结果。正因如此,多模软件导航终端设计为灵活配置,有通用性、灵活性、模块化及可升级的特点。多模 GNSS 兼容导航终端基本结构如图 3.4 所示。

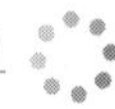

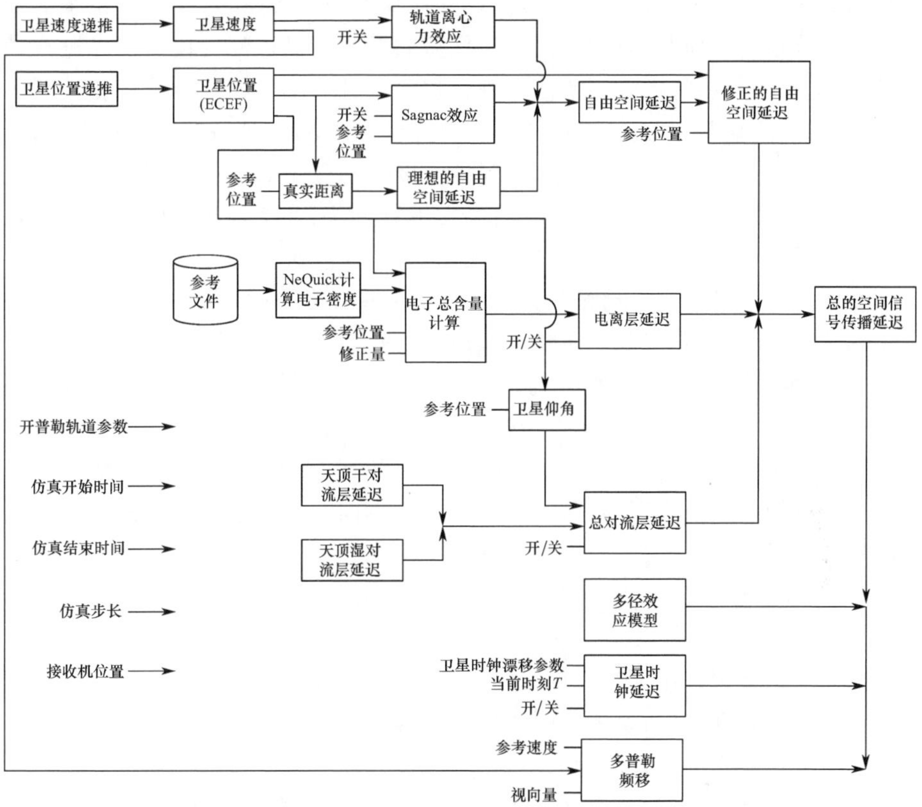

卫星速度递推
卫星速度
轨道离心力效应
开关
卫星位置递推
卫星位置(ECEF)
Sagnac效应
开关
参考位置
自由空间延迟
修正的自由空间延迟
参考位置
参考位置
真实距离
理想的自由空间延迟
参考文件
NeQuick计算电子密度
电子总含量计算
参考位置
修正量
电离层延迟
开/关
总的空间信号传播延迟
参考位置
卫星仰角
开普勒轨道参数
仿真开始时间
仿真结束时间
仿真步长
接收机位置
天顶干对流层延迟
天顶湿对流层延迟
总对流层延迟
开/关
多径效应模型
卫星时钟漂移参数
当前时刻T
开/关
卫星时钟延迟
参考速度
视向量
多普勒频移

图3.3　环境段参数计算过程

中频GNSS信号
多比特相关器
单比特相关器
滑动相关
匹配滤波
FFT
低精度环路
高精度环路
信息处理
频点选择
导航系统选择
相关器配置
捕获算法选择
跟踪算法选择
参数调节
通道配置
电文解算模式选择
时间基准选择
坐标系转换矩阵选择
多系统信息处理
联合信息处理

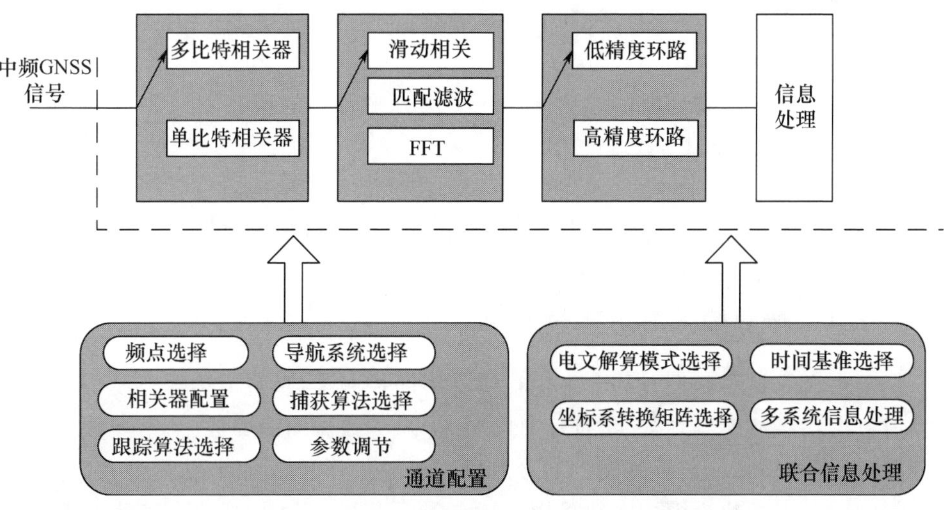

图3.4　多模GNSS兼容软件导航终端平台基本结构

多模兼容导航终端通过通道配置模块选择捕获跟踪策略，对于不同系统的信号使用不同的策略进行捕获和跟踪，保证最优接收效果。通道配置模块首先进行频点选择，同时选择对某一特定系统的信号进行接收。针对不同的信号配置相关器的相关比特数，相关间隔及相关长度等。然后对导航终端捕获和跟踪算法进行选择，以接收不同的信号，调节系统工作参数以达到最佳接收效果。在接收到不同系统信号后，通过联合定位配置模块选择不同系统的电文解算方法，并选择相应的时空坐标转换公式。对不同系统携带的信息进行选择优化处理，以达到最优定位的目的。

捕获算法模块可采用滑动相关方法和快速傅里叶变换(FFT)方法。采用滑动相关方法的优点为精度高，资源使用量小，缺点为通用相关器设计比较复杂，捕获速度慢，不同信号的捕获策略会有所区别；采用 FFT 方法的优点为对所有信号的捕获均可进行通用设计，捕获速度快，缺点为资源使用量大，精度较低。

跟踪模块主要用于解调数据和提取原始观测量。跟踪算法有多种结构可以选择。通过配置模块选择不同的环路设计，分析在不同的条件下何种模式能够得到最优化的跟踪结果。

3.1.4 平台仿真测试流程

该仿真评估环境采用了软件总线的思想，为用户提供多模卫星导航终端通用的仿真测试评估工具和环境，要求不同的导航终端性能仿真评估可以在该平台上实现完成。仿真测试平台的处理流程如下：

(1) 配置工作模式、误差模型参数、信号参数及功能参数等，准备开始仿真；

(2) 根据假设场景生成一段时间内的中频导航信号，实时传递给多模软件导航终端平台，并根据需要以二进制文件的格式存储于本地硬盘；

(3) 多模软件导航终端接收到的中频导航信号，测试导航终端的各项指标，并将结果保存；

(4) 综合处理多模导航终端测试与评估仿真平台中的所有测试数据，在指定的准则下，得出评判结果。

3.2 测试与评估仿真系统模型

3.2.1 参数输入与仿真数据库

根据仿真场景需要设置的参数包括仿真时间控制参数、轨道参数及模型、卫星信号发射机大功率放大器参数、仿真信号参数、卫星天线方向图参数、信道参数、卫星能见度参数、多径模式。仿真时间控制参数用于设置仿真开始时间、仿真结束时间和仿真时间间隔。卫星轨道模拟一般采用考虑各种干扰的高精度卫星轨道动力学模型。在精度要求较低的情况下，卫星轨道仿真可以采用二阶非对称系数非球面摄动模型。

模拟数据库包括GPS星历数据库、JPL DE-405星历数据库、时间转换参数数据库、电离层数据库、地球重力数据库、地球自转数据库等。可用于模拟输入轨道参数的常用方法是输入开普勒轨道数并加载星历数据库得到的卫星轨道数。卫星信号发射机的HPA会引起输出信号的幅度和相位的非线性变化。仿真信号参数主要定义了多模卫星导航系统的输出信号和伪随机码。信号产生模块根据用户输入的HPA参数控制基带信号的幅度和相位,实现对信号的HPA非线性仿真。仿真平台通过加载AM/AM和AM/PM参数文件实现参数输入。卫星天线方向参数定义卫星天线不同方向上的信号增益。这些增益的差异将导致不同方向的信号功率变化[1]。

通道参数包括大气温湿度、电离层、对流层等特征,以及模拟选择的电离层和对流层误差模型。多径参数主要包括仿真选择的衰落模型、信号多径、路径数多径模型、信号衰落强度。导航终端动力学是指导航终端的各种运动状态,如直线加速度运动、俯冲、爬升静止、直线运动、转弯、圆周运动等。这些运动状态由导航模拟终端在不同模拟时刻的位置和速度来描述。导航终端天线模仿卫星天线的增益方向图,已达到模仿实际场景的作用。

3.2.2　卫星轨道仿真

轨道仿真模块主要根据数据库和输入信息来仿真卫星实际运行轨迹,输出卫星在任意时间的位置和速度矢量。模拟信息参数生成模块能根据模拟的卫星和导航模拟终端的位置,计算信号生成模块和信道模块所需的各种参数,包括伪距卫星发射机天线增益、多功能莱斯多径衰落随机数生成、HPA参数拟合、卫星的速度和位置、方位和高度方位角、能见度、导航终端的信号多普勒频率、信号多普勒变化率、电离层引起的信号载波相位超前、信号空间损耗、信号功率大气损耗、位置和速度、距离、电离层延迟、对流层延迟、星钟误差等。

卫星除受重力影响外,还受月球引力、潮汐力、太阳辐射、大气阻力、地球非球面摄动、太阳引力、相对论等因素的影响,其中地球非球面摄动是主要的影响。地球可引起轨道升交点赤经Ω、轨道近地点角距ω,平近点角M的变化。但对卫星轨道长半径的非球面摄动a、偏心率e、轨道面倾角i没有影响。设ω_e为地球自转角速率,Δn为卫星平均角速度的修正项[2],则有

$$a(t)=a(t_0) \tag{3.1}$$

$$e(t)=e(t_0) \tag{3.2}$$

$$i(t)=i(t_0) \tag{3.3}$$

$$\Omega(t)=\Omega(t_0)-\left(\frac{3}{2}a_e^2\frac{J_2}{p^2}n\cos i\right)(t-t_0) \tag{3.4}$$

$$\omega(t)=\omega(t_0)+\frac{3}{2}a_e^2\frac{J_2}{p^2}n\left(2-\frac{5}{2}\sin^2 i\right)(t-t_0) \tag{3.5}$$

$$M(t)=M(t_0)+\left[n+\Delta n-\frac{3}{2}a_e^2\frac{J_2}{p^2}n\left(1-\frac{3}{2}\sin^2 i\right)\sqrt{1-e^2}\right](t-t_0)[2\pi] \quad (3.6)$$

式中：$p=a(1-e^2)$；$n=\sqrt{\frac{\mu}{a^3}}$，$\mu=3986005\times10^8\mathrm{m^3/s^2}$；$J_2=108263\times10^{-8}$；$a_e=6378136.3\mathrm{m}$。

卫星的实时位置和速度矢量可以通过卫星的轨道数和时间来推导，因为卫星轨道数和卫星的位置速度矢量可以唯一对应。

导航终端人机界面输入的动态参数可以拟合导航终端的位置和速度。

在已知卫星和导航终端各仿真时刻各种状态的情况下，可以通过几何计算计算出卫星导航终端距离、卫星方位角和仰角。卫星的能见度由卫星的仰角来判断。

3.2.3 电离层模型

与 GPS 系统不同，Galileo 系统采用 NeQuick 模型计算电离层延迟[3]。

如图 3.5 所示，电离层造成的信号延迟可以表示为

$$\Delta t_{\text{iono}}=40.28\frac{\text{TEC}}{f^2} \quad (3.7)$$

式中：TEC 为信号传播路径上的电子总含量；f 为信号频率；Δt_{iono} 为电离层引起的传播时延。注意：在仿真过程中伪距延迟为 $\rho+\Delta t_{\text{iono}}$，载波相位延迟为 $\rho-\Delta t_{\text{iono}}$。

电子总含量 TEC 的计算公式为

$$\text{TEC}=\int_{\text{SV}}^{\text{USER}} n_e \mathrm{d}l \quad (3.8)$$

式中：l 为卫星到用户的传播距离；n_e 为电子密度。

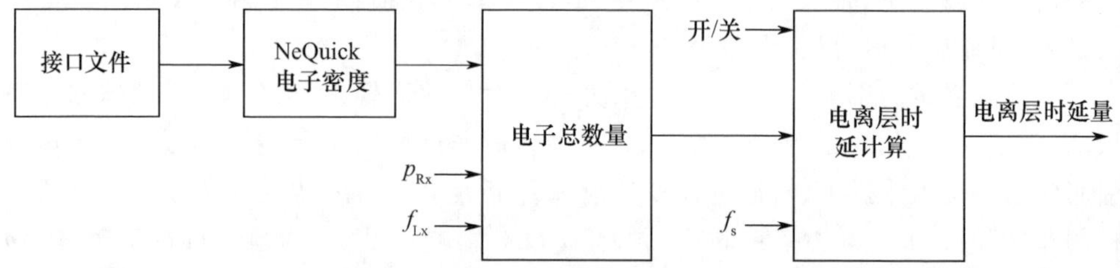

图 3.5 NeQuick 模型计算电离层延迟

3.2.4 对流层模型

对流层延迟采用 Hopfield 模型[4]。

如图 3.6 所示，对流层造成的信号延迟可以表示为

$$\Delta t_{\text{totalTropo}}=\Delta t_{\text{dryTropo}}m_{\text{dry}}(E)+\Delta t_{\text{wetTropo}}m_{\text{wet}}(E)+(\Delta t_{\text{noise}}+\sigma_{\text{noise}}\text{RAN}) \quad (3.9)$$

$$\Delta t_{\text{dryTropo}}=10^{-6}N_{\text{d},0}^{\text{Trop}}\int_{h_r}^{h_d}\left[1-\frac{h}{h_w}\right]^4\mathrm{d}h \quad (3.10)$$

$$\Delta t_{\mathrm{wetTropo}} = 10^{-6} N_{\mathrm{w},0}^{\mathrm{Trop}} \int_{h_{\mathrm{r}}}^{h_{\mathrm{w}}} \left[1 - \frac{h}{h_{\mathrm{w}}}\right]^4 \mathrm{d}h \tag{3.11}$$

$$\Delta t_{\mathrm{wetTropo}} = 10^{-6} N_{\mathrm{d},0}^{\mathrm{Trop}} \int_{h_{\mathrm{r}}}^{h_{\mathrm{w}}} \left[1 - \frac{h}{h_{\mathrm{w}}}\right]^4 \mathrm{d}h \tag{3.12}$$

$$m_{\mathrm{wet}}(E) = \frac{1}{\sin\sqrt{E^2 + 2.25}} \tag{3.13}$$

式中：$\Delta t_{\mathrm{dryTropo}}$、$\Delta t_{\mathrm{wetTropo}}$为在天顶方向的对流层干湿分量；$h$ 为导航终端的高度；h_{w} 为对流层顶的高度；$\Delta t_{\mathrm{noise}}$为模型的平均噪声偏差；$\sigma_{\mathrm{noise}}$为高斯分布的噪声标准差；RAN为高斯分布的离散时间序列。

式(3.10)中 $N_{\mathrm{d},0}^{\mathrm{Trop}} = k_1\left(\frac{P_{\mathrm{d}}}{T}\right)Z_{\mathrm{d}}^{-1}$，并且

$$Z_{\mathrm{d}}^{-1} = 1 + P_{\mathrm{d}}\left[57.97 \times 10^{-8}\left(1 + \frac{0.52}{T}\right) - 9.4611 \times 10^{-4}\left(\frac{T_{\mathrm{c}}}{T^2}\right)\right], \quad k_1 = 77.604 \tag{3.14}$$

式(3.11)中 $N_{\mathrm{w},0}^{\mathrm{Trop}} = k_2\left(\frac{\mathrm{e}}{T}\right)Z_{\omega}^{-1} + k_3\left(\frac{\mathrm{e}}{T^2}\right)Z_{\omega}^{-1}$，并且

$$\begin{cases} Z_{\omega}^{-1} = 1 + 1650\left(\frac{\mathrm{e}}{T^3}\right)[1 - 0.01317T_{\mathrm{c}} + 1.75 \times 10^{-6}T_{\mathrm{c}}^3] \\ k_2 = 64.79 \\ k_3 = 377600 \end{cases} \tag{3.15}$$

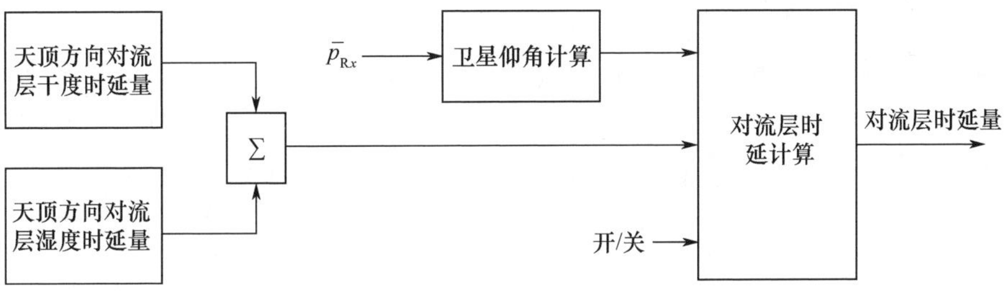

图3.6　对流层模型计算过程

3.2.5　信号传输损耗模型

信号在传输过程中受到多种影响，使得信号在到达地面的过程中不断地衰减。包括发射天线、自由空间损耗、大气衰减、极化损耗和接收天线[5]等，表示为

$$C_j = P_j + G_j - A_{\mathrm{dist}} - A_{\mathrm{atm}} - A_{\mathrm{pol}} + G_{\mathrm{user}} \tag{3.16}$$

式中：C_j 为信号接收功率；P_j 为信号发射功率；G_j 为卫星发射方向图；A_{pol}为极化损耗；G_{user}为导航终端天线增益，天线增益以文件的形式输入到传输损耗模块中；A_{dist}为

空间损耗,可以表示为

$$A_{\text{dist}} = 20\log\left(\frac{4\pi R_{\text{t}}}{c/f_{\text{c}}}\right) \tag{3.17}$$

式中:R_{t} 为卫星到导航终端的真实距离;f_{c} 为发射信号频率;c 为光速。

A_{atm}为大气损耗,可以表示为

$$A_{\text{atm}} \cong \frac{2A_{\text{Z}}\left(1+\dfrac{a}{2}\right)}{\sin E + \sqrt{a^2+2a+\sin^2 E}} = \begin{cases} \dfrac{2A_{\text{Z}}}{\sin E + 0.043} & E < 3° \\ \dfrac{A_{\text{Z}}}{\sin E} & E > 3° \end{cases} \tag{3.18}$$

式中:$A_{\text{Z}} \approx 0.035\text{dB}$;$a = h_{\text{m}}/R_{\text{e}}$,其中 $h_{\text{m}} = 6\text{km}$ 为对流层高度,R_{e} 为地球赤道半径;E 为卫星仰角。

3.2.6 卫星时钟误差模型

卫星时钟误差的计算公式为

$$\Delta t_{\text{SV}} = a_{f0} + a_{f1}(t - t_{\text{oc}}) + a_{f2}(t - t_{\text{oc}})^2 + \Delta t_{\text{R}} \tag{3.19}$$

式中:a_{f0}为卫星时钟偏差;a_{f1}为卫星时钟漂移;a_{f2}为卫星时钟漂移率;t_{oc}为卫星钟差参数模型计算时刻;Δt_{R} 为相对论效应修正值。

$$\Delta t_{\text{R}} = F_{\text{e}}\sqrt{A}\sin E_k \tag{3.20}$$

式中:$F_{\text{e}} = -4.442807633 \times 10^{-10}\text{s}/\sqrt{\text{m}}$;$\sqrt{A}$为半长轴的平方根;$E_k$ 为偏心率。

3.2.7 多径模型

多径衰落的机理如图 3.7 所示。$\tilde{s}(t)$为输入信号,sinc 内插函数来进行延迟输入信号,信号延迟后分别为$\tilde{s}(t-\tau_1)$,$\tilde{s}(t-\tau_2)$,…,$\tilde{s}(t-\tau_N)$[6];将延迟信号同莱斯随机序列相乘,将相乘信号加到直接信号中,得到最终的莱斯多径衰落信号[7]。

3.2.8 基带信号产生

信号生成模块根据参数生成模块输入的参数和人机界面生成可见卫星的基带信号,并合成各自的信号,最后在某个中频载波上对信号进行调制。产生一个基带信号的原理如图 3.8 所示,主要包括伪码产生、坐标系变换、大功率放大器、非线性变换、副载波调制、幅度控制、相位、控制、多径仿真、数据调制、基带调制、延迟控制、数据组合等功能模块[1]。

3.2.9 软件导航终端模型

导航终端的射频链路主要功能是低噪声放大器(LNA)、下变频、完成天线增益等。信号可以根据导航终端的要求灵活配置信号仿真平台的采样率和量化精度。但

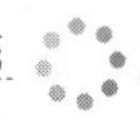

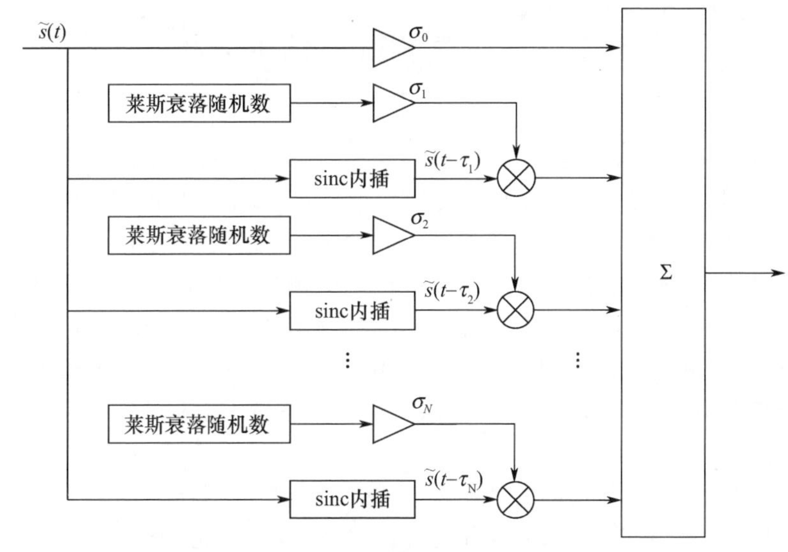

图 3.7　莱斯多径衰落模型

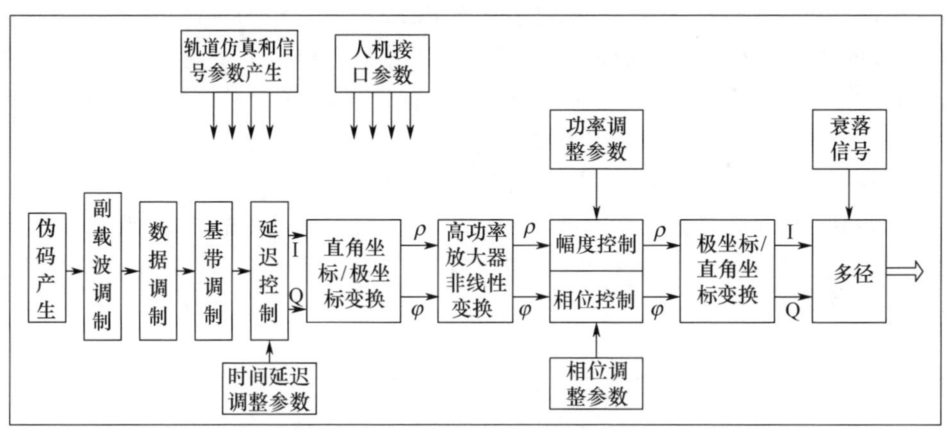

图 3.8　基带信号产生模块原理图

要求采样率满足带通采样定理。信号仿真平台通过基于 FFT 的伪码采集算法实现伪码和载波的二维并行采集，多普勒频率步长为 500Hz。在伪随机噪声（PRN）码获取之后，需要跟踪以获得准确的码相位同步和载波相位同步，然后计算伪距，并进一步获取导航消息。跟踪环路包括码相跟踪和载波相位跟踪。码相跟踪采用延迟锁定环（DLL），载波相位跟踪采用锁相环（PLL）。具体的循环形式和决策模式根据不同的算法设计而变化。在获取和跟踪 PRN 码和载波之后，卫星导航终端可以使接收信号与本地 PRN 码和本地振荡器的载波同步。在同步的基础上，导航终端通过伪距和解调导航消息计算卫星的位置和卫星与导航终端之间的距离。当可见卫星的数量大于 4 时，可以通过最小二乘法或卡尔曼滤波算法计算用户位置的三维坐标[8]。

3.3 仿真测试与结果分析

3.3.1 测试内容

通过上节构建的仿真平台可以很灵活地模拟多种场景，从而为多模导航终端提供各种测试环境。由于复用二进制偏移载波(MBOC)信号是未来多模接收的首选信号，本节以其为研究对象开展多模导航终端的测试。MBOC 信号的调制原理与特性分析在许多文献中都有描述，MBOC 调制可以通过复合二进制偏移载波(CBOC)和时分复用二进制偏移载波(TMBOC)两种方式获得，GPS 未来将在 GPS Ⅲ中采用 TMBOC，而 Galileo 将采用 CBOC 的调制方式，以达到两个系统的兼容与互操作[9]。

为了模拟和验证导航终端的各种算法，首先需要配置平台的各种参数。对于空间段参数配置，主要有两部分：一部分是以轨道和卫星在轨道中的位置表示的卫星星座；另一部分是占据每个轨道位置的卫星特征。卫星轨道可以根据标准的 16 个星历数据确定。利用开普勒方程可以确定卫星在 ECEF 坐标系中的位置和速度。从而可以得到星站距离、距离变化率和各时刻的方向矢量。任何卫星轨道都可以通过选择适当的星历参数来建模。卫星特性包括天线方向图增益、发射功率等。同时，还应考虑卫星遮挡角。当卫星低于遮挡角或被地形遮挡时(即使卫星高于遮挡角)，卫星信号近似设置为零，使导航终端无法接收到相应的卫星信号。

每颗卫星的具体参数设置为：16 个标准开普勒数、信号传输功率、调制方式、载频、导航信息、天线方向图、遮挡角。本章仿真测试中主导航终端测试平台的配置参数如表 3.1 所列。

表 3.1　导航终端测试平台仿真参数

仿真条件	GPS	Galileo 系统
星座布局	GPS 星座(24 颗卫星，分布在 6 个轨道面上，轨道倾角为 55°)	Galileo 星座(27 颗卫星，分布在 3 个轨道面上，轨道倾角为 56°)
星钟误差	偏移、漂移、漂移率	偏移、漂移、漂移率
信号	GPS-L1C(1575.42MHz)	Galileo-E1 OS(1575.42MHz)
测距码	Weil 码，码速率 1.023Mbit/s，码周期 1ms	伪随机码，码速率 1.023Mbit/s，码周期 4ms
调制方式	TMBOC	CBOC
HPA 非线性参数	Saleh 模型 $AM_\alpha=2.1587$ $AM_\beta=1.1517$ $PM_\alpha=4.033$ $PM_\beta=9.104$	Saleh 模型 $AM_\alpha=2.1587$ $AM_\beta=1.1517$ $PM_\alpha=4.033$ $PM_\beta=9.104$

（续）

仿真条件	GPS	Galileo 系统
卫星天线方向图	全向天线，0dB 增益	全向天线，0dB 增益
卫星信号发射功率	26.7dB	28.35dB
电离层延迟模型	Klobochar 模型	NeQuick 模型
对流层延迟模型	Hopfield 模型	Hopfield 模型
导航终端位置	经度 45°，纬度 35°，高度 0°	经度 45°，纬度 35°，高度 0°
导航终端动态	静止状态或半径为 50m 的圆周运动	静止状态或半径为 50m 的圆周运动
导航终端天线方向图	全向天线，0dB 增益	全向天线，0dB 增益
卫星导航终端截止仰角	10°	10°
运算精度	双字节	双字节
导航终端采样量化精度	8bit 量化	8bit 量化
信号捕获方式	基于 FFT 的二维捕获	基于 FFT 的二维捕获
码跟踪方式	双相关器算法/传统 BOC 接收	双相关器算法/传统 BOC 接收
导航终端通道数	8	8

通过配置表 3.1 所示参数，得到的 GPS 与 Galileo 信号全球平均功率分布情况如图 3.9、图 3.10 所示。

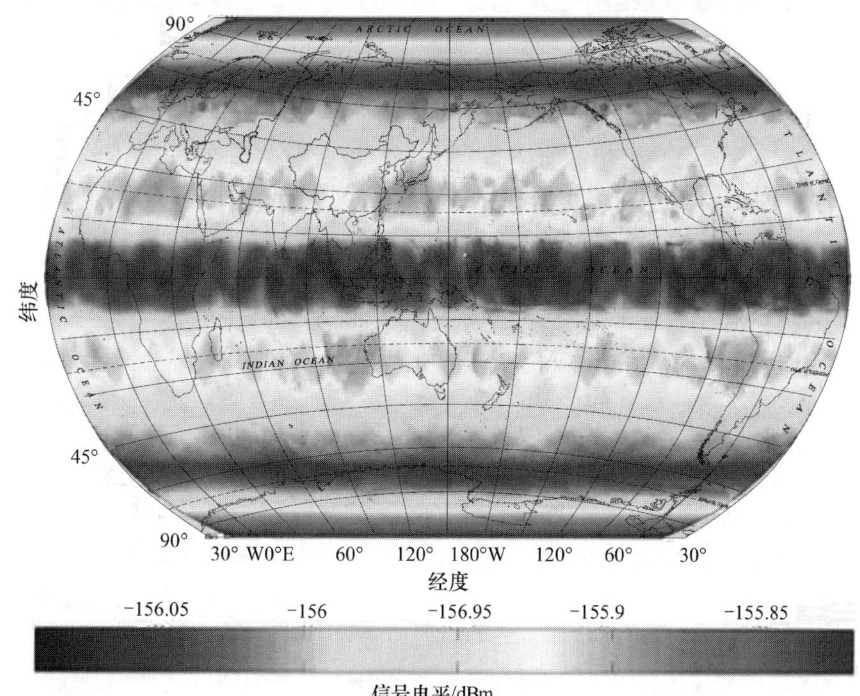

图 3.9　GPS 信号平均功率分布（见彩图）

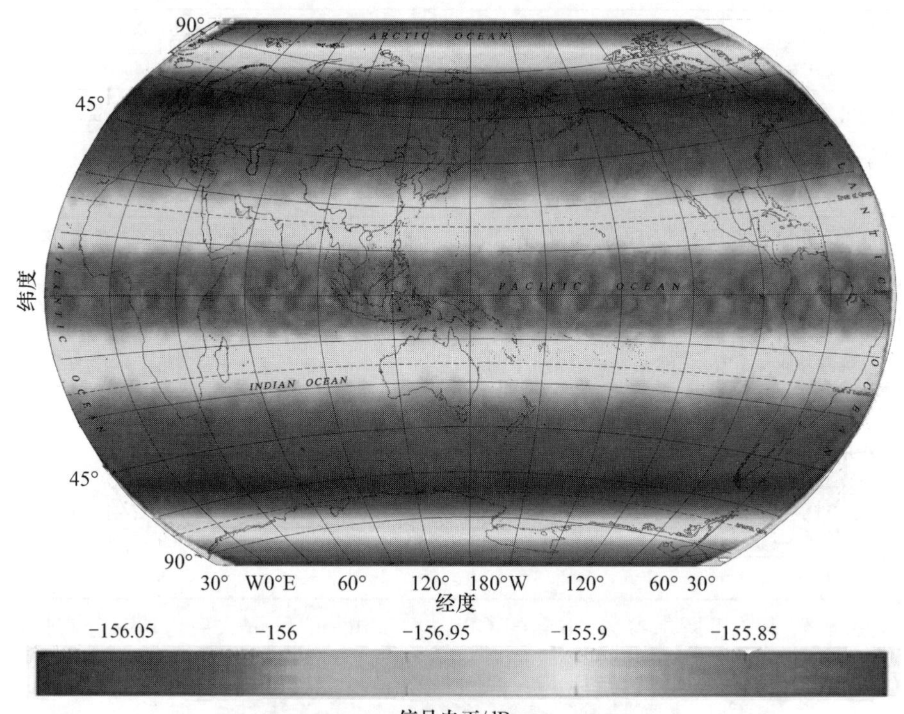

图 3. 10　Galileo 系统信号平均功率分布(见彩图)

研究表明,构建的该仿真平台具有灵活性与可配置性等优点,此外,本节通过模拟两种测试场景,灵活地配置导航终端兼容与互操作算法,验证导航终端性能。

(1) 仿真场景 1 为在单模 Galileo 系统信号发射 CBOC 情况下,导航终端静止或匀速圆周运动,根据导航终端测试的定位结果,验证导航终端的有效性。

(2) 仿真场景 2 为在双模(GPS/Galileo 系统信号)情况下,同时发射 MBOC 时验证导航终端的多模处理算法,并测试多模接收的处理效果。

3. 3. 2　仿真场景 1

场景假设:空间段配有 27 颗 Galileo 卫星,发射 E1OS 信号,多模导航终端于地面静止或作匀速圆周运动时,测试定位性能。相关参数如上节所示。

多模软件模拟器生成 1. 5MHz、采样频率 24MHz 的中频 CBOC 信号,其频谱如图 3. 11所示。

自相关曲线如图 3. 12 所示。

导航终端位置设为[116E, 39N],仿真开始时间为 2004 年 1 月 1 日零时,结束时间为 2004 年 1 月 2 日零时。在统计的时间内平均 DOP 值在世界上的分布如图 3. 13 所示,其中最大为 2. 549,最小为 2. 062。

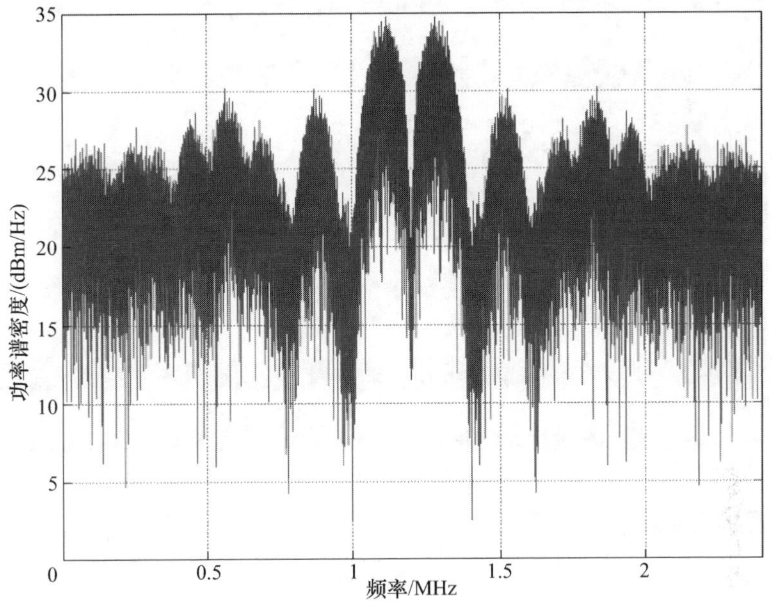

图 3.11　信号功率谱

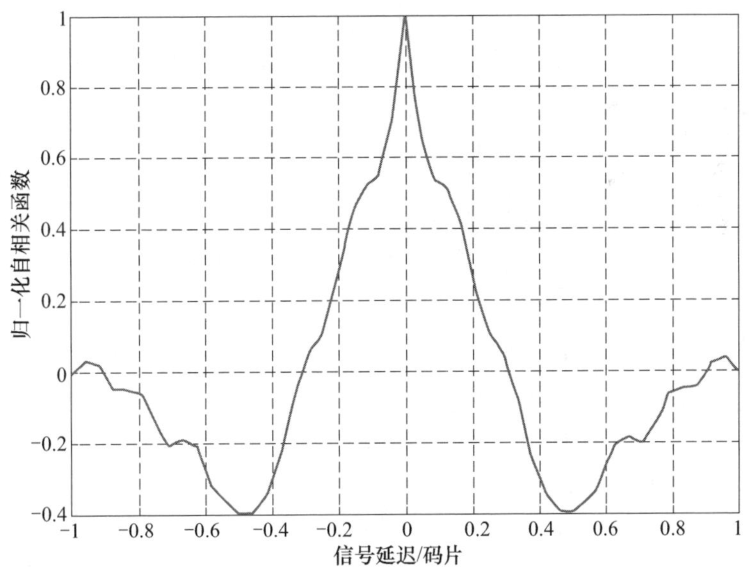

图 3.12　归一化自相关函数

静止导航终端所在位置处 DOP 值曲线如图 3.14 所示，其中最大值为 3.4784，最小值为 1.6547，均值为 2.3113。

为了加快捕获信号，采用并行码相位搜索捕获算法，捕获函数搜索 Galileo 信号的频率为 0.5kHz，搜索频率的同时也搜索码相位。每次搜索之后保存相关结果并继

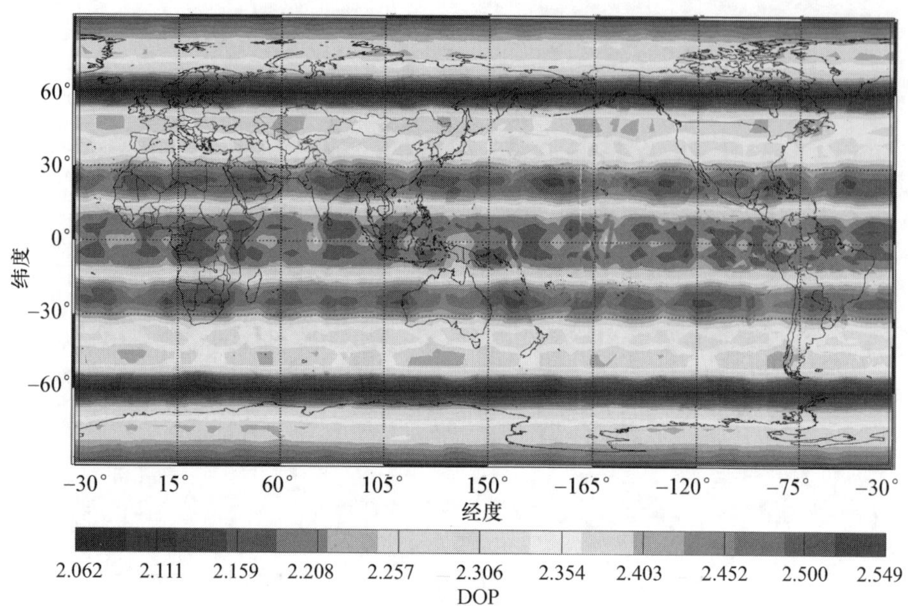

图 3.13　全球平均 DOP 值分布(见彩图)

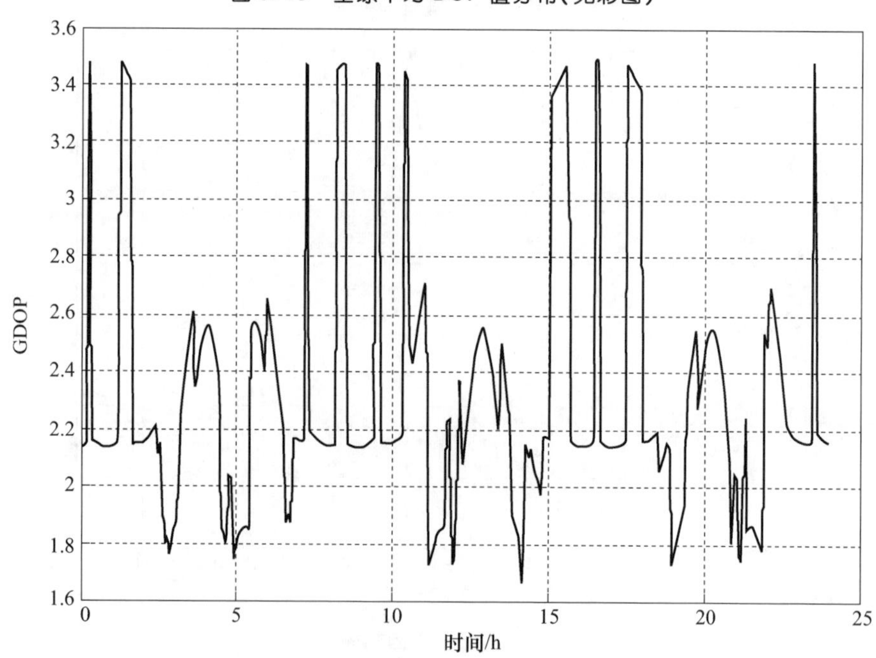

图 3.14　GDOP 随时间变化曲线

续下一个,遍历所有的频率范围,捕获结果如图 3.15 所示。

当捕获到信号并进入跟踪过程,采用双相关器方式接收信号实现了两路并行相关,一路是接收到的 CBOC 信号和本地产生的 BOC(1,1)进行相关,另一路是接收到

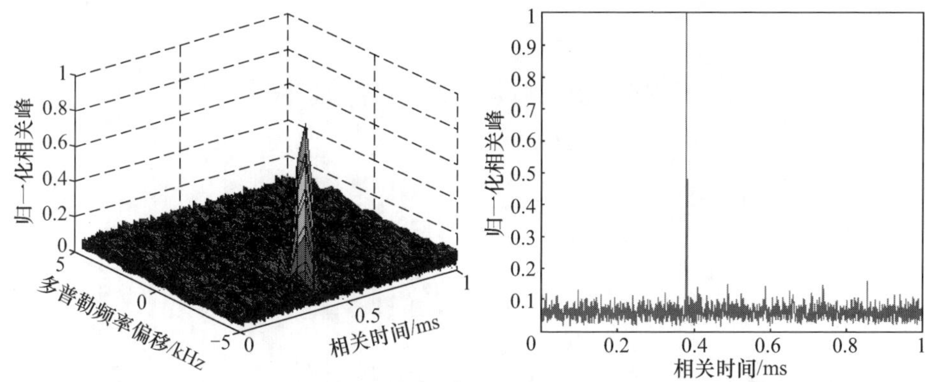

图 3.15　捕获结果(见彩图)

的 CBOC 信号和本地产生的 BOC(6,1)进行相关,最后对这两路输出进行线性相加,形成一个复合的相关器输出,输出结果如图 3.16 所示。

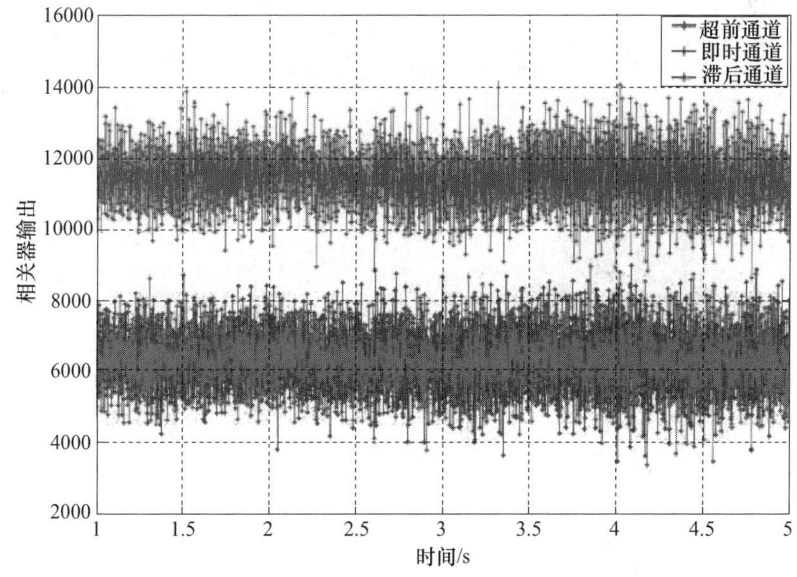

图 3.16　相关器输出结果(见彩图)

解调的电文数据如图 3.17 所示。

图 3.18 为多模软件导航终端的定位结果,其中图(a)为静止定位结果,图(b)为动态定位结果。静止定位结果东西方向一倍标准差为 0.25m,南北方向一倍标准差为 0.17m,距离均方根误差(DRMS)为 0.30674m,该误差包括信号产生误差、导航终端噪声误差、分辨率误差及载波跟踪环误差。运动状态定位测试模拟软件导航终端做半径为 50m,速度为 20.472m/s(37.699112km/h)的圆周运动,运动一周需要 30s。软件导航终端解算结果与软件信号产生器设定的场景一致。通过以上静态和动态测试验证了本章多模软件导航终端测试平台研究结果的有效性。

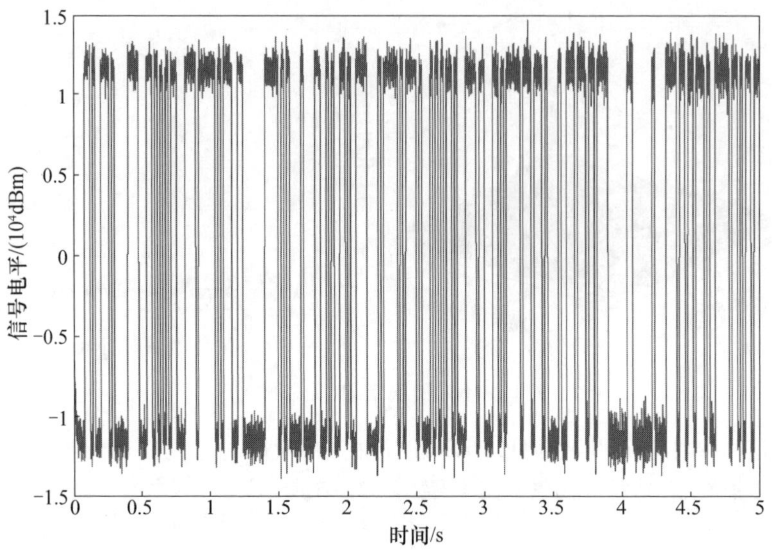

图 3.17 解调的电文数据

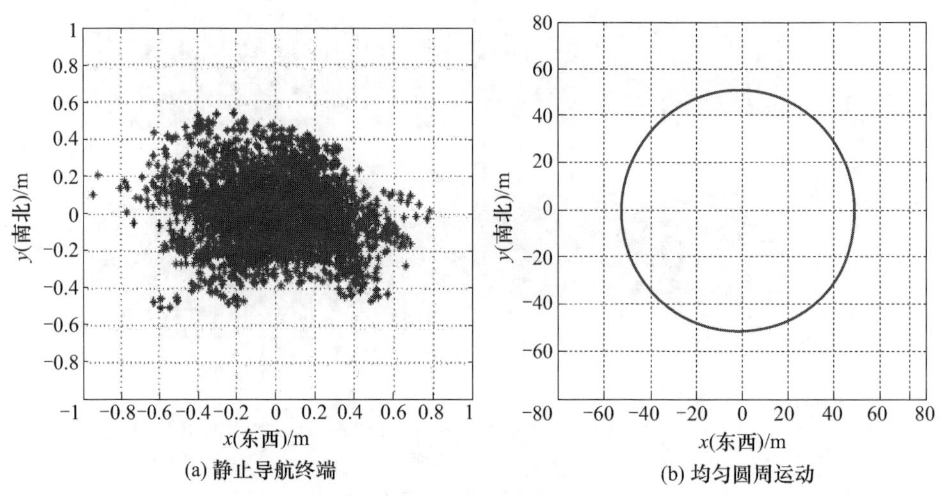

图 3.18 定位结果

3.3.3 仿真场景 2

场景假设:24 颗 GPS 卫星发射 TMBOC 信号,且 27 颗 Galileo 卫星发射 CBOC 信号,多模导航终端处于静止状态,分别以双相关器和普通 BOC 接收的方式接收信号。导航终端状态及仿真参数配置与场景 1 相同。

全球范围内统计时间内平均 DOP 值如图 3.19 所示,其中最大为 1.792,最小为 1.440。

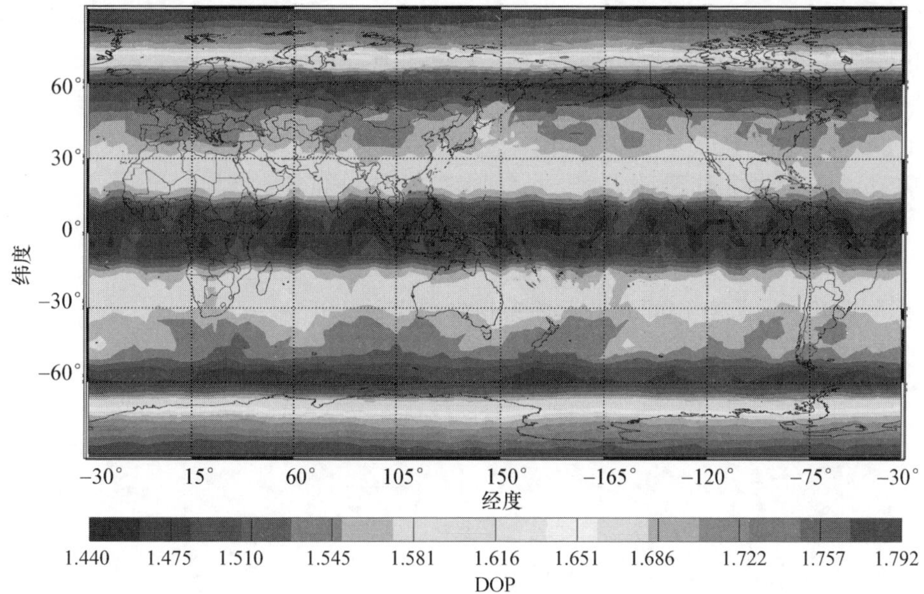

图3.19　全球平均DOP值分布(GPS+Galileo系统)(见彩图)

导航终端所在位置处DOP值随时间变化曲线如图3.20所示,其中最大值为2.3591,最小值为1.2223,均值为1.5414。试验结果表明,空间段中同时存在GPS与Galileo星座,可明显改善系统观测结构,具体表现在DOP值的明显减小。

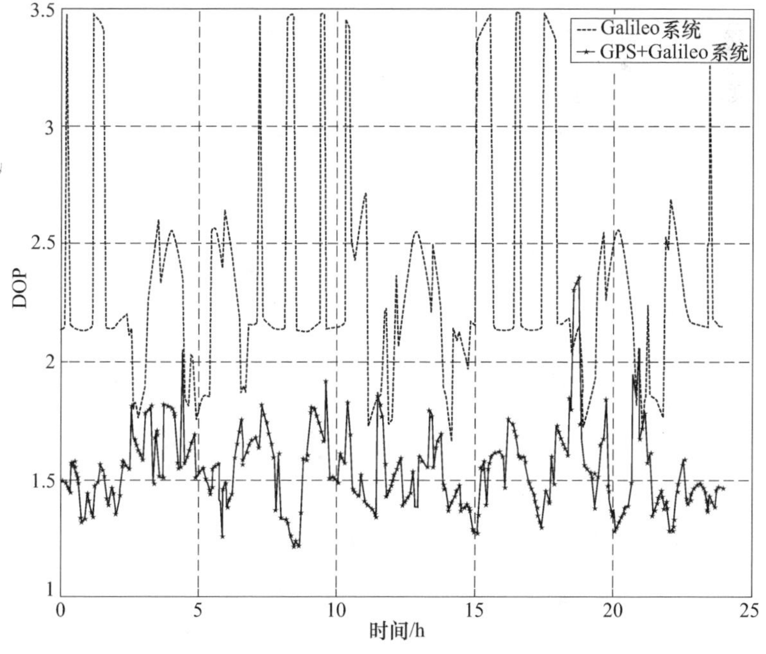

图3.20　DOP随时间变化曲线(GPS+Galileo系统)

场景 1 已经验证了多模导航终端的可行性,为了实现兼容与互操作,即同时接收 TMBOC 与 CBOC,则其内部的结构及算法还需要进一步地改进。场景 1 中的双相关器不能有效地跟踪 TMBOC 信号,这里采用传统的 BOC 跟踪方式,并对两种跟踪方式进行了比较,分别采用 MBOC 和 BOC(1,1)调制作为本地码,与经过不同带宽的 MBOC 信号进行相关处理。

图 3.21 为采用 14MHz 的前端滤波器,本地伪码分别采用 MBOC 和 BOC(1,1)相关处理后的相关峰;以及前端滤波器带宽 4MHz,本地伪码为 BOC(1,1)的相关峰曲线。可以看出,采用 BOC 接收后相关损失约为 0.5dB。

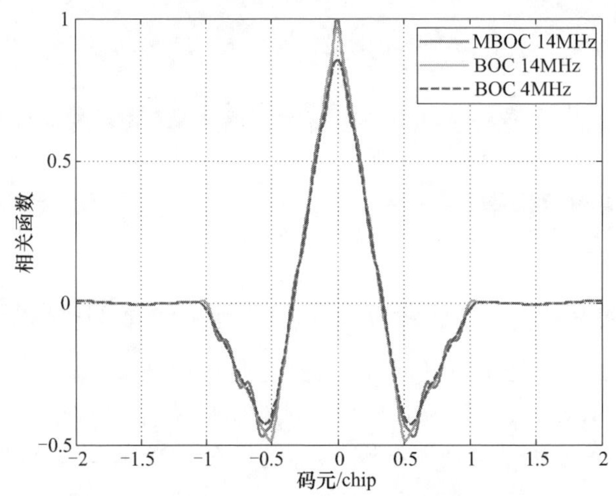

图 3.21 采用不同接收方式的相关曲线(见彩图)

相对于接收单系统 Galileo E1 OS 信号,同时接收 GPS L1C 与 Galileo E1 OS 时,GPS L1C 信号的干扰使得接收的 Galileo 信号载噪比下降,如图 3.22、图 3.23 所示,

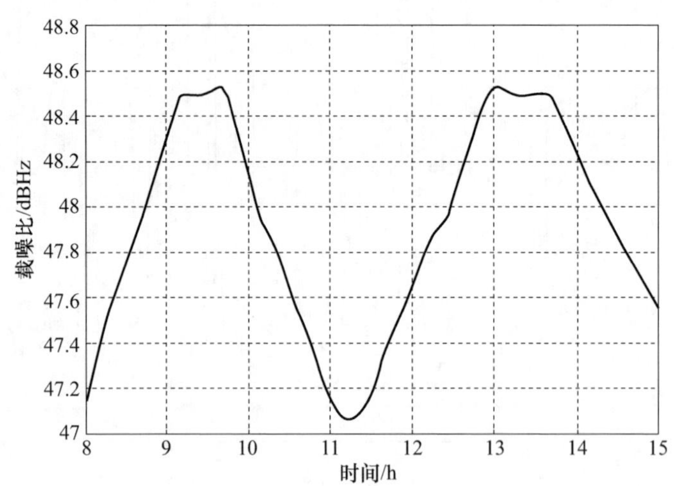

图 3.22 Galileo 4 号星载噪比曲线

由于 GPS L1C 的影响,使得接收 Galileo E1 OS 信号的载噪比下降最大约为 0.34dB,但相对于 E1OS 信号的载噪比(约 48dBHz)来说,可以忽略不计。

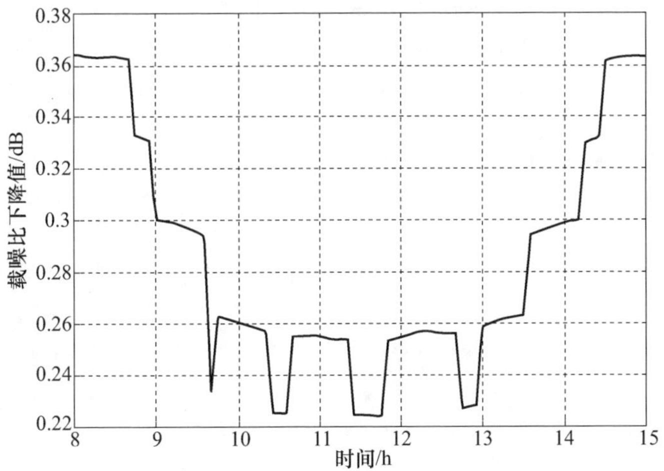

图 3.23 Galileo 4 号星载噪比下降曲线

采用一般 BOC 信号的接收方式同时接收 GPS L1C 和 Galileo E1OS 信号,由以上分析可知,多模的影响使得信号处理过程中增加了约 1dB 的损失,但由于多模系统大大提高了星座的 DOP 值,静止导航终端距离均方根误差(DRMS)为 0.1371m,相对单模导航终端,多模导航终端在很大程度上改善了系统的定位精度。

3.4 本章小结

本章构建了多模卫星导航终端测试与评估软件仿真平台,并详细描述了组成仿真平台的各个主要模块的原理和实现方法,研究提出的软件仿真平台具有灵活可控的特点,可以模拟出各种多模导航终端的测试环境,从而为多模导航终端的测试提供了一个良好的软件平台。此外,以接收 MBOC 的多模导航终端为例验证了单 Galileo 系统与 GPS/Galileo 系统组合模式下的性能。研究与试验结果表明:

(1) 相比单 Galileo 系统模式,GPS/Galileo 系统多模组合会造成期望信号的载噪比下降,伪距误差增大,但其负面影响相对星座几何构型的改善可以忽略,因此多模导航终端可明显提高定位精度。

(2) 在 GPS 和 Galileo 系统同时发射 MBOC 时,BOC 接收方式可以达到较好的性能。

参考文献

[1] 罗显志, 杨滕, 魏海涛,等. 基于 MATLAB 的卫星导航信号仿真和验证平台[J]. 系统仿真学

报, 2009, 21(18):5692-5698.

[2] 楼益栋. 导航卫星实时精密轨道与钟差确定[D]. 武汉:武汉大学, 2008.

[3] WESTON N D, HILLA S A. Impact of the Antenna Model Change on IGS Products[C]. International GNSS Service Analysis Center Workshop, Miami, Beach, Florida, USA, 2008:53-58.

[4] 王利杰, 李思敏, 等. 基于不同高度角的对流层延迟改正模型选择[J], 测绘通报, 2013 (8): 10-13.

[5] 李蓬蓬. 导航卫星信道模拟器关键技术研究[D]. 长沙:国防科学技术大学, 2014.

[6] 杨滕, 蔚保国, 王晓玲. GNSS 导航信号模拟软件体系结构研究[J]. 无线电工程, 2009, 39 (12):26-28.

[7] 沈锋, 赵丕杰, 徐定杰. 多径干扰下扩频导航信号伪码跟踪性能仿真研究[J]. 系统仿真学报, 2018(20):5630-5634.

[8] 秦明峰, 王兴刚, 张国强. 基于 MATLAB 集成环境的 GPS 接收机设计[J]. 无线电工程, 2009, 39(12):61-64.

[9] 赵静, 蔚保国, 李隽. GPS/Galileo 双模接收机定位精度分析与仿真测试研究[J]. 遥感信息, 2010(6):63-66.

第4章 北斗导航终端室内测试系统

北斗导航终端室内测试系统是在实验室条件下仿真模拟北斗和GPS卫星导航系统的卫星星座、卫星运动特性以及空间信号传播特性；并在实验室条件中通过构建导航终端典型应用环境或临界工作条件的测试环境，来对北斗导航终端开展相关测试工作的系统[1]。

4.1 室内测试任务

室内仿真测试系统，能够模拟产生导航终端接收到各种条件下的卫星导航信号，具备对各类导航终端（包括手持型、车载型、定时型、指挥型、高动态型以及抗干扰型等）进行整机测试的能力，以检测导航终端的特性能否满足技术指标要求，满足导航终端生产研制单位、测试检验机构、导航终端最终使用单位的测试检验需求[2]。室内仿真测试系统能够自动化完成导航终端各项功能和性能指标的测试检验，实现在各种指定条件下对各类导航终端的功能和性能测试。

美国导航测试与评估实验室（Navigation Test and Evaluation Laboratory）为全面测试美军导航设备性能是否满足使用要求，在白沙导弹测试场筹建了卫星导航室内测试环境，用于对各种型号的卫星导航、导航组合终端进行测试和导航战技术验证[3]。

室内仿真测试系统基于模型仿真，通过伪距变化生成卫星导航信号，能够在暗室内或有线测试环境下对各类导航终端进行功能和性能测试。室内仿真测试系统能够模拟导航卫星信号，以及常见的窄带/宽带干扰信号，模拟仿真导航终端的动态特性，采集被测导航终端的状态、参数信息，实现对各类导航终端的测试，以检验导航终端功能和性能是否满足技术指标要求。室内仿真测试系统能够自动完成对导航终端的各项功能和性能测试，为各类导航终端的研制、调试、生产、验收等提供标准化的检验平台，在保证导航终端产品质量中发挥了重要作用。可控、可重复的模拟测试环境为导航终端厂家提供了有效的开发和测试手段，能够有效缩短研发周期，降低导航终端产品成本，提高产品质量，进一步加快导航终端的推广和应用。

4.2 室内测试系统设备组成

如图4.1所示，室内仿真测试系统主要由暗室和仿真测试设备组成。暗室中具有收发天线和测试转台,完成系统无线测试环境的建立;仿真测试设备主要包括:测试系统机柜、系统控制台及有线测试台,主要负责完成系统测试控制和有线测试环境的构建[1]。

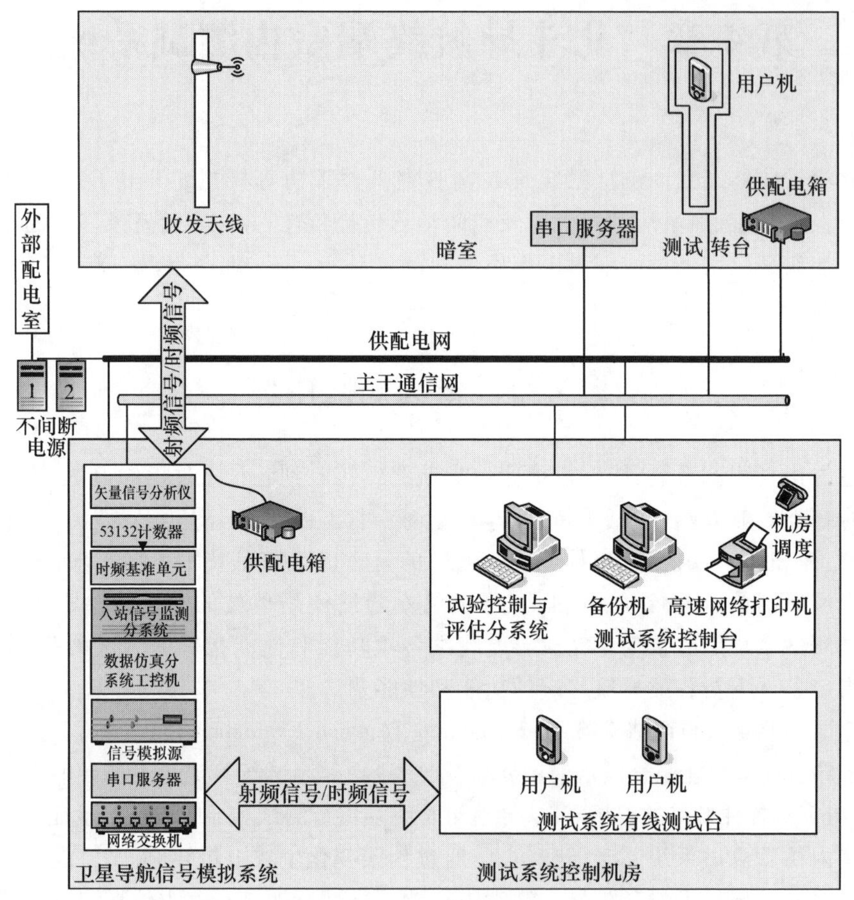

图 4.1　测试系统框图

测试控制与评估分系统软件运行在一台高性能计算机上,它们通过以太网和数据仿真计算机的数据仿真软件进行数据交互。

数据仿真分系统软件运行在数据仿真分系统工控机上,信号模拟源结构设计上采用标准机箱,内置导航信号仿真模块等[4]。

信号仿真分系统(信号模拟源)与被测设备接口采用射频同轴电缆或通过天线辐射,把信号送入被测设备。无线测试时,射频信号经由电缆送至信号天线,有线测试时,射频信号经射频同轴电缆送至各被测导航终端。

入站信号监测分系统与接收天线采用同轴电缆连接,与串口服务器通过串口连接。入站信号监测分系统接收导航终端发射的 RDSS 入站信号,解调和解析入站数据后同获得的观测量信息一同上报至测试控制与评估分系统。

导航终端的输出信息经由串行通信标准接口 232(RS232)串口送入串口服务器，串口服务器经以太网送入测试控制与评估分系统。

时频基准单元为信号仿真分系统(信号模拟源)以及入站信号监测分系统提供统一的时间频率基准。

4.2.1　测试控制与评估分系统

测试控制与评估分系统是室内仿真测试系统的控制中心，相当于整个系统的“大脑”，实现用户与室内仿真测试系统之间主要的人机交互操作。测试控制与评估分系统的主要功能是使用权限设置及验证、系统自检、测试环境配置、测试模式选择、测试方案的规划、测试过程中对各分系统和设备的控制以及试验数据的采集、存储和分析评估处理。测试控制与评估分系统要求人机界面友好，具备室内测试系统各组成部分状态信息、测量参数、监控信息的显示功能，操作控制简便快捷、容错能力强，并支持在线帮助[3]。

4.2.1.1　主要功能

测试控制与评估分系统的具体功能如下：

(1) 使用权限设置及验证功能。主要包括用户名及其密码的新增/修改/删除功能，以及用户名、用户密码验证功能。

(2) 系统自检功能。系统具备各分系统及设备自检控制、状态查询功能以及故障显示功能。

(3) 测试环境配置功能。系统具备测试信号链路和数据链路参数的编辑/修改/存储功能。从系统使用灵活性和扩展性考虑，系统测试信号链路和数据链路参数分别以单独的文件进行存储。系统具备出/入站射频信号各频点链路衰减、时延等参数的编辑/修改/存储功能。系统在运行和测试过程中根据信号链路参数修正相应的信号模拟源输出功率以及入站接收机上报的功率测量数据和时延测量数据等。同样，系统具备各分系统通信接口的类型、信息传输速率等参数的编辑/修改/存储功能。

(4) 测试模式选择功能。系统具备统一化测试模式和开放式测试模式的选择功能。统一化测试模式是依据用户事先编辑和存储的测试模板以及模板中相应的测试控制参数信息，按照指定的测试流程进行自动测试，自动进行测试结果的分析评估和测试报表生成。开放式测试模式为用户提供自主的控制权限与步骤，用户可以分别控制数据仿真分系统、信号仿真分系统、测试转台、被测导航终端等各设备按用户指定的条件运行，并自由控制调节各分系统的工作参数或状态；在此种工作模式下，用户需要自行对被测导航终端上报的参数进行分析评判。

(5) 数据仿真控制功能。系统具备对仿真参数进行编辑、修改和存储的功能。这些参数包括数据仿真起/止时间、导航终端运动轨迹、误差模型及参数等。数据仿真分系统按照用户设定的仿真参数生成相应的卫星导航仿真数据。

(6) 信号仿真控制功能。系统具备对信号仿真分系统仿真频点、信号功率、信号通断等参数的设置和调节功能。

(7) 测试转台控制功能。系统具备对测试转台的方位、俯仰等工作模式或参数的实时设置和调整功能。

(8) 被测导航终端控制功能。系统按照导航终端接口协议,具备对用户工作方式、信息上报等操作的控制功能。

(9) 测试参数设置功能。系统以文件形式存储各试验项目的测试参数。系统具备测试模板以及模板中参数的编辑、修改和存储功能。

(10) 测试过程控制功能。系统具备测试开始、测试暂停/停止、跳过当前测试项等测试过程的控制功能。具备自动测试、单次测试和手动测试的控制功能。

(11) 状态信息及测试过程显示功能。系统具备测试过程中各分系统设备状态信息显示功能,以及测试控制过程信息的显示功能。

(12) 测试数据和信息采集功能。系统具备测试数据和信息的采集、存储功能。

(13) 测试数据和信息显示功能。系统具备测试数据和信息、分析评估结果以及统计结果信息等显示功能。

(14) 分析评估控制功能。系统具备自动实时分析评估功能,另外系统支持用户对测试数据进行事后分析评估。

(15) 测试报表生成及打印功能。系统具备测试报表生成及打印的控制功能。

(16) 具备数据库管理功能。系统具备测试数据及结果查询功能,测试数据及评估结果的查询、检索等功能。

(17) 系统支持注入式和辐射式两种试验测试模式。注入式测试模式为有线测试,辐射式测试模式为无线测试。

4.2.1.2 误差校准设计

测试控制与评估分系统具备误差校准功能,能够对系统射频信号功率、频点间通道一致性等参数进行修正,使系统在测试过程中达到系统指标要求。

1) 出站信号功率误差修正

测试控制与评估分系统通过调整信号模拟源的输出功率来达到系统有线测试和无线测试出站信号功率的误差修正目的,以满足测试所需要的到达导航终端接收天线口面的测试信号功率。系统出站信号功率误差修正原理示意图如图 4.2、图 4.3 所示。

$$P_{\text{信号源}} = P_{\text{导航终端}} - P_{\text{链路}} \tag{4.1}$$

式中:$P_{\text{导航终端}}$为导航信号到达导航终端接收天线口面的信号功率;$P_{\text{链路}}$为系统标定的从信号模拟源输出到导航终端接收天线口面有线或无线的链路衰减;$P_{\text{信号源}}$为系统标定的信号源需要设定的实际信号输出功率。

因此只要知道测试所需要的到达导航终端接收天线口面的信号功率$P_{\text{导航终端}}$,根据链路衰减值,就可以推算出信号模拟源设定的实际信号输出功率。测试控制与评

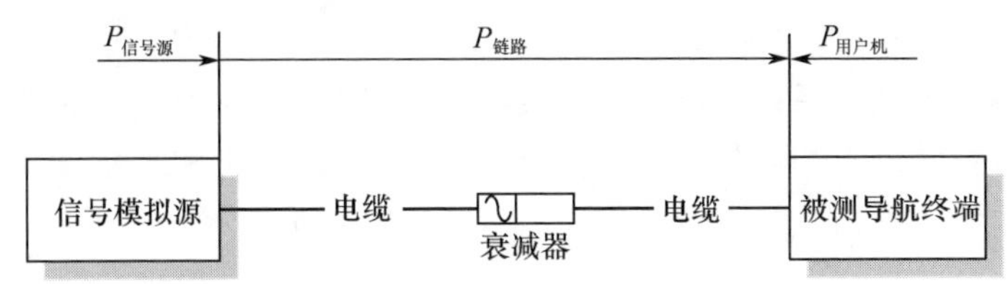

图 4.2　系统有线链路出站信号功率误差修正示意图

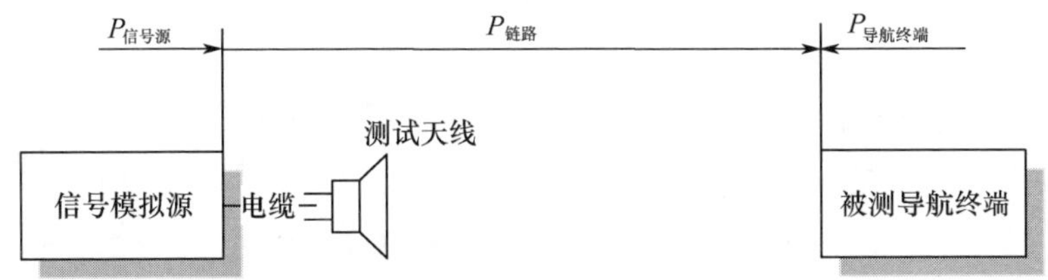

图 4.3　系统无线链路出站信号功率误差修正示意图

估分系统将标定的无线或有线链路衰减 $P_{链路}$ 等参数信息以可扩展标记语言(XML)配置文件形式进行保存和调用。在实际测试过程中,测试控制与评估分系统根据测试要求获得到达被测导航终端接收天线口面的信号功率 $P_{导航终端}$,然后根据读取的配置文件参数自动计算信号模拟源实际需要设定的信号强度,最终使得到达导航终端接收天线口面的信号功率达到试验指定的要求。

系统出站功率配置参数如图 4.4 所示。


```
- <模拟源1参数>
    <B1频点信号源输出功率 说明="信号源设置-110dBm" 单位="dBm">-30.04</B1频点信号源输出功率>
    <B2频点信号源输出功率 说明="信号源设置-110dBm" 单位="dBm">-31.67</B2频点信号源输出功率>
    <B3频点信号源输出功率 说明="信号源设置-110dBm" 单位="dBm">-29.27</B3频点信号源输出功率>
    <L1频点信号源输出功率 说明="信号源设置-110dBm" 单位="dBm">-29.37</L1频点信号源输出功率>
    <S频点信号源输出功率 说明="信号源设置-110dBm" 单位="dBm">-30.77</S频点信号源输出功率>
    <干扰B1频点信号源输出功率 说明="信号源设置-110dBm" 单位="dBm">-38</干扰B1频点信号源输出功率>
    <干扰B2频点信号源输出功率 说明="信号源设置-110dBm" 单位="dBm">-38</干扰B2频点信号源输出功率>
    <干扰B3频点信号源输出功率 说明="信号源设置-110dBm" 单位="dBm">-38</干扰B3频点信号源输出功率>
  </模拟源1参数>
- <入站接收机1参数>
    <入站接收机电平修正量 单位="">88.5</入站接收机电平修正量>
    <入站接收机时延修正量 单位="ns">251788.85</入站接收机时延修正量>
  </入站接收机1参数>
- <有线链路衰减参数>
    <B1频点链路衰减 单位="dB">60.07</B1频点链路衰减>
    <B2频点链路衰减 单位="dB">58.92</B2频点链路衰减>
    <B3频点链路衰减 单位="dB">58.26</B3频点链路衰减>
    <L1频点链路衰减 单位="dB">59.63</L1频点链路衰减>
    <S频点链路衰减 单位="dB">62.38</S频点链路衰减>
    <L频点链路衰减 单位="dB">70.61</L频点链路衰减>
  </有线链路衰减参数>
- <无线链路衰减参数>
    <B1频点链路衰减 单位="dB">66.47</B1频点链路衰减>
    <B2频点链路衰减 单位="dB">62.26</B2频点链路衰减>
    <B3频点链路衰减 单位="dB">63.26</B3频点链路衰减>
    <L1频点链路衰减 单位="dB">66.48</L1频点链路衰减>
    <S频点链路衰减 单位="dB">75.76</S频点链路衰减>
    <L频点链路衰减 单位="dB">63.91</L频点链路衰减>
  </无线链路衰减参数>
```


图 4.4　系统出站功率配置参数

2）入站信号功率误差修正

测试控制与评估分系统通过对入站接收机上报的信号功率测量值来实现系统入站信号功率误差的修正，其误差修正包括入站链路衰减修正和入站接收机电平修正两项内容。系统入站信号功率误差修正示意图如图 4.5 所示。

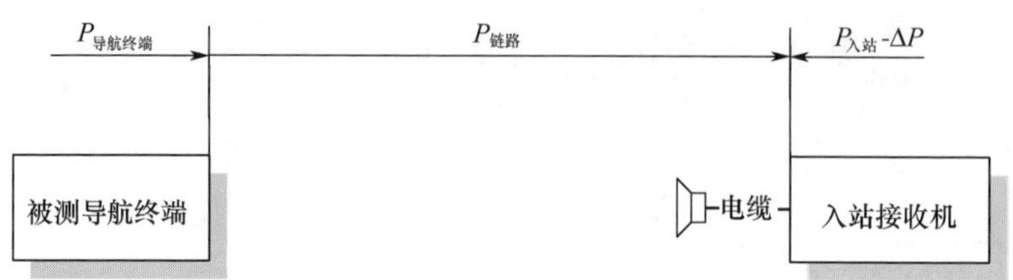

图 4.5　系统入站信号功率误差修正示意图

$$P_{导航终端} = P_{入站} - \Delta P + P_{链路} \tag{4.2}$$

式中：$P_{导航终端}$为待测的导航终端入站信号功率；$P_{入站}$为导航终端发射 RDSS 入站信号时入站接收机的功率测量值；$P_{链路}$为系统标定的从导航终端入站天线口面到入站接收机入口处的链路衰减；ΔP 为入站接收机信号功率的修正值，为一常量。

ΔP 可以由 $\Delta P = P_{标入} - P_{标测}$ 计算。$P_{标入}$为标准入站源入站信号输出功率，可通过频谱仪或功率计获得，$P_{标测}$为标准入站源发射功率为 $P_{标入}$时入站接收机的标测值。系统入站功率配置参数如图 4.6 所示。

```
- <入站接收机1参数>
    <入站接收机电平修正量 单位="">88.5</入站接收机电平修正量>
    <入站接收机时延修正量 单位="ns">251788.85</入站接收机时延修正量>
  </入站接收机1参数>
```

图 4.6　系统入站功率配置参数

4.2.1.3　实时控制设计

测试控制与评估分系统具备对各分系统及设备的实时控制功能。在开放式测试模式下，测试控制与评估分系统能够对测试系统内部的每个分系统单独进行参数设置，实现对每个分系统及设备的独立控制，并实时获取测试系统各个组成设备的状态信息。测试系统实时控制的设备主要包括信号模拟源、测试转台、被测导航终端、程控电源以及干扰信号源等。系统实时控制功能界面如图 4.7 所示。

4.2.1.4　脚本化编辑设计

测试控制与评估分系统具备脚本化编辑功能，便于对系统信号链路、信息链路、测试模板的配置进行修改和维护，而不用修改系统软件。脚本化编辑设计主要包括以下几个方面：

（1）系统信号链路信息以 XML 文件的形式进行存储。

（2）系统信息链路配置以文本文件的形式进行存储。

（3）测试模板以 XML 脚本文件的形式进行存储。

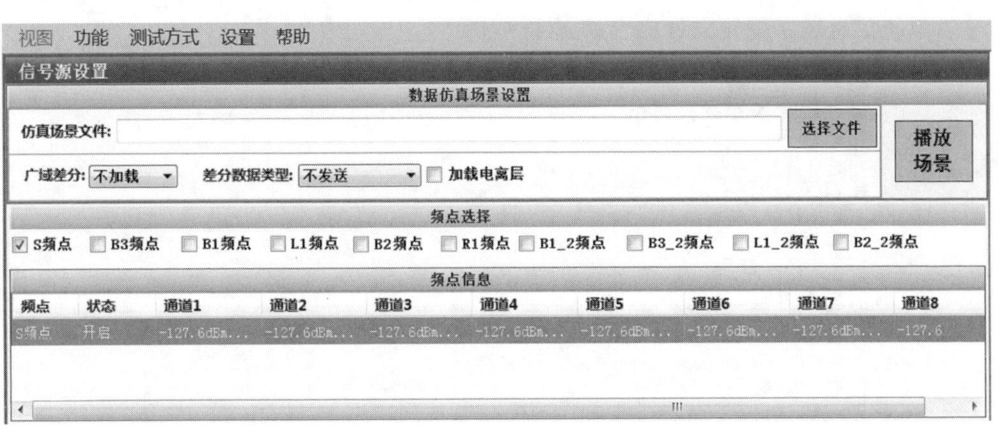

图 4.7　实时控制功能界面

1）系统信号链路信息的脚本化编辑设计

系统信号链路的配置信息以 XML 脚本文件进行存储，存储信息主要包括系统有线链衰减和时延信息、系统无线链路衰减和时延信息、系统入站接收信号链路的衰减和时延。系统信号链路配置文件内容如图 4.8 所示。

```
- <入站接收机1参数>
    <入站接收机电平修正量 单位="">88.5</入站接收机电平修正量>
    <入站接收机时延修正量 单位="ns">251788.85</入站接收机时延修正量>
  </入站接收机1参数>
- <有线链路衰减参数>
    <B1频点链路衰减 单位="dB">60.07</B1频点链路衰减>
    <B2频点链路衰减 单位="dB">58.92</B2频点链路衰减>
    <B3频点链路衰减 单位="dB">58.26</B3频点链路衰减>
    <L1频点链路衰减 单位="dB">59.63</L1频点链路衰减>
    <S频点链路衰减 单位="dB">62.38</S频点链路衰减>
    <L频点链路衰减 单位="dB">70.61</L频点链路衰减>
  </有线链路衰减参数>
- <无线链路衰减参数>
    <B1频点链路衰减 单位="dB">66.47</B1频点链路衰减>
    <B2频点链路衰减 单位="dB">62.26</B2频点链路衰减>
    <B3频点链路衰减 单位="dB">63.26</B3频点链路衰减>
    <L1频点链路衰减 单位="dB">66.48</L1频点链路衰减>
    <S频点链路衰减 单位="dB">75.76</S频点链路衰减>
    <L频点链路衰减 单位="dB">63.91</L频点链路衰减>
  </无线链路衰减参数>
```

图 4.8　系统信号链路配置文件

2）系统信息链路的脚本化编辑

系统信息链路的配置以文本文件的格式存储，主要存储信息包括信号模拟源、入站接收机、无线测试台、有线测试台、程控电源等的接口类型、接口地址以及接口速率等。系统信息链路配置文件内容如图 4.9 所示。

```
*-*-*-*-*-*-*-*-*-*-*-*-*-*-*-*-*-*-*-*-*-*-*-*-*-*-*-*-
接口分类名称:
用户机无线测试台接口
接口编号:
1
接口类型值:
TCP_INTERFACE
接口参数1:
192.168.0.251
接口参数2:
4001
接口参数3:

接口参数4:
无线测试台1
接口参数5:
```

图 4.9　系统信息链路配置文件

系统支持对信息链路配置文件进行在线修改,也可以直接对该系统信息链路配置文件进行修改。系统信息链路配置在线修改界面如图 4.10 所示。

图 4.10　系统信息链路配置修改界面

3）测试模板的脚本化编辑

每个测试模板下可包含多个测试项目,为便于测试项目参数的编辑和修改,每个测试项目的均以一个 XML 脚本文件进行存储。测试项目配置文件存储的主要参数包括信号模拟源、被测导航终端、测试转台、程控电源、测试控制参数等的信息,测试项目的脚本配置文件如图 4.11 所示。

授权用户可以对测试模板以及测试项目进行编辑和修改。测试模板管理主要是对测试模板进行维护、管理,以及新测试项目的生成。其中模板编辑包括模板的创建

```
- <项目描述信息>
    <项目类型>固定流程</项目类型>
    <测试流程族>固定流程-20111015</测试流程族>
    <测试项目流程>定位功能测试</测试项目流程>
    <生成时间 />
  </项目描述信息>
- <指标要求信息>
    <定位成功率 控件类型="整数输入框" 参数后缀="%" 最大值="100" 最小值="1">98</定位成功率>
  </指标要求信息>
- <复位用户机1 操作步骤="1">
    <等待时间 控件类型="整数输入框" 参数后缀="毫秒" 最大值="999999999" 最小值="0">1000</等待时间>
  </复位用户机1>
- <转台控制参数 操作步骤="2">
    <转台控制类型 控件类型="组合输入框" 备选项="固定角度,循环运动" 可编辑="否">固定角度</转台控制类型>
    <转台状态1 控件类型="俯仰角输入框">(0,70)</转台状态1>
    <转台状态2 控件类型="俯仰角输入框">(180,90)</转台状态2>
    <注释 控件类型="注释说明">控制转台为到设定的转台状态1，如果设置为循环运动，则转台会在转台状态1和转台状态2之间循环运动。</注释>
  </转台控制参数>
- <设置测试场景 操作步骤="3">
    <数仿文件名 控件类型="场景文件选择框">D:\data\2小时定位精度测试静态</数仿文件名>
    <频点设置 控件类型="组合输入框" 备选项="B1,B2,B3,L1,S,信号干扰1，信号干扰2，信号干扰3">S</频点设置>
    <波束号 控件类型="整数输入框" 参数后缀="波束" 最大值="10" 最小值="1">1</波束号>
    <波束功率 控件类型="浮点数输入框" 参数后缀="dBm" 最大值="-110" 最小值="-127.6">-124</波束功率>
    <频点设置 控件类型="组合输入框" 备选项="B1,B2,B3,L1,S,信号干扰1，信号干扰2，信号干扰3">S</频点设置>
    <波束号 控件类型="整数输入框" 参数后缀="波束" 最大值="10" 最小值="1">3</波束号>
    <波束功率 控件类型="浮点数输入框" 参数后缀="dBm" 最大值="-110" 最小值="-127.6">-124</波束功率>
  </设置测试场景>
- <功率检测等待 操作步骤="4">
    <超时时间 控件类型="整数输入框" 参数后缀="ms" 最大值="999999999" 最小值="0">20000</超时时间>
    <注释 控件类型="注释说明">如果用户机超过设置的超时时间仍未捕获规定的波束信号，则该用户机退出本次测试。</注释>
  </功率检测等待>
- <测试过程超时设置 操作步骤="5">
    <定位申请超时时间 控件类型="整数输入框" 参数后缀="ms" 最大值="2000" 最小值="1000">2000</定位申请超时时间>
    <定位信息上报超时时间 控件类型="整数输入框" 参数后缀="ms" 最大值="2000" 最小值="1000">1000</定位信息上报超时时间>
  </测试过程超时设置>
```


图 4.11　测试项目的脚本配置文件

模板、删除模板、复制模板、创建目录等，针对测试模板内测试项目的编辑包括删除测试、编辑测试、复制测试和粘贴测试等。测试模板的编辑界面如图 4.12 所示。

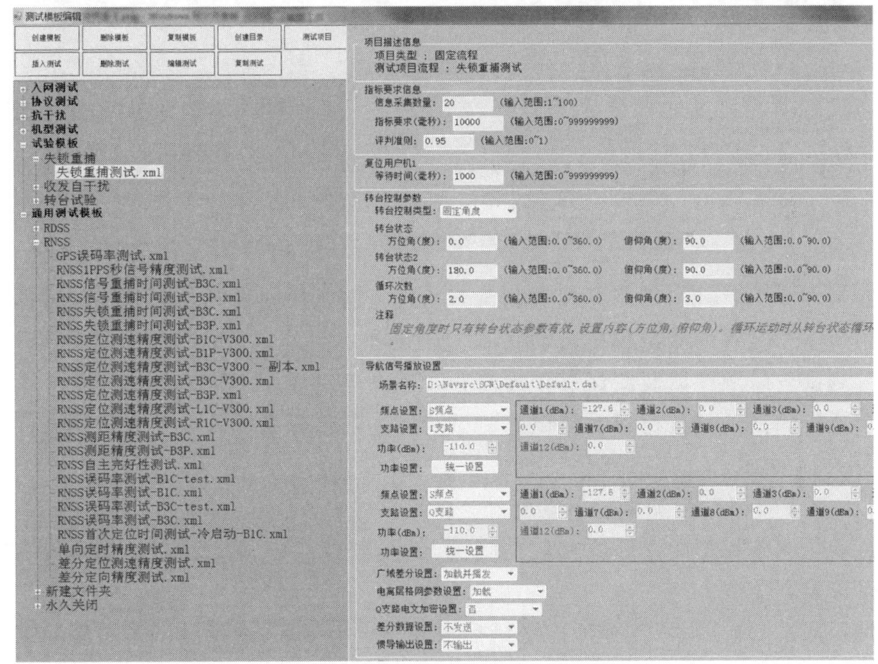

图 4.12　测试模板编辑界面（见彩图）

测试项目的参数编辑界面如图 4.13 所示。

4.2.1.5　多种测试评估模式设计

测试控制与评估分系统软件支持统一化测试和开放式测试两种测试模式，测试

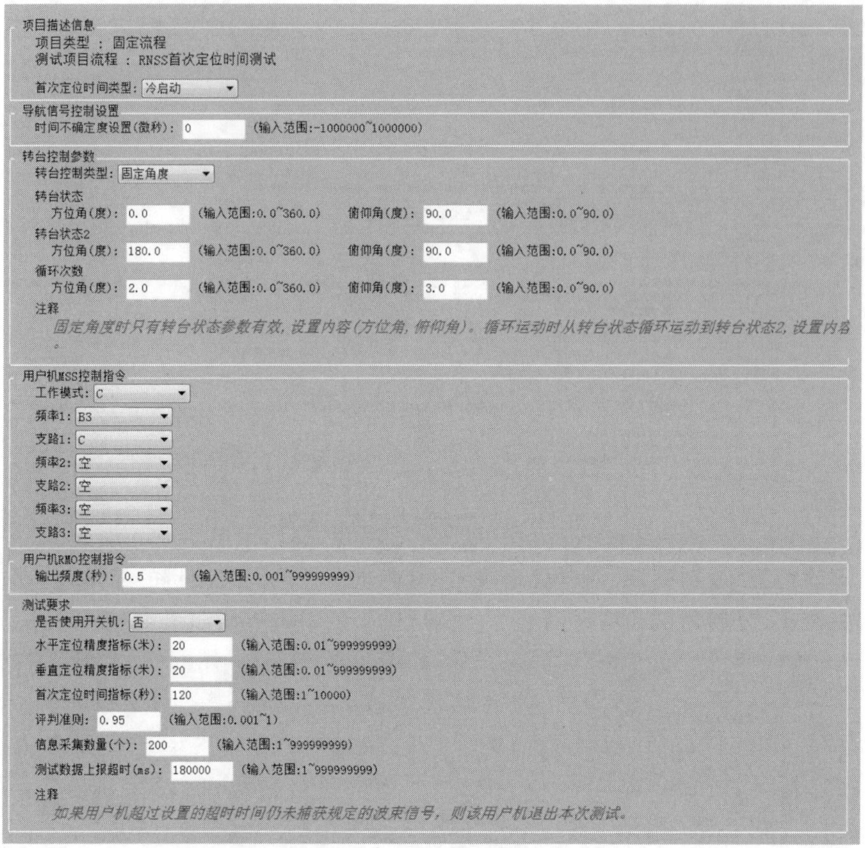

图 4.13 测试项目的参数编辑界面(见彩图)

过程控制均简单、快捷，用户可根据测试需求进行测试模式选择。统一化测试模式将按照用户事先配置的测试模板自动完成所设定项目组的自动化测试，并支持调整测试项目测试先后顺序以及测试过程中停止和跳过某一测试项目的功能，也可以选择对某个特定测试项目进行单次测试。测试控制与评估分系统软件统一化测试控制界面如图 4.14 所示。

4.2.1.6 自动化测试控制功能

自动化测试控制的主要操作包括测试开始、测试停止、测试暂停/继续和跳过当前项目等控制功能。

（1）测试开始：用户选择所需测试模板和测试项目后，选择测试开始后系统自动进行所选测试模板中所有测试项目的测试。

（2）测试暂停/继续：用户选择测试暂停后系统软件暂时停止执行所有测试项目，并等待用户进行下一步操作；如果导航终端选择测试继续，系统从上次暂停的下一个测试项目开始继续进行自动化测试。

（3）测试停止：用户选择测试停止后系统软件停止所有的测试项目。

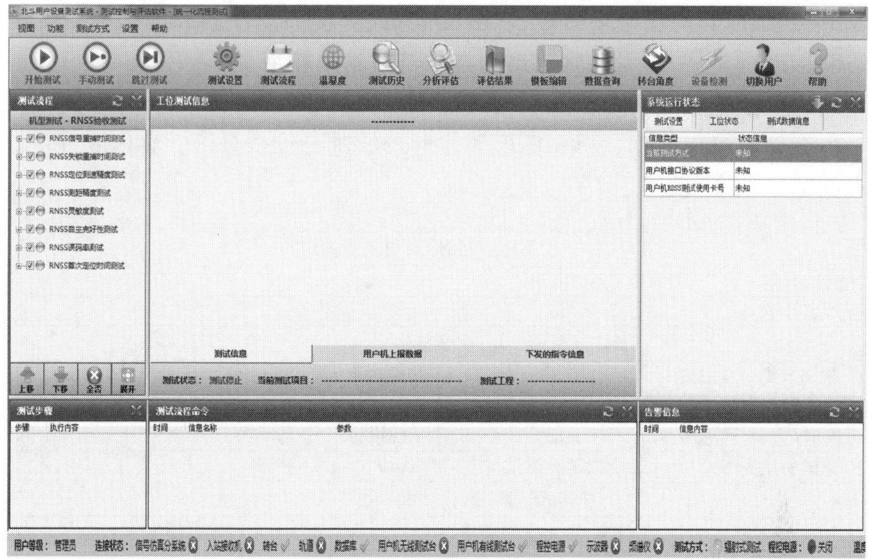

图 4.14　统一化测试控制界面(见彩图)

(4) 跳过当前测试项目:用户选择后系统测试控制与评估软件跳过当前正在进行的测试项目,进行下一个测试项目。

4.2.1.7　测试数据实时采集和存储

测试控制与评估分系统软件具备测试数据实时采集和存储功能,将测试数据存储入数据库中;在测试过程中,实时采集各分系统或设备上报的状态信息,并将状态信息存储到日志文件中。

4.2.1.8　测试结果实时评估

测试控制与评估分系统软件具备测试结果实时评估的功能,可实时对试验数据进行分析、比对,完成所有测试项目的评估,并实时自动生成数据评估处理报告。测试数据的实时评估界面如图 4.15 所示。

无线测试台1 —— 未知厂家
开始进行RNSS定位测速结果评估
定位仿真数据 时间:000559.0　纬度:40.000000度　经度:116.000000度　高程:100.000米
定位测试数据 时间:000559.0　纬度:39.999954度　经度:116.000043度　高程:100.750米
定位评估结果 300个/300个　水平误差:6.2646米 垂直误差:-0.7506米

测速仿真数据 时间:000559.0　X:0.0000米/秒　Y:0.0000米/秒　Z:0.0000米/秒
测速测试数据 时间:000559.0　X:-0.0188米/秒　Y:-0.0322米/秒　Z:0.0333米/秒
测速评估结果 300个/300个　测速误差:0.0500米/秒

图 4.15　试验数据的实时评估界面

4.2.1.9　综合信息显示

测试控制与评估分系统软件具有设备工作状态、测试仿真场景、定位结果、系统测试控制流程信息、系统告警信息、被测终端上报信息、入站接收机上报信息等综合信息显示功能,以及对信号模拟源、入站接收机、被测导航终端和测试转台实时上报的状态信息进行显示,若设备状态出现异常及时给出相应提示信息。

对测试数据进行分析评估后生成测试报表,测试报表以 word 文件形式提供。测试报表中各种信息以数据、表格、图形等多种形式进行综合显示。具体测试项目的测试报表如图 4.16 所示。

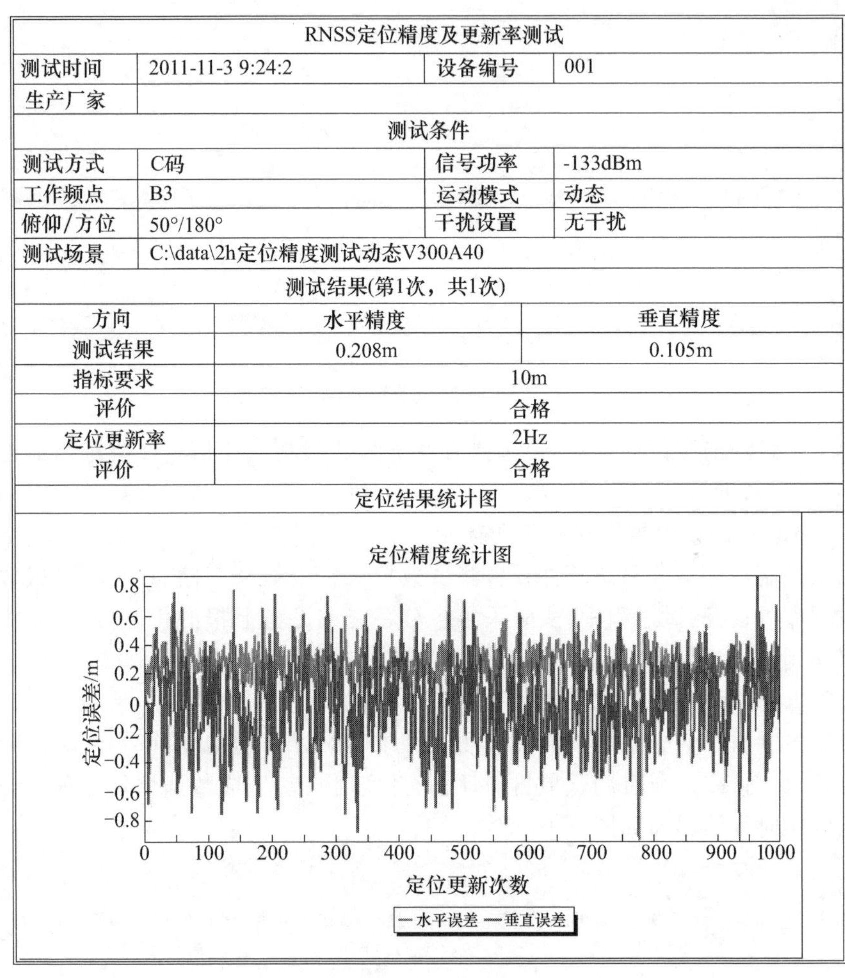

RNSS定位精度及更新率测试			
测试时间	2011-11-3 9:24:2	设备编号	001
生产厂家			
测试条件			
测试方式	C码	信号功率	-133dBm
工作频点	B3	运动模式	动态
俯仰/方位	50°/180°	干扰设置	无干扰
测试场景	C:\data\2h定位精度测试动态V300A40		
测试结果(第1次，共1次)			
方向	水平精度	垂直精度	
测试结果	0.208m	0.105m	
指标要求	10m		
评价	合格		
定位更新率	2Hz		
评价	合格		
定位结果统计图			

图 4.16　测试报表

4.2.1.10　数据库设计

数据库是测试系统数据交互的核心,完成系统有效信息数据的存储、用户基本信息的管理。测试控制与评估软件采集的导航终端数据经数据采集控制模块后,实时将测试数据存放到数据库中。此类测试信息的特点是数据量大,类型较多,并要求能够实时存储到数据库。

由于数据库与各模块间通信频繁,测试数据量大,所以需要利用成熟完善的数据

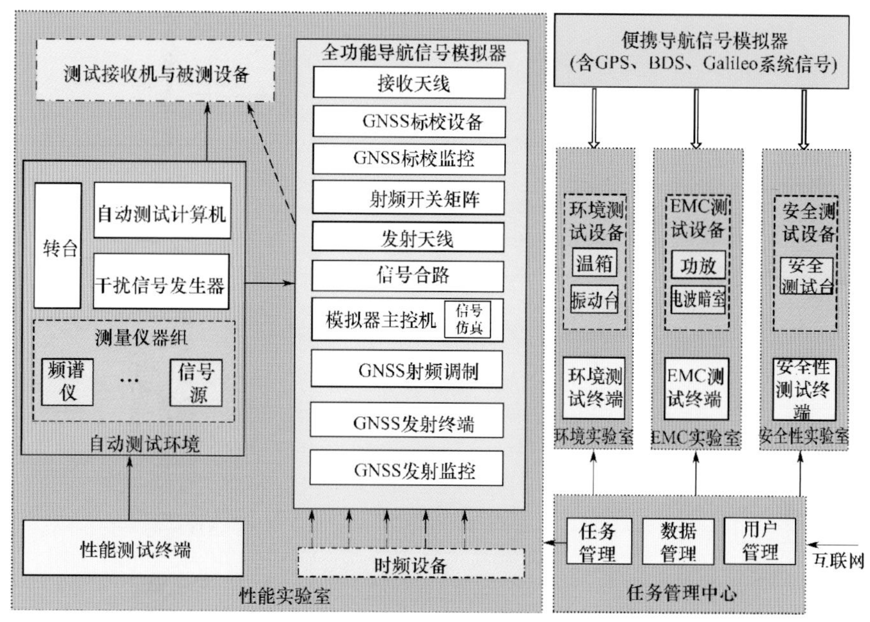

图 2.2 室内测试环境的体系结构图

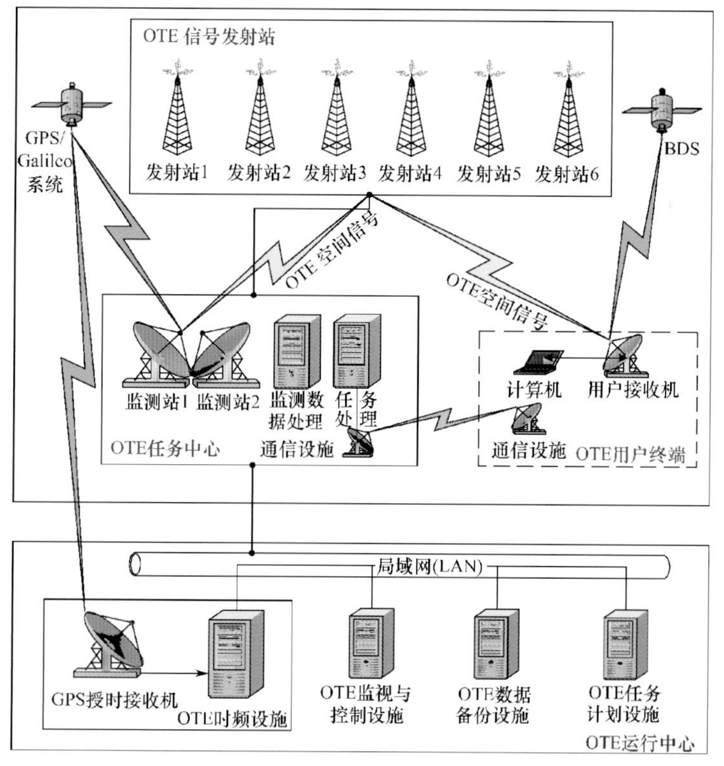

图 2.4 室外测试环境的体系结构图

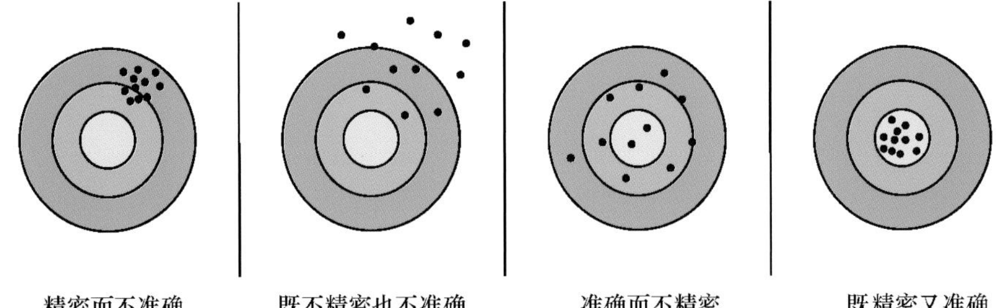

图 2.6　精密度、准确度的不同含义

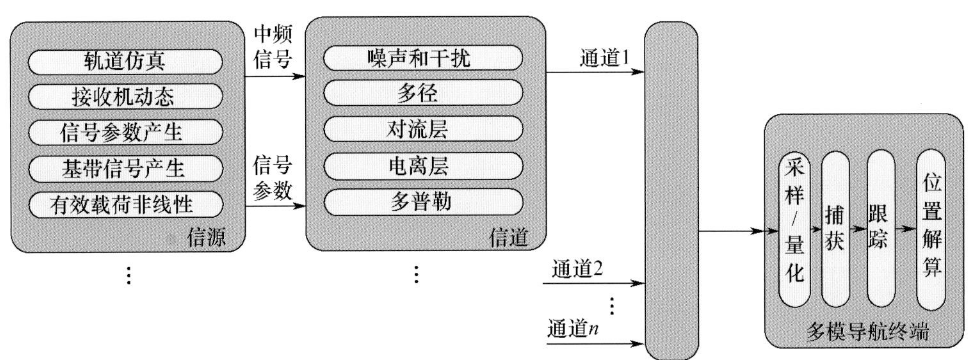

图 3.1　多模导航终端测试与评估仿真系统框图

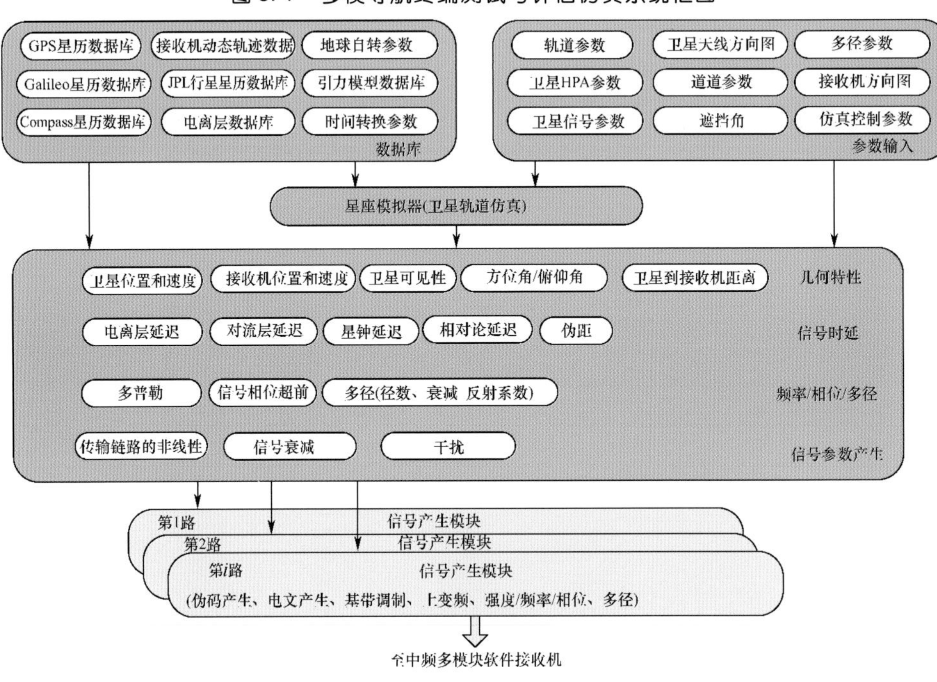

图 3.2　多模软件信号模拟器

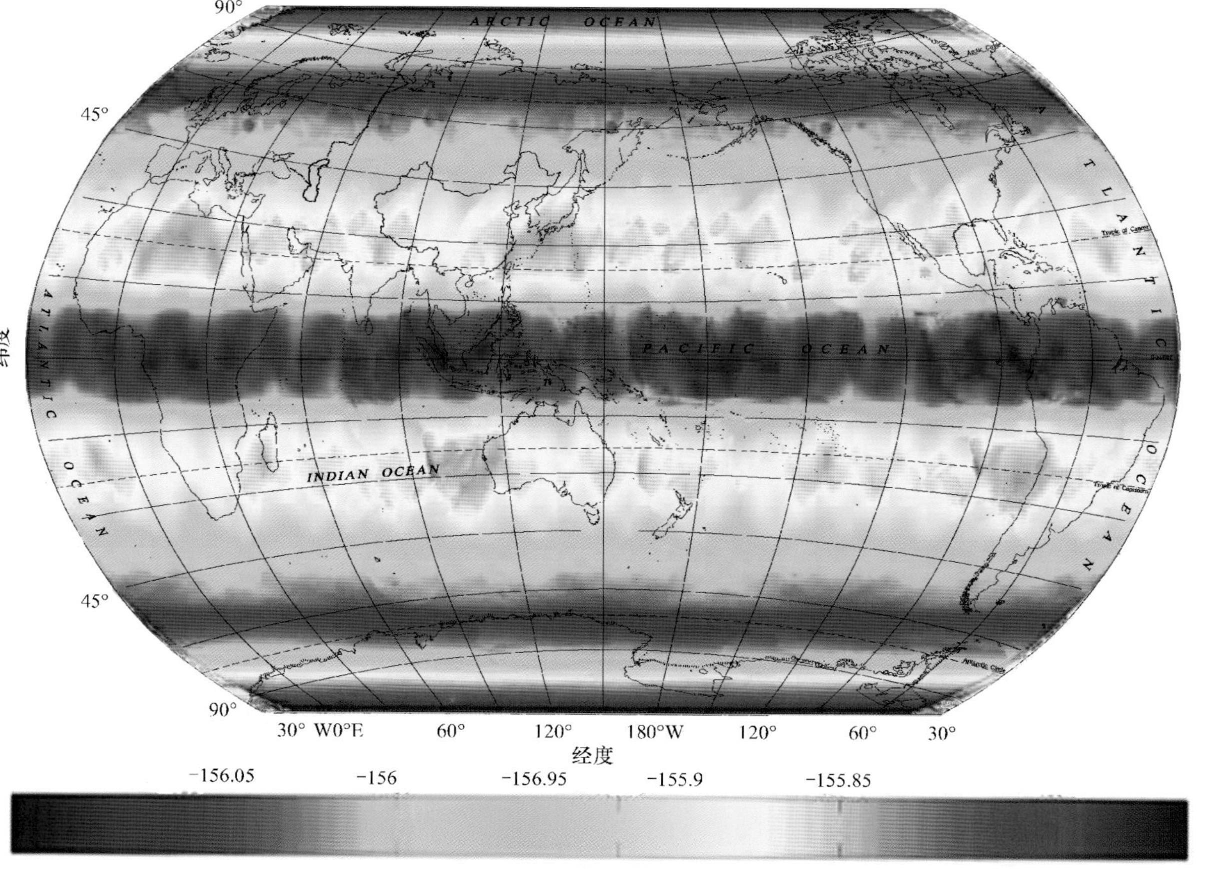

图3.9　GPS信号平均功率分布

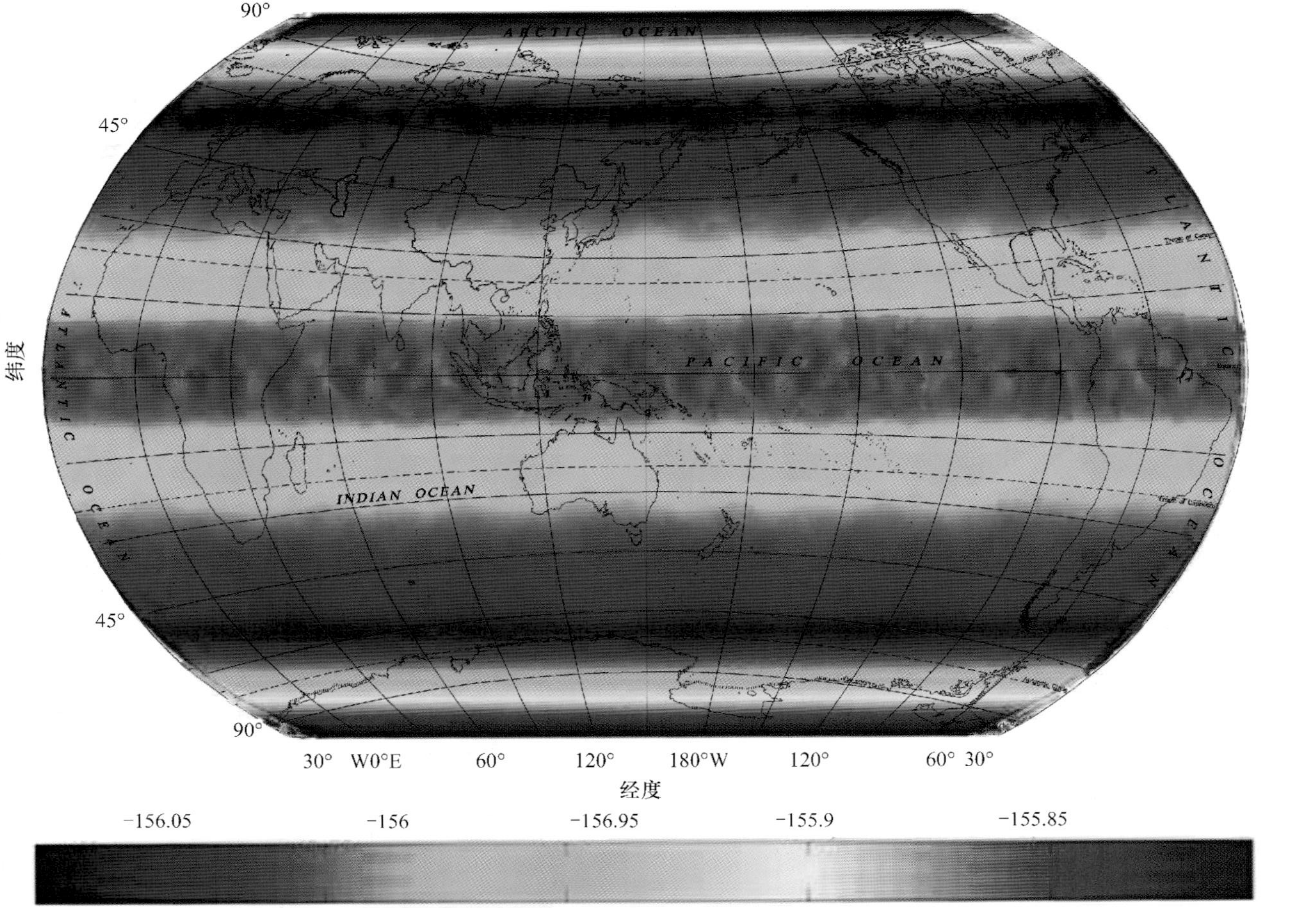

图3.10 Galileo系统信号平均功率分布

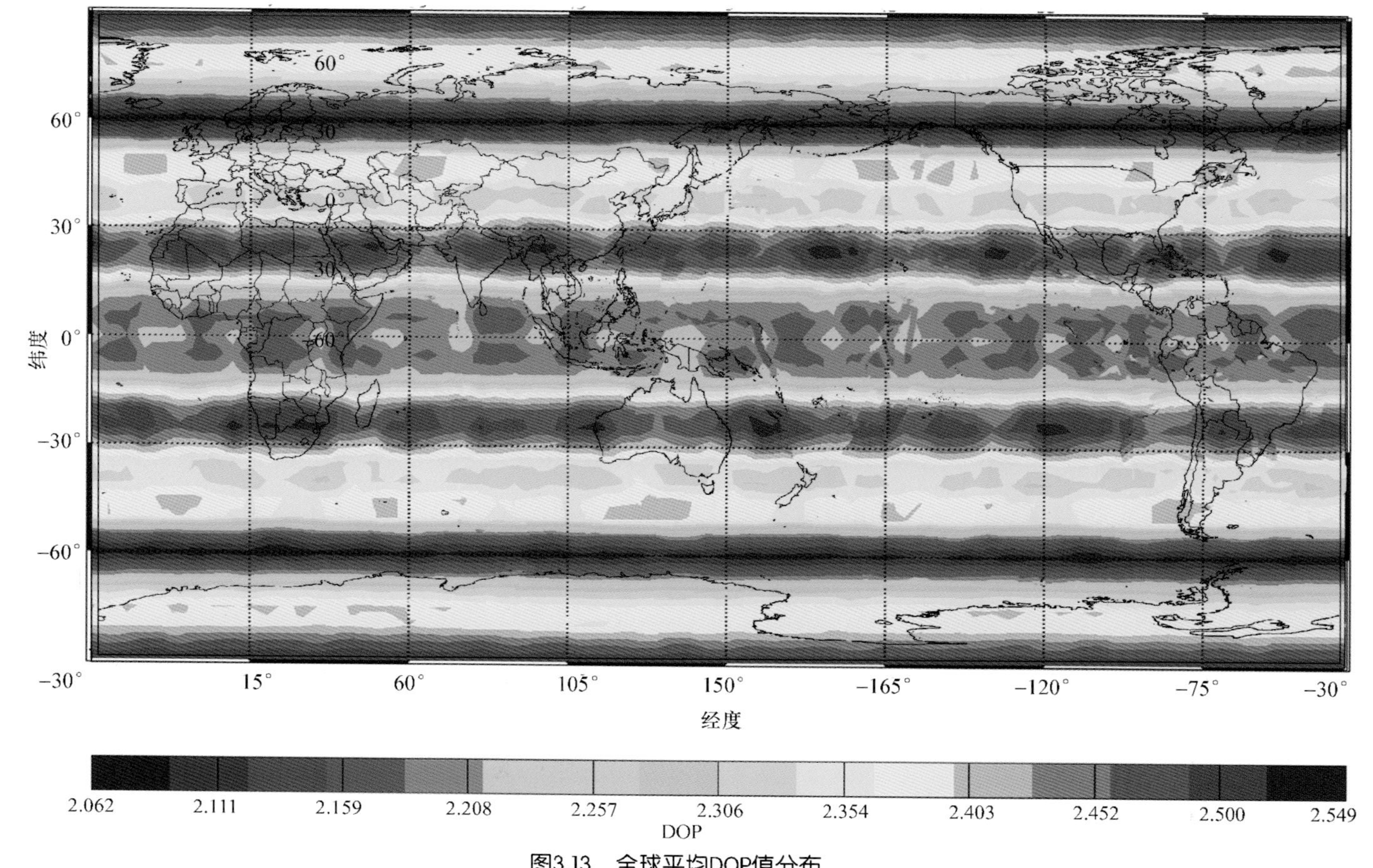

图3.13 全球平均DOP值分布

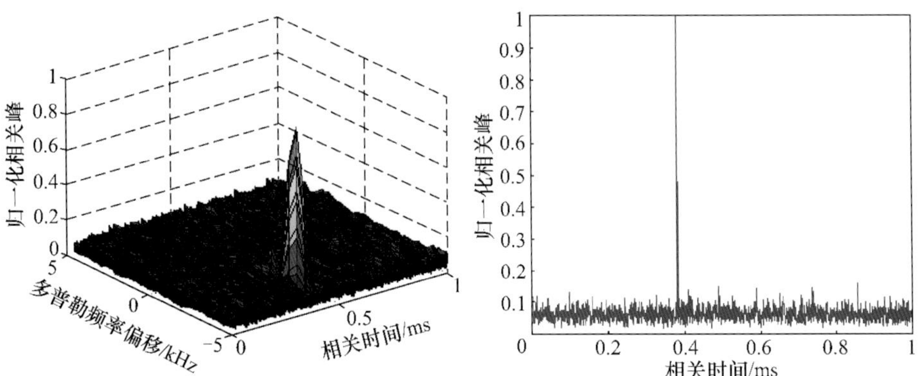

图 3.15　捕获结果

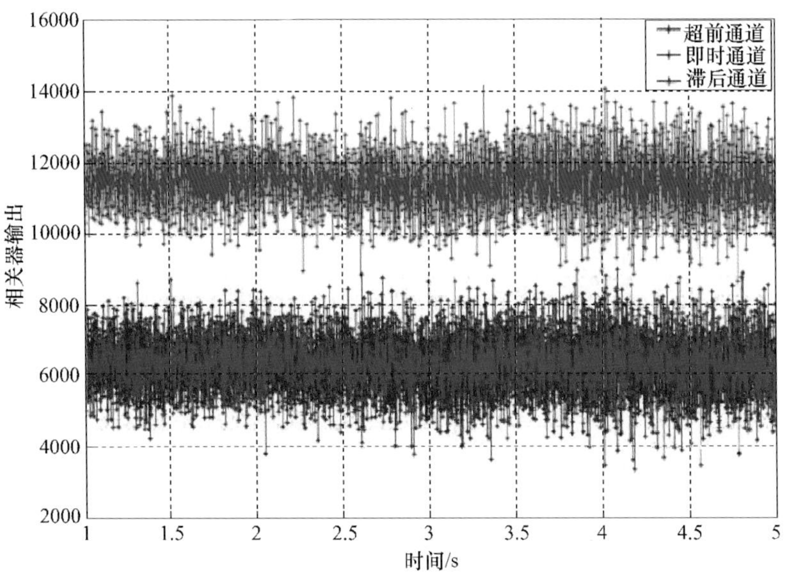

图 3.16　相关器输出结果

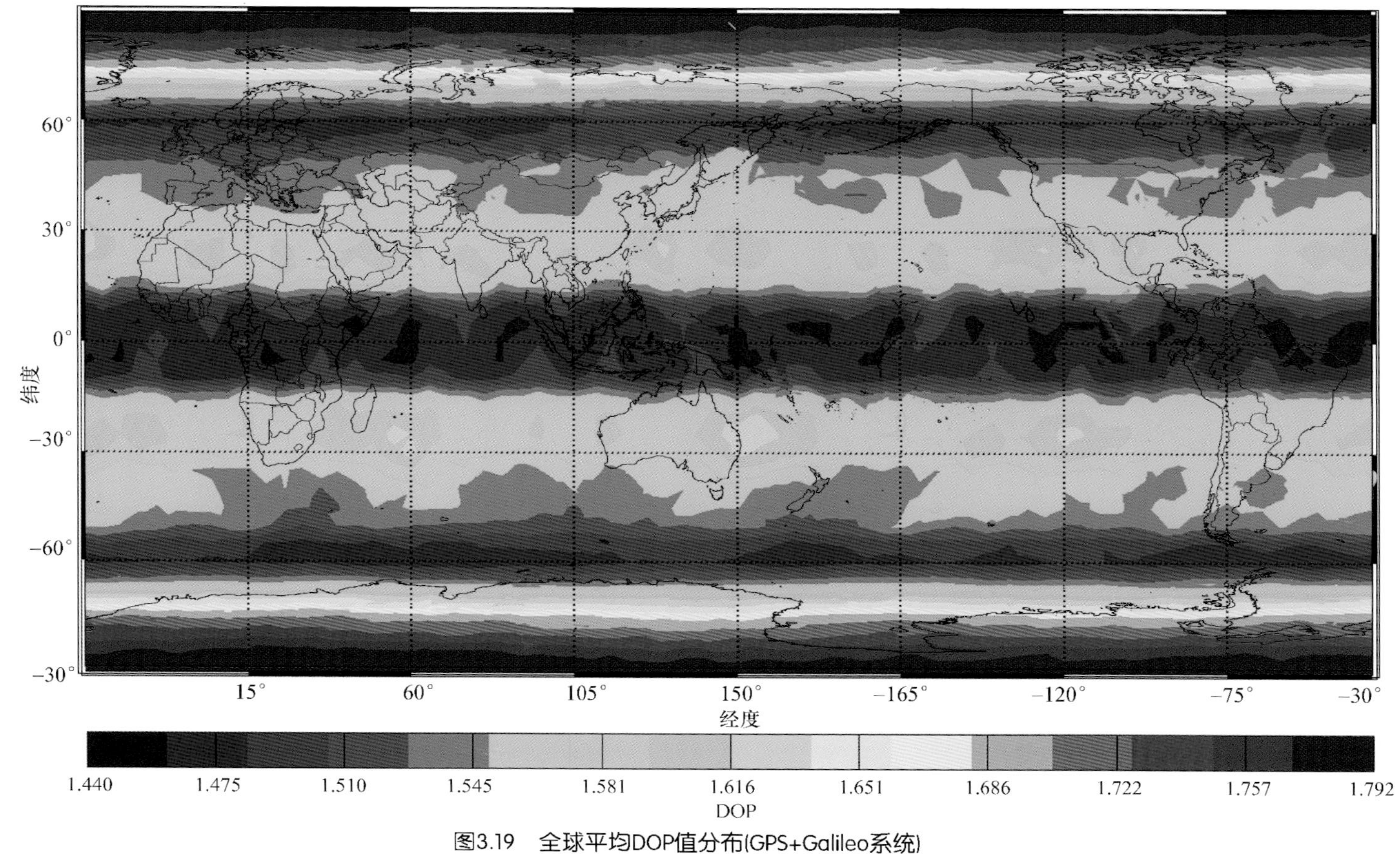

图3.19 全球平均DOP值分布(GPS+Galileo系统)

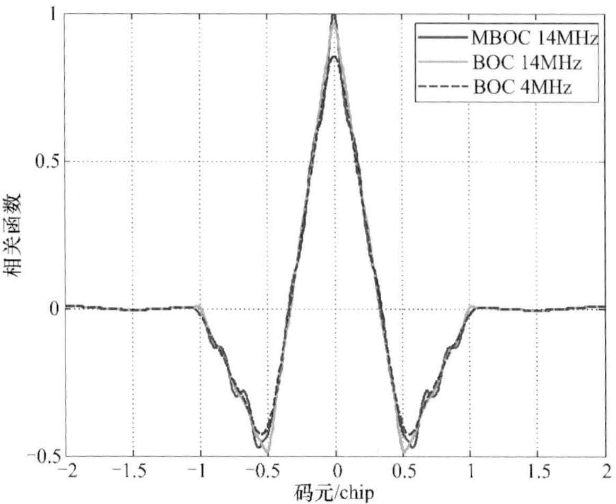

图 3.21　采用不同接收方式的相关曲线

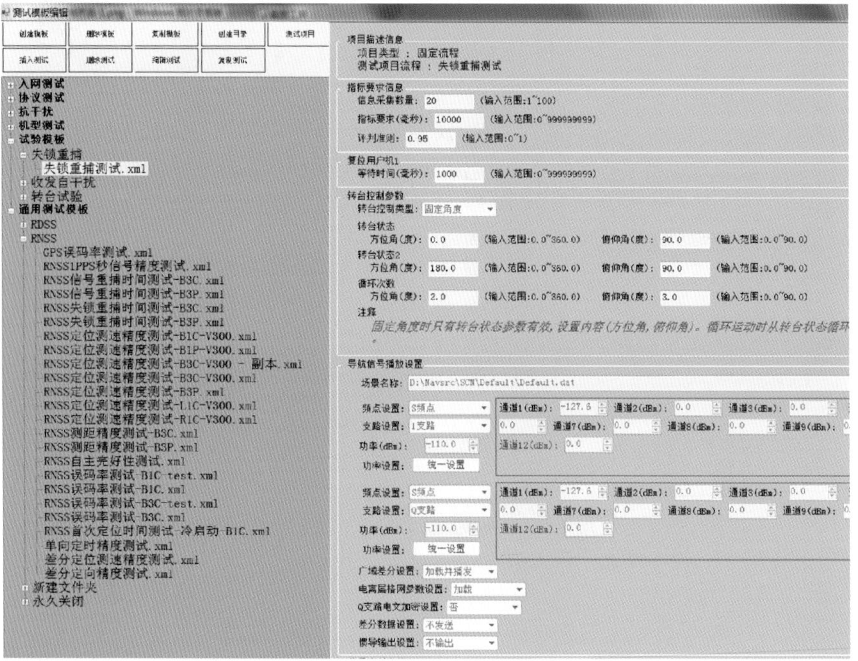

图 4.12　测试模板编辑界面

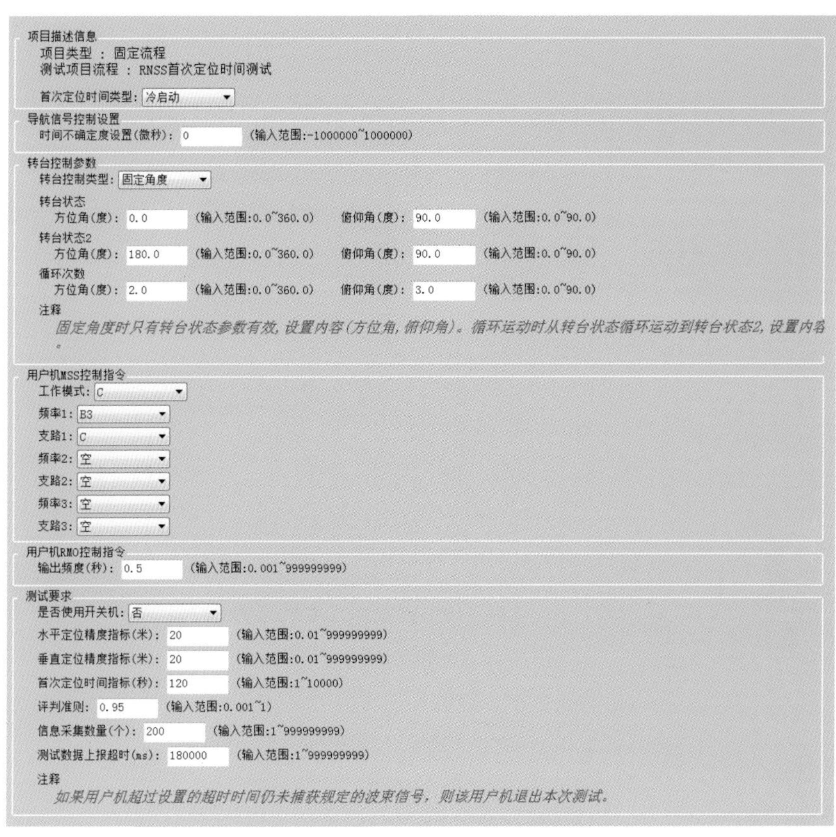

图 4.13　测试项目的参数编辑界面

图 4.14　统一化测试控制界面

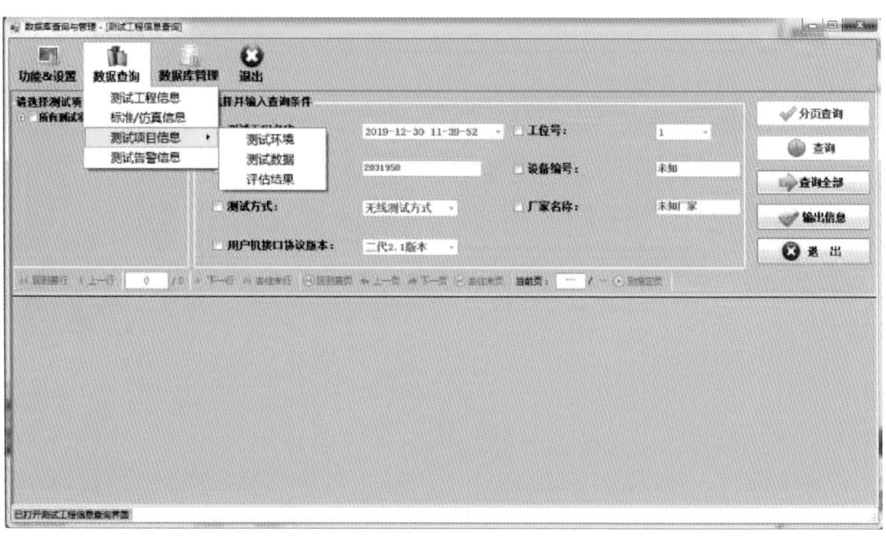

图 4. 17　数据库信息列表

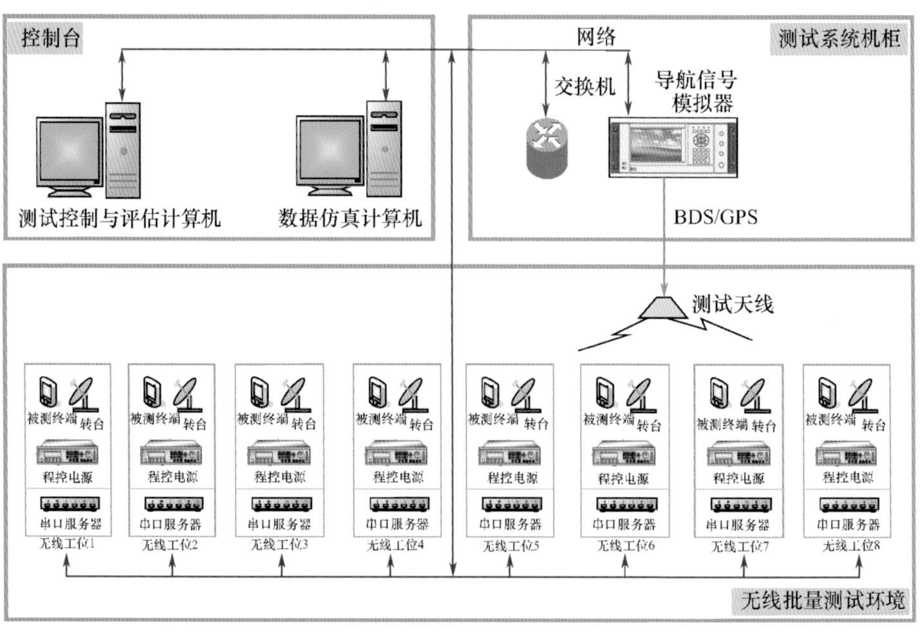

图 4. 39　RNSS 无线批量测试环境组成框图

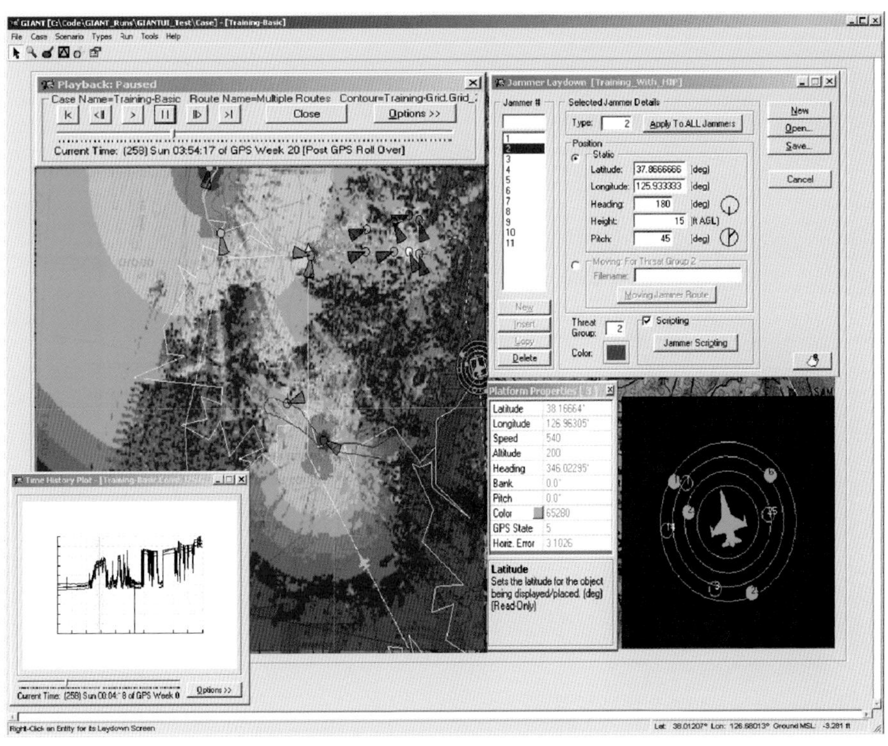

图 6.4　GIANT 软件界面

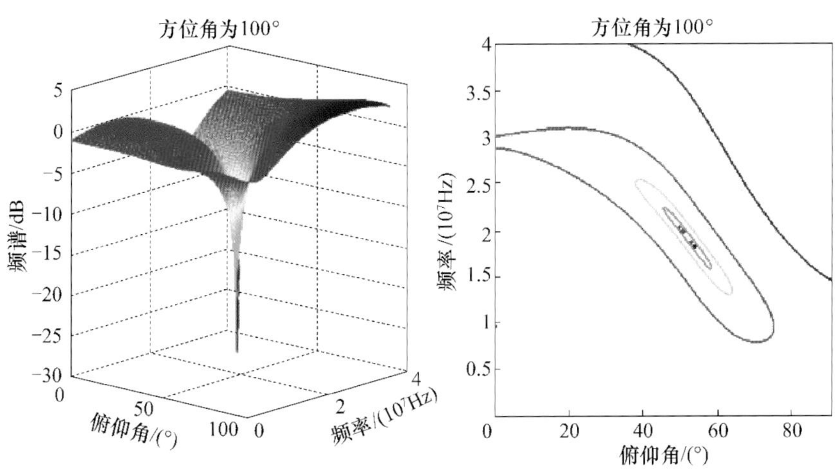

图 6.8　窄带干扰条件下的空时处理结果

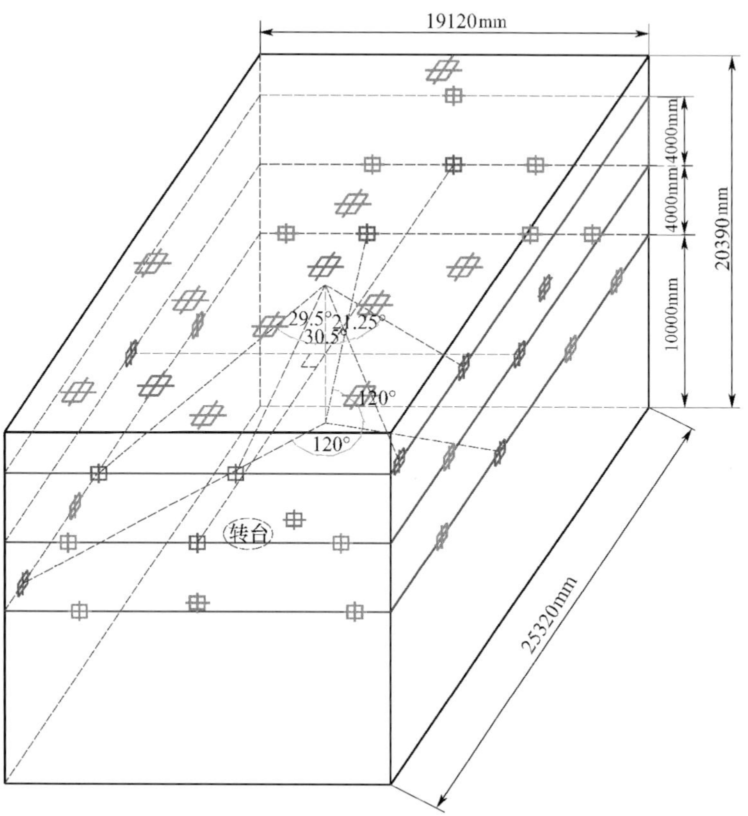

图 6.26 微波暗室开窗设计框图

图 6.27 微波暗室抗干扰设计示意图

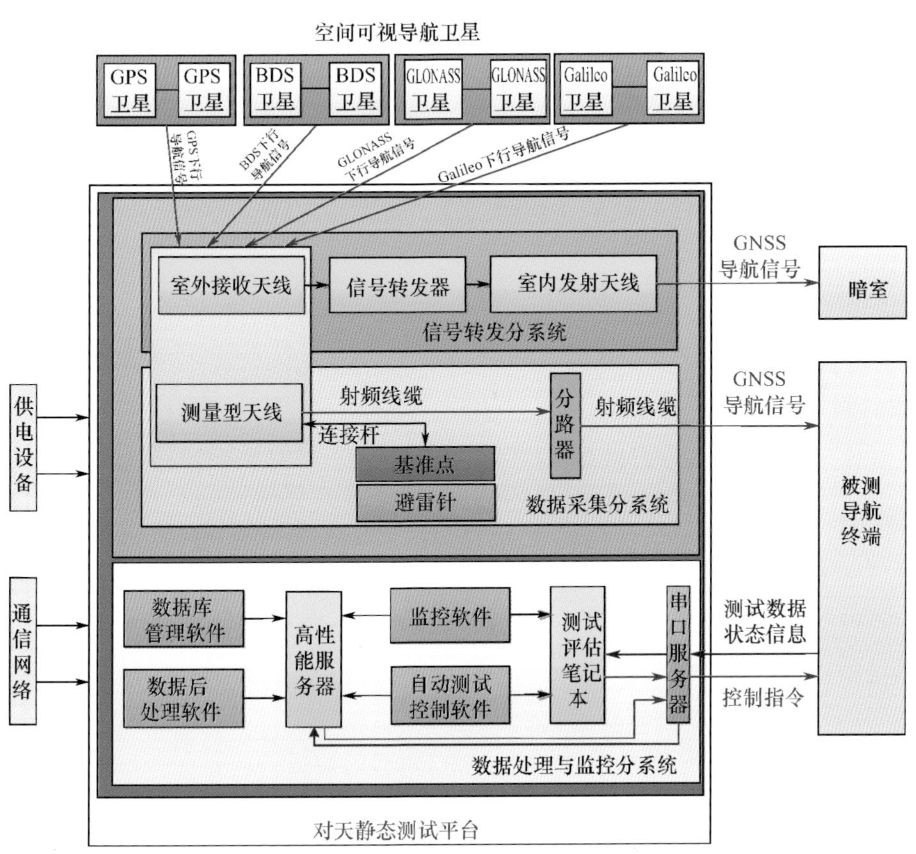

图 7.1 对天静态检测平台详细设备组成与工作原理

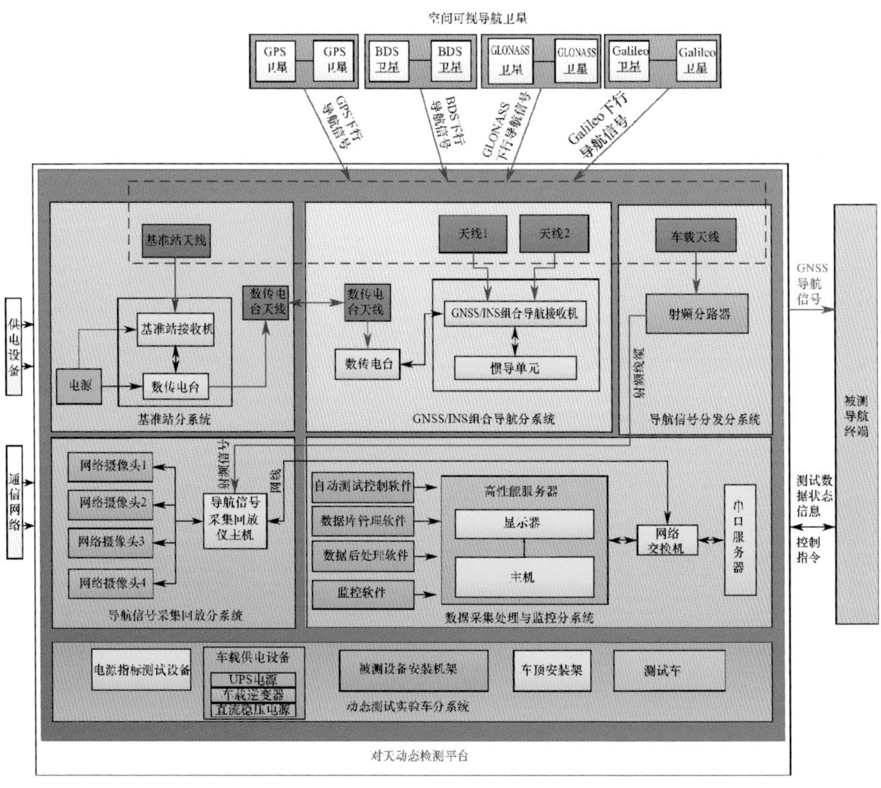

图 7.3 对天动态检测平台设备组成图

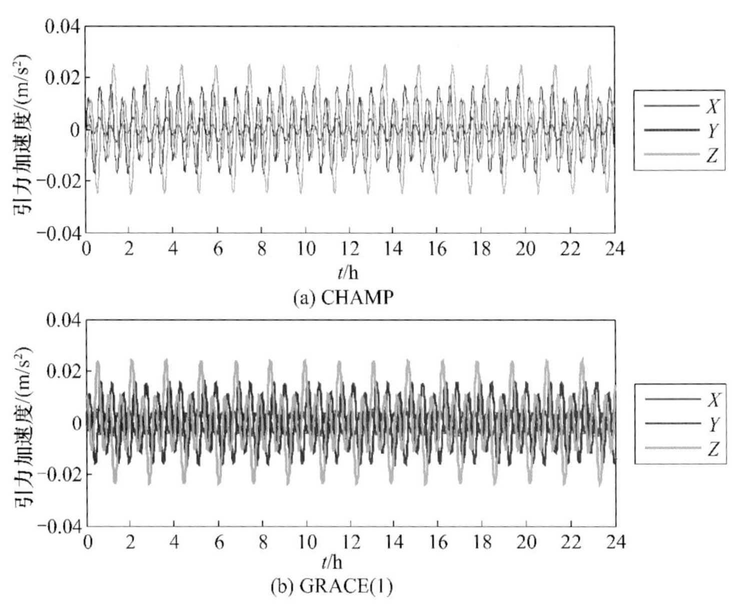

图 8.2 CHAMP 和 GRACE(1)卫星所受地球非球形引力摄动加速度(2003-08-20)

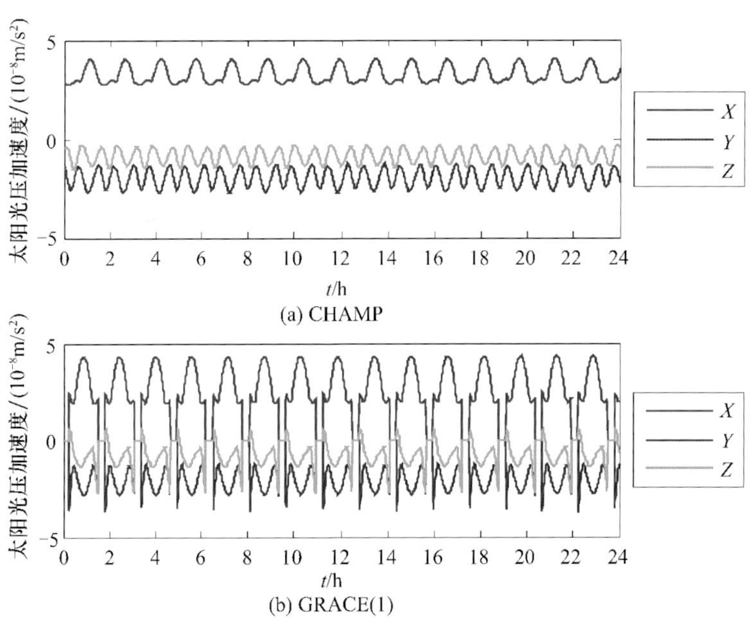

图 8.3　CHAMP 和 GRACE(1)卫星所受太阳光压摄动加速度(2003-08-20)

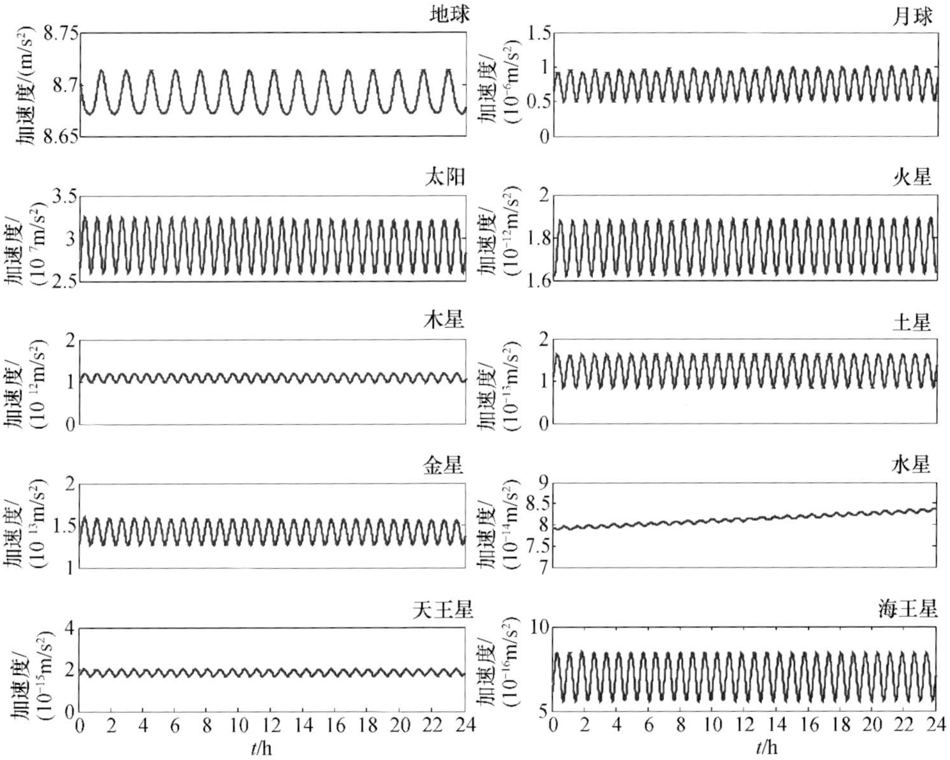

图 8.4　CHAMP 卫星 N 体摄动加速度(2003-08-20)

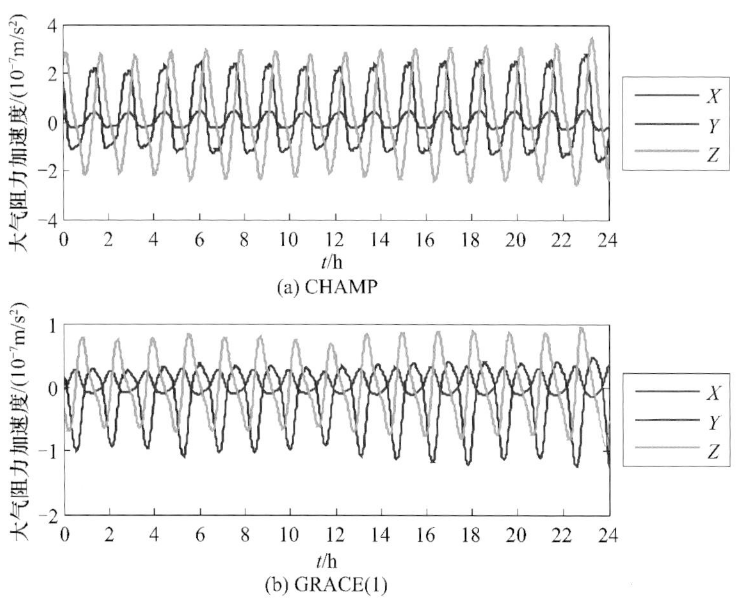

图 8.7　CHAMP 和 GRACE(1)卫星所受大气阻力摄动加速度(2003-08-20)

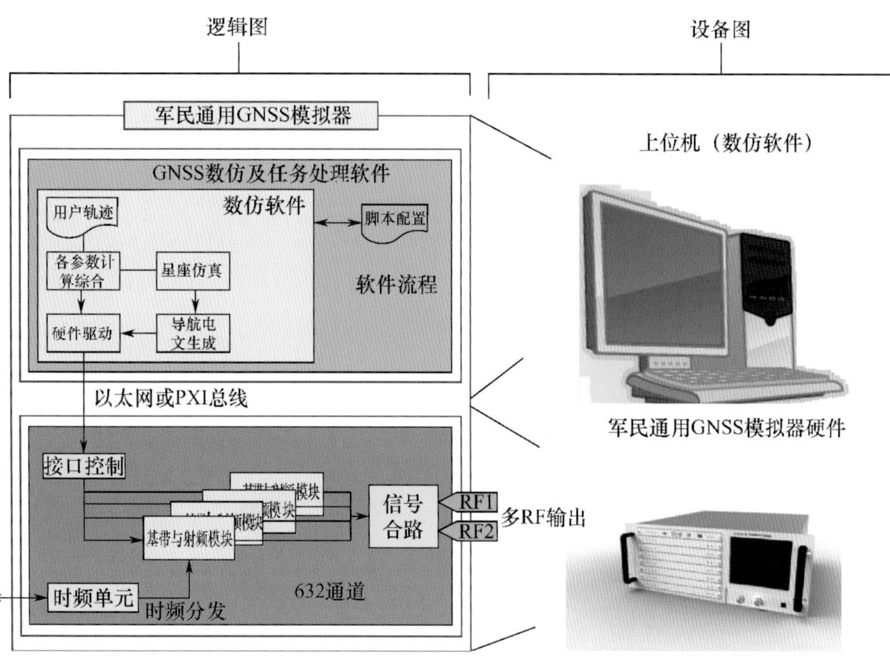

图 8.14　GNSS 模拟器逻辑及设备组成图

库软件来实现，采用结构化查询语言（SQL）2000 数据库软件作为数据库开发平台，实现测试数据的存储、查询、统计等功能。

4.2.1.11　数据库管理设计

测试控制与评估分系统软件具备数据库管理功能，能够对测试数据分类管理、进行入库存储等操作，并支持测试数据的统计、查询等功能。测试控制与评估软件支持数据库原始测试数据（入站接收机原始数据和被测导航终端原始数据）的解析和显示功能。在查询的数据库原始数据显示列表中选择其中某一条记录，软件将自动解析该原始记录的数据，通过提示窗口显示解析后的数据信息内容。

数据库存储的测试数据信息主要包括测试工程信息、被测导航终端信息、测试项目信息、失败项目信息、性能测试信息、性能测试数据、测试评估信息，系统具备通过设置查询条件进行分类查询、修改与删除操作，并将修改/删除后的相关信息更新至数据库中。

第一步：打开操作界面。

在功能选项中选择“数据查询”，单击“数据查询”按钮，弹出下拉列表能够显示数据库存储的测试数据信息，如图 4.17 所示。

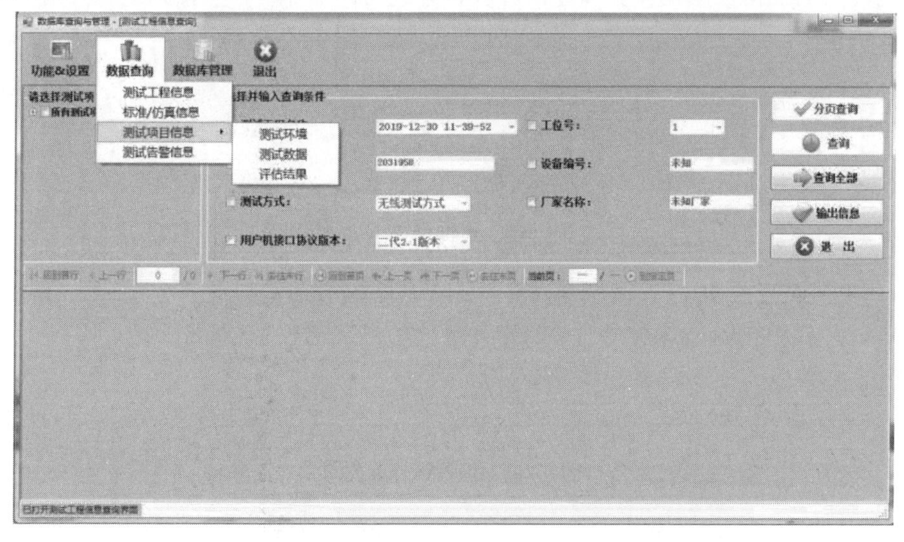

图 4.17　数据库信息列表（见彩图）

单击“测试工程信息”，系统将弹出测试工程信息操作界面，如图 4.18 所示。

第二步：输入查询/删除条件。

测试工程信息有两个操作条件可供选择：工程开始时间和测试工程身份标识号（ID）。

（1）工程开始时间。根据选择的时间条件，查询/删除选择时间段内的所有测试工程信息。如图 4.19 所示，在“操作条件选择”栏中，选择“操作条件 1”，通过时间条件设置下拉列表选择需要操作的时间条件，默认条件为“ < ”。通过时间设置下拉列

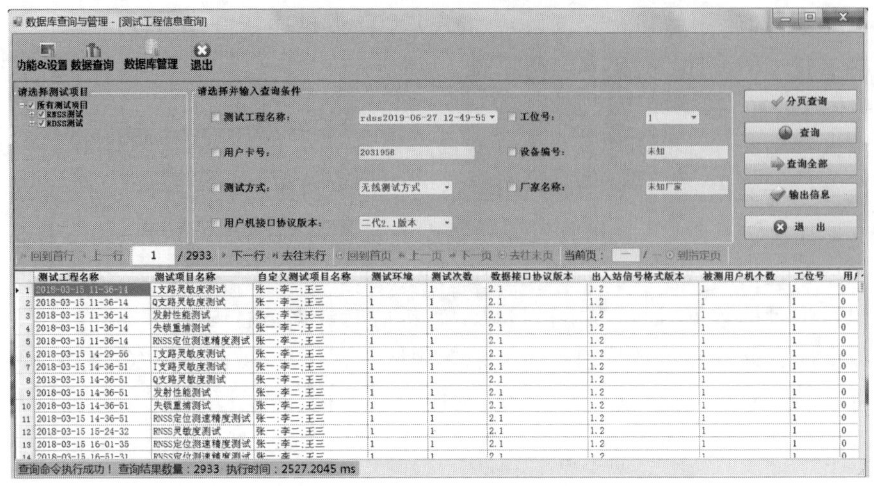

图 4.18　测试工程信息操作界面

表选择需要操作的具体时间。默认时间为本次数据处理时单击“测试工程信息”操作,运行测试工程信息操作界面时的计算机系统时间。

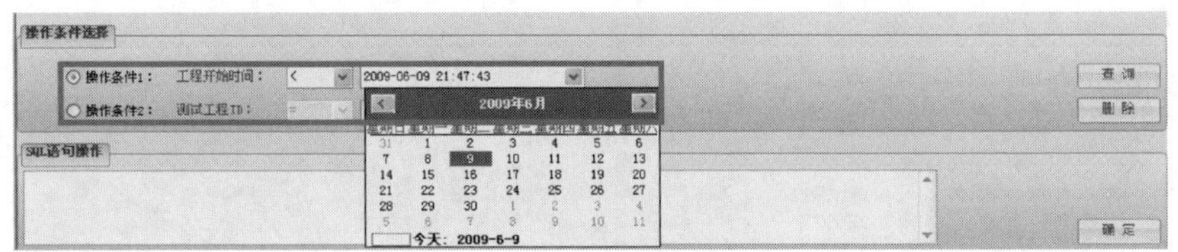

图 4.19　查询操作条件 1

(2) 测试工程 ID。查询/删除指定测试工程的信息。如图 4.20 所示,在“操作条件选择”栏中,选择“操作条件 2”,输入具体的测试工程 ID 即可。

图 4.20　查询操作条件 2

第三步:查询/删除数据。

选定操作条件后,单击“查询”按钮,符合条件的测试工程信息将显示在列表中,如图 4.21 所示。

如果需要删除指定条件的数据,单击“删除”按钮,将弹出“提示”窗口,用户确定是否删除数据,如图 4.22 所示。

单击“是”,符合条件的数据将从数据库中直接删除。删除操作完成后将弹出“提示”窗口,如图 4.23 所示。

查询/删除操作还可以通过 SQL 语句操作来完成。如图 4.24 所示,在“SQL 语句操作”栏中输入 SQL 操作语句,单击“确定”按钮即可。

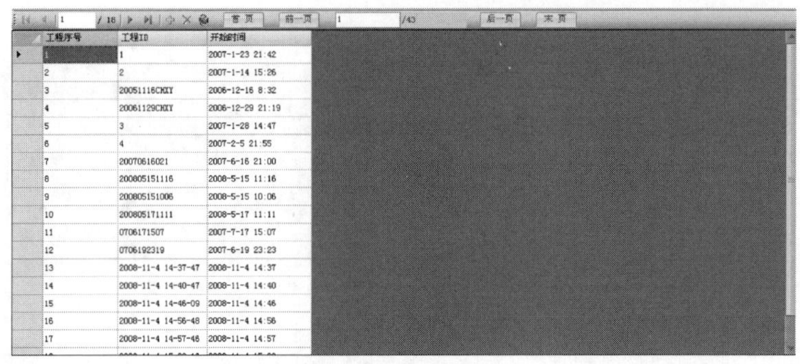

图 4.21　查询结果

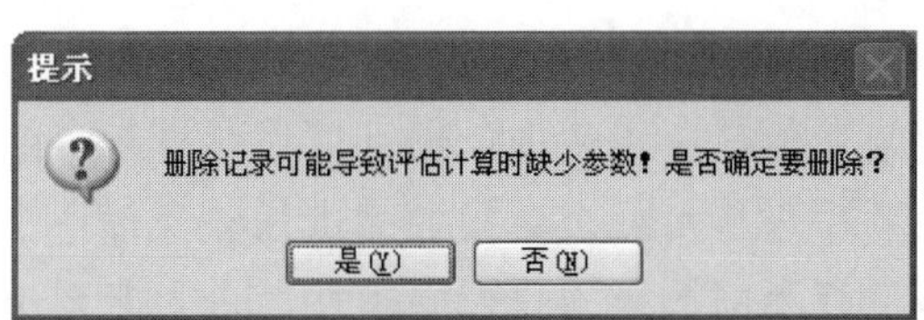

图 4.22　确定删除

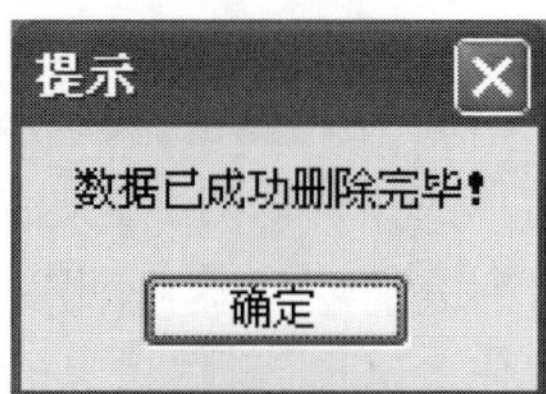

图 4.23　删除完毕

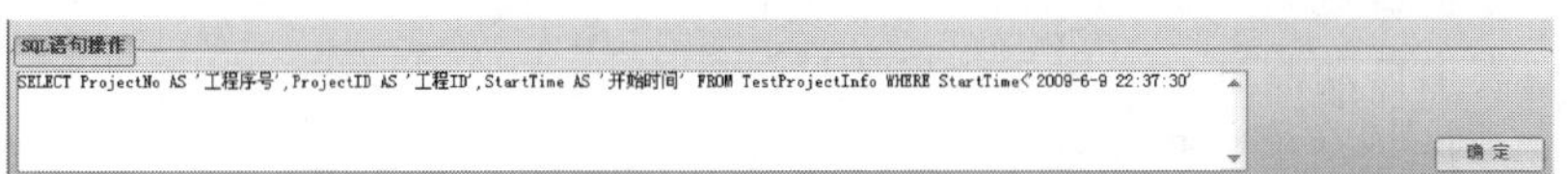

图 4.24　SQL 语句操作

第四步：浏览查询数据。

通过输入操作条件进行数据查询，查询结果采用存储过程分页显示，如图 4.25 所示；直接输入 SQL 语句进行数据查询，查询结果采用整页显示，如图 4.26 所示。

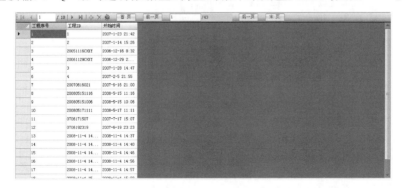

图 4.25　分页显示

分页显示查询结果时，通过“首页”“前一页”“后一页”“末页”进行相应操作；在页码显示窗口输入具体页码，按回车，可以浏览指定页码的查询结果。

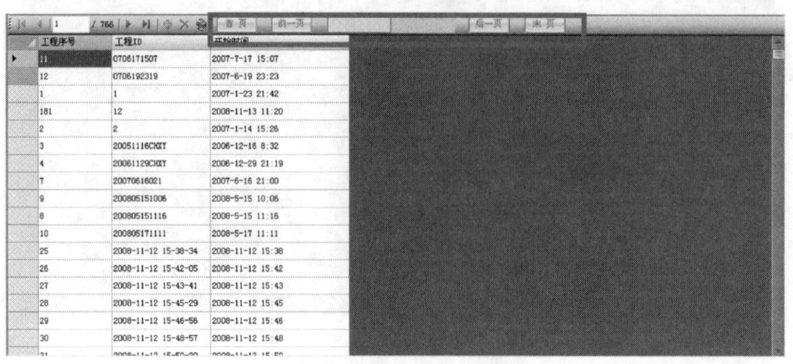

图 4.26　整页显示

4.2.1.12　测试流程控制设计

用户选择自动测试开始后,测试控制与评估分系统读取测试模板获得相应的测试项目列表信息,并根据测试项目列表顺序进行每一个单项的测试任务。每一个单项测试任务结束后,自动测试控制函数检查当前测试项目列表指针是否为测试项目列表的最后一个,若为否,则自动读取试项目控制指令列表的下一项目进行单项测试流程;若为最后一个测试项目则表示自动测试已经完成用户所选的所有测试项目测试。自动测试流程完成后,测试流程控制函数自动调用测试评估接口函数进行所测项目的分析评估和测试报表生成工作。测试结果分析评估和报表生成完毕后系统提示用户自动测试完成,等待用户的下一步操作[5]。自动测试流程如图 4.27 所示。

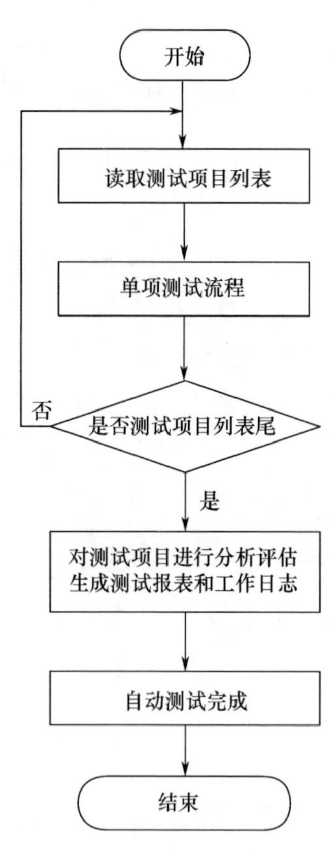

图 4.27　自动测试流程图

4.2.1.13　单项测试项目流程控制设计

在进行单项测试任务时,测试控制与评估分系统从相应的测试模板文件中读取测试项目配置参数,控制各分系统和各部分按照相应指令完成测试流程,获取测试评估结果。单项测试项目流程控制图如图 4.28 所示。测试流程控制数据流图如图 4.29 所示。

4.2.2　数据仿真分系统

数据仿真分系统根据导航卫星信号的产生原理、导航信号的空间传播途径、导航终端定位原理等,仿真生成在导航终端接收到导航信号观测数据,并由信号仿真分系统生成所仿真的射频导航信号。

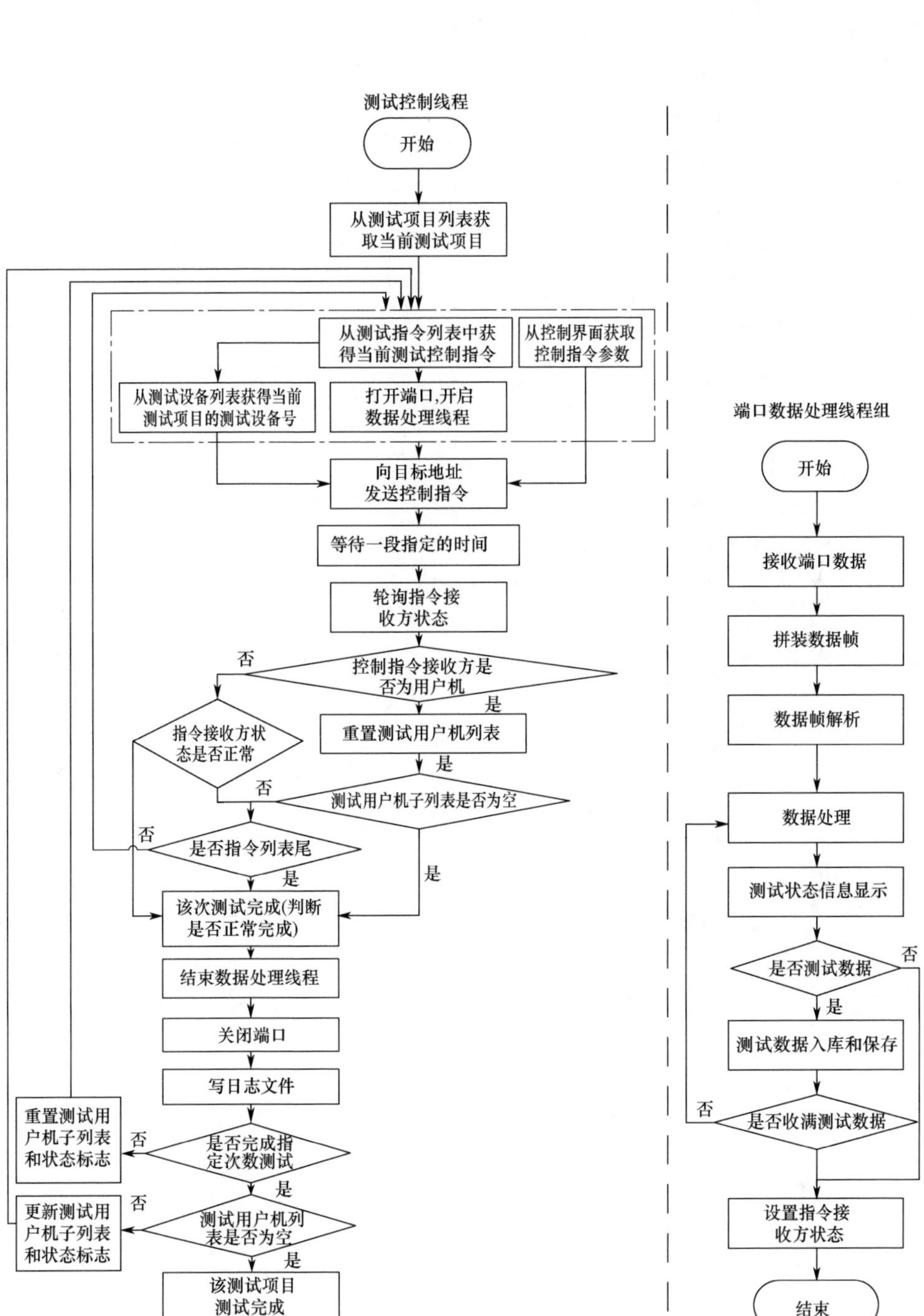

图 4.28　单项测试项目流程控制图

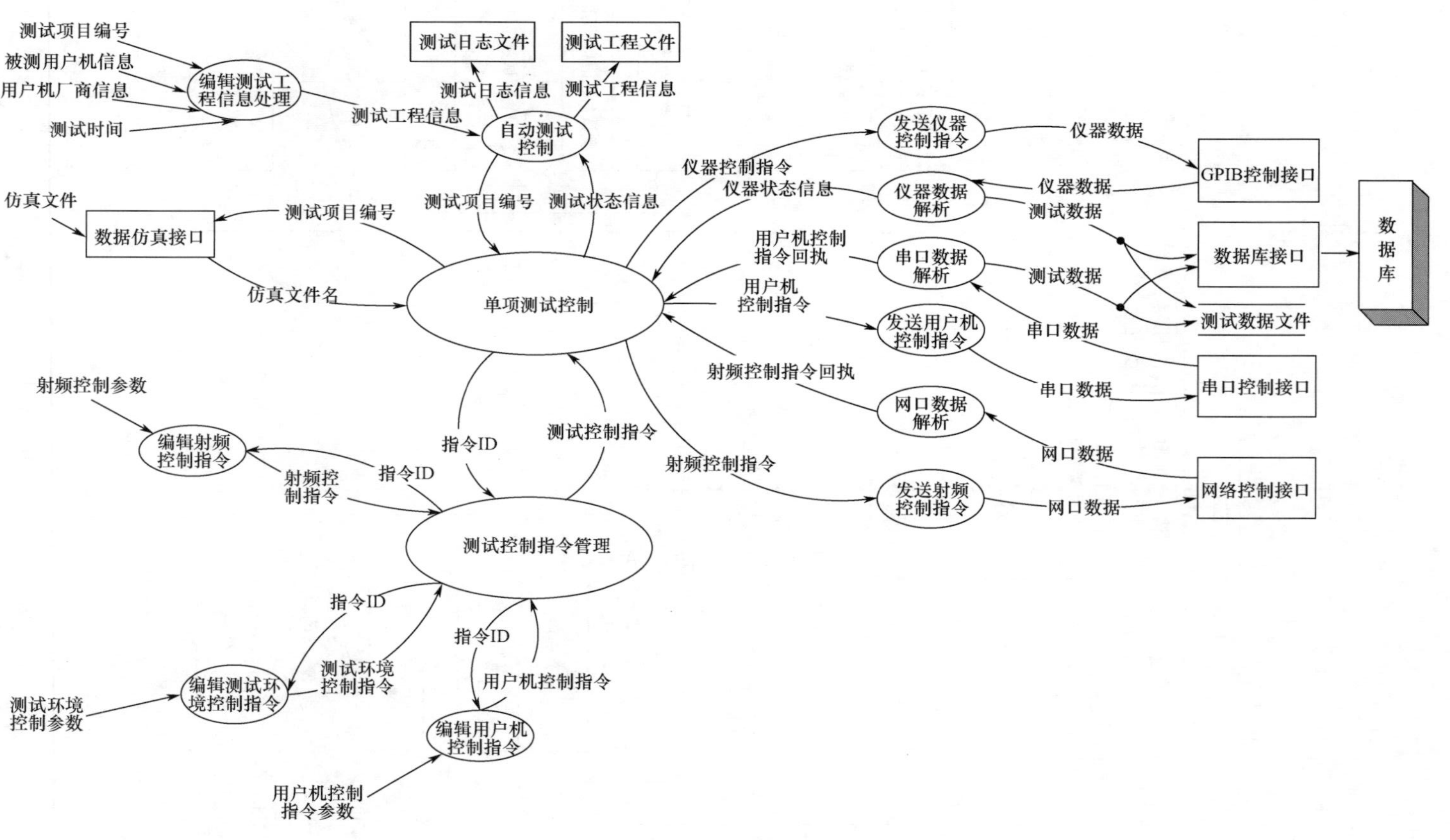

图4.29　测试流程控制数据流图

4.2.2.1　主要功能

（1）支持 BDS/GPS/GLONASS/Galileo 系统卫星星座仿真，单系统最大支持 36 颗卫星仿真能力。

（2）支持卫星轨道仿真、卫星钟差仿真、延时差分频间群延时差仿真、地球自转效应仿真、相对论效应仿真。

（3）能够对卫星轨道、星载时钟、空间电离层进行误差控制。

（4）具备多导航系统时空基准仿真功能（能够仿真各导航系统精确的时间相对变化）。

（5）卫星发射天线建模仿真。

（6）地球遮蔽角以及遮蔽类型建模仿真。

（7）模拟用户对导航星的选择，包括 DOP、功率电平、范围等的选择。

（8）支持卫星异常仿真，包括卫星信号伪距异常、信号中断/失锁、载波相位及信号功率异常仿真。

（9）支持闰秒调整仿真。

（10）用户可设定卫星完好性参数，包括卫星健康信息、用户距离精度（URA）、区域用户距离精度指数（RURAI）等。

（11）对流层信号传播特性建模仿真。

（12）地面用户和空间用户电离层信号传播特性建模仿真。

（13）多径特性仿真，接收机天线周围环境反射引起的多径效应的仿真，多种模型的多径建模（地面、墙面、湖面等），多径模型类型可选。

（14）系统支持多用户仿真。

① 用户轨迹仿真功能。包括两个方面：一是能够模拟静态、车辆、飞机、舰船、导弹载体运动的特性，仿真用户运动轨迹；用户运动速度、加速度可调；二是支持外部轨迹文件注入。

② 支持星基增强系统（SBAS）的导航应用测试。

③ 支持惯导仿真（扩展功能）。

4.2.2.2　数据仿真分系统总体设计

数据仿真分系统由 15 个独立的功能子模块组成，如图 4.30 所示。

数据仿真主要部件相互关系如图 4.31 所示。

1）坐标系统和时间系统模块

该模块是数据仿真软件的基础模块之一，为卫星轨道仿真、卫星钟差仿真、空间环境延迟仿真、用户轨迹仿真等提供空间坐标系统和时间系统相关数据支撑。坐标系统包括 2000 中国大地坐标系（CGS2000）、1984 世界大地坐标系（WGS-84）、Galileo 系统坐标参考框架（GTRF）、PZ90 坐标系、载体坐标系、2000 地心惯性坐标系、大地坐标系等。时间系统包括北斗时（BDT）、GPS 时（GPST）、GLONASS 时、Galileo 系统时（GST）、恒星时、世界时、国际原子时（TAI）、协调世界时（UTC）等。

数据仿真软件
数据通信
基础模块
导航数据仿真模块
人机交互界面模块
时间系统
坐标系统
常数与参数
星座仿真
卫星状态计算
导航电文仿真
观测数据仿真
信号功率仿真
用户轨迹仿真
电离层延迟仿真
对流层延迟仿真
卫星钟差仿真
随机误差仿真

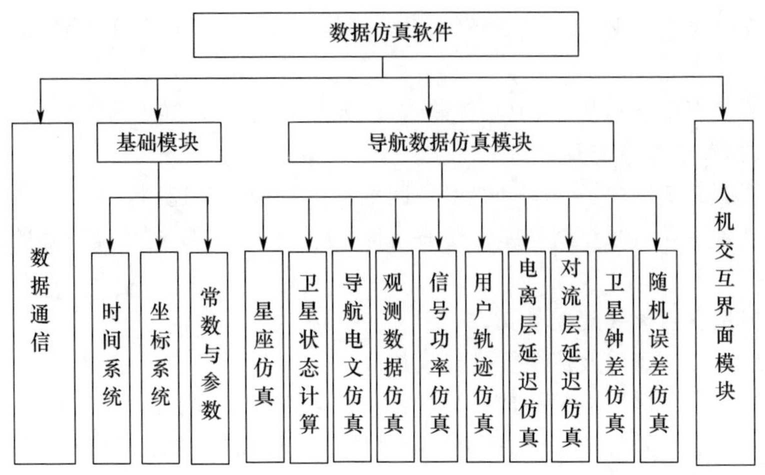

图 4.30　软件的组成

误差仿真模块
多路径仿真模块
E1
对流层延迟仿真模块
E2
用户轨迹仿真模块
观测数据生成模块
E3
卫星轨道仿真模块
E4
卫星钟差仿真模块
E5
E6
电离层延迟仿真模块
广域差分信息仿真模块
完好性仿真模块
导航电文生成模块
导航电文基本参数
坐标系统和时间系统模块
常数和参数库模块

E1—二阶高斯马尔可夫过程；E2—白噪声随机误差；E3—正余弦调和改正项振幅参数；
E4—一阶马尔可夫过程；E5—正弦误差；E6—一阶马尔可夫过程。

图 4.31　数据仿真分系统功能模块组成及相互关系

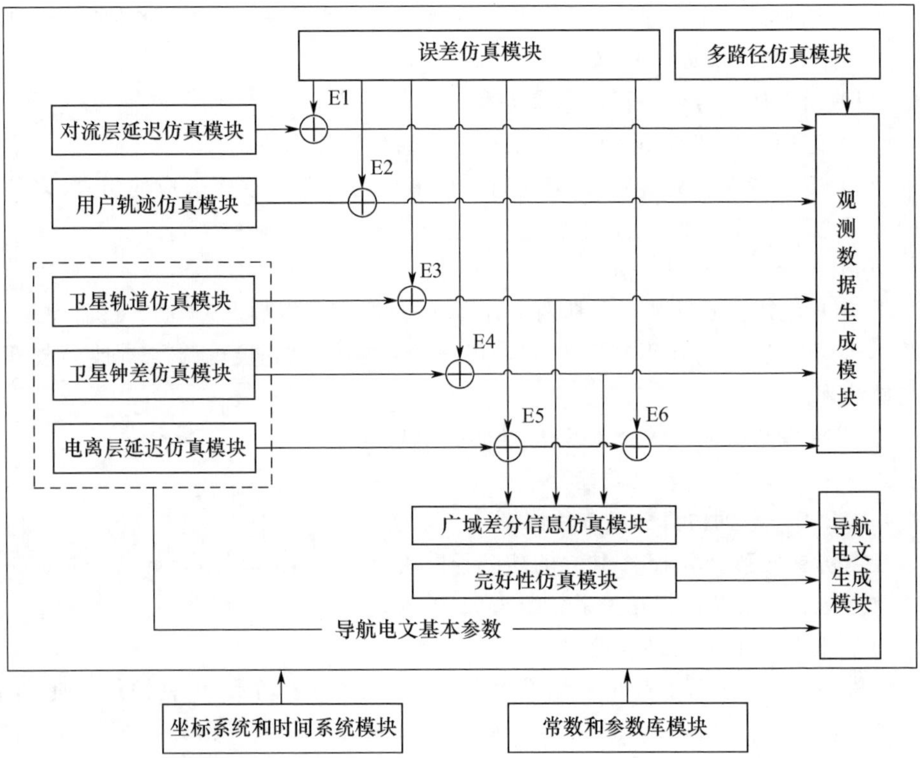

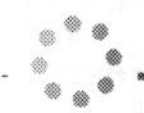

2）常数和参数库模块

该模块是数据仿真软件的基础模块之一，为卫星轨道仿真、卫星钟差仿真、空间环境延迟仿真、用户轨迹仿真等模块提供相关天文常数、数学常数以及地球物理基本参数等。

3）卫星轨道仿真模块

该模块依据卫星初始位置，采用动力学模型计算卫星轨道，然后推算任意时刻卫星的位置、速度和加速度等信息。

4）卫星钟差仿真模块

基于卫星钟差特性，卫星钟差仿真模块仿真计算任意时刻的卫星钟差，并模拟仿真星上设备延迟。

5）电离层延迟仿真模块

电离层延迟仿真模块用于计算仿真不同频点导航信号的电离层延迟信息。对于BDS、GPS，电离层延迟仿真模型采用 Klobuchar 模型（8 参数）和改进 Klobuchar 模型（14 参数）；Galileo 系统采用 Nequick 模型。

6）对流层延迟仿真模块

对流层延迟仿真模块用于计算仿真导航信号的对流层延迟。对流层延迟模型采用 Hopfield 模型、Saastamoinen 模型、改进的 Saastamoinen 模型。

7）多路径仿真模块

多路径仿真模块用于仿真形成某颗卫星至导航终端之间的多路径影响值。多路径模型包括固定常数、随机过程和典型环境 3 种模型。

8）用户轨迹仿真模块

用户轨迹仿真模块仿真计算不同载体在不同运动条件下的位置、速度、加速度、加加速度和姿态等信息，其中运动载体包括车辆、舰船、飞机、导弹等。车辆运动状态分为静态、直线行使、爬坡等；舰船运动状态分为静态、直线、转弯等；飞机运动状态包括直线飞行、爬升/俯冲、转弯等；导弹运动状态采用简化的二体问题。

9）误差仿真模块

误差仿真模块主要包括卫星轨道误差模型、卫星钟差误差模型、电离层延迟误差模型、对流层延迟误差模型、用户轨迹误差模型，为卫星轨道、卫星钟差、信号空间传播延迟、用户轨迹仿真提供可控的误差模型。

10）广域差分信息仿真模块

该模块用于生成北斗导航系统广域差分改正数信息。广域差分信息包括卫星等效钟差计算和电离层格网天顶方向延迟值计算模型。

11）完好性仿真模块

该模块用于生成导航卫星完好性信息，包括卫星误差/状态模型和系统完好性生成模型。

12）导航电文生成模块

该模块主要功能是根据轨道仿真、卫星钟差仿真、电离层延迟仿真、广域差分及完好性信息及相应的误差模型数据生成测试所需的 BDS、GPS、GLONASS、Galileo 系统的导航电文,并按照各自的接口控制文件(ICD)对导航电文进行编码,并将生成的导航电文发送到信号仿真子系统。

13）观测数据生成模块

该模块主要为室内测试系统信号仿真子系统提供控制信号模拟源的控制参数,包括伪码产生控制、载波相位控制信息,并为测试控制与评估子系统提供伪距、载波相位、多普勒频移及其变化率等数据信息。

14）信号功率强度仿真计算模块

信号功率强度仿真计算模块的主要功能是根据卫星位置、卫星发射功率以及导航终端位置信息,计算仿真导航终端天线口面接收到的导航信号功率强度。

15）人机交互界面

该模块为数仿软件与用户之间建立良好的人机交互界面。

4.2.2.3 工作流程

数据仿真与评估软件工作的基本流程如图 4.32 所示。

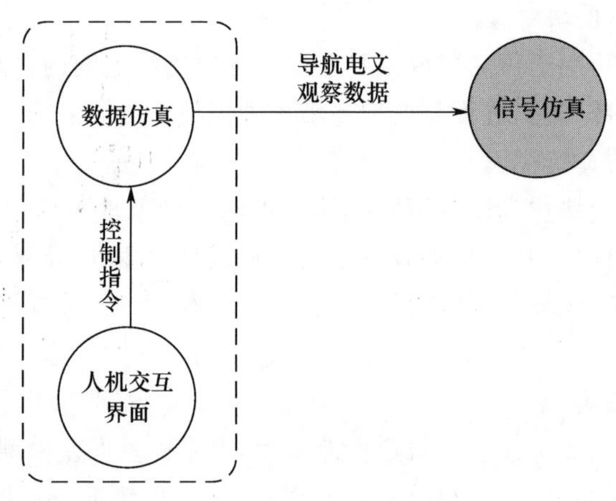

图 4.32 数据仿真软件工作流程

(1) 用户通过数仿软件的人机交互界面进行有关数据仿真参数的设置,最终形成仿真场景文件。

(2) 数据仿真模块实现相关数据的仿真,形成导航电文和观测数据。

(3) 信号仿真分系统读取导航电文和观测数据文件,进行内插处理后形成仿真信号[6]。

4.2.3　信号仿真分系统

信号仿真分系统是室内仿真测试系统的重要组成部分之一，与测试控制与评估分系统、数据仿真分系统、干扰信号仿真分系统一起实现了对导航终端接收的导航信号仿真。

4.2.3.1　主要功能

(1) 具备导航射频信号输出功能。

(2) 能够根据数据仿真分系统仿真的导航电文和观测数据，生成用户可视范围内所有导航卫星播发的射频信号，经合路后输出。

(3) 用户接收的北斗各频点导航信号功率电平可单独调整。

(4) 时频信号具有外同步及主动、被动授时功能。

(5) 信号仿真时间可控。

信号仿真分系统由控制模块、信号仿真模块、射频合成与功分模块和时间基准单元组成。其组成如图 4.33 所示。

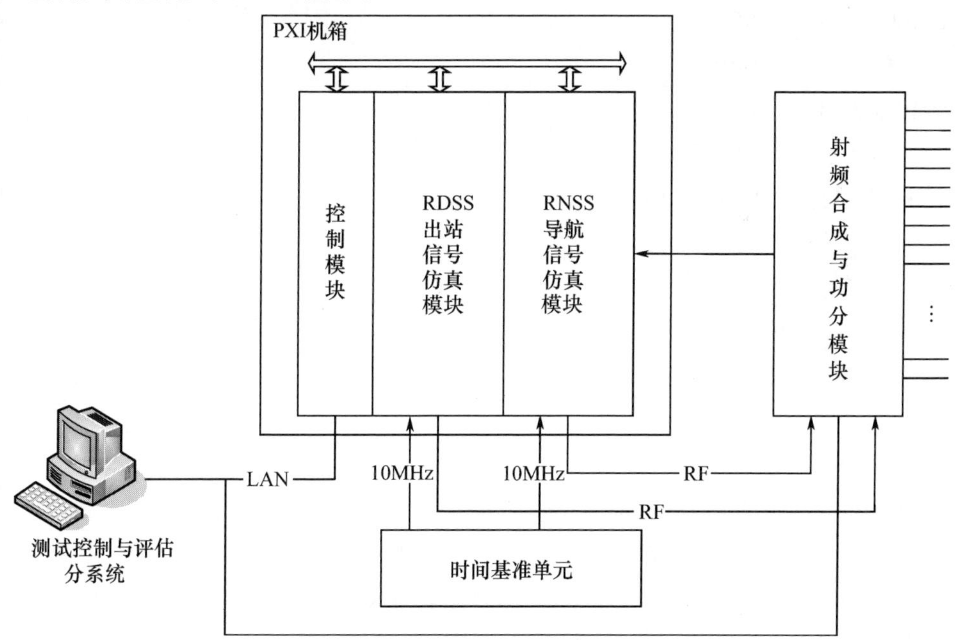

RF—射频；PXI—面向仪器系统的外部标准扩展。

图 4.33　信号仿真分系统组成图

(1) RNSS 导航信号仿真。根据数据仿真分系统产生的观测数据在控制与测试评估分系统的控制下生成卫星的导航信号。

(2) RDSS 出站信号仿真。根据数据仿真分系统产生的观测数据在测试控制与评估分系统的控制下生成 RDSS 出站信号。

(3) 射频合成与功分。实现系统内所有射频信号的合成与功率分配,实现信号的单路、合路和监测信号输出,满足测试和检测需求。

4.2.3.2 信号仿真分系统性能要求

(1) 信号精度:

- 伪距控制误差:≤0.03m。
- 伪距变化率误差:≤0.03m/s。
- 通道时延一致性:≤0.167ns(码);
  ≤0.001m(载波)。
- 载波与伪码相关性:≤1°。
- I、Q 相位正交性:≤1°。
- 零值校准精度:≤1ns。

(2) 信号质量:

- 相位噪声:

100Hz:优于 -65dBc。

1kHz:优于 -70dBc。

10kHz:优于 -80dBc。

100kHz:优于 -85dBc。

- 载波抑制:优于 30dBc。
- 谐杂波抑制:优于 45dBc。

(3) 信号功率:

- 分辨力:优于 0.2dB。
- 准确度:优于 0.5dB。

(4) 各频点间功率不平衡度:优于 0.2dB。

(5) 用户动态范围:

- 最大速度:优于 12000m/s。速度分辨力:≤0.01m/s。
- 最大加速度:优于 900m/s^2。加速度分辨力:≤0.01m/s^2。
- 最大加加速度:优于 900m/s^3。加加速度分辨力:≤0.01m/s^3。

4.2.3.3 信号仿真分工作流程

如图 4.34 所示,信号仿真分系统由基带单元、射频单元、时频单元等组成。

信号仿真分系统基于软件无线电进行设计来构建,为了实现板卡的通用化、模块化、标准化设计,并考虑系统的灵活使用和增减配置,信号仿真分系统架构上采用标准 PXI 机箱。信号仿真分系统设计基于"数据仿真—嵌入式计算机—PXI 总线—DSP—数字模拟转换器(DAC)—上变频—射频合路"的体系结构,在一个 PXI 机箱中完成多系统导航信号产生。

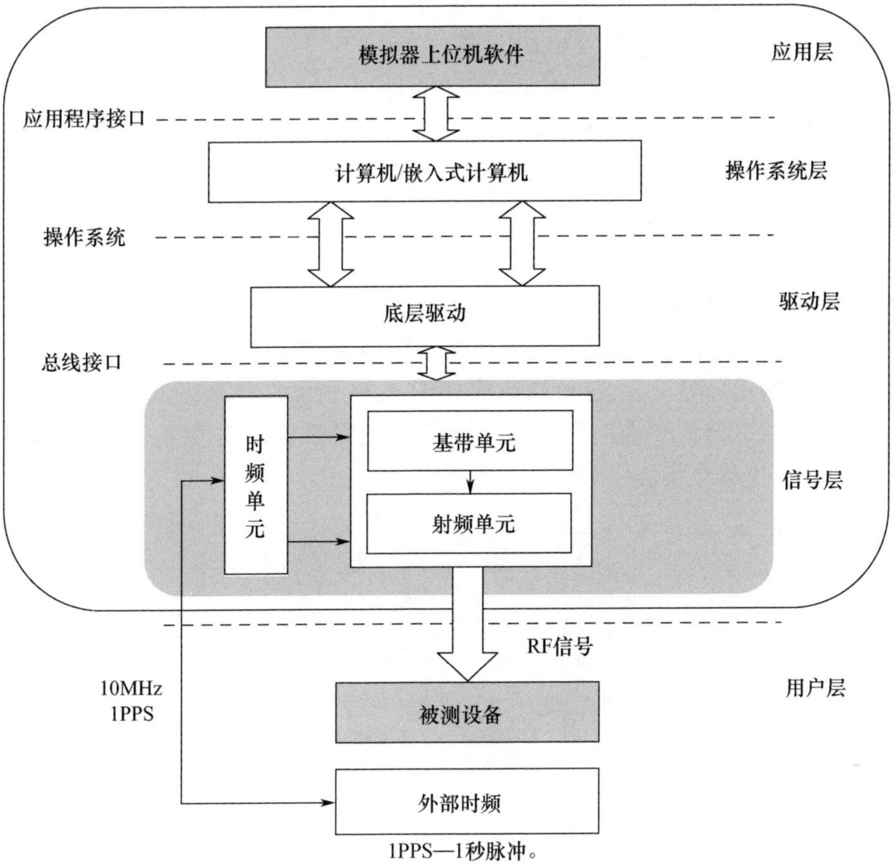

图 4.34　信号仿真分系统(模拟器主机)信号流程示意图

4.2.4　入站信号监测分系统

入站信号监测分系统是室内仿真测试系统的重要组成部分之一,它完成对 RDSS 入站信号的捕获跟踪、电文解析及参数测量,并将解调信息及参数测量值上报测试控制与评估分系统。其功能性能指标如下[3]:

4.2.4.1　主要功能

(1) 能够对导航终端发射的突发入站信号进行接收处理。

(2) 具备对导航终端发射的入站信号进行捕获、跟踪、测距与数据解调功能。

(3) 能够对导航终端发射的入站信号时延量进行测量,并配合测试控制与评估分系统完成有关时延量的测试。

(4) 能够对导航终端发射的入站信号频偏、等效全向辐射功率(EIRP)、载波抑制度、BPSK 相位调制偏差等参数进行测量。

4.2.4.2 主要性能

（1）工作频率频偏范围：±6kHz。

（2）接收信号功率范围：-60～-30dBm。

（3）数据接收误码率：$\leqslant 1\times10^{-7}$。

（4）信号功率测量精度：优于0.5dB。

（5）信号频率测量精度：优于1Hz。

（6）伪距测量精度：优于1ns。

4.2.4.3 工作原理

入站信号监测分系统主要由下变频器模块、时频模块、入站信号处理模块、监控单元、显示控制模块等组成，其设备组成如图4.35所示。用来完成对RDSS入站信号的监测，包括RDSS入站信号的捕获、跟踪、解析及参数测量，并将测量值和解调信息上报到测试控制与评估分系统。

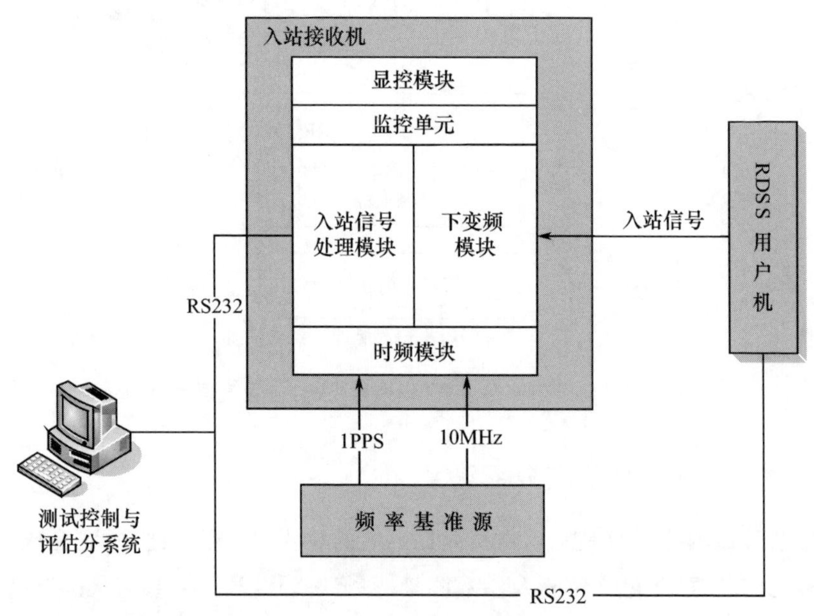

图4.35 入站接收机组成框图

下变频器接收从天线或有线测试接口送来的RDSS导航终端发射的入站信号，经过滤波、下变频、放大、数控衰减等处理后输出中频信号到入站信号处理模块。

入站信号处理模块接收下变频器送来的中频信号，首先对RDSS导航终端发射的入站突发信号进行快速捕获，产生捕获脉冲进而进行伪码精跟、码环跟踪、信号解扩，实现载波恢复和多普勒估计，完成帧同步、符号解调及Viterbi译码，同时实现对入站突发信号的伪距测量、频偏估计、功率估计、BPSK相位调制偏差测量、载波抑制度测量等工作，最后将相关观测数据及数据信息通过监控单元上报到测试控制与评

估单元。

4.2.5 收发天线

收发天线的主要功能是能够完成导航信号的发射(B1/B2/B3/L1/S1)以及入站信号的接收(L频段),天线主要特性如下[3]:

4.2.5.1 发射天线

(1) 工作频段:1.2~2.5GHz。

(2) 极化:右旋圆极化。

(3) 轴比:优于1∶1.2。

(4) 增益:>0dB。

(5) 能够精确标出天线相位中心偏差,精度优于0.01m。

4.2.5.2 接收天线

(1) 工作频段:1.5~1.7GHz。

(2) 极化方式:左旋圆极化。

(3) 轴比:优于1∶1.2。

(4) 增益:>0dB。

4.2.6 时频基准单元

时频基准单元为系统不同设备提供统一的10MHz、1PPS等时间频率基准信号。时频基准单元的主要特性如下[3]:

(1) 具备同步到外部10MHz、1PPS时频信号的能力。

(2) 输入10MHz信号电平:7dBm±3dBm。

(3) 输出10MHz频率信号:阻抗,50Ω;信号幅度,7±3dBm。

(4) 输出1PPS信号前沿上升时间≤10ns。

(5) 输出1PPS信号:低电压TTL(LVTTL)电平,阻抗为50Ω。

(6) 同一种信号通道间时延变化一致性:≤0.5ns。

(7) 10MHz相位噪声:

10Hz:优于-100dBc。

100Hz:优于-120dBc。

1kHz:优于-140dBc。

(8) 频率稳定性:1×10^{-11}/s。

(9) 准确度:5×10^{-11}。

时频基准单元的组成如图4.36所示,时频基准单元也可以广泛应用到导航系统各种地面设备中。

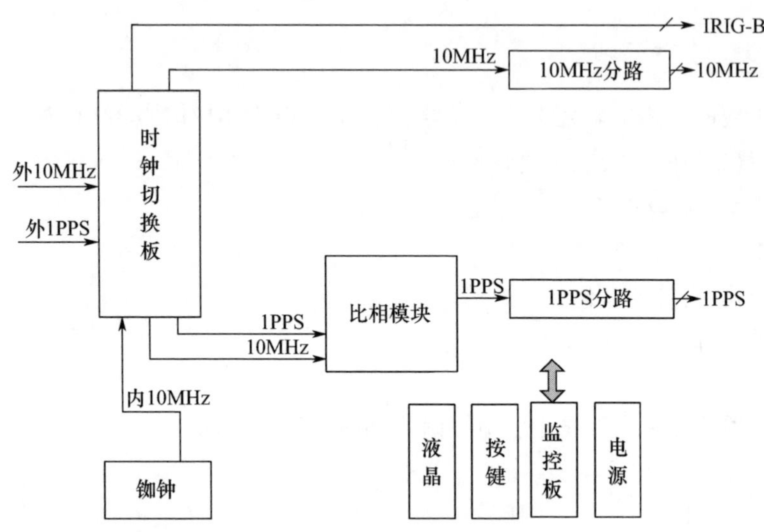

图 4.36　时频基准源设备组成

4.2.7　微波暗室

4.2.7.1　基本性能

微波暗室是系统开展测试工作的环境条件,其主要特性如下[3]:

(1) 频率范围:1～3GHz。

(2) 屏蔽效能:≥100dB。

(3) 吸波材料中心入射波的反射损耗(转台安装到位):≥30dB。

(4) 场强幅值均匀性(0.5m×0.5m×0.5m):优于0.5dB(转台安装到位扣除路径损耗后)。

(5) 路径损耗均匀性:优于0.5dB。

4.2.7.2　导航暗室空间要求

微波暗室的几何尺寸与微波暗室的性能及里面试验产品类型有关。北斗导航终端产品主要分为一体机和分体机,其导航天线的尺寸直径一般不超过0.2m。

待测产品和测试用发射天线之间的距离由下式给出:

$$R \geqslant \frac{2(D+d)^2}{\lambda} \tag{4.3}$$

一般待测产品至后墙(地面)1/2室宽的距离,在发射天线后留1m到1/2室宽的距离。

如图4.37所示,微波暗室的总高度为 $H = W_1 + R + W_2$,根据式(4.3)计算出满足测试需求的最小暗室高度。

测试用天线口径为0.2m,所测最高频率2.5GHz,其波长为0.12m。

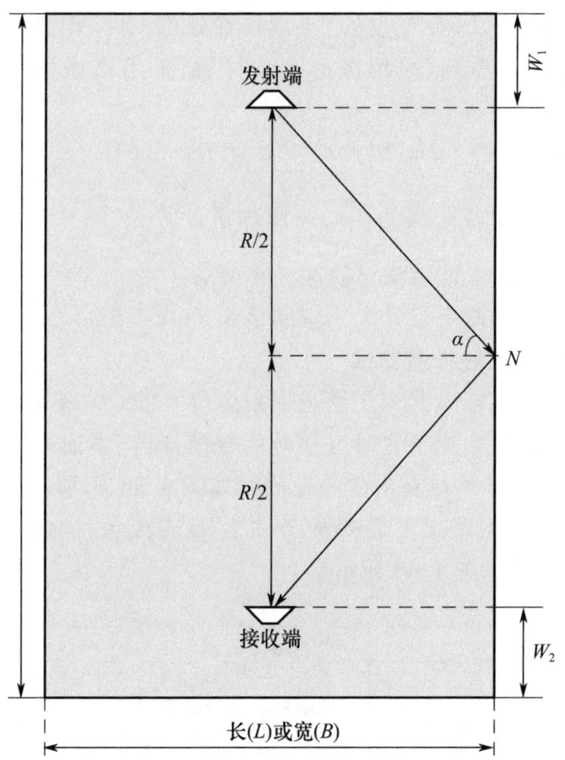

图 4.37　微波暗室尺寸计算示意图

$$R \geqslant \frac{2(D+d)^2}{\lambda} = \frac{2\times(0.2+0.2)^2}{0.12} \approx 2.67(\mathrm{m}) \tag{4.4}$$

即只有当发射天线和待测产品间的距离大于 2.7m 时，才能满足测试远场条件。

一般来讲，最佳设计不能脱离电性能的观点而存在，因为随着宽度的增加，电性能变好。故取暗室的长宽比率为 2∶1。其理由如下：

因为吸波材料电波入射角 α 不能超过 30°，超过 30°时吸收性能大大下降，暗室宽度 B 应为

$$B \geqslant R/\tan\alpha \tag{4.5}$$

$$W_2 \geqslant B/2 \tag{4.6}$$

发射天线位置满足 $W_1 \leqslant B/2$ 且 $W_1 \geqslant 1\mathrm{m}$。

为了充分利用吸波材料的吸收性能，不使入射角超过 30°，保证测试精度，应将暗室的宽度 B 取暗室高度的 1/2 或比 1/2 高度稍大一些。

从以上分析来看，无线批量测试暗室的长、宽、高的尺寸如下：

$$B \geqslant R/\tan\alpha = 2.67/\tan 30° = 4.62(\mathrm{m}) \tag{4.7}$$

因为外部尺寸布局的限制，宽 $B=4\text{m}$。此时，入射角 $\alpha>30°$，为此需要在前后左右四面墙的主反射区（上图的 N 点处）采取特殊处理，如采用高性能吸波材料、按一定角度对锥形吸波材料布局、采用楔形吸波材料、采用高增益（窄波瓣）的发射天线等。

$W_2 \geqslant B/2=2\text{m}$，取 $W_1=2\text{m}$，因此暗室高度 $H\geqslant 6.67\text{m}$，故设计暗室高度为 7m。此时，发射天线到被测设备距离为 3m，按照静区计算公式：$D=\sqrt{\dfrac{d\lambda}{2}}=\sqrt{\dfrac{3\times 0.12}{2}}\approx 0.42$，可知这种情况理论上能够满足静区大小要求。

综上所述，一般导航暗室设计大小应满足 4.5m×4.5m×7m 的基本要求。

4.2.7.3 GNSS 无线批量测试

GNSS 无线批量测试暗室是为了满足用户多台 GNSS 终端并行测试的需求：一种模式是建设多个微波暗室，配备多通道导航信号模拟器、多通道入站接收机，此模式能够进行多台包括 RDSS 终端在内的并行测试如图 4.38 所示；另外一种模式是在一个暗室布设多个转台，此模式下需要配备多台测试转台，同时此模式不适合多台 RDSS 的测试，如图 4.39、图 4.40 所示。

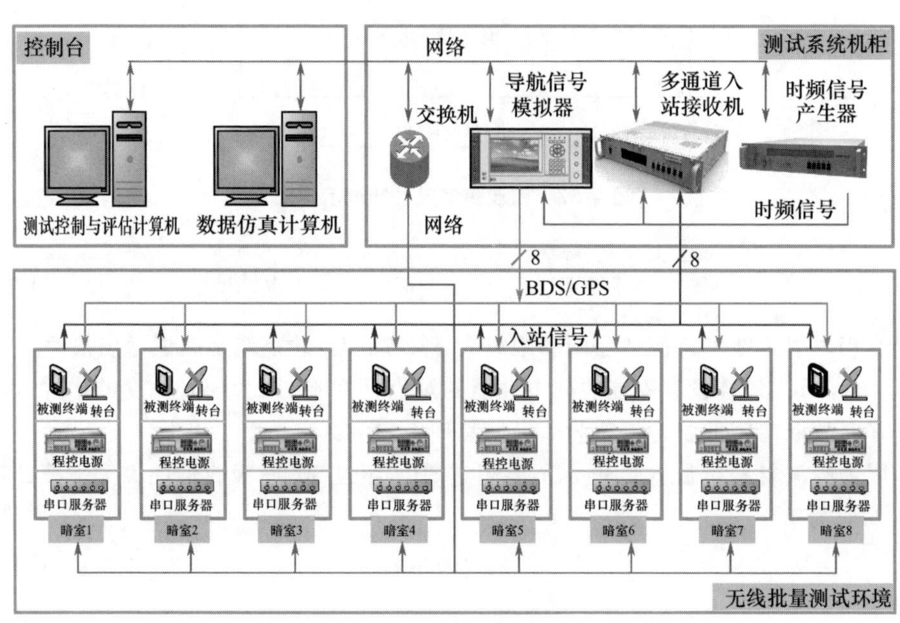

图 4.38 多暗室条件下的无线批量测试环境

4.2.8 测试转台

测试转台是一套精密程控机电设备，具有方位、俯仰电控旋转功能，被测终端（或天线）通过支架安装在转台上，根据不同的测试任务需要作方位和俯仰转动，检

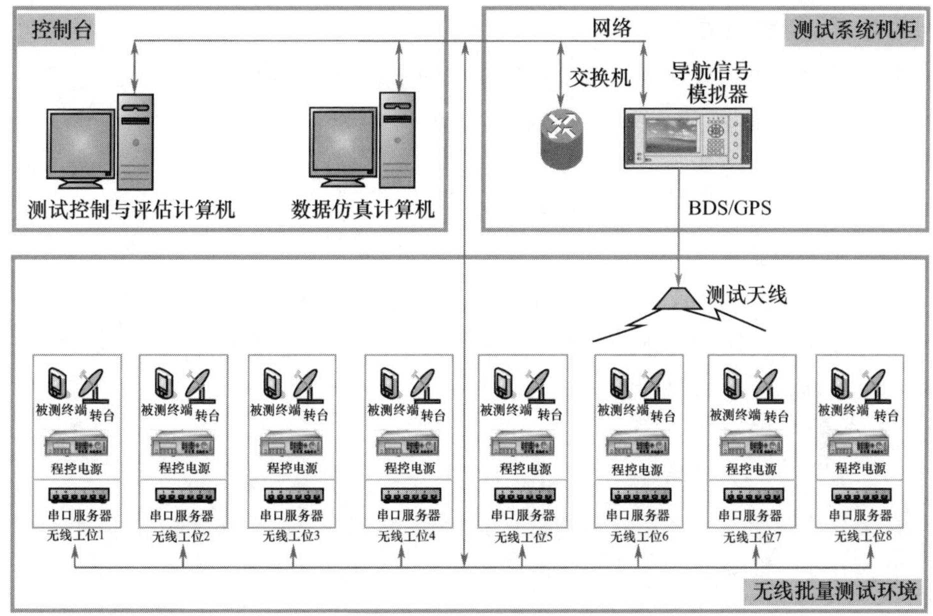

图 4.39　RNSS 无线批量测试环境组成框图(见彩图)

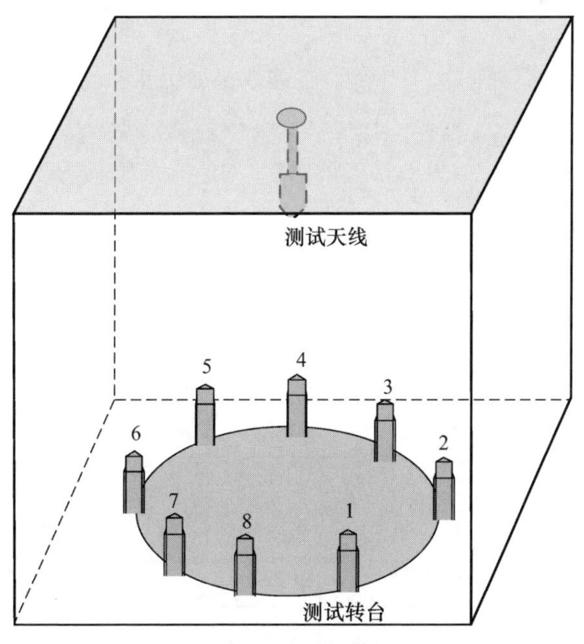

图 4.40　RNSS 无线批量测试暗室布局示意图

测导航终端产品在不同方向上的收发性能。测试转台在进行方位和俯仰运动过程中,其相位中心保持不变。

4.2.8.1 性能要求

测试转台是被测导航终端布放开展测试的基础,其主要特性如下[3]:

(1) 转动范围:方位 0 ~ 360°,俯仰 0 ~ 90°。

(2) 转动角度分辨力:≤0.1°。精度:≤0.2°。

(3) 转速 1 ~ 20(°)/s 可调,控制误差为 1(°)/s。

(4) 工作模式:

① 达位模式:让转台运动到指定的位置,该位置为相对零点的绝对位置;

② 循环模式:转台从起始角度以往返速度运动到终止角度,再返回到起始角度记作一次。往返次数可设定。

(5) 承重:≥15kg。

(6) 在测试过程中,被测天线相位中心位置误差不大于 ±1mm。

(7) 转台尽量采用非金属材料设计,转台安装到位后暗室相关指标应满足要求。

4.2.8.2 系统组成

测试转台控制一般由远程控制,由上位机发送程控指令给转台控制模块,转台控制模块接收上位机指令并进行解析,并根据指令控制电机进行旋转。测试转台为二轴转台,能够模拟被测终端天线所有接收角度,具有操作简单、灵活、方便等特点。

转台控制系统方案如图 4.41 所示,整体效果如图 4.42 所示。

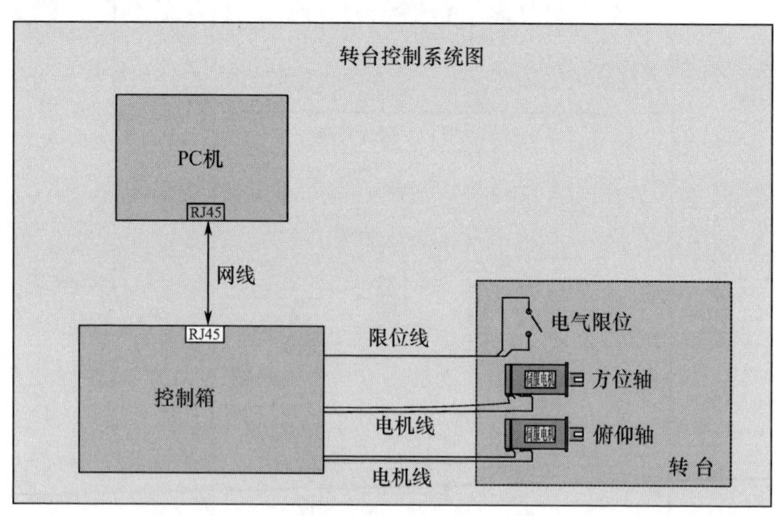

图 4.41 转台控制系统图

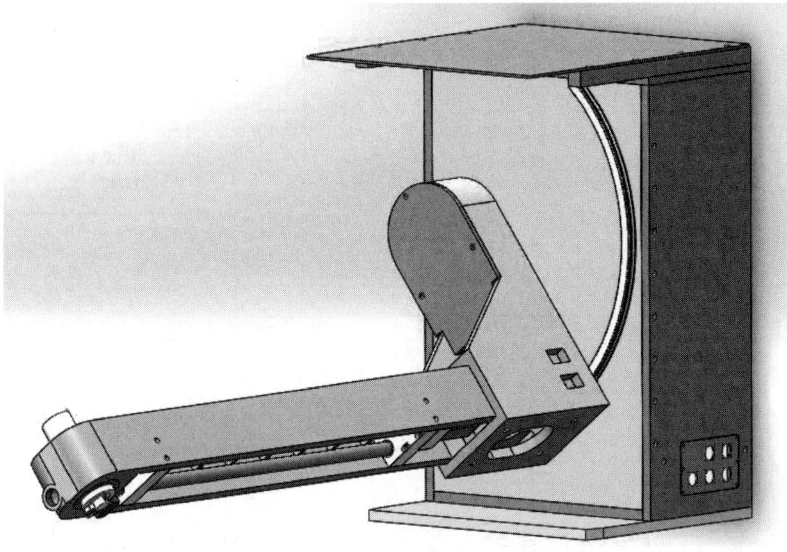

图 4. 42　测试转台整体效果图

4. 3　系统工作模式

测试系统按照试验环境可分为注入式测试(即有线测试)和辐射式测试(即无线测试),按照导航终端工作模式可分为 RNSS、RDSS、兼容、RNSS + RDSS、差分定位与定向等多种工作模式。下面分别描述每种工作模式下的测试系统。

4. 3. 1　系统试验模式

4. 3. 1. 1　注入式测试模式

试验中,导航信号生成设备通过有线与被试导航终端构成闭环,设置典型的测试场景分别对导航终端的定位、测速和定时等功能以及性能指标进行测试。在该试验模式下,可以对 RNSS 导航终端性能、差分定位与定向导航终端性能以及部分 RDSS 性能进行测试。

注入式测试布局如图 4. 43 所示。

4. 3. 1. 2　辐射式测试模式

辐射式测试需要在微波暗室内进行。试验中,导航终端置于微波暗室内的转台上,室内测试系统通过测试天线将导航信号播发给待测终端,并接收 RDSS 导航终端发射的入站信号,根据不同测试项目分别对被测终端的定位、定时、报文通信、位置报告等功能进行测试和评估。

辐射式测试布局如图 4. 44 所示。

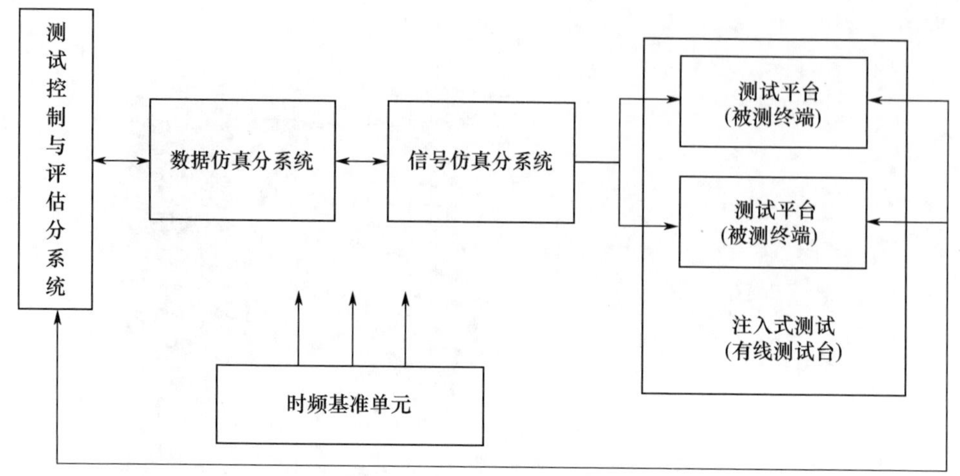

图 4.43 注入式测试布局示意图

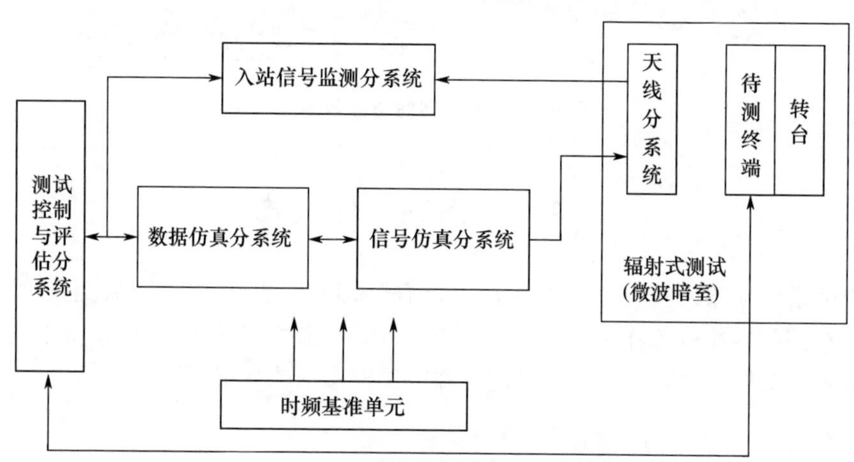

图 4.44 辐射式测试布局示意图

4.3.2 RNSS 终端测试工作模式

在 RNSS 工作模式下,数据仿真分系统在测试控制与评估分系统的调度下,生成导航电文和观测数据。把这些数据发送给信号仿真分系统,信号仿真分系统根据仿真数据产生卫星导航信号。根据试验要求各频点合成的卫星导航信号经过暗室内的发射天线通过辐射方式建立无线测试环境。另外也可以通过射频电缆引入有线测试台的方式建立有线测试环境。

无线链路和有线链路在完成标定后设置相应的固定衰减量,在测试过程中根据测试任务要求通过调节射频信号输出的功率来达到符合要求的导航信号电平。测试控制与评估分系统依据测试项目文件规定的测试场景控制数据仿真分系统和信号仿真分系统建立测试环境,根据测试项目文件所配置的测试过程参数完成测试过程,获

得测试数据，对数据进行分析评估最终获得测试报表和测试报告。

RNSS 工作模式测试布局如图 4.45 所示。

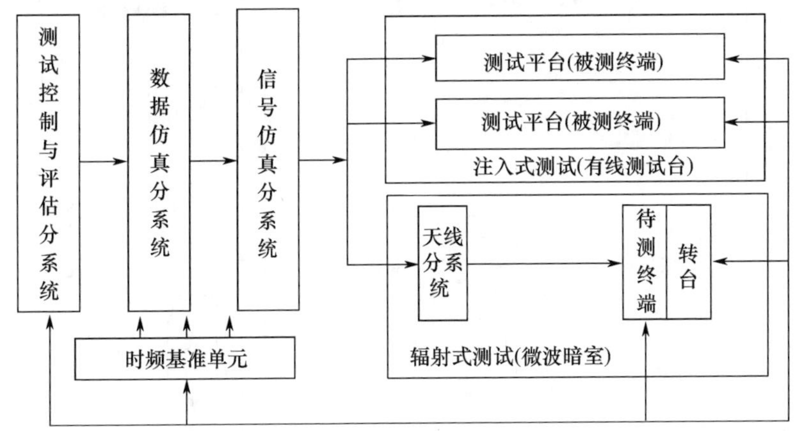

图 4.45　RNSS 工作模式测试布局示意图

4.3.3　RDSS 终端测试工作模式

在 RDSS 工作模式下，数据仿真分系统在测试控制与评估分系统的调度下，生成 S 频点导航电文和观测数据。把这些数据发送给信号仿真分系统，信号仿真分系统根据仿真数据产生 S 频点卫星导航信号。根据测试要求将 S 频点卫星导航信号经过暗室内的发射天线通过辐射方式建立无线测试环境，另外也可以通过射频电缆引入有线测试台的方式建立有线测试环境。同时，入站信号监测分系统接收来自无线测试环境或有线测试环境 RDSS 终端发射的入站信号，进行捕获、跟踪、解扩、解调、译码以及功率、频偏、伪距等观测数据的测量，并将相关数据上报到测试控制与评估分系统进行分析处理。

无线链路和有线链路在完成标定后设置相应的固定衰减量，在测试过程中根据测试要求通过调节射频信号输出的功率来达到符合要求的导航信号电平。

测试控制与评估分系统依据脚本文件规定的测试场景控制数据仿真分系统和信号仿真分系统建立测试环境，根据测试项目的脚本文件所配置的测试过程参数按照指定的测试流程完成测试过程，获得测试数据，对数据进行分析评估最终获得测试报表和报告。

RDSS 工作模式布局如图 4.46 所示。

4.3.4　RNSS + RDSS 终端测试工作模式

该工作模式下 RNSS 用于定位，RDSS 用于通信，是基于 RDSS 和 RNSS 的双模测试，数据仿真分系统在测试控制与评估分系统的调度下，同时产生 RDSS/RNSS 的观测数据，信号仿真分系统根据观测数据分别控制 RNSS 信号仿真和 RDSS 信号仿真模块，

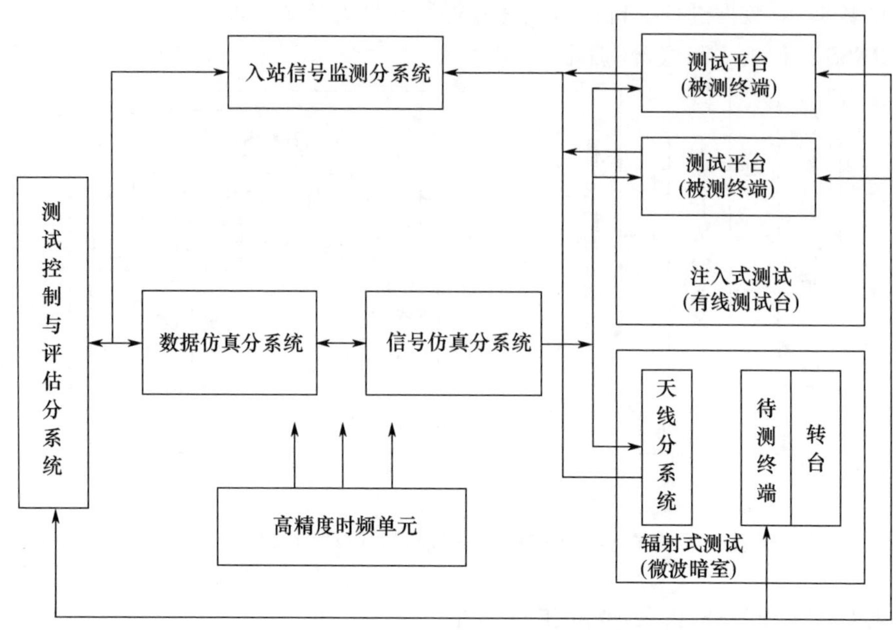

图 4.46　RDSS 工作模式布局示意图

并将信号合成注入被测设备,完成对测试设备的有线和无线测试环境的建立。导航终端在该环境下完成位置报告等功能的测试,将测试结果上报测试控制与评估分系统进行分析处理,测试控制与评估分系统根据分析评估结果给出测试报表和测试报告。

4.3.5　差分定位定向终端测试工作模式

差分定位工作模式下,系统具备多频点双用户卫星导航信号模拟输出能力,同时具备输出基准站位置信息的功能。在该模式下系统模拟仿真 2 个导航频点双用户卫星导航信号(基准站和流动站),将一路导航信号送入基准站,并将基准站精确坐标通过串口送入基准站。基准站进行差分信息解算,并将差分信息通过串口送给流动站。同时系统将另外一路导航信号送入流动站,流动站根据接收到的导航信号和差分信息进行定位解算。流动站将差分定位结果上报测试控制与评估分系统进行处理,测试控制与评估分系统根据评估结果给出测试报表和测试报告。

差分定位工作模式测试布局如图 4.47 所示。

差分定向工作模式下,系统具备双用户位置的卫星导航信号输出仿真能力,每路信号均支持 2 个以上导航频点。该模式下系统将仿真的两个用户卫星导航信号分别送到被测定向设备的两个接收天线。测试控制与评估分系统待定向设备完成定向后,控制定向设备输出定向结果。测试控制与评估分系统对结果进行分析评估,给出测试报表和测试报告。

差分定向工作模式测试布局如图 4.48 所示。

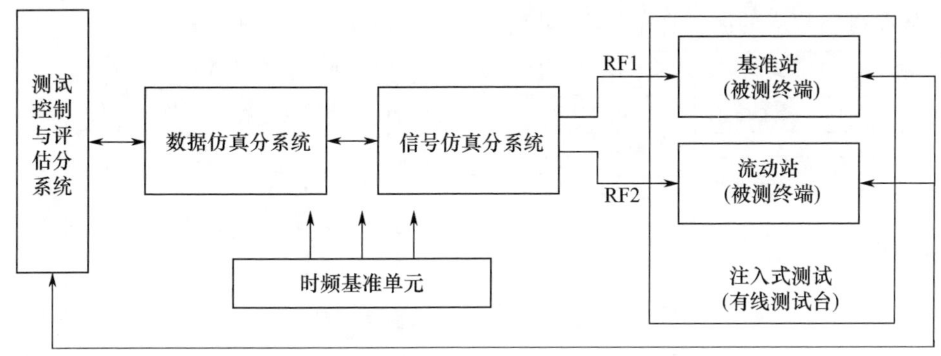

图 4.47　差分定位工作模式测试布局示意图

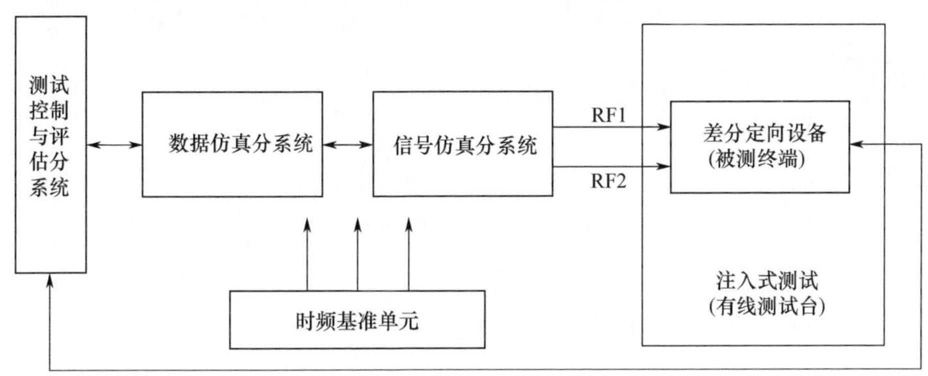

图 4.48　差分定向工作模式测试布局示意图

4.3.6　系统数据信息流程与交换控制关系

测试系统内部的数据信息流如图 4.49 所示，它表示了室内测试系统内部各分系统之间的数据交换流程和控制关系，其中测试控制与评估分系统、数据仿真分系统都在计算机内部实现。测试系统的数据信息流如下：

(1) 测试控制与评估分系统从测试项目文件中获得测试场景信息，经由数据仿真控制模块发送给数据仿真分系统。

(2) 数据仿真分系统完成卫星星座、用户轨迹、空间环境、广域差分及完好性信息的仿真，并完成导航电文和观测数据生成。

(3) 数据仿真分系统将生成的导航电文和观测数据送入信号仿真分系统。

(4) 信号仿真分系统依据数据仿真分系统产生的导航数据产生射频信号。

(5) 测试控制与评估分系统根据试验需要控制信号仿真分系统产生相应频点和调制类型等的卫星导航信号。

测试控制与评估分系统通过串口服务器以及网络交换机等设备获得导航终端输出的试验结果，测试控制与评估分系统按照所选择的分析评估方法对该结果进行处理，从而得到相应的测试评估结果，并将该结果生成相应的测试报表。

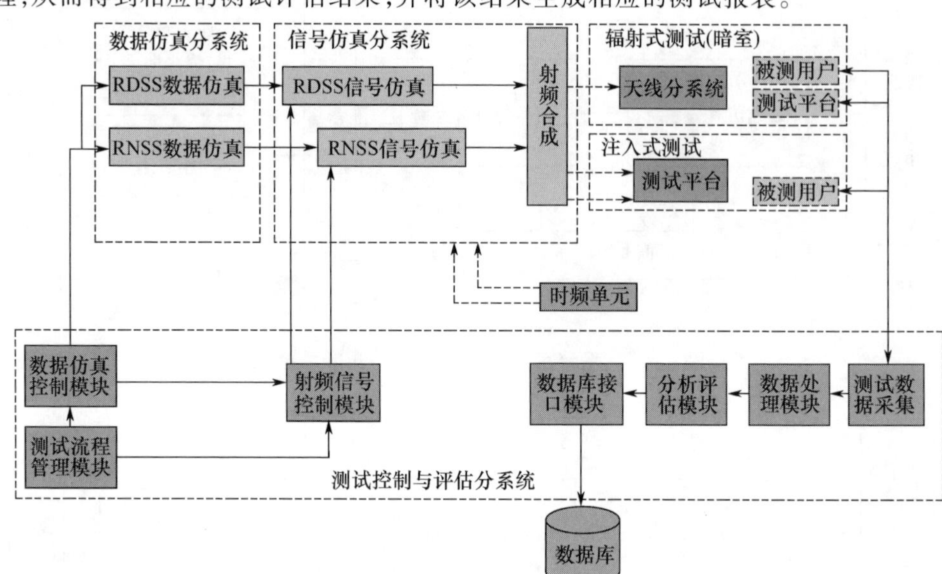

图 4.49　测试系统内部数据信息流

4.4　系统接口设计

4.4.1　外部接口

测试系统的外部接口主要包括测试转台接口、被测导航终端接口、供配电接口、时频接口、测试控制接口等，如图 4.50 所示。

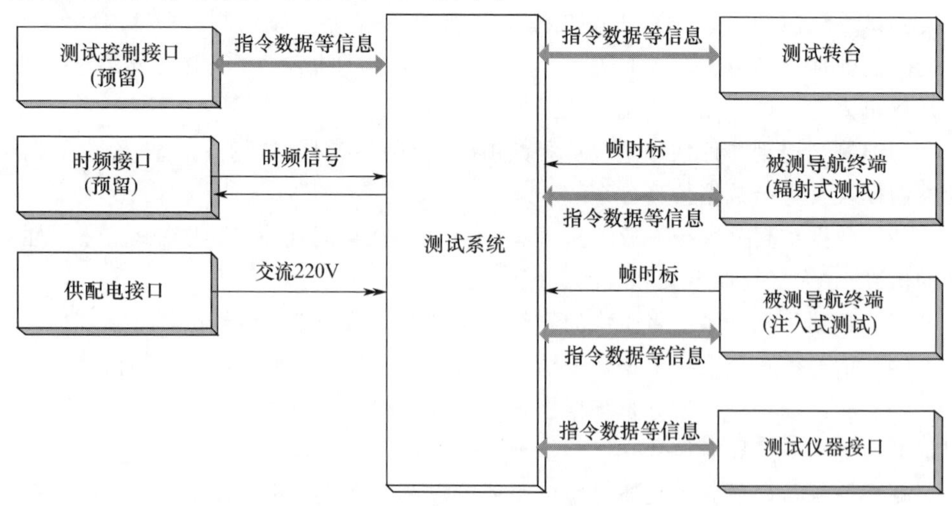

图 4.50　系统外部接口示意图

4.4.2　内部接口

测试控制与评估分系统、数据仿真分系统、信号仿真分系统、入站信号监测分系统、天线分系统、时频基准单元之间的接口关系如图 4.51 所示。

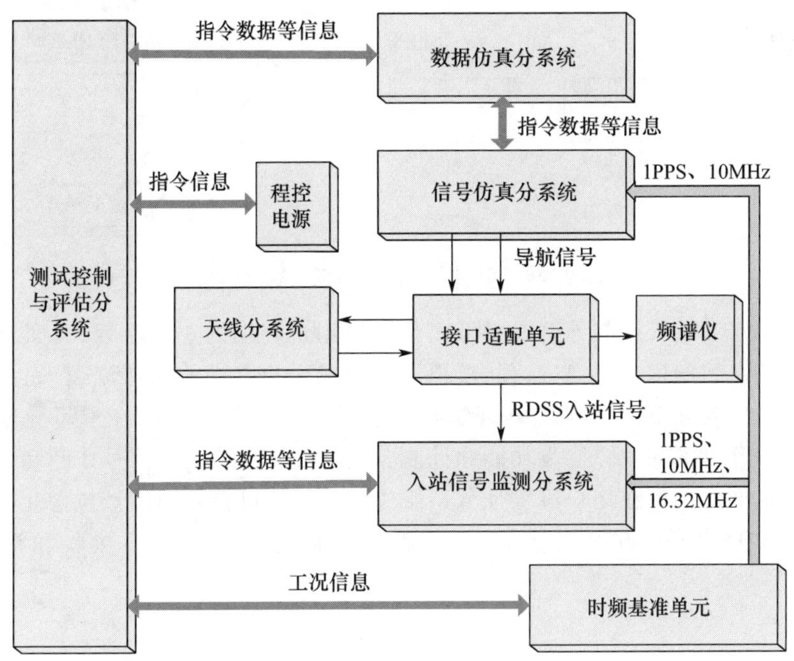

图 4.51　系统内部接口示意图

4.5　可扩展性设计

系统软硬件按照工程化设计要求，采用模块化、标准化、通用化的架构，具有良好的扩展性、升级性和维护性。系统可扩展性具体体现在以下几个方面。

4.5.1　从单用户测试到批量测试

目前测试系统只具备单用户同时测试的能力，但从硬件接口和软件接口都预留了多用户测试的扩展能力。测试系统采用标准总线架构和模块化设计思路，通过扩展信号模拟产生单元或信号分路器的路数即可实现批量测试，如图 4.52 所示。

4.5.2　试验系统的实时闭环验证

在测试系统中增加标准导航终端机可配合系统测试，实现模拟测试系统的导航信号监测，在轨卫星信号的测试等；验证导航电文、测距精度、定位、测速、授时等功能,并对多种工作模式进行测试验证,测试结果对导航系统的实际应用具有直接指导意义。

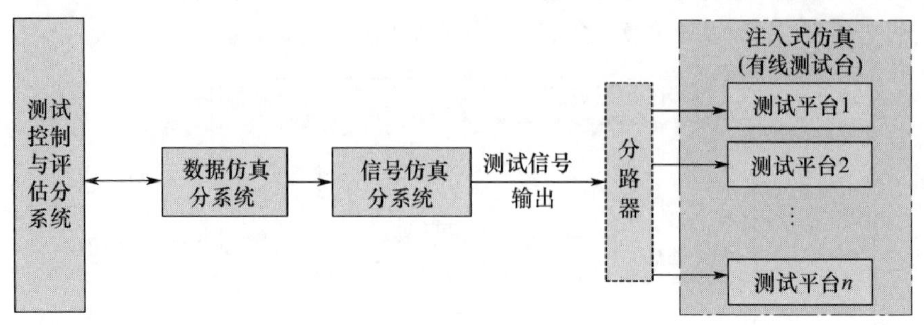

图 4.52 单用户到批量测试扩展示意图

如图 4.53 所示,标准导航终端可完整模拟用户终端的业务流程,真实再现卫星与用户终端之间的信号、信息流程,模拟不同需求用户终端的工作流程,完成对卫星导航信号的接收和解调,具有授时、高动态、抗干扰、测量等功能,在卫星导航信号和信息层面展开对不同用户终端功能和性能验证。能够支持卫星信号体制和用户终端方面的关键性能指标在用户段验证分系统中的验证。可接收的信号包含北斗全球信号、GPS/GLONASS/Galileo 系统信号,并具备新体制信号的兼容接收和评估验证能力。

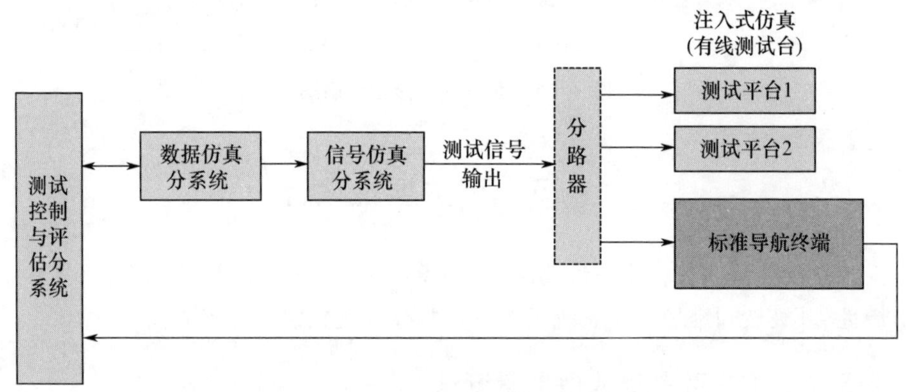

图 4.53 标准导航终端扩展示意图

4.5.3 复杂电磁环境模拟能力

目前测试系统只具备正常信号测试的功能,但预留了复杂电磁环境模拟的接口。根据对导航终端测试需求的分析,未来测试系统需要具备在复杂电磁环境下进行导航终端测试的能力。

在信号仿真分系统输出信号接口处预留干扰信号输入接口,如图 4.54 所示。

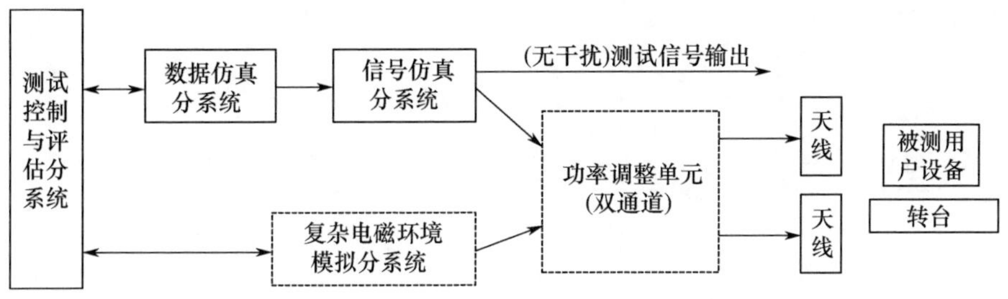

图 4.54　复杂电磁环境模拟能力扩展接口示意图

4.6　本章小结

本章针对性地研究了北斗导航终端的测试任务,并据此构建了一种北斗导航终端室内测试系统。该系统在实验室环境中仿真导航终端在实际应用场合下的典型运动特性,模拟导航终端在典型运动特性下天线口面接收到的动态导航信号。在实验室环境中仿真导航终端在实际冲击条件和振动条件的运动特性,模拟导航终端在这种运动特性的工作环境。利用该系统可以在实验室环境中对各类北斗导航终端进行整机测试,以检测导航终端和模块的功能和性能是否满足设计要求。

参考文献

[1] 陈锡春,谭志强,李锋. 北斗用户终端测试系统的设计与实现[J]. 无线电工程,2015,45(1):40-43.

[2] 陈宝林. 导航接收机的自动化测试控制与实时评估技术研究[D]. 西安:西安电子科技大学, 2014.

[3] 石磊. 北斗卫星应用产品认证测试系统的研究[D]. 成都: 电子科技大学, 2016.

[4] 黄建生, 王晓玲, 王敬艳, 等. GPS 导航定位设备测试技术研究[J]. 电子技术与软件工程, 2013(11):36-37.

[5] 庄春华, 张益青, 程越,等. 卫星导航用户终端性能测试控制系统设计[J]. 计算机测量与控制, 2014, 22(7):2080-2083.

[6] 郑晓冬. 卫星导航系统复杂干扰信号模拟源设计[D]. 成都:电子科技大学, 2012.

第5章　多模导航终端测试评估系统

随着北斗系统建设的推进，各产业都在加速应用北斗终端技术，终端的测试评估技术进一步保障了产业应用的准确性，推进了我国物联网等产业的进一步发展[1]。本章通过设计和实现多模GNSS卫星导航终端测试与评估平台，研究了平台的工作原理和工作模式；利用中国伽利略测试场(CGTR)项目中研制的GPS/Galileo系统双模模拟器终端搭建了终端测试与评估试验平台；完成了GNSS终端测试评估方案设计，并按照设计的测试方案对GPS/Galileo系统终端进行了多种测试，分析给出了多模导航终端测试评估结果。

5.1　多模卫星导航终端测试与评估平台设计

5.1.1　平台体系结构

本书依托CGTR项目中的室内测试环境(ITE)进行多模导航终端的测试评估技术研究。ITE是一个受控的导航接收机及用户终端测试认证环境，用以完成导航终端的功能、性能、环境、安全、电磁兼容测试认证工作[2]。

导航终端的测试认证环境可以采用室内有线和室内无线两种方式搭建。针对导航终端的测试方法，已有国外研究者进行过基于微波暗室的无线测试和室内有线测试的对比试验，当使用相同的有源天线及其模型参数时，来自有线测试与无线测试结果显示出良好的一致性[3]。

如图5.1所示，本书描述的ITE系统是一个基于微波暗室的室内无线导航终端及用户终端测试认证环境，由性能实验室和任务管理中心两部分组成，完成导航终端的"测试与评估"两种服务。性能实验室的测试任务由任务管理中心进行分配；任务管理中心对测试过程进行管理，并收集测试结果。

通过对被测产品的测试，用户可以得到被测产品的详细测试报告，完成对Galileo系统或GPS/Galileo系统多模卫星导航终端的测试与评估。

任务管理中心根据功能和面向的对象又分为任务管理、数据管理、和用户管理3个部分。

使用ITE进行多模导航终端的测试框图如图5.2所示。

任务管理是管理系统的任务控制中心和操作管理中心，负责测试任务的管理，在其管理下被测试终端或用户终端进入平台进行性能测试。

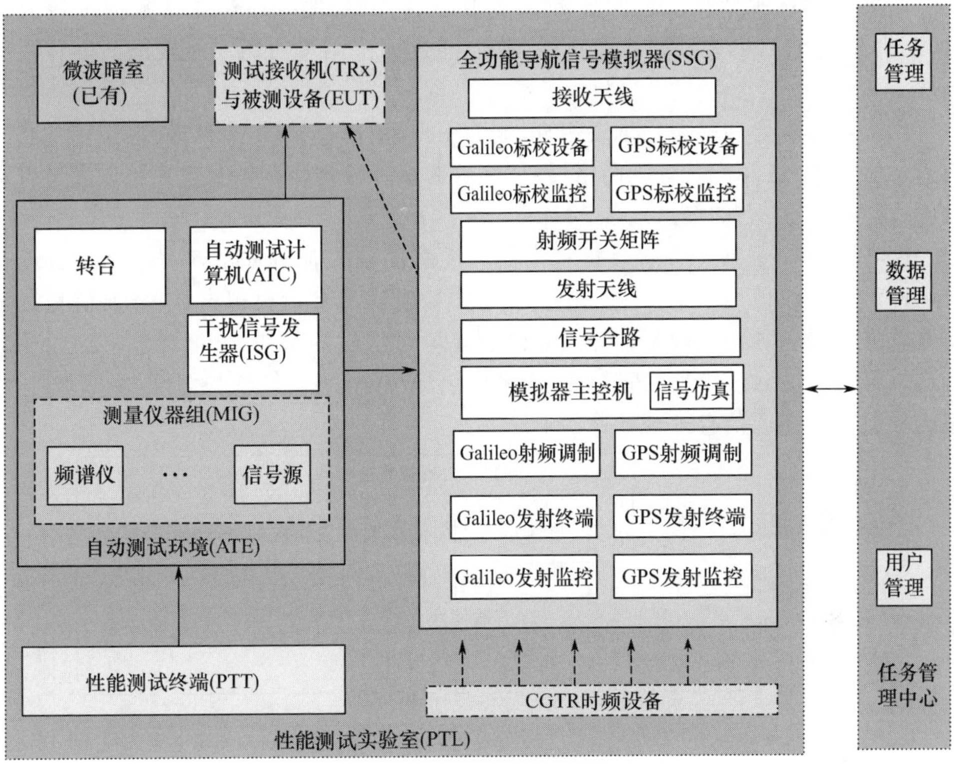

微波暗室
(已有)
测试接收机(TRx)
与被测设备(EUT)
全功能导航信号模拟器(SSG)
接收天线
Galileo标校设备
GPS标校设备
Galileo标校监控
GPS标校监控
射频开关矩阵
发射天线
信号合路
模拟器主控机
信号仿真
Galileo射频调制
GPS射频调制
Galileo发射终端
GPS发射终端
Galileo发射监控
GPS发射监控
转台
自动测试计算机(ATC)
干扰信号发生器(ISG)
测量仪器组(MIG)
频谱仪
…
信号源
自动测试环境(ATE)
性能测试终端(PTT)
CGTR时频设备
性能测试实验室(PTL)
任务管理
数据管理
用户管理
任务管理中心

图 5.1　ITE 系统体系结构图

导航信号模拟器
测试天线
大型微波暗室
环境实验室
被测设备
电磁兼容性实验室
干扰信号模拟器
测试天线
测试控制计算机
测试转台
测试 仪器组
导航认证部门
安全性实验室
数据处理设备
时频信号发生器

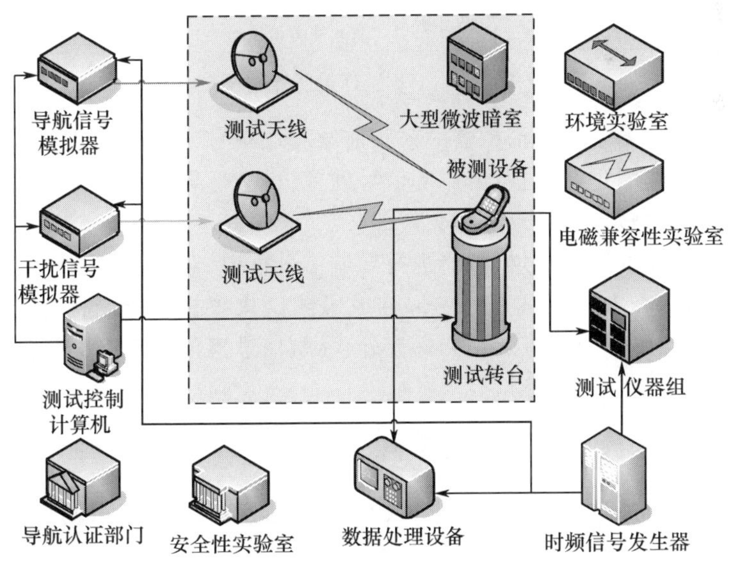

图 5.2　室内接收机测试示意图

原始测试试验数据反馈到任务管理中心后，由数据管理对测试数据进行数据处理，产生测试结果并存储至测试数据库，通过测试结果对用户终端产品进行认证工作。

用户管理主要功能包括创建用户、删除用户、用户授权、口令修改、撤销用户和用户身份验证等；它还配备远程网络接口，必要时认证管理机构以及客户可以通过网络调阅、观察各自关心的信息。

GPS/Galileo 系统双模接收机室内测试系统的信号流程如图 5.3 所示。首先通过软件设置导航信号模拟器中的导航电文和导航信号环境模拟参数；导航信号环境仿真软件通过各种仿真模型计算信号传播环境对信号的影响，它把计算得到的参数传递给导航电文封装模块、通道处理设备和射频前端设备；导航电文封装完毕后把完整的导航电文传回信息处理软件。

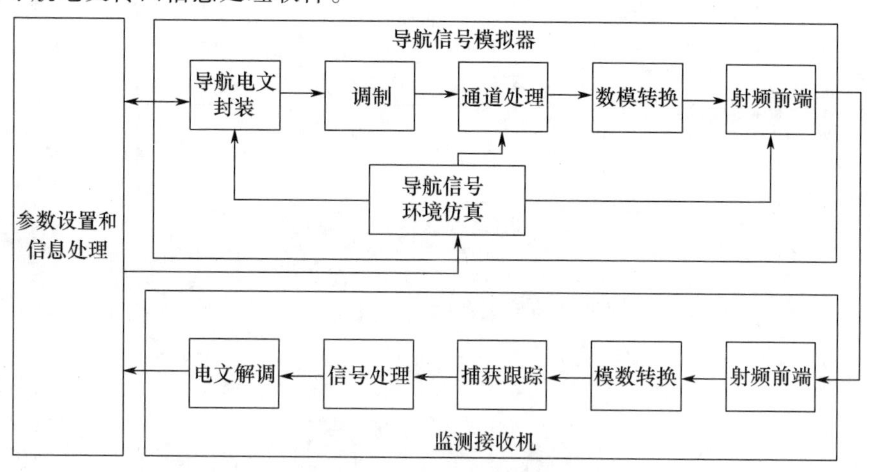

图 5.3　ITE 工作信号流程图

监测接收机从导航信号模拟器的射频前端获取信号，进行前置放大、下变频和中频处理等操作。然后进行解扩、解调等信号处理，再进行导航信息处理。最后监测接收机把相应的数据输出到信息处理软件部分。

通过以上操作，导航信号模拟器进行导航信号模拟，监测接收机对模拟的导航信号进行监测标校，在室内测试系统内部构成了测试接收机功能与性能的完整闭环。当然，除提供给监测接收机进行监测标校外，导航信号模拟器产生的模拟信号也提供给被测设备，完成功能性能测试。

5.1.2　多模终端测试评估平台

针对多模导航终端测试评估需求，以 CGTR 项目中的已有条件为依托，设计多模导航终端测试与评估平台如图 5.4 所示。

平台由性能测试子系统和任务管理子系统构成：性能测试子系统依托微波暗室环境设计主要由多模导航信号模拟器构成，同时配备高精度的时频设备和发射天线，

针对多模终端的特点产生高精度多模导航模拟信号;任务管理子系统负责完成多模终端测试平台的任务管理,以及对测试结果的分析与评估。

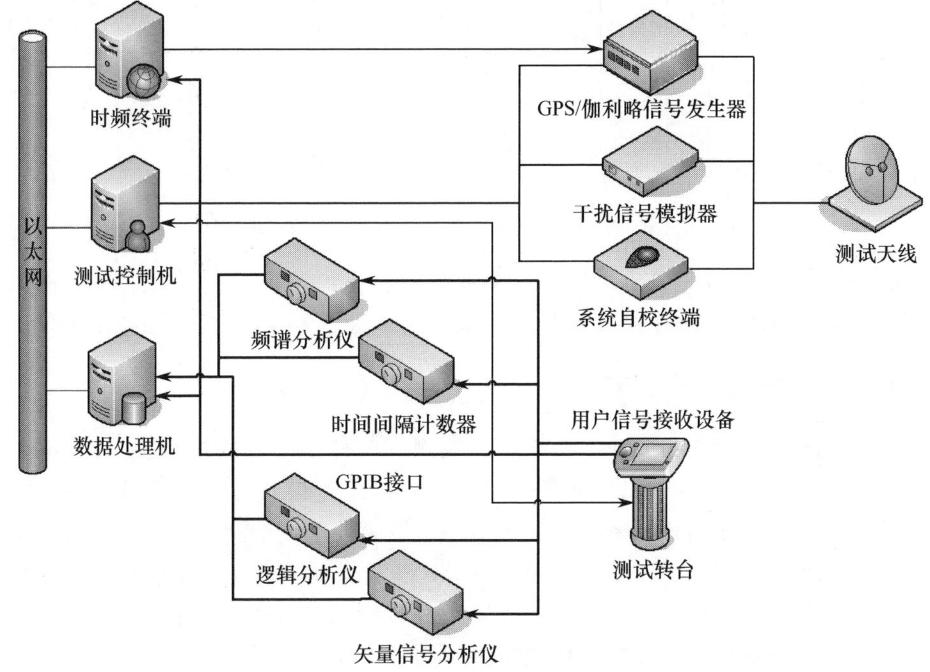

图5.4　多模终端测试评估系统框图

图5.5为多模卫星导航终端测试与评估平台的信号流程。首先通过软件设置多模导航信号模拟器中的导航电文和导航信号环境参数,导航信号环境仿真软件通过各种仿真模型计算信号传播环境对信号的影响,再将计算得到的参数传递给导航电文封装模块、通道处理设备和射频前端设备。为实现终端的测试,导航信号模拟器产生的模拟信号提供给被测的多模导航终端,完成其各种功能、性能测试。

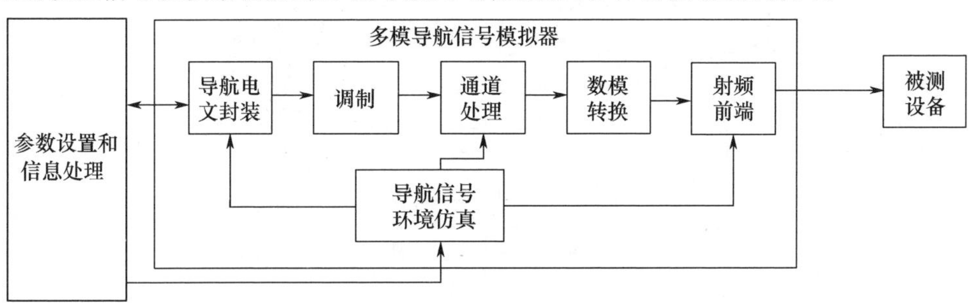

图5.5　多模卫星导航终端测试与评估平台信号流程

多模卫星导航终端测试与评估平台工作原理如图5.6所示。

测试平台通过以太网控制多模导航信号模拟器发出标准的GPS或者Galileo系

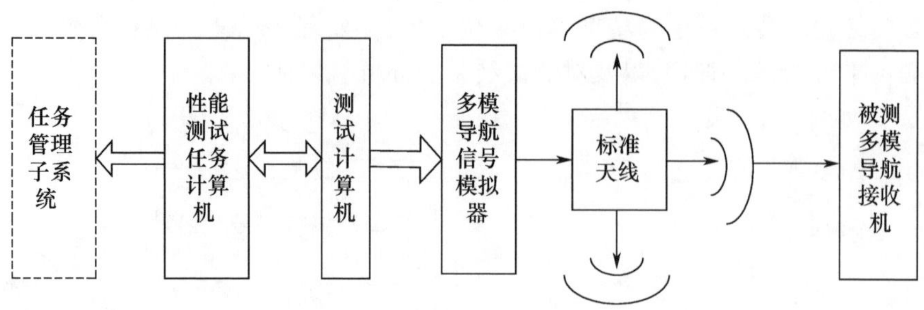

图 5.6 多模卫星导航终端测试与评估平台工作原理图

统多模导航信号,并通过发射天线发送到被测多模导航终端,多模终端将输出结果发送至测试平台,任务管理子系统对采集的数据结果进行处理,最终得到测试结果。

5.1.3 平台工作模式

任务管理子系统作为多模卫星导航终端测试与评估平台的控制核心,是被测设备与测试评估系统间的纽带,因此任务管理中心的工作模式与多模卫星导航终端测试与评估平台的工作模式紧密关联。根据多模卫星导航终端测试与评估平台的实际需求,可定义以下两种工作模式,对多模 GNSS 终端的测试分为有线平台测试和无线平台测试。有线测试平台用于测试导航终端的各种功能性能指标;无线测试平台用于在实际环境中对导航终端的工作状态进行测试验证。

1) 有线测试模式

对于平台有线工作模式,如图 5.7 所示,多模导航信号模拟器的射频信道将模拟产生的多模导航信号通过射频电缆直接传输至被测的多模终端或用户终端的射频信道设备入口。在该种模式下,可排除外界的各种干扰,对被测终端的多种指标进行测试和评估。但由于被测终端的天线没有参与测试,其测试结果与被测设备整机的部分指标性能不一定一致。

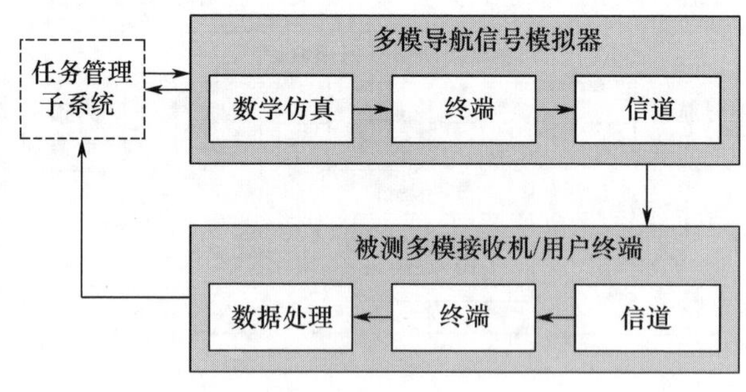

图 5.7 有线测试模式框图

2) 无线测试模式

对于平台无线工作模式,如图 5.8 所示,多模导航信号模拟器模拟产生的多模导

航信号通过天线传输至被测多模终端或用户终端的天线。在该种模式下，为排除外界的各种干扰因素，需要被测终端在微波暗室的受控环境下进行测试和评估。该模式下被测终端的天线也参与到测试中，因此是对被测设备的整机性能测试。

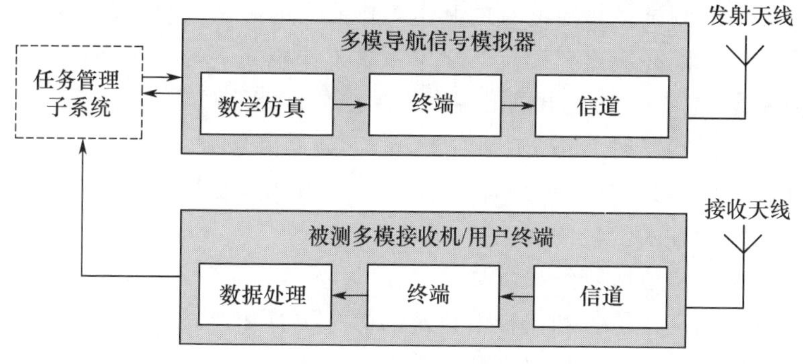

图5.8　非抗干扰无线测试模式框图

5.2　多模卫星导航终端测试与评估方法

依托前面研究提出的多模卫星导航终端测试与评估平台，通过真实卫星及导航信号模拟器信号对多模卫星导航终端进行测试、分析、评估，本书研究提出如图5.9所示的终端整体测试与评估方案[4]。

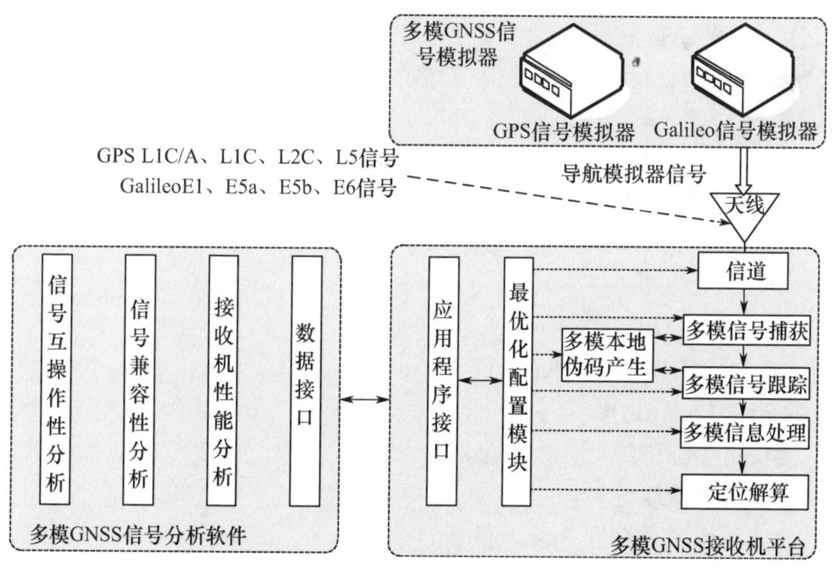

图5.9　多模卫星导航终端测试方案

对多模GNSS终端的测试分为有线平台测试和无线平台测试。有线测试平台用于测试导航终端的各种功能性能指标；无线测试平台用于在实际环境中对被测导航终端的工作状态进行测试验证。

5.2.1 终端启动到定位测试

终端定位功能测试是指对终端的基本工作能力的测试,包括终端的启动时间、终端定位精度等。多模终端需要测定其在单系统工作模式下与其在多系统工作模式下的定位性能差异,本书研究提出以下多模终端定位性能测试方案:

(1) 使用模拟器发射 GPS L1 和 Galileo E1 频点信号。

(2) 终端开机后分别设置为单模方式和多模方式进行接收。

(3) 观测终端首次定位的时间。

(4) 观测终端定位解算结果。

(5) 通过终端定位位置和模拟器设定的参考位置相比较获得终端定位精度。

其定位性能测试主要包括以下几方面:

(1) 测试模拟器 GPS C/A 码信号定位。

(2) 测试模拟器 Galileo E1 BOC(1,1)信号定位。

(3) 测试模拟器 GPS/Galileo 信号组合定位。

5.2.2 多模卫星导航终端伪距测量精度测试

多模卫星导航终端伪距测量精度测试是指对终端自身的伪距测量值和载波相位测量值的误差进行测试和分析。

对伪距和载波相位测量误差测试可采用如下步骤完成:

(1) 调整接收端载噪比为固定值(一般标准采用 42dBHz)。

(2) 保证终端在该信噪比下正常工作。

(3) 记录一定时间内的终端伪距和载波相位测量值。

(4) 对测量值进行误差统计分析,求得测量值的 1σ 误差。

多模卫星导航终端伪距测量精度实验需要对以下信号进行分析:

(1) GPS L1 C/A 码。

(2) Galileo E1C BOC(1,1)。

(3) Galileo E5a/E5b BPSK(10)。

(4) Galileo E5 AltBOC(15,10)。

终端测量精度分析的主要内容包括:

(1) 伪距测量精度分析。

(2) 载波相位测量精度分析。

5.2.3 多模卫星导航终端灵敏度测试

终端灵敏度测试是指对终端在低信噪比下捕获跟踪能力的测试分析。为获得终端的灵敏度性能,其测试可采用如下步骤完成:

(1) 通过频谱仪标定模拟器的载波发射功率。

(2) 以2dB为单位降低模拟器的发射功率。

(3) 测定终端的最低捕获载噪比。

(4) 测定终端的最低跟踪载噪比。

终端的灵敏度试验需要对以下信号进行分析:

(1) GPS L1 BPSK(1)。

(2) Galileo E1C BOC(1,1)。

(3) Galileo E5 BPSK(10)。

5.2.4　多模卫星导航终端兼容性测试

导航终端兼容性测试是指在多系统运行的情况下,分析有用信号的等效载噪比衰减,以测定导航终端对不同卫星导航系统空间信号的兼容接收能力[5]。利用解析法对卫星导航系统之间的兼容性开展分析,其基本参数是导航终端的等效载噪比,该参数决定了接收机捕获、跟踪和数据解调的相关器输出端信噪比。等效载噪比的计算取决于导航星座规模、信号功率电平、干扰功率电平、信号调制方法、导航终端滤波方式等因素。

下面以测试Galileo E1 BOC(1,1)信号对GPS BPSK(1)信号的干扰情况为例,说明验证多模导航终端兼容性的方法。该兼容性测试可采用以下测试步骤:

(1) 将导航信号模拟器设置为多系统多卫星发射模式。

(2) 使用多模导航终端接收GPS BPSK(1)信号,达到正常工作状态,计算其载噪比。

(3) 逐渐增加导航信号模拟器中Galileo BOC(1,1)信号的发射功率。

(4) 观察并分析导航终端接收GPS BPSK(1)信号的载噪比下降情况,直至导航终端无法正常跟踪GPS BPSK(1)信号。

(5) 记录测试过程的所有数据,并分析Galileo导航信号干扰与白噪声干扰之间的等效关系。

5.2.5　多模卫星导航终端互操作性测试

互操作性是指通过多模终端综合利用两个或多个导航系统的多颗卫星的信息(如伪距观测量、导航电文),提高导航性能的能力。在实用角度,终端组合使用多个系统的信号,要求在任何时候的导航性能至少要和多系统中较好的一个相当,并且用户可以在多个独立系统、冗余服务或者可靠集成服务中进行选择。

对于导航终端互操作性的测试方法,可以采用互操作模式下多模导航终端获取多导航系统信号所得到的服务性能相对于单导航系统信号所提供性能的提高程度来度量。因此导航终端互操作性测试方法主要关注多模情况下定位精度的改善程度，其测试方法如下：

(1) 将导航信号模拟器设置为 GPS 单系统工作模式。

(2) 使用多模导航终端进行 GPS 单模定位测量并记录定位精度。

(3) 将导航信号模拟器设置为 GPS/Galileo 双系统工作模式。

(4) 使用多模导航终端进行多模定位测量并记录定位精度。

(5) 比较分析两种工作模式下多模导航终端定位精度的改善程度。

5.3 多模卫星导航终端测试与评估试验结果及数据分析

根据 5.2 节给出的多模卫星导航终端测试方案，作者搭建了基于模拟器/终端/PC 机的硬软件测试环境，针对多模卫星导航终端的单模接收模式和多模接收模式进行性能分析比较，并对其在多系统下兼容性和互操作性能进行分析，在相同模式下，分析兼容性和互操作性问题。试验内容主要包括多模卫星导航终端定位测试、测量精度测试、灵敏度测试、兼容性测试和互操作性测试。

图 5.10 和图 5.11 所示为测试使用的模拟器平台与终端平台，基于该软硬件平台进行了模拟器/终端有线测试，并利用 GPS 卫星进行了无线测试。

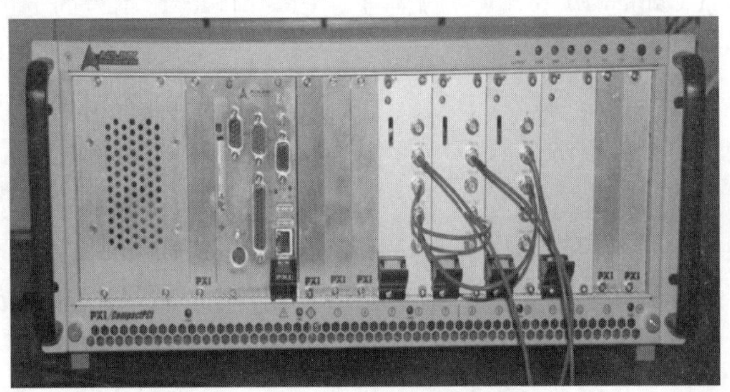

图 5.10 基于 PXI 的终端开发平台

5.3.1 终端启动到定位测试结果与分析

试验 1：多模导航终端定位试验

试验目的：研究比较多模导航终端在单模接收和多模接收情况下的定位性能。

试验内容：使用导航信号模拟器对多模导航终端分别进行 L1 单模、E1 单模以及 L1/E1 双模定位测试，并进行空间 GPS 卫星的无线定位测试。本试验的每种模式进行 10 次测试，每次测试采集 2min 数据进行统计处理，计算其均值和方差值。表 5.1 所列为试验结果情况。

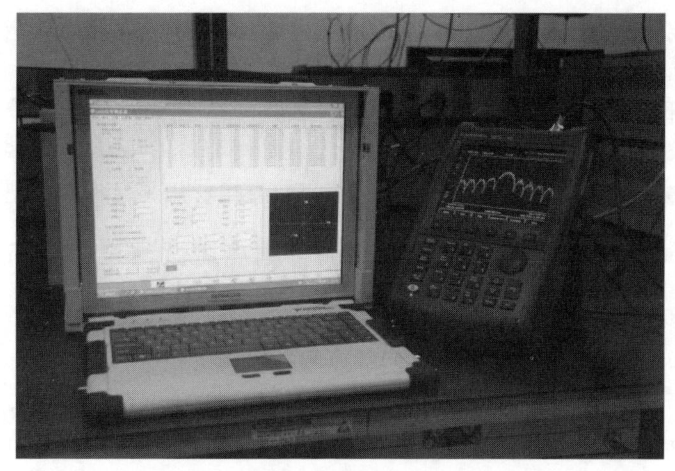

图 5.11　基于 PXI 的模拟器开发平台

表 5.1　多模卫星导航终端定位测试结果

序号	定位模式	测试结果			
		卫星号	设定位置	定位位置	定位时间
1	L1 单模	7 10 13 14	$X = -1966326.79$ $Y = 4632375.63$ $Z = 3905443.97$	$X = -1966331.25$ $Y = 4632377.35$ $Z = 3905448.76$	34s
2	E1 单模	8 17 23 24	$X = -1966326.79$ $Y = 4632375.63$ $Z = 3905443.97$	$X = -1966330.45$ $Y = 4632375.57$ $Z = 3905439.97$	32s
3	L1/E1 双模	GPS 7 GPS 10 GPS 13 GPS 14 Galileo 8 Galileo 17 Galileo 23 Galileo 24	$X = -1966326.79$ $Y = 4632375.63$ $Z = 3905443.97$	$X = -1966327.68$ $Y = 4632374.45$ $Z = 3905445.61$	32s

计算可以获得：使用 L1 单模定位时定位误差为 6.9m；使用 E1 单模定位时的定位误差为 5.3m；使用 L1/E1 联合定位时的定位误差为 2.3m[6]。

根据以上测试结果可以得出以下结论：

(1) 使用 L1/E1 双模定位时的定位精度明显优于单独使用 L1 或单独使用 E1,其主要原因是使用双模定位时卫星的 DOP 值要明显优于单独使用任意一个系统(具体分析数据见 5.3.5 节),因此定位精度获得了明显提高。

(2) L1 单独定位和 E1 单独定位的冷启动时间基本相当,这是因为 GPS 卫星接收的平均捕获时间、平均帧同步时间、星历收集时间与对 Galileo 卫星接收基本相同。进行双模定位时并未统计计算其冷启动时间,而直接使用了已有数据进行定位解算。

5.3.2 多模卫星导航终端伪距测量精度测试结果与分析

试验 2:多模终端伪距性能测试试验

试验目的:研究分析多模终端不同频点的伪距测量精度。

试验内容:多模导航终端分别对 GPS BPSK(1)、Galileo E1 BOC(1,1)、Galileo E5 BPSK(10)、Galileo E5 AltBOC(15,10)进行了伪距精度测试和测量精度测试。本试验对码跟踪环的输出值进行统计处理,通过计算方差值获得伪距精度,同时在不同信噪比下进行了多次试验,获得了试验数据并与伪距测量理论公式值进行对比分析。

试验结果:试验首先从码跟踪环中提取伪距观测量数据(图 5.12(a) ~ 图 5.15(a)为载噪比 44dBHz 下的伪距观测量数据),通过对伪距观测量数据求方差值获得码跟踪误差(图 5.12(b) ~ 图 5.15(b)中的离散点),分别在不同载噪比下测量多组码跟踪误差值,在图(b)中按不同载噪比与理论公式计算的误差值进行比较分析。

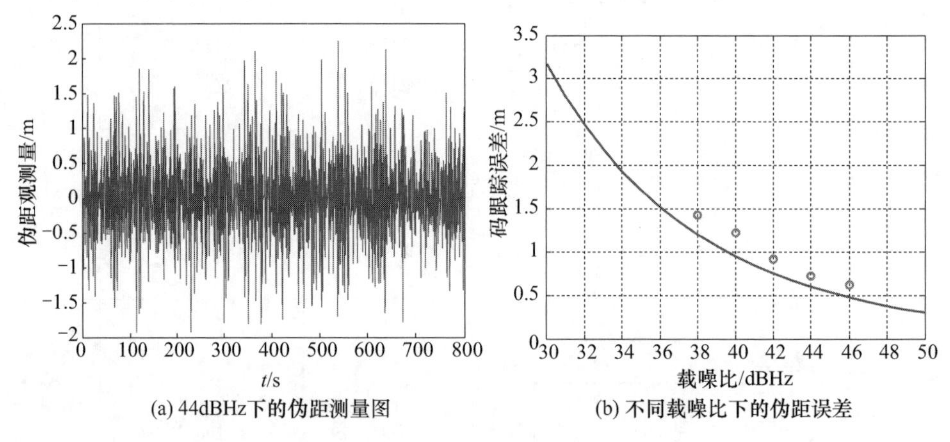

(a) 44dBHz下的伪距测量图　　(b) 不同载噪比下的伪距误差

图 5.12　GPS BPSK(1)伪距测试结果

根据以上测试结果可以得出以下结论:

(1) 在相同的跟踪带宽下,对不同调制信号的伪距跟踪性能有 AltBOC(15,10) BPSK(10) > BOC(1,1) > BPSK(1)。但是考虑到实际终端对不同信号采用的鉴相方式不同,码环带宽也不同,因此实际测试结果的性能优势并不像理论测试结果一样明显。

(2) 多模终端在 E5 频点使用了可选择的接收方式,既可以选择对 E5a/E5b 的

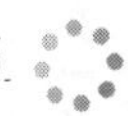

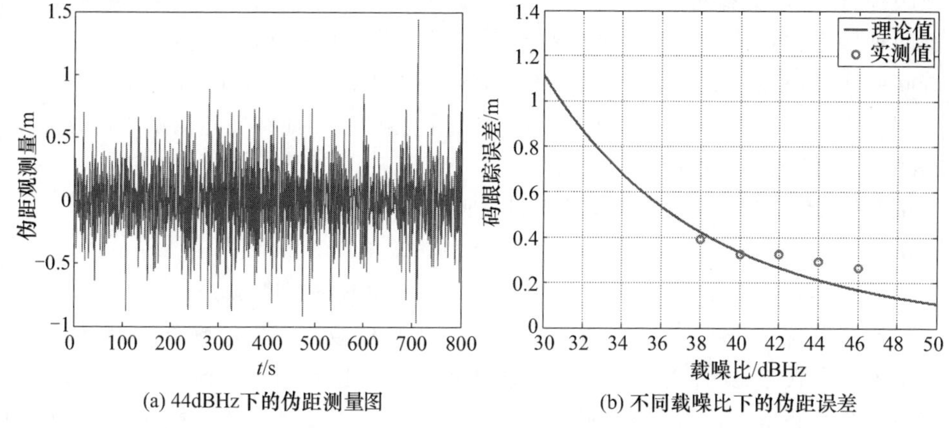

(a) 44dBHz下的伪距测量图　　(b) 不同载噪比下的伪距误差

图 5.13　E1 BOC(1,1)伪距测试结果

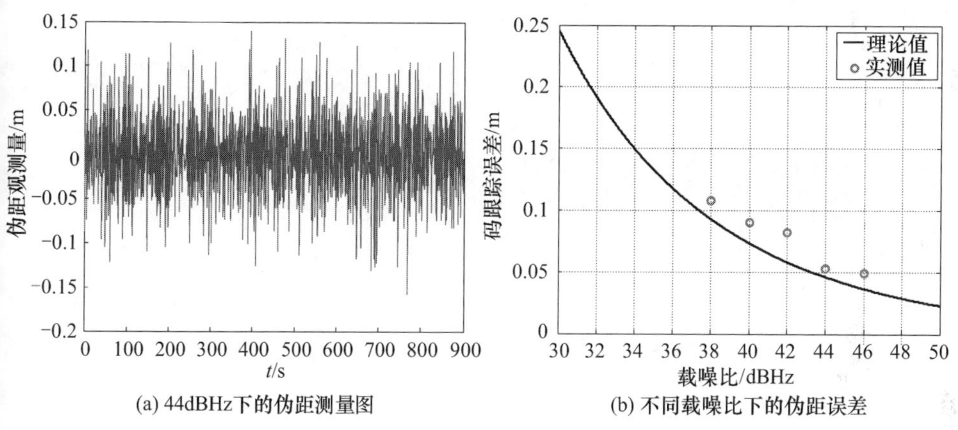

(a) 44dBHz下的伪距测量图　　(b) 不同载噪比下的伪距误差

图 5.14　E5 BPSK(10)伪距测试结果

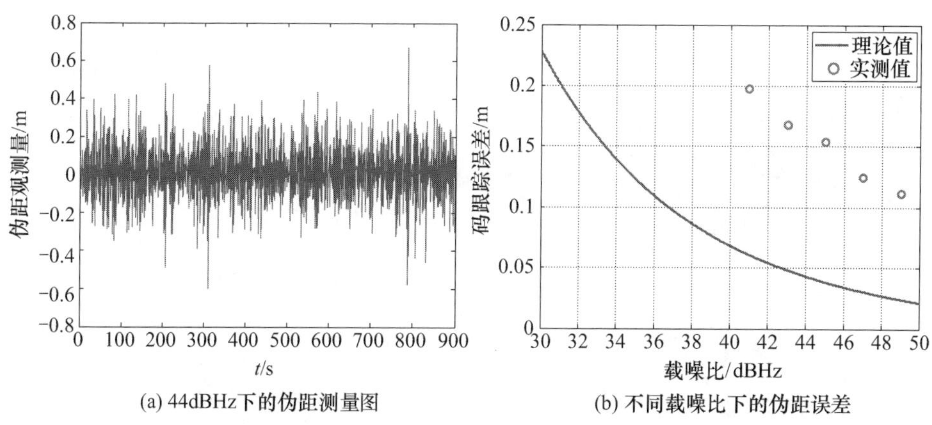

(a) 44dBHz下的伪距测量图　　(b) 不同载噪比下的伪距误差

图 5.15　E5 AltBOC(15,10)伪距测试结果

单独跟踪，也可以选择对 E5 AltBOC 的统一跟踪。在这种跟踪方式下，终端在跟踪时对这两种接收方式使用了同一组环路参数。同时由于两者鉴相器增益的不同导致了两者间的实际跟踪带宽不同：BPSK(10)实际跟踪带宽远小于 AltBOC(15, 10) 的跟踪带宽。由于跟踪带宽越小可以使环路跟踪精度越高，因此在实际测试中可以看出，BPSK(10)的跟踪精度反而优于 AltBOC(15,10)。

试验 3：多模终端载波相位精度测试试验

试验目的：研究分析多模终端不同频点的载波相位测量精度。

试验内容：对 L1/E1 和 E5 频点进行了载波相位测量精度测试。

试验结果：在本试验中，首先从载波跟踪环中提取载波观测量数据(图 5.16(a) ~ 图 5.17(a)为载噪比为 44dBHz 之下的载波观测量数据)，通过对载波观测量数据求方差值计算获得载波跟踪误差(见图 5.16(b) ~ 图 5.17(b)中的离散点)，分别在不同载噪比下测量多组载波跟踪误差值，在图(b)中按不同载噪比(横轴)与理论公式计算的误差值(纵轴)进行比较分析。

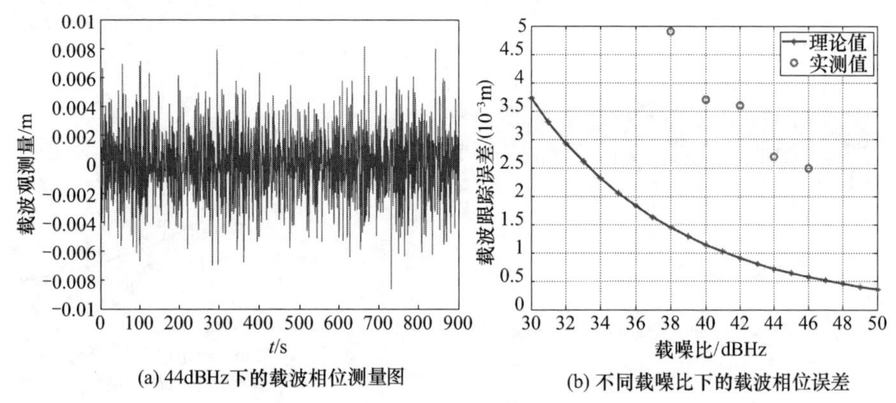

(a) 44dBHz下的载波相位测量图　　(b) 不同载噪比下的载波相位误差

图 5.16　E5 频点载波相位精度测试结果

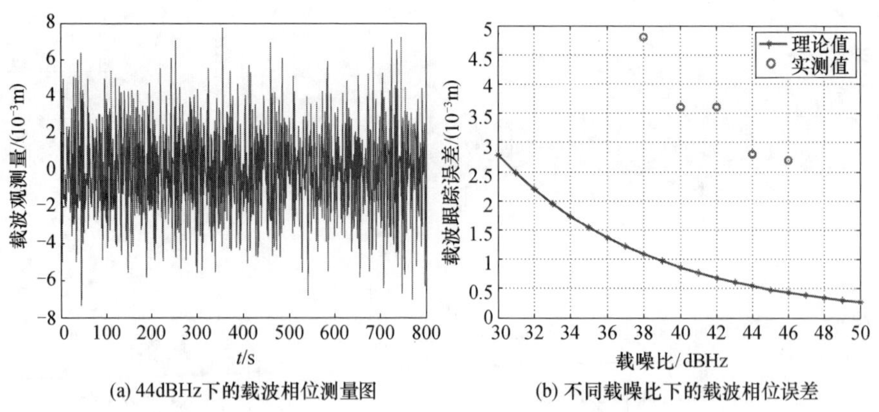

(a) 44dBHz下的载波相位测量图　　(b) 不同载噪比下的载波相位误差

图 5.17　L1/E1 频点载波相位精度测试结果

根据以上测试结果可以得出以下结论:由于 L1/E1 频点的频率高于 E5 频点,因此 L1/E1 的载波相位测量值性能略优于 E5。

5.3.3　多模卫星导航终端灵敏度测试结果与分析

试验 4:多模终端灵敏度试验

试验目的:研究分析多模导航终端不同频点的接收灵敏度情况。

试验内容:对 L1/E1 和 E5 频点进行了载波相位测量精度测试。本试验中通过对载波跟踪环的输出值进行统计处理,求方差值获得载波测量精度,通过在不同信噪比下进行了多次试验,对试验数据与载波测量理论公式值进行了比较分析。

试验结果:

多模卫星导航终端捕获灵敏度测试结果如表 5.2 所列。

多模卫星导航终端跟踪灵敏度测试结果如表 5.3 所列。

表 5.2　多模卫星导航终端捕获灵敏度测试结果

序号	频点	原始数据			测试结果
		卫星号	多普勒频移/Hz	载噪比/dBHz	捕获是否成功
1	E1	1	0	44	是
		6	807	42	是
		7	-2198	40	是
		9	-2276	38	是
		24	-1564	36	否
2	E5	1	0	44	是
		6	874	42	是
		7	-1617	40	是
		9	-1696	38	否
		24	1506	36	否
3	L1	1	0	44	是
		8	-1255	42	是
		12	2133	40	是
		15	-1479	38	否
		22	-1644	36	否

表 5.3　多模卫星导航终端跟踪灵敏度测试结果

序号	频点	原始数据			测试结果
		卫星号	多普勒频移/Hz	载噪比/dBHz	能否持续跟踪
1	E1	1	0	36	是
		6	807	34	是
		7	-2198	32	是
		9	-2276	30	是
		24	-1564	28	否

（续）

序号	频点	原始数据			测试结果
		卫星号	多普勒频移/Hz	载噪比/dBHz	能否持续跟踪
2	E5	1	0	36	是
		6	874	34	是
		7	-1617	32	是
		9	-1696	30	是
		24	1506	28	否
3	L1	1	0	36	是
		8	-1255	34	是
		12	2133	32	是
		15	-1479	30	是
		22	-1644	28	否

根据试验测试结果可得：

多模导航终端的捕获灵敏度为：E1，38dBHz；E5，40dBHz；L1，40dBHz。跟踪灵敏度为：E1，30dBHz；E5，30dBHz；L1，30dBHz。E1 的捕获灵敏度指标要优于 E5 和 L1，这是由于多模 GNSS 终端的捕获方法设计采用了一个周期的相干累计和二个周期的非相干累计。由于 E1 的伪码周期为 4ms，E5 和 L1 的伪码周期为 1ms，因此 E1 的相关增益大于 E5 和 L1，相应的捕获灵敏度也较高。

5.3.4 多模卫星导航终端兼容性测试试验

试验 5：多模导航终端兼容性测试试验

试验目的：研究分析多模导航终端在多系统同时工作下的兼容性问题。

试验内容：本节使用导航信号模拟器对多模导航终端进行兼容性测试，主要分析在 Galileo BOC(1,1) 信号干扰的条件下 GPS BPSK(1) 信号的载噪比下降情况。

试验结果：图 5.18 给出 BOC(1,1) 信号作为干扰，在各种干扰强度下，BPSK(1) 信号（GPS L1 C/A 码信号）的等效载噪比下降曲线，同时在 -130 ~ -105dBm 的 BOC(1,1) 干扰功率下，给出多模导航终端测得 BPSK 终端等效载噪比。

由测试结果可得：在多模终端同时接收 BOC(1,1) 信号和 BPSK(1) 信号时，相互会产生干扰。如各卫星导航系统能够协商将其信号发射功率彼此相当，则彼此信号影响都较小；但当其中某颗卫星发射信号功率超过其他有用导航信号 10dB 以上时，则被干扰有用信号的等效载噪比有较明显下降趋势；当某颗导航卫星增强自身的导航信号比其他有用导航信号高出 30dB 以上时，这些有用导航信号的等效载噪比将大幅下降，导致导航终端无法正常跟踪解调这些有用信号，最终无法定位。阻塞式干扰机就是利用这个原理，来实现对导航终端的阻塞式干扰。

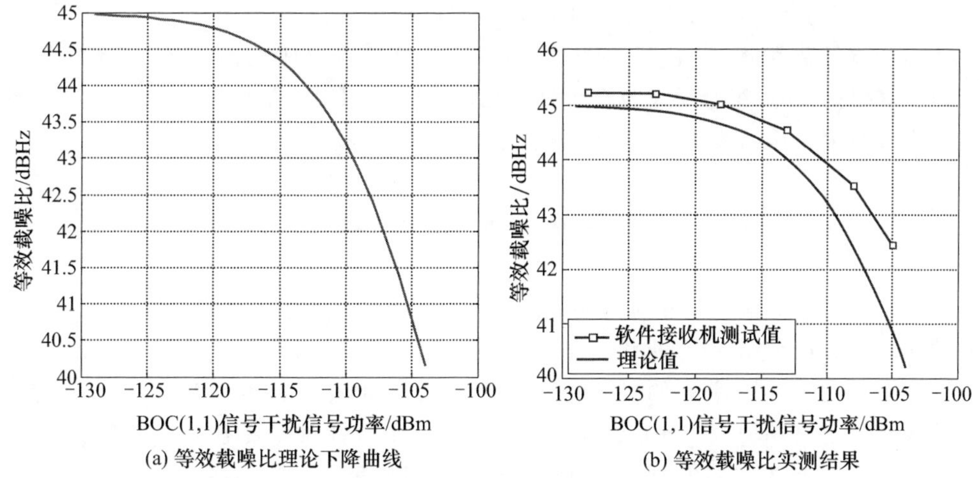

(a) 等效载噪比理论下降曲线　　(b) 等效载噪比实测结果

图 5.18　多模导航终端兼容性分析与测试结果

5.3.5　多模卫星导航终端互操作性测试试验

试验 6:多模终端互操作性能测试试验

试验目的:研究分析多模导航终端在多系统同时工作下的互操作性能。

试验内容:本节根据 5.3.1 节中的定位试验结果分析在 L1/E1 进行多模接收时的互操作性能,分析其 DOP 值提高情况。

试验结果:

图 5.19 是 L1/E1 双模接收卫星系统星座图。

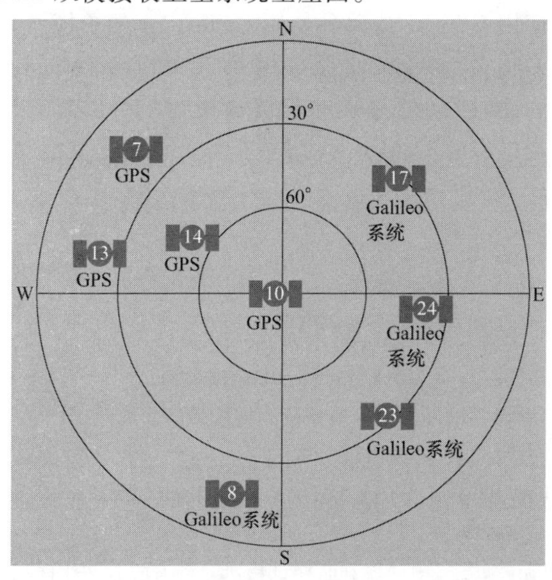

图 5.19　GPS L1/Galileo E1 双模接收卫星系统星座图

可以计算获得 $DOP_{GPS}=7.8$，$DOP_{Galileo}=4.6$，$DOP_{GPS/Galileo}=1.4$。

由测试结果可得：相比于 GPS 或 Galileo 系统单一星座几何分布，当终端进行 L1/E1 双模接收时，组合星座具有更好的几何构性，其 DOP 值明显减小，观测信息量的增多和观测结构的改善，是提高定位精度的关键因素。

5.4 本章小结

本章设计了多模卫星导航终端测试与评估平台，同时对平台的工作原理和工作模式进行了详细说明，并根据设备组成和功能要求对平台体系结构进行了定义。

本章利用 Spirent 公司的双模模拟器和 CGTR 项目中研制的 GPS/Galileo 系统多模终端搭建了终端测试与评估试验平台。基于该平台针对多模卫星导航终端从“终端启动到定位测试”“多模卫星导航终端伪距测量精度测试”“多模卫星导航终端灵敏度测试”“多模卫星导航终端兼容性测试”“多模卫星导航终端互操作性测试”5 个方面进行了测试评估方案设计，并按照设计的测试方案对 GPS/Galileo 系统多模终端进行了全面测试。

从功能和性能角度对 GPS/Galileo 系统多模卫星导航终端进行评估，得出了以下结论：

（1）终端可同时进行 GPS L1 和 Galileo E1 信号的接收，兼容性接收门限可达到终端等效载噪比 40dBHz，具有良好的兼容性能力。

（2）Galileo/GPS 多模终端可对接收的多模信号进行互操作应用，通过互操作来增加终端可见卫星数，相对于单模终端改善了 DOP 值，提高了定位精度，其双模定位精度明显优于单独使用 GPS L1 或单独使用 Galileo E1 的单模终端。

（3）单独使用 GPS L1 与单独使用 Galileo E1 的冷启动时间基本相当，即使用多模进行定位时的冷启动时间也基本与单模终端相当。

（4）多模终端通过接收 Galileo E1 信号获得了较高的灵敏度。

参考文献

[1] HU Q S. WANG P, JIANG B, et al. Study of the indoor environment testing based on BeiDou system[J]. Gnss World of China, 2018,43(1):103-106.

[2] 蔚保国，甘兴利，李隽．国际卫星导航系统测试试验场发展综述[C]//第一届中国卫星导航学术年会论文集(中)，北京，2010:431-437.

[3] MACKEY S, HADI WASSAF H, DYKE VAN KAREN. DOT GPS adjacent band compatibility assessment test results[R]. 2017.

[4] 蔚保国，李隽，王振岭，等．中国伽利略测试场研究进展[J]．中国科学：物理学力学天文学，2011(5):528-538.

[5] 卢杰，张波，杨东凯，等．卫星导航接收机兼容性测试评估技术研究与实现[J]．导航定位学报，2014，2(1)：87-90.
[6] 赵静，蔚保国，李隽．GPS/Galileo 双模接收机定位精度分析与仿真测试研究[J]．遥感信息，2010(6)：63-66.

第6章　室内无线抗干扰测试环境

6.1　导航终端复杂电磁环境分析

针对国内外缺乏对该技术的研究文献和已有成果的实际应用困难，本书作者展开广泛的资料分析和调研。通过研究为后续抗干扰试验评估提供了依据，同时也可以为未来各导航终端的开发提供抗干扰性能测试参考。

影响卫星导航终端的干扰，按照形成原因大致可分为如下几类：自然现象干扰、人为干扰、设备故障干扰、其他类型干扰[1]。部分干扰的产生原因可能是多样的、互相交叉的，难以归入以上某一类中，本节针对卫星导航终端的客观工作环境，研究分析了这些干扰现象，进行了分类、分析和总结，为后续试验评估方法研究提供理论依据。

6.1.1　复杂电磁环境定义

模拟复杂电磁环境需要产生适当的干扰信号，通过校准和标定，可对所产生的干扰信号进行测量、存储、显示、回放和输出。本节将全面分析卫星导航系统在不同状态下面临的各种受扰现象，提出进行复杂电磁环境效应试验的干扰信号需求。

根据 GJB72A—2002，电磁环境是指存在于某场所的所有电磁现象的总和。美国国防部指令 DODD-3222.3 定义电磁环境为：在一定频率变化范围内，电磁发射能量随时间的分布情况，即军事装备、系统或平台在既定工作环境中执行规定任务时，可能会遭遇的各种传导和辐射型的电磁发射。由于对抗环境下，影响导航终端的干扰构成因素很多，其中：既包括自然因素，又包括人为因素；既有我方电磁辐射，又有敌方电磁干扰；既有有意的干扰，又有无意的骚扰。这些干扰往往在时域、频域以及空间和能量分布上表现出随机的特征[2]。美军在其2000年出版的《联合电子战条令》中指出：军事行动是在越来越复杂的电磁环境中实施的。由于战场电磁环境受参战地域装备的分布状况、工作频率、辐射功率（场强）、辐射方式、所处地理环境、气象条件等多种因素的影响，所以战场电磁环境是复杂的、随机的，通常称为复杂电磁环境[3]。我国定义的复杂电磁环境是指：在一定的战场空间，由时域、频域、能域和空域上分布密集、数量繁多、样式复杂、动态随机的多种电磁信号交叠而成的，对装备、燃油和人员等构成一定影响的战场电磁环境[2]。

从以上分析可知，复杂电磁环境是一个非常广泛的概念。应当注意，电磁环境构

成不仅包括造成特定电磁环境的信号来源,也包括信号传播耦合情况。军用标准按传播途径,将其区分为辐射电磁环境(即无线抗干扰环境,为通常所述的电磁环境)和传导电磁环境。

建立基于微波暗室的无线抗干扰测试环境,本书建议充分利用现有的导航终端测试设备,同时利用已有的微波暗室进行抗干扰测试环境改造,只增加少量费用,就可构建卫星导航终端抗干扰测试环境。

6.1.2 复杂电磁环境分类

构成复杂电磁环境的干扰源分类如图6.1所示,主要包括自然环境因素和人为环境因素,人为环境因素又涵盖无意干扰源和有意干扰源[4]。

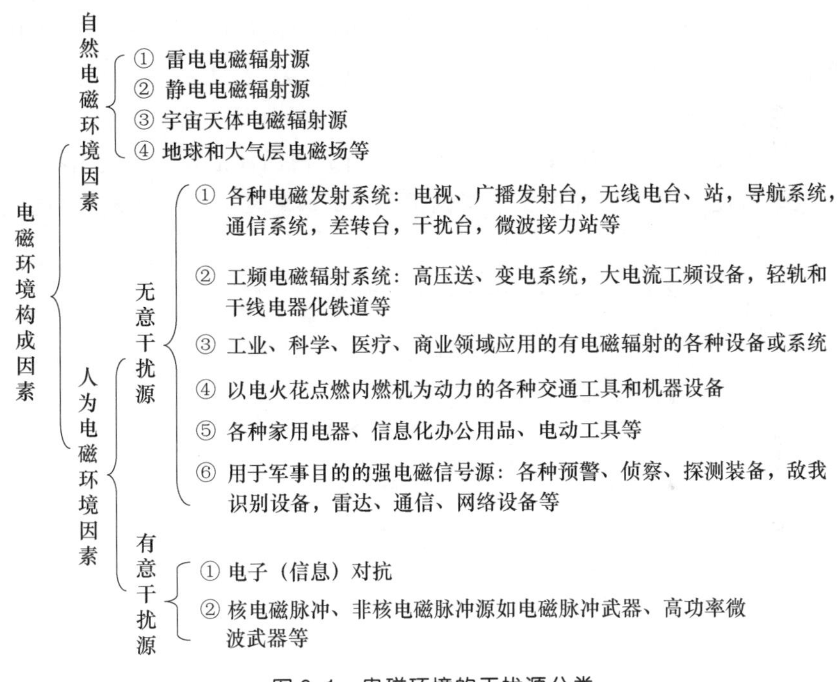

图6.1 电磁环境的干扰源分类

对于地面导航终端,产生实质性影响的自然干扰源只是雷电和静电干扰源;宇宙天体辐射或地磁场的影响可忽略不计。若以卫星导航设备的射频收发频率为基准,可将人为无意干扰分为同频干扰和非同频干扰。同频干扰一般通过射频收发端或其他方式耦合进入设备,与正常信号同步被处理,直接影响设备的正常工作。非同频干扰可分为两种:

(1)通过孔缝或线缆耦合进入设备,直接影响设备中频或基带信号处理,或导致其他电路单元的误响应。

(2)通过射频收发端或其他方式耦合进设备电路,由于电路非线性或其他机制,产生类似同频信号的虚假响应,从而导致干扰。

6.1.3 自然现象干扰

自然现象干扰主要由卫星导航系统自身特点决定,往往难以避免,一般可通过一些保护措施使其对导航终端接收影响降到最低。自然干扰源包括雷电电磁辐射源、静电电磁辐射源、宇宙天体电磁辐射源、地球和大气层电磁场等。按照 MIL-STD-464C,能够对卫星导航终端装备产生电磁干扰的主要是雷电、静电和二次电子倍增。

雷电是自然界常见的一种自然电磁现象。雷电对系统的作用可以分为直接(物理的)和间接的(电磁的)效应。雷电的物理效应是由雷电引起的烧灼和腐蚀、冲击和结构变形,以及由相关的大电流产生的高压冲击波和磁场干扰。间接效应来源于雷电产生的电磁场,以及这些电磁场与系统设备的相互作用。在某些情况下,物理效应和电磁效应可以发生在同一个部件上。例如,雷电可能作用在一个天线,直接造成天线物理损坏,同时还可能将危害电压送入与天线连接的发射机或导航终端。系统附近的雷击也会造成危害,临近雷击(云对地)会在一定距离范围内造成强烈的电磁辐射冲击。雷击能量进入电源系统后,往往还会造成浪涌冲击。广泛使用防雷器,能在一定程度上避免雷击浪涌的损害。根据 GBT17626.5 浪涌抗扰度试验的要求,极限值如表 6.1 所列。

表 6.1 GBT17626.5 浪涌抗扰度试验要求

试验等级	开路试验电压/kV
1	0.5
2	1.0
3	2.0
4	4.0
开放等级	特定

GJB1389A 强调了军械对雷击的防护要求,MIL-STD-464C 特别指出飞机必须经过雷电防护试验,并给出了雷电直接效应和间接效应的考核指标。相对而言,雷电直接效作用于卫星导航用户终端的概率较低,更不会影响到空间的导航卫星;且雷电直接效应试验系统造价高昂,需要专门试验场地,不适宜对已有电磁暗室进行改造。因而,暂不考虑模拟雷电直接效应的电磁环境。

按照飞机适航认证标准 DO-160G,飞机整机必须通过雷电直接效应试验的考核;机载设备包括卫星导航系统,应当通过雷电感应的瞬态敏感度(雷电间接效应试验)。因此,对于今后可能装载于航空器上的北斗导航终端,应当考虑其在间接效应等复杂电磁环境下的性能变化,考核指标要求应参考 DO-160G,分为针射式和电缆式两种试验方法。

静电也是一类常见的自然电磁现象。静电干扰通常包括人体静电干扰、沉积静电干扰、垂直起降与空中加油静电干扰等。后两种干扰是否对卫星导航系统有影响

尚待研究。按照常用的 GBT17626.2 静电放电抗扰度试验要求，规定的放电模型进行北斗导航终端在静电干扰电磁环境下的性能。极限值如表 6.2 所列。

表 6.2　GBT17626.2 静电放电抗扰度试验要求

接触放电		空气放电	
等级	试验电压/kV	等级	试验电压/kV
1	2	1	2
2	4	2	4
3	6	3	8
4	8	4	15
开放等级	特殊	开放等级	特殊

军用级静电放电试验最高量级为 300kV，但针对比较特殊的情形，一是直升机降落时放电，一是空中加油时的放电。300kV 静电放电试验的方法还未标准化，本书未予以考虑。其他标准的人体静电放电试验模型主要差别在充放电电容、电阻模型，以及最高放电值。

二次电子倍增是一种仅在高真空环境中发生的射频谐振效应。在高真空环境中，由于射频场使自由电子加速，引起与可能产生次级电子的表面碰撞而产生次级电子，这些次级电子被加速后又产生更多的电子，最终导致较多的放电并可能使设备损坏。美军标 MIL-STD-464C 规定，所有承受超过 5W（在太空环境中更小）射频电平的器件都需要进行二次电子倍增效应试验。但是，该试验需要特殊的试验条件（高真空、宇宙射线），本书暂不予讨论。

6.1.4　人为干扰

卫星导航终端的应用区域是开放性的，覆盖全球大部分地表地区。因此非法用户有机会干扰正常的卫星导航终端工作。人为对卫星导航信号频谱进行的干扰分为两类：一类是“无意干扰”；另一类是“有意干扰”。

6.1.4.1　无意干扰

国家军用标准 GJB151A/152A（美军标 MIL-STD-461）、国家标准 GB17626 系列（等同于国际电工委员会（IEC）61000-6 系列）中明确规定了对各种被测设备（EUT）的电磁敏感度（军用标准）或电磁抗扰度（民用标准）要求，这些标准规范了统一的考核方法，给定了考核指标。根据标准的注解，其目的就是考核 EUT 对带外干扰的抗干扰能力。因此，这些标准同样适用于卫星导航终端对线性非同频无意干扰的抗干扰考核。

当我们考核卫星导航终端在某一局部电磁环境下的性能时，局部电磁环境往往由附近作用比较明显的个别电磁辐射源所决定。按照场所大小、辐射源性质和应用目的的不同，电磁环境可分为许多具体的考核场景，如城市电磁环境、工业区电磁环境、舰船电磁环境、电力系统电磁环境、武器系统电磁环境、战场电磁环境等[5]。按照民用标准的划分方式,考核场景可以如表6.3所列区分。

表6.3 卫星导航民品考核场景表

电磁环境场景	适用范围	参考标准
住宅区、商业区和轻工业区	居民住宅区,如高层和多层的民居;商业场所,如商店和超市;事务场所,如办公楼和银行;公共娱乐场所,如影院、酒吧和舞厅;户外公共场所,如加油站、停车场、娱乐场和运动中心;轻工业部门,如车间、实验室和服务中心等	IEC 61000-6-3《居民区、商业区和轻工业区发射标准》
工业区	工业、科学、医疗的射频设备;需要经常切换的大电感和大电容负载的场所;有非常大的电流流过以及因此而伴生很强的电磁场的环境等	IEC 61000-6-4《工业区发射标准》

标准在设计这些场景前,经过了大量的测试统计和理论分析,充分考虑了装备和产品在大多数情况安装使用下的极端情况。因此,按照标准要求设计场景进行考核,能够基本保证卫星导航终端在线性非同频无意干扰下的工作性能。为了统一考核效果,并简化测试方法,标准规范了测试时干扰信号的极化和调制方式。

军用标准和民用标准都要求采用线极化的模拟干扰信号进行试验,并分别进行水平极化和垂直极化测试。民用标准采用调幅信号,军用标准普遍采用脉冲调制信号或连续波信号。但是军用标准(MIL-STD-464系列)中也明确指出,不同调制情况下,EUT的敏感特性是不一样的。例如,相对于连续波干扰,调幅信号更容易导致EUT敏感。同一EUT对调幅信号、调频信号、脉冲调制信号的敏感门限也有显著区别。标准建议:在可能的情况下,采用多种调制、带宽和极化方式进行额外的试验,有助于全面把握EUT的性能(特别是潜在性能)。

一般为防止"无意干扰",人们通过频谱管理避免同频干扰。频谱是一种有限资源,人们在使用时极力避免发生用频冲突,因而根据工业和信息化部2018年7月1日起发布施行的《中华人民共和国无线电频率划分规定》,现将其中与卫星导航终端应用密切相关的频段列入表6.4[6]。

表6.4 中国无线电业务频率划分表

频率/MHz	准许业务
960 ~ 1164	航空无线电导航
1164 ~ 1215	航空无线电导航、卫星无线电导航(空对地)(空对空)
1215 ~ 1240	卫星地球探测(有源)、无线电定位、空间研究(有源)、卫星无线电导航(空对地)(空对空)、无线电导航、固定、移动
1240 ~ 1260	卫星地球探测(有源)、无线电定位、空间研究(有源)、卫星无线电导航(空对地)(空对空)、无线电导航、固定、移动、[业余]
1260 ~ 1300	卫星地球探测(有源)、无线电定位、空间研究(有源)、卫星无线电导航(空对地)(空对空)、无线电导航、固定、移动、[业余]

（续）

频率/MHz	准许业务
1300～1350	航空无线电导航、卫星无线电导航（地对空）、无线电定位
1350～1400	无线电定位
1400～1427	卫星地球探测（无源）、射电天文、空间研究（无源）
1427～1429	空间操作（地对空）、固定、移动（航空移动除外）、[无线电定位]
1429～1452	固定、移动、[无线电定位]
1452～1467	固定、移动、广播、卫星广播、[无线电定位]
1467～1492	固定、移动、卫星广播、[广播]、[无线电定位]
1492～1518	固定、移动、[无线电定位]
1518～1525	固定、移动、卫星移动（空对地）、[无线电定位]
1525～1530	空间操作（空对地）、固定、卫星移动（空对地）、[卫星地球探测]、[移动]、[无线电定位]
1530～1533	空间操作（空对地）、卫星移动（空对地）、[卫星地球探测]、[固定]、[移动]、[无线电定位]
1533～1535	空间操作（空对地）、卫星移动（空对地）固定、移动、[卫星地球探测]
1535～1544	航空无线电导航、卫星移动（空对地）
1544～1559	卫星移动（空对地）
1559～1610	航空无线电导航、卫星无线电导航（空对地）（空对空）
1610～1610.6	航空无线电导航、卫星无线电测定（地对空）、卫星移动（地对空）
1610.6～1613.8	卫星移动（地对空）、射电天文、航空无线电导航、卫星天线电测定（地对空）
1613.8～1626.5	航空无线电导航、卫星无线电测定（地对空）、卫星移动（地对空）、[卫星移动]（空对地）
1626.5～1660	卫星移动（地对空）
1660～1660.5	卫星移动（地对空）、射电天文
1660.5～1668	射电天文、空间研究（无源）、[固定]、[移动（航空移动除外）]
1668～1668.4	射电天文、空间研究（无源）、[固定]、[移动（航空移动除外）]、卫星移动（地对空）
1668.4～1670	固定、射电天文、气象辅助、移动（航空移动除外）、卫星移动（地对空）
1670～1675	固定、卫星气象（空对地）、气象辅助、移动、卫星移动（地对空）
1675～1690	气象辅助、固定、卫星气象（空对地）、移动（航空移动除外）
1690～1700	气象辅助、卫星气象（空对地）
1700～1710	固定、卫星气象（空对地）、移动（航空移动除外）
1710～1930	移动、[固定]
1930～1980	移动、[固定]
1980～2010	移动、卫星移动（地对空）、[固定]
2010～2025	移动、[固定]

（续）

频率/MHz	准许业务
2025～2110	空间操作（地对空）（空对空）、卫星地球探测（地对空）（空对空）、空间研究（地对空）（空对空）、[固定]、[移动]
2110～2120	移动、空间研究（深空）（地对空）、固定
2120～2170	移动、[固定]
2170～2200	移动、卫星移动（空对地）、[固定]
2200～2290	空间操作（空对地）（空对空）、卫星地球探测（空对地）（空对空）、空间研究（空对地）（空对空）、[固定]、[移动]
2290～2300	空间研究（深空）（空对地）、[固定][移动（航空移动除外）]
2300～2450	固定、移动、无线电定位、[业余]
2450～2483.5	固定、移动、无线电定位
2483.5～2500	固定、移动、卫星移动（空对地）、无线电定位、卫星无线电测定（空对地）
2500～2520	卫星固定（空对地）、移动（航空移动除外）、卫星移动（空对地）、[固定]
2520～2535	卫星固定（空对地）、移动（航空移动除外）、卫星广播、[固定]
2535～2635	移动（航空移动除外）、[固定]
2635～2655	移动（航空移动除外）、卫星广播、[固定]
2655～2670	卫星固定（地对空）、移动（航空移动除外）、卫星广播、[固定]、[卫星地球探测]、[射电天文]、[空间研究（无源）]
2670～2690	卫星固定（地对空）、移动（航空移动除外）、卫星移动（地对空）、[固定]、[卫星地球探测（无源）]、[射电天文]、[空间研究（无源）]
2690～2700	卫星地球探测（无源）、射电天文、空间研究（无源）
2700～2900	航空无线电导航、无线电定位
2900～3100	无线电导航、无线电定位
3100～3300	无线电定位、[卫星地球探测（有源）]、[空间研究（有源）]
3300～3400	无线电定位、固定、移动、[业余]
3400～3500	固定、卫星固定、[业余]、[移动]
3500～3700	固定、卫星固定（空对地）、移动（航空移动除外）
3700～4200	固定、卫星固定（空对地）、[移动（航空移动除外）]
4200～4400	航空无线电导航、航空移动（R）
4400～4500	固定、移动
4500～4800	固定、卫星固定（空对地）、移动
4800～4990	固定、移动、[射电天文]
4990～5000	固定、移动（航空移动除外）、射电天文、[空间研究（无源）]
5000～5150	航空无线电导航、卫星航空移动（R）
5150～5250	航空无线电导航、卫星固定（地对空）

（续）

频率/MHz	准许业务
5250～5255	卫星地球探测（有源）、无线电定位、空间研究、移动（航空移动除外）
5255～5350	卫星地球探测（有源）、无线电定位、空间研究（有源）、移动（航空移动除外）
5350～5460	航空无线电导航、无线电定位、卫星地球探测（有源）、空间研究（有源）
5460～5470	无线电导航、卫星地球探测（有源）、空间研究（有源）、无线电定位
5470～5570	水上无线电导航、卫星地球探测（有源）、空间研究（有源）、移动（航空移动除外）、无线电定位
5570～5650	水上无线电导航、移动（航空移动除外）、无线电定位
5650～5725	无线电定位、移动（航空移动除外）、固定[业余][空间研究（深空）]
5725～5830	无线电定位、固定、移动[业余]
5830～5850	无线电定位、固定、移动[业余][卫星业余（空对地）]
5850～5925	固定、卫星固定（空对地）、移动、无线电定位
5925～6700	固定、移动、卫星固定（地对空）
6700～7075	固定、卫星固定（地对空）（空对地）、移动

说明：

（1）本频率划分表中，一个频带被划分给多种业务。不加任何字符的，表示主要业务。加“[ ]”字符的（如[航空无线电导航]），表示次要业务。

（2）本频率划分表每项划分所列的业务类型，主要业务在前，次要业务在后。但各主次业务中业务的先后次序不代表这些业务的主次差别。

（3）多种业务共用同一频带，相同标识的业务使用频率具有同等地位，除另有明确规定者外。遇有干扰时，一般本着“后用让先用、次要业务让主要业务、无规划的让有规划、带外让带内”的原则处理；当发现主要业务频率遭受到次要业务频率的有害干扰时，次要业务的有关主管或使用部门应积极采取有效措施，尽快消除干扰。

表6.5表明，在卫星无线电导航业务的分配频带内可能存在航空无线电导航、无线电定位、卫星移动通信等多种业务，而且第四代个人移动通信业务也可能被分配在相同频段内。中国北斗卫星导航所面临人为无意同频干扰的一个主要来源是航空无线电导航、无线电定位、卫星移动通信、第四代个人移动通信的正常对外发射。

6.1.4.2 有意干扰

除以上可能的“无意干扰”外，卫星导航终端还可能受到“有意干扰”的影响。该类干扰又可分为“压制式”和“欺骗式”两类干扰。

1）压制式干扰

针对导航卫星落地信号电平低的特点，某些不法分子或者战时的敌方，只需要利用发射功率稍大的设备就可对导航终端实施压制式攻击。这类干扰设备选择的频点和卫星导航信号正常频点完全一致，但发射功率远超导航卫星落地电平。这时就将出现即便有扩频增益的导航信号也将被大干扰信号压制的现象,使导航终端正常无法接收信号。

对卫星导航终端的干扰类型可分为:脉冲干扰、窄带干扰以及阻塞干扰。

脉冲干扰主要是以短脉冲的形式覆盖卫星天线的接收频段进行突然间歇式干扰,其能量大,频谱宽,容易导致卫星接收设备的突发误码,导致导航终端接收失效的故障。

窄带干扰主要是在卫星导航信号频段内,产生高功率的窄带干扰信号,从而对抗导航系统的扩频增益,达到干扰卫星接收终端正常工作的目的。

阻塞干扰通常通过强大的功率发射,将卫星导航终端接收放大器推至饱和,阻止信号的正常接收,导致终端无法工作。

2）欺骗干扰

卫星导航系统的信息格式具有一定的开放性,敌方可以用较小的功率发射类似的导航信号,对卫星导航终端进行假冒链路层的欺骗式干扰;而且这种欺骗式干扰可以抵消导航信号直扩处理增益,进一步降低了发射机的干扰功率需求,使其干扰具有隐蔽性,不易被察觉。

针对导航终端的欺骗式干扰有两种方式:转发式干扰和直发式干扰。

转发式干扰是对接收到的正常导航信号进行可控延时,再经设备对其延时后信号放大并发射出去。这样对于导航终端来说,同时存在两个导航信号,这两个信号完全相同,只是延时不同、幅度不同。如果转发出去的信号幅度足够大,会导致地面导航终端误认为干扰信号为主信号,从而接收了被欺骗的导航信号来做出错误的定位结果。

直发式干扰是指由干扰机模拟多颗导航卫星的运动与信息特征,并发射与下行导航卫星信号相同的无线电信号来欺骗导航终端,使其出现错误解码、错误定位,达到干扰目的。其难度在于如何产生欺骗信号,这要求对导航卫星系统的工作性能、数据格式、接入方式、信息分配等研究得十分透彻,然后按照其格式产生干扰信号,地面导航终端才可能认为干扰信号是导航信号,从而达到误导地面导航终端信号处理设备的目的。

6.1.5 设备故障干扰

此类干扰一般是由于卫星导航设备经过长时间工作,频率、功率稳定度等技术指标发生变化,或者设备产生杂波、电缆串入当地的其他广播、电视信号后产生干扰载波[1]。

1）设备产生杂波

该类型干扰一般是导航终端的射频设备技术指标发生变化,在正常的导航频带外产生杂波,形成干扰,干扰载波和业务载波频率可能相差很大,加之此类干扰信号的载波包络一般不规则,有时还是扫频信号,对于抗干扰来讲难度较大。

2）中频电缆串入

该类型干扰是卫星导航终端的中频电缆屏蔽不好，串入当地开路的调频广播、电视信号后产生干扰。

6.1.6　其他类型干扰

此类干扰是几种不属于以上类别中的复杂干扰形式，例如邻星干扰。由于地球静止轨道上卫星数量越来越多，同时，北斗导航系统中倾斜地球同步轨道（IGSO）卫星的应用，不同卫星的间隔也越来越近，甚至有多星共位的情况。这就不可避免地产生两颗卫星之间的波束覆盖区重合，导航终端会在接收正常卫星信号的同时，其旁瓣接收到邻星信号；邻星系统个别用户的天线指向有误差，或者天线口径小而下行电平过高，导致下行信号对导航终端产生干扰。

6.2　国内外抗干扰测试研究进展

6.2.1　国外研究情况

1）国外对GPS终端抗干扰研究很重视

卫星导航在民用和军事领域已经发挥越来越重要的作用。但同时，导航信号具有固有的脆弱性，美国林肯实验室（Lincoln Laboratory）Gilmore 和 Delaney 的试验表明，功率为1W的干扰机可以使85km以内的GPS L1 C/A码导航终端无法正常工作；干扰信号功率每增加6dB，有效的干扰距离就增加1倍[7]。

GPS干扰与抗干扰问题很早就引起了国际学术界的关注：从1999年ION举办的GPS会议到当前每年的GNSS ION导航年会，“非人为干扰和电波干扰”及“干扰及频谱问题”经常是分会议题，其热度始终不减。1999年以来国际上已经发表数十篇关于卫星导航电磁环境、导航终端干扰信号、导航终端抗干扰测试等方面的技术文章。

此外，防止卫星导航信号被敌方干扰和破坏已成为现代电子战和信息战的首要任务之一。在导航系统干扰与抗干扰研究方面，发达国家已将其上升到导航战高度。从实现情况上来看，美国五月花通信公司生产的一种基于空时处理的调零滤波器可用于干信比为100～120dB的干扰环境，最大可抗干扰数为20，抑制4个干扰的自适应处理收敛时间小于3ms[8]。此外，国际电工委员会（IEC）L-3分会的G. L. Green等人设计出一种可升级和扩展的GPS空时抗干扰模块，可以根据用户的不同需要方便地进行设备规模的扩展和缩小[9]。进行的抗干扰试验表明，采用空时方法可有效消除窄带、宽带以及多径干扰，大大优于同样条件下的其他方法。

2）美国抗干扰测试平台研究

从已有文献看，国外展开抗干扰试验评估的方法有多种，主要通过测试平台和仿真软件来研究验证。

例如,美国军方对其生产的 C41-GPS 导航终端开展了基于微波暗室的性能测试,如图 6.2 所示,他们在暗室中布置了干扰源和多种接收终端以完成一个无线环境下的一个小型测试系统。

图 6.2 C41-GPS 导航终端测试设施

又如,美国 746 测试中队组建了中央惯导与 GPS 导航测试机构,该机构位于 Holloman 美国空军基地。该机构主要开展 GPS 信号监测与 GPS 干扰能力测试,其中抗干扰能力测试由室内的有线环境来完成,如图 6.3 所示。

另外,美军很早就认识到研究卫星导航系统干扰与抗干扰技术的重要性。1996 年美军开始研究"GPS 干扰与导航工具(GIANT)"软件。

该软件可以对各种动态或静态的干扰源或阻塞机进行建模,也可以对导航终端及其运动路径进行建模,这些建模可以通过人机图形界面进行设置。最终可以仿真出使用 GPS 导航终端的各种作战设备在战时环境下是否能够完成其作战任务。其界面如图 6.4 所示。

3)欧洲抗干扰测试平台研究

除美国外,欧洲对于卫星导航系统的抗干扰测试也有所研究。

在 2014 年 ION 导航年会上,德国 IFEN 公司发布报告称,其专业级 GNSS 导航信号模拟器 NavX-NCS 能支持高达 4 个独立射频输出,可以用来模拟多种多天线应用场景,例如实时高精度定位接收,飞行器多天线测姿接收,或者是阵列天线接收(CRPA)。他们利用该模拟器对 DLR 公司开发的多天线 GNSS 接收机 GALANT 进行了测试。这种接收机有一个四阵元的天线阵列,模拟器为其每个阵元给予一个独立的射频信号。为实现 4 个阵元达到信号载波相位与伪距的高精度仿真,要求载波相位的控制精度达到 1°[10]。

德国宇航中心(German Aerospace Center)的第 6 框架计划项目中,搭建了一个针

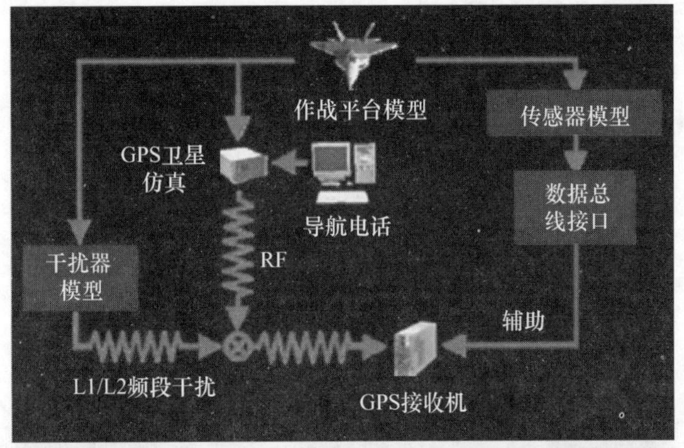

图 6.3 GPS 信号监测与干扰能力测试系统设计及架构图

对航空应用导航终端的抗干扰有线测试环境，如图 6.5 所示。

该环境使用了 Spirent 公司的两台 GSSS7790 多输出星座模拟器通过级联作为 GPS + Galileo 导航卫星星座信号模拟源；使用 Agilent E8267D 信号源通过计算机控制作为干扰信号发生器。

2018 年，斯坦福大学的 Vincent Giralo 博士等人研究了对于分布式空间系统的导航终端构建测试系统，该系统利用了 IFEN 公司的多系统导航信号模拟器和 Septentrio 公司的导航终端构建了一套测试系统[11]。

综上所述，国外已经认识到由于卫星导航固有体制限制，其终端易于被干扰。因此，国外在开展卫星导航抗干扰技术研究的同时，也在进行干扰环境研究及抗干扰仿真、模拟、测试等技术与设备的研究。这些研究方向与成果对我国开展卫星导航终端的抗干扰测试有很高的参考价值。

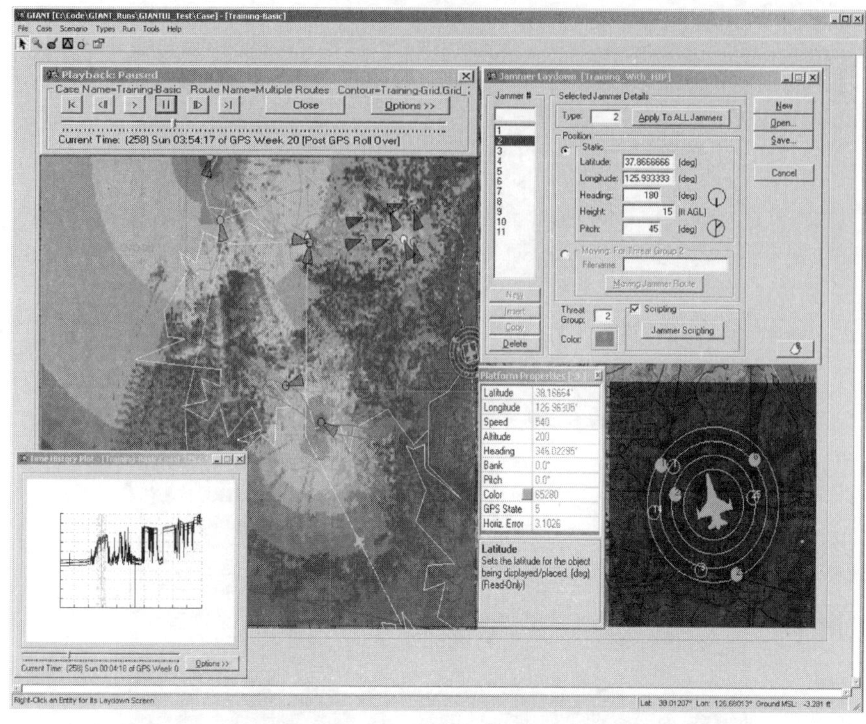

图 6.4　GIANT 软件界面(见彩图)

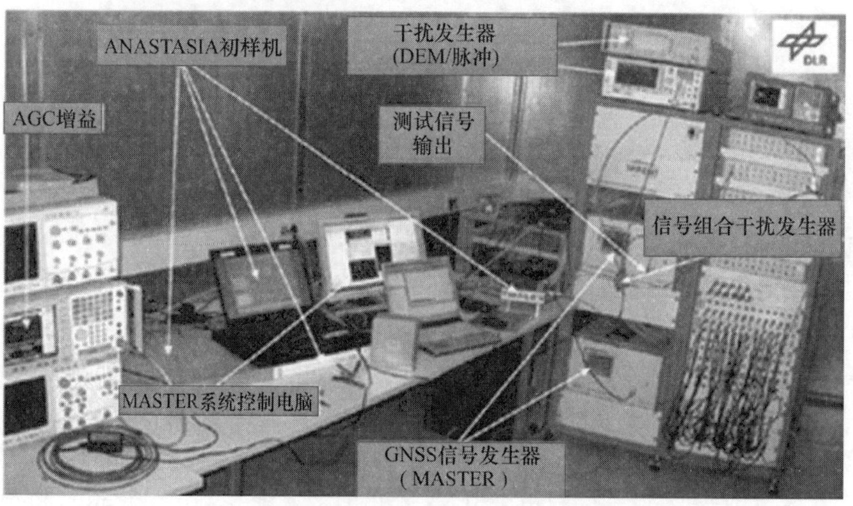

图 6.5　基于实验室的有线抗干扰测试环境

6.2.2　国内研究情况

1）国内卫星导航抗干扰技术研究

国内对于卫星导航抗干扰技术也进行了一定的研究。

武汉大学电子信息工程学院学者做了基于自适应天线阵的导航终端抗干扰研究,并在 FPGA 和 DSP 芯片中进行了设计实现[12];北京航空航天大学电子信息工程学院也有学者针对自适应天线阵进行了终端抗干扰的理论研究[13]。在空时抗干扰方面,国防科技大学有学者在 R. L. Fante 研究成果的基础上进一步进行了空时抗干扰的仿真和研究,给出一种级联的导航终端空时抗干扰结构[14]。中国民航大学研制了一个 2×2 阵列的空时抗干扰接收前端,并进行了测试,如图 6.6 所示[15]。

图 6.6 中国民航大学的空时抗干扰实现成果

中国电子科技集团公司第五十四研究所(CETC54)将空时抗干扰与数字多波束技术相结合,并提出了一种空时二维权矢量的简化迭代计算方法,大大降低了空时处理的复杂度,对于 3×3×3 阵列规模的空时自适应处理进行有线测试[16],图 6.7 为有线测试环境,图 6.8 是该环境下的空时二维谱估计结果。

2) 国内卫星导航抗干扰测试技术研究

目前国内已有一定的微波暗室测试试验环境,如:

(1) 国内多地建有 BDS 用户终端微波暗室试验环境;

(2) 航天科技集团建有卫星系统微波暗室试验环境;

(3) 西北工业大学建有微波暗室试验环境;

(4) 依托 CGTR 项目,中国电科 54 所建有卫星导航内场试验环境。

但是当前国内尚没有专门针对卫星导航终端的抗干扰测试环境,针对卫星导航终端的抗干扰测试技术非常薄弱。

6.2.3 主要差距

1) 国内外接收终端抗干扰技术水平差距

目前,国内的卫星导航接收终端抗干扰技术水平与国外存在较大差距。例如,美军应用在战机和导弹上的 GPS 制导系统通常使用空时二维联合抗干扰技术实现自适应调零干扰抑制,其抗干扰接收终端可以工作在 90~120dB 的干信比环境下。而我国的抗干扰技术发展较慢。之所以存在上述差距,不仅在于抗干扰技术本身,还在于缺乏抗干扰测试环境的建设,即测试环境的缺乏阻碍了抗干扰技术的发展。

图 6.7　CETC54 的空时抗干扰有线测试环境

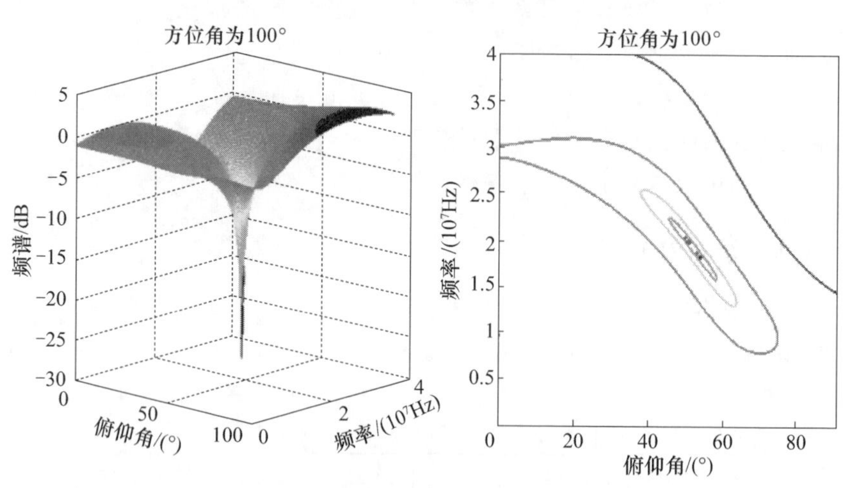

图 6.8　窄带干扰条件下的空时处理结果(见彩图)

2）缺乏专门的抗干扰测试环境

美国 GPS 和欧洲 Galileo 系统的共同特征是在系统建设之初，非常重视卫星导航专用测试环境的建设。如美国的 Yuma 测试场、反向 GPS 试验场（IGR）以及 GATE、GTR 等，这些测试场均能完成卫星导航抗干扰能力的测试。我国虽然建有能用于导航终端试验的测试场，但没有卫星导航终端专用测试场，随着北斗系统的建设以及复杂程度的增加，对抗干扰测试环境的依赖将越来越强，非专用测试环境已无法满足日益增长的各项测试需求。

3）缺乏针对卫星导航的复杂电磁环境研究

由于卫星导航信号本身的脆弱性以及日益繁多的有意、无意电磁干扰的存在，导航终端所面临的电磁环境十分复杂。目前我国对导航终端面临的复杂电磁环境研究还比较落后，严重限制了各类卫星导航终端抗干扰技术的发展。

6.3　复杂干扰的建模与仿真技术

要评估复杂电磁环境下所研制导航终端的抗干扰能力，需首先模拟复杂电磁环境以支持导航终端的测试评估。在复杂电磁环境中，干扰类型层出不穷、干扰模式变化多端、干扰场景种类繁多，只有全面的模拟复杂电磁环境，才能使抗干扰导航终端测试评估结果具有广泛意义。

6.3.1　干扰因素与干扰模式

不同的干扰因素、干扰模式及不同的干扰建模方法对导航终端会产生不同的干扰效果。本书研究国内外先进的电子干扰技术，结合卫星导航系统现有信号格式，从系统层面、对象层面和意图层面 3 方面出发，同时考虑不同的干扰模式，通过对干扰系统的理论建模和仿真分析，总结不同干扰因素和干扰模式对导航终端的影响，并针对不同的测试评估需求确定最优的干扰方式[17]。

6.3.1.1　干扰因素

干扰因素可看做在特定条件下，影响复杂电磁环境中导航终端工作的干扰类型因素，主要包括：

（1）系统层面。系统层面主要为系统内外复杂干扰源作用范围、输出功率以及其所覆盖的信号频段、带宽等方面。

（2）对象层面。针对不同的被干扰对象（导航终端）具有不同特点，对象层面主要研究各导航终端针对干扰模拟需具备的不同约束条件。卫星导航用户中的导航终端类型有：普通民用导航终端、手持军用导航终端、机载（弹载）军用导航终端等，针对上述导航终端不同的特征研究其干扰信号的建模产生技术。

（3）意图层面。从意图层面上来说，干扰信号包含非恶意干扰信号和恶意干扰信号。其中非恶意干扰包括：军用信号干扰（雷达、军事通信、电子战等）、民用信号干扰(广播、电视、移动通信等)、噪声干扰等;恶意干扰包括:产生式欺骗干扰、转发式欺骗干扰、压制式干扰(包含各类宽带、窄带、脉冲、扫频等恶意干扰)。因此需分别针对上述干扰类型进行干扰研究。

6.3.1.2 干扰模式

干扰模式即干扰信号的应用模式,可分为以下 3 种模式。

(1) 单一干扰模式:对被干扰导航终端仅给予一种类型的干扰信号,进行单一干扰情况下导航终端抗干扰能力的测试评估模式。

(2) 组合干扰模式:对被干扰导航终端同时给予多种类型干扰信号,可在不同类型干扰信号任意组合的情况下,对导航终端抗干扰能力进行测试评估,具备模拟复杂电磁环境能力的应用模式。

(3) 自定义干扰模式:可通过配置不同时刻下干扰信号的类型、参数、组合方式,用于支持自定义干扰场景模拟情况下,对导航终端抗干扰能力进行测试评估的应用模式。

通过对干扰模式下干扰类型及干扰参数的详细分析,形成如表 6.5 所列的干扰模式配置表。

表 6.5 干扰模式配置表

干扰模式	干扰类型	干扰参数									
		频段	功率	带宽	码型	起止时刻	通道数量	电文	调制参数	占空比	扫频速率
单一干扰	噪声干扰	√	√	√	×	×	√	×	×	×	×
	多址干扰	√	√	×	√	×	√	√	×	×	×
	单频干扰	√	√	×	×	×	√	×	×	×	×
	扫频干扰	√	√	×	×	×	√	×	×	×	√
	窄带干扰	√	√	√	√	×	√	×	√	×	×
	宽带干扰	√	√	√	√	×	√	×	√	×	×
	脉冲干扰	√	√	√	×	×	√	×	×	√	×
	欺骗干扰	√	√	×	√	√	√	√	×	×	×
组合干扰	同时叠加若干干扰	√	√	√	√	√	√	√	√	√	√
自定义干扰	分时叠加若干干扰	√	√	√	√	√	√	√	√	√	√

注:"√"表示对应干扰模式及类型存在相应参数需设置;"×"表示对应干扰模式及类型不存在需设置的相应参数

6.3.2 干扰数仿技术

干扰信号数仿技术包含对各种单一干扰及其组合干扰的数学建模与干扰仿真。该技术研究的目的在于提出并验证各种单一干扰、组合干扰信号的生成方案,仿真验证得出保证自定义干扰灵活配置特性的干扰参数设置,为抗干扰终端的测试评估技术研究提供充分的技术支撑。

该技术的难点在于干扰类型繁多、干扰组合方式多样化、自定义干扰参数灵活可变,建立完备的仿真模型需考虑多方面的问题,需要对干扰信号的时域特征、频域特征、码型特征等进行数学建模与仿真研究。

干扰信号数仿技术应从各种单一干扰的数学仿真开始研究。而单一干扰信号根据其时频特征可划分为:单载波、窄带连续波、窄带扫频、宽带噪声、宽带脉冲干扰等。对以上干扰信号的数学仿真实现方法进行分析,可从调制干扰、噪声干扰两个方向进行单一及组合干扰数仿技术的研究。

调制干扰数仿技术用于支持单载波、窄带连续波、窄带扫频、宽带脉冲等干扰信号的产生,噪声干扰数仿技术用于支持宽带噪声干扰信号的产生。

1）调制干扰数仿技术

调制干扰可以用一个通用的数学表达式表示如下:

$$s_k(t)=p_k(t)F[s_{k,m}^b(t)]\cos[\omega_{k,m}(t+\tau_k)+\varphi_k(t)] \tag{6.1}$$

式中:m、$p_k(t)$、$F[\cdot]$、$s_{k,m}^b(t)$、$\omega_{k,m}$、τ_k、$\varphi_k(t)$分别为序号、第 k 个发射通道的脉冲调制、基带信号调制映射、基带符号、带内频率偏移、时延、时变相位[18]。

如果有 M 个干扰信号叠加,则式(6.1)变为如下形式[19]:

$$s_k(t)=p_k(t)\sum_{m=1}^{M}F[s_{k,m}^b(t)]\cos[\omega_{k,m}(t+\tau_k)+\varphi_k(t)] \tag{6.2}$$

根据以上数学表达式,调制干扰数仿原理框图如图 6.9 所示。

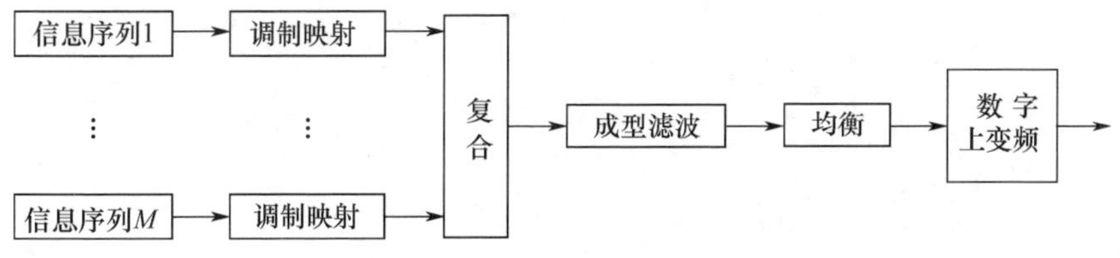

图 6.9 调制干扰数仿原理框图

首先将多路信息序列分别调制到符号域,然后将这些干扰符号序列累加输出。经过成形滤波后,均衡、数字上变频,最后送到 D/A 变换器,转化为模拟信号输出。

2）噪声干扰数仿技术

噪声干扰的数学表达式为

$$n_k(t)=n_k^b(t)\cos[\omega_k(t+\tau_k)+\varphi_k] \tag{6.3}$$

式中：k、$n_k^b(t)$、ω_k、τ_k、φ_k 分别为第 k 个发射通道、满足一定时域分布的基带噪声、带内频率偏移、时延、初始相位。

根据以上数学表达式，噪声干扰数仿原理框图如图6.10所示。

图6.10　噪声干扰数仿原理框图

首先产生一定带宽的均匀分布随机噪声，通过幅度变换转化为所需的时域分布噪声，再通过成形滤波、均衡、数字上变频，得到中频意义下的数仿文件[17]。

6.3.3　干扰建模仿真原理

复杂干扰建模与仿真全部由干扰数仿计算机来实现。其实现原理如图6.11所示。

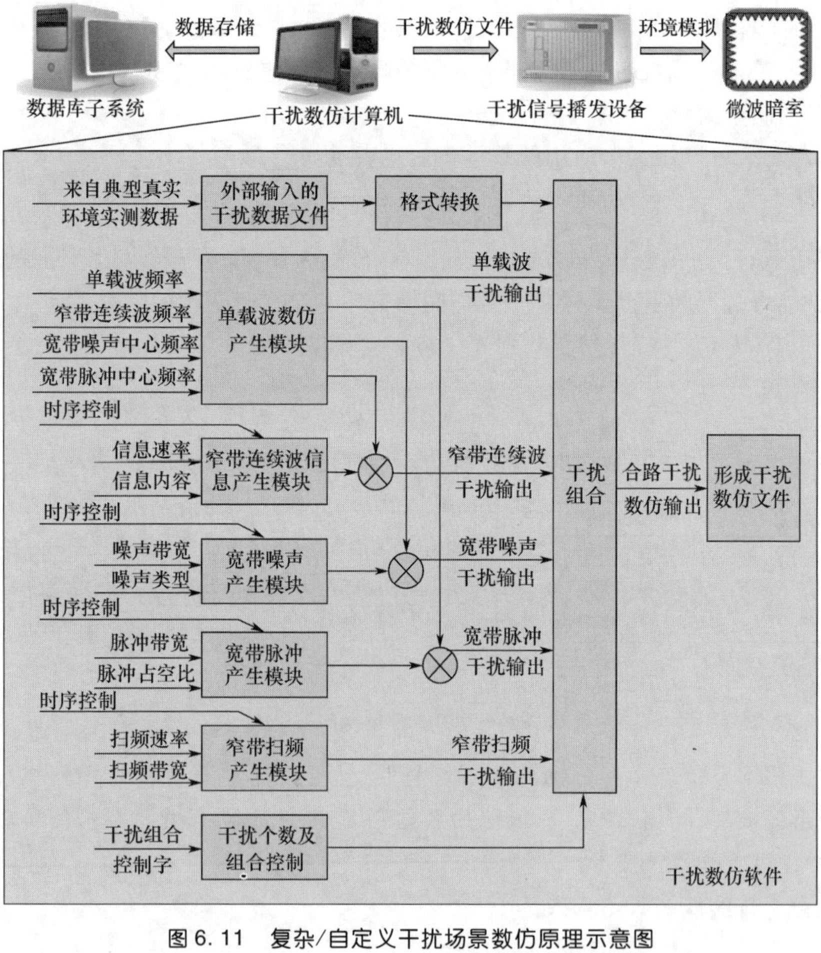

图6.11　复杂/自定义干扰场景数仿原理示意图

干扰数仿计算机按照人机接口指令产生相应的干扰数仿文件,该文件既可输出到干扰数据库子系统中保存,也可以将播发任务指令和数仿文件传送给干扰模拟设备中。干扰模拟设备直接将传递过来的干扰场景数仿数据进行 D/A 和上变频,从而完成干扰信号发射,将干扰模拟设备置于微波暗室环境中即可完成复杂电磁环境的模拟。

干扰数仿软件可以产生比常规的干扰模拟设备更为灵活的干扰参数设置以及时序控制,支持任务规划的所有干扰配置需求。同时干扰数仿软件还可以由外部输入实测数据,经过格式转换程序转变为干扰模拟设备可识别的数据文件格式,通过干扰模拟设备完成实测场景的模拟再现。

试验前,应当对干扰源发射的干扰信号进行事先标定和校准,并在试验时对干扰信号实时监测和控制。由于事先标定可以在微波暗室的静区内进行,避免了障碍物影响,能够用时域和频域测试仪器检查、标定干扰信号。

6.3.4　多天线发射测试环境的 DOP 值计算方法

针对卫星导航终端抗干扰测试需求,为将目前已有微波暗室改造成适用于多发射天线、多干扰源的模拟测试环境,需要突破微波暗室 DOP 值优选方法。本书作者研究的该方法可在所有的组合方案中选出 DOP 值最优以及次优的星座组合方案,并且通过用户自定义 DOP 阈值对星座方案进行优选操作,从而支持导航终端抗干扰测试环境的建设[20]。

1）星座模拟及 DOP

DOP 的概念是,由测量误差引起的位置误差取决于用户/星座之间的相对几何布局。将用户的位置和时间偏差的协方差与伪距误差的参数关联起来就形成了 DOP 参数的定义。具体的关联方法就是将用户位置和时间偏差的变化相对伪距值的变化进行雅可比关联形成线性化方程,如下式所示:

$$\begin{bmatrix} a_{x1} & a_{y1} & a_{z1} & 1 \\ a_{x2} & a_{y1} & a_{z1} & 1 \\ \vdots & \vdots & \vdots & \vdots \\ a_{xn} & a_{yn} & a_{zn} & 1 \end{bmatrix} \Delta \boldsymbol{x} = \Delta \boldsymbol{\rho} \tag{6.4}$$

式中:前面的矩阵设定为 $\boldsymbol{H}$;Δx 有 4 个分量,前 3 个分量是用户线性化点的位置偏移,第四个分量是用户的时间偏差离在线性化点的假定偏差的偏移,其中 $\boldsymbol{a}_i=(a_{xi}, a_{yi}, a_{zi})$ 是以线性化点指向第 i 颗卫星位置的单位矢量;$\Delta\boldsymbol{\rho}$ 是与用户实际位置相对应的无误差伪距值和与线性化点相对应的伪距值之间的矢量偏移。然后利用最小二乘法来解算 Δx,如下式所示:

$$\Delta \boldsymbol{x} = (\boldsymbol{H}^{\mathrm{T}}\boldsymbol{H})^{-1}\boldsymbol{H}^{\mathrm{T}}\Delta\boldsymbol{\rho} \tag{6.5}$$

式中:$(\boldsymbol{H}^{\mathrm{T}}\boldsymbol{H})^{-1}\boldsymbol{H}^{\mathrm{T}}$ 也称为最小二乘法解矩阵,是一个 $4\times n$ 阵,且仅取决于用户和参

与最小二乘法计算的卫星之间的几何布局。下面通过计算乘积 $d\boldsymbol{x}d\boldsymbol{x}^{\mathrm{T}}$ 的期望值获得 $d\boldsymbol{x}$ 的协方差：

$$\mathrm{cov}(d\boldsymbol{x}) = (\boldsymbol{H}^{\mathrm{T}}\boldsymbol{H})^{-1}\delta_{\mathrm{UERE}}^2 \tag{6.6}$$

令

$$(\boldsymbol{H}^{\mathrm{T}}\boldsymbol{H})^{-1} = \begin{bmatrix} D_{11} & D_{12} & D_{13} & D_{14} \\ D_{21} & D_{22} & D_{23} & D_{24} \\ D_{31} & D_{32} & D_{33} & D_{34} \\ D_{41} & D_{42} & D_{43} & D_{44} \end{bmatrix}$$

由此定义各 DOP 值的计算如下：

$$\mathrm{GDOP} = \sqrt{D_{11} + D_{22} + D_{33} + D_{44}} \tag{6.7}$$

$$\mathrm{PDOP} = \sqrt{D_{11} + D_{22} + D_{33}} \tag{6.8}$$

$$\mathrm{HDOP} = \sqrt{D_{11} + D_{22}} \tag{6.9}$$

$$\mathrm{VDOP} = \sqrt{D_{33}} \tag{6.10}$$

2）计算方法

根据作者单位已有的微波暗室限定条件，只有顶部和 3 侧墙体可以开孔安装辐射天线，墙线高度分别为 10.25m、14.25m 和 18.25m，暗室顶部高度为 20m、基准孔在坐标（15.5m，25m，18.25m）处。

通过对天线的分布进行模拟计算，可得到符合条件的开孔方案；并利用上面所介绍的分布精度衰减因子计算公式，计算模拟星座坐标和 DOP 值，同时给出 DOP 值最优组合方案，输出 DOP 值和星座坐标值。

为了模拟导航星座的全天候位置，发射天线与基准发射天线位置同时与导航终端形成的夹角（Angle）按照 e^{λ}（$\lambda = 0, 2, \cdots, 6$）的指数特性进行分布。基准天线位置为 $P(x_P, y_P, z_P)$，导航终端坐标为 $O(x_O, y_O, z_O)$，所计算的符合条件的天线坐标为 $Q(x_Q, y_Q, z_Q)$，需满足如式（6.11）的关系：

$$\mathrm{Angle} = \angle POQ = e^{\lambda} \qquad \lambda = 0, 2, \cdots, 6 \tag{6.11}$$

微波暗室包含基准辐射天线孔，按照如上指数型分布两组 12 个孔，共 13 个孔。然后再按照暗室空间均匀分布 18 个固定坐标孔，合计共 31 个开孔。开孔方案按照函数模型以及均匀分布规律，可以模拟全天候条件下的多种星座组合以及各种辐射干扰条件。

3）Matlab 计算示例

计算过程大致分为如下 6 个步骤进行：

（1）初始化计算数据，输入微波暗室尺寸以及限定平面。

（2）选取合适的枚举步长，在限定平面上进行枚举计算。

(3) 判断枚举是否结束,如果没有结束,计算天线与导航终端夹角;如果结束,跳至步骤(5)。

(4) 如果夹角符合 e^{λ} 分布,将坐标记录到文件中。重复步骤(2)到步骤(4)。

(5) 然后再从所有坐标中任意选取 4 颗星组成星座方案,计算在该方案下的 DOP 值。

(6) 对各方案按照精度衰减因子从小到大进行排列,选取可定制个数的优化方案。

具体的计算流程如图 6.12 所示。

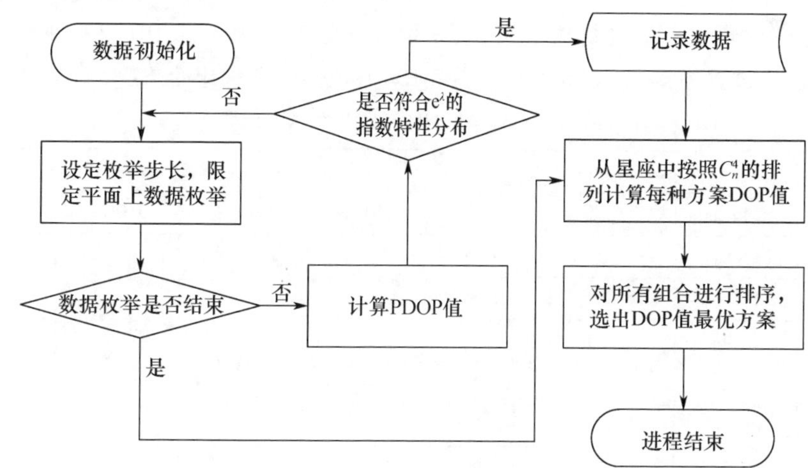

图 6.12　DOP 计算流程图

下面是计算 DOP 值以及进行最优化方案排序的部分 Matlab 核心代码:

```
H1 = [ met(i,:); met(j,:); met(k,:); met(l,:) ];
DD = inv(H '* H);
Gdop = abs(sqrt(DD(1, 1) + DD(2,2) + DD(3, 3) + DD(4, 4)));
Pdop = abs(sqrt(DD(1, 1) + DD(2, 2) + DD(3, 3)));
[M, N] = size(H1);
if Pdop < PDOPthreshold
CountDthshd = CountDthshd + 1;
Dthshd(CountDthshd). Hmet = H1;
end
for a = 1: amount
if isinf(Pdop)      break;    end
if ~isinf(Pdop)&&(Pdop > Hdops(1, a). PdopValue)
continue;             end
for b = amount : -1: a + 1
```

```
Hdops(b).Hmet = Hdops(b - 1).Hmet;
end
Hdops(a).Hmet = H1;
break;
end
if ~isinf(Pdop)&&(Pdop > HMAX.PdopValue)
HMAX.Hmet = H1;
```

4）计算结果

通过选取辐射天线进行枚举组合，利用程序计算各组合的 DOP 值，现将各组合的 DOP 值经过程序排序，表 6.6 所列为 DOP 值最优的 3 种组合方案结果。

表 6.6　最优 DOP 星座组合方案

组合	天线辐射孔坐标			几何精度衰减因子			
	长度/m	宽度/m	高度/m	GDOP	PDOP	HDOP	VDOP
1	18.85	9.55	10.25	2.855	2.419	1.451	1.935
	14.30	8.30	20.00				
	5.50	25.00	10.25				
	14.25	0.00	10.25				
	5.25	0.00	18.25				
	14.30	14.30	20.00				
2	14.30	8.30	20.00	2.863	2.432	1.483	1.927
	5.50	25.00	10.25				
	18.85	12.55	10.25				
	14.25	0.00	10.25				
	5.25	0.00	18.25				
	14.30	14.30	20.00				
3	18.85	15.55	18.25	2.888	2.453	1.589	1.868
	14.30	8.30	20.00				
	5.50	25.00	10.25				
	14.25	0.00	10.25				
	5.25	0.00	18.25				
	8.20	8.30	20.00				

在试验中使用自定义控制的 PDOP 阈值，使其不大于 5，通过程序判断模块进行控制输出，总共可得到 267995 种组合，其中符合 4 辐射孔的组合共 916 个，符合 5 辐射孔的组合共 23919 个，符合 6 辐射孔的组合共 243160 个。表 6.7 为从 3 种不同的辐射孔组合中各摘出其中 1 条符合条件的记录进行展示。

表 6.7　PDOP 小于阈值 5 的星座组合

组合	天线辐射孔坐标			精度衰减因子			
	长度/m	宽度/m	高度/m	GDOP	PDOP	HDOP	VDOP
1	15.50	25.00	18.25	4.724	4.104	2.949	2.854
	3.50	25.00	14.25				
	14.25	0.00	10.25				
	8.20	8.30	20.00				
2	18.85	15.55	18.25	4.573	3.803	1.864	3.315
	18.85	9.55	10.25				
	5.50	25.00	10.25				
	9.25	0.00	14.25				
	5.20	22.30	20.00				
3	16.00	25.00	18.25	3.405	2.921	1.689	2.383
	5.50	25.00	10.25				
	14.25	0.00	10.25				
	9.25	0.00	14.25				
	5.25	0.00	18.25				
	14.30	14.30	20.00				

6.3.5　具有动态特性的干扰环境设计方法

根据终端抗干扰技术的分析,导航终端的主要抗干扰技术为空域抗干扰、频域抗干扰和空时二维抗干扰 3 类技术,终端抗干扰测试应能够满足这 3 类抗干扰技术的测试需求;因此,终端抗干扰测试环境应能够模拟空域、频率的模拟信号,对于复杂干扰环境,还应能够模拟干扰信号随时间在空间、功率、频率、带宽等方面的变化。

目前,频域抗干扰的测试比较成熟,可通过有线、无线方式实现。而空域抗干扰、空时二维抗干扰的测试必须通过无线方式进行测试。根据对干扰源平台的分析,实际中干扰源与信号源的相对位置、干扰源与接收设备的相对位置都不是一成不变的,存在动态特性。因此仅通过固定环境下的抗干扰测试不能完全说明接收设备的抗干扰性能。因此复杂干扰环境应能够模拟动态的干扰环境。该动态特性通过数学仿真,利用精密转台和精密移动天线来实现,如图 6.13 所示。

精密移动天线可以由能精密控制的移动滑轨构成,天线置于滑轨的可移动端上,滑轨可放置在微波暗室的顶棚上(也可放置在墙壁上),并设置成相互垂直的两根。

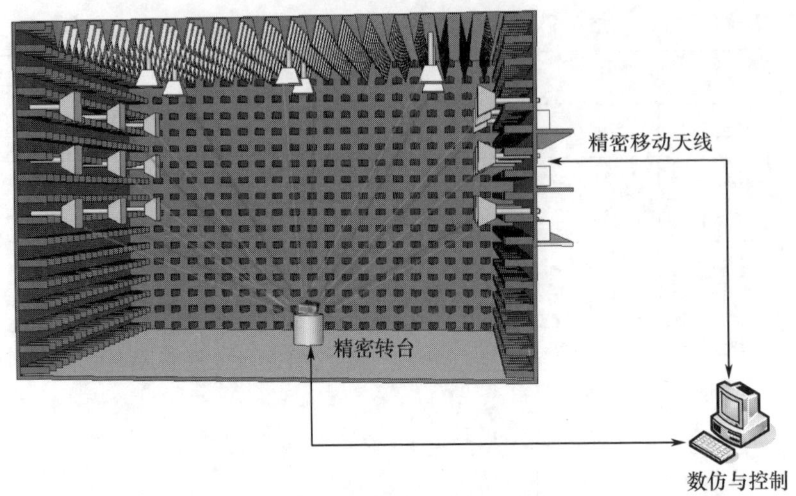

图 6.13　具有动态特性的干扰环境

6.4　室内无线抗干扰测试系统方案

6.4.1　系统方案设计

导航终端室内无线抗干扰测试系统框架结构初步设计如图 6.14 所示。

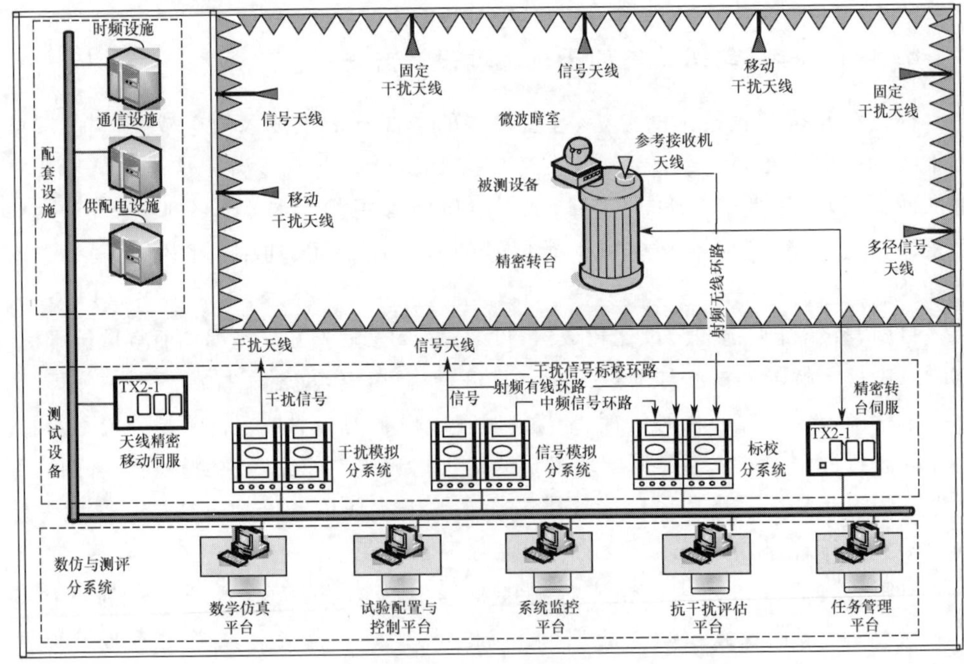

图 6.14　室内无线抗干扰测试系统框架结构图

该测试系统将完成对卫星导航终端设备进行复杂电磁环境下的抗干扰测试,其主要是由微波暗室、数仿与测试评估软件系统、测试设备和辅助设备组成。

(1) 微波暗室。微波暗室根据测试对象的大小、干扰类型等条件进行设计,必须满足测试对象的远场条件,主要组成包括暗室吸波设施、精密转台、天线、天线滑轨等。

(2) 数仿与测评软件系统。数仿与测评软件系统用于对卫星导航终端的抗干扰测试进行控制和管理,包括数学仿真软件、任务管理软件、抗干扰评估软件、系统监控软件、试验配置与控制软件等。

(3) 测试设备。测试设备包括干扰信号模拟分系统、信号模拟分系统、标校分系统、参考导航终端、精密转台伺服、天线精密移动伺服等设备。

(4) 辅助设备。辅助设备主要包括时频设施、通信设施、供配电设施等。

6.4.2 系统工作模式

根据以上方案描述,无论是向用户提供"导航终端导航性能试验和测试"服务,还是向用户提供"导航终端抗干扰性能试验和测试"服务,都需要设定工作模式来向用户提供服务。

为实现这些服务,室内无线抗干扰测试系统包括微波暗室、测试评估软件系统、测试设备和辅助设备等。其中测试评估软件系统作为室内无线抗干扰测试系统的控制核心,它是用户与各测试设备之间的纽带;因此测试评估软件系统的工作模式与室内无线抗干扰测试系统的工作模式紧密关联。

图6.15以状态线图的方式显示了室内无线抗干扰测试系统的工作模式。初始化后,可以在有联系的工作模式之间切换。不过,转换过程中将出现时间上的不连续性。

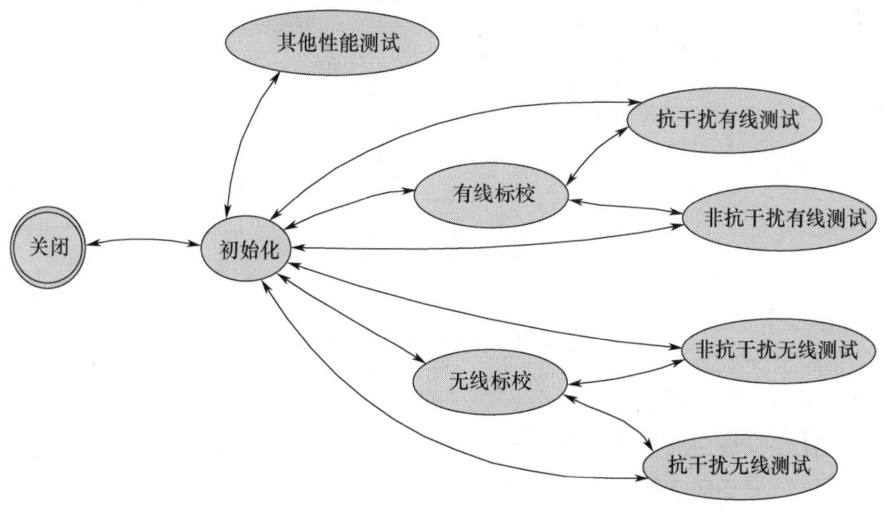

图6.15 室内无线抗干扰测试系统工作模式

根据导航终端的各类测试要求，室内无线抗干扰测试系统设计有以下 9 种工作模式：

(1) 关闭模式。

(2) 初始化模式。

(3) 有线标校模式。

(4) 抗干扰有线测试模式。

(5) 非抗干扰有线测试模式。

(6) 无线标校模式。

(7) 抗干扰无线测试模式。

(8) 非抗干扰无线测试模式。

(9) 其他性能测试模式。

以下对各个模式进行详细说明。

1) 关闭模式

室内无线抗干扰测试系统各设备未运行。

2) 初始化模式

初始化模式用于“初始化”室内无线抗干扰测试系统各设备。为了随后各种工作模式能够启动运行必须先运行此模式。初始化模式的主要任务是进行测试终端与管理软件的链路沟通，对各测试设备进行开机后的人工状态检查等工作。该模式并不进行任何测试，仅用于启动实验室各测试设备，使实验室各测试设备做好测试准备。

3) 有线标校模式

有线标校模式如图 6.16 所示。

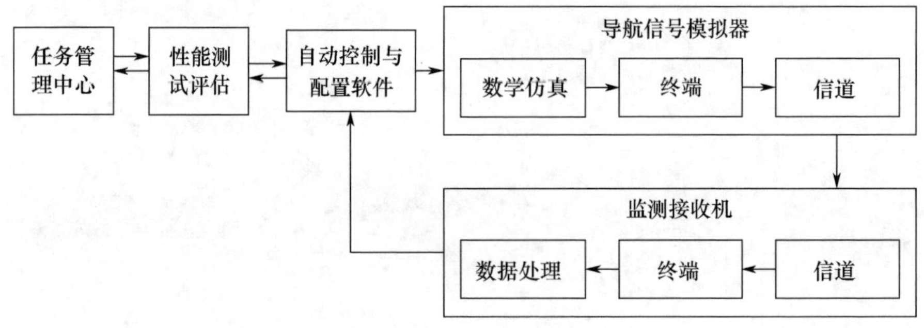

图 6.16 有线标校模式框图

(1) 用户将标校任务录入任务管理中心。

(2) 任务管理中心接收标校任务，对任务分类规划，生成相应的测试流程，并将业务项目分发给自动控制与配置软件。

(3) 自动控制与配置软件根据业务项目完成相关设备配置与参数传递。导航模拟器根据业务项目需要，通过数学仿真和监控使导航信号发射单元产生导航中频信

号。这些中频信号在发射信道设备中经过上变频，合路和放大处理形成导航射频信号，再通过电缆发射出去。

（4）监测接收机接收到来自导航信号模拟器的导航射频信号，经过不同频点的下变频器，转换为相应的导航中频信号，这些信号送入多个解调终端，进行数据处理。这个过程与上一个过程形成环路，用于对发射信号是否正确的监测，以及对发射信号进行标定与调整。

（5）数据处理的结果返回性能测试评估软件，由性能测试评估软件完成标校过程。所有结果数据再通过以太网传输给任务管理中心，用户通过任务管理中心的交互界面可以得到标校结果。

4）抗干扰有线测试模式

如图6.17所示，抗干扰有线测试模式与有线标校模式相比，增加了干扰源模块。此外，接收对象也发生了变化，在标校模式下接收对象为监测接收机；而在测试模式下，接收对象为被测接收机/用户终端。

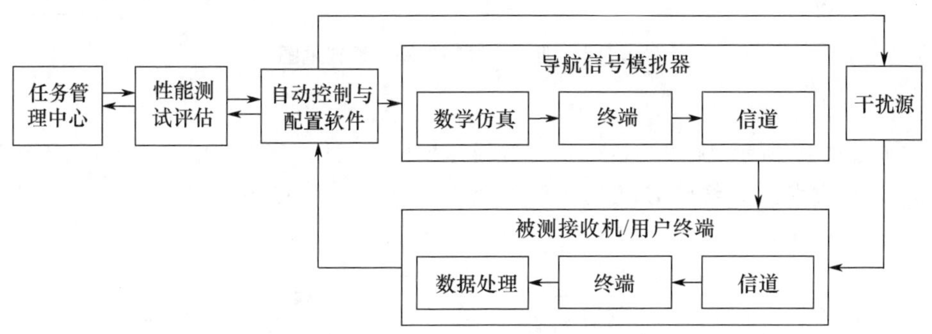

图6.17　抗干扰有线测试模式框图

其运行步骤与有线标校模式基本相同：

（1）用户将测试任务录入任务管理中心。

（2）任务管理中心接收测试任务，对测试任务分类规划，生成相应的测试流程，并按照测试流程将测试项目依次分发给自动控制与配置软件。

（3）自动控制与配置软件根据测试项目完成相关测试。导航模拟器根据测试项目需要，通过数学仿真使导航信号发射单元分别产生导航中频信号。这些中频信号在发射信道设备中经过合路，上变频和放大处理形成导航射频信号，再通过电缆发射出去。

（4）为了实现抗干扰测试，在发射模拟导航信号的同时，也需要发射干扰信号，干扰信号由计算机控制的信号源产生，也通过电缆发射给被测导航终端/用户终端。

（5）被测接收机/用户终端接收到导航信号与干扰信号叠加的射频信号，经过不同频点的下变频器，转换为相应的中频信号，这些信号送入多个解调终端，进行数据处理。

(6) 数据处理的结果返回性能测试评估软件,再通过以太网传输给任务管理中心,用户通过任务管理中心的交互界面得到测试结果。

5) 非抗干扰有线测试模式

如图 6.18 所示,非抗干扰有线测试模式与有线标校模式相比,只是接收对象发生了变化,在标校模式下接收对象为监测接收机;而在测试模式下,接收对象为被测接收机/用户终端。其运行模式与有线标校模式相同。

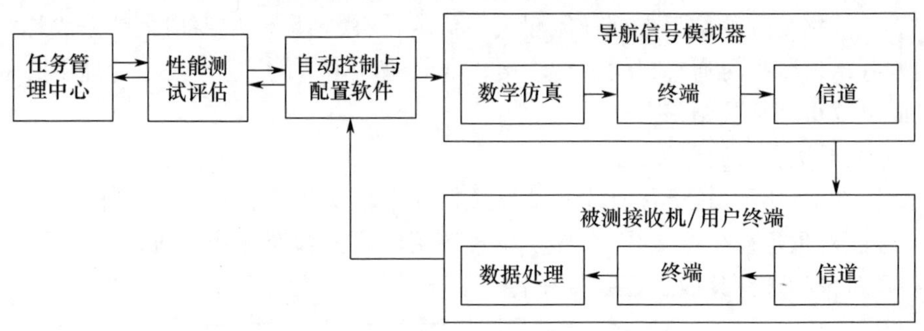

图 6.18 非抗干扰有线测试模式框图

6) 无线标校模式

如图 6.19 所示,无线标校模式与有线标校模式相比,只是传输路径不同,无线标校模式,通过发射天线将导航信号模拟器产生的卫星导航射频信号发射给监测接收机。

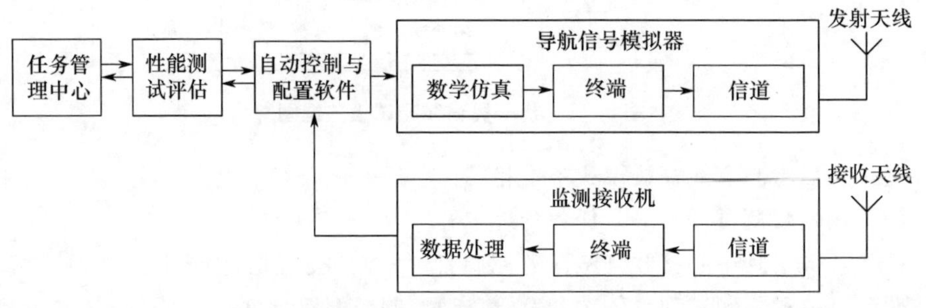

图 6.19 无线标校模式框图

其运行步骤如下:

(1) 用户将无线标校任务录入任务管理中心。

(2) 任务管理中心接收标校任务,对任务分类规划,生成相应的测试流程,并按照测试流程将业务项目依次分发给自动控制与配置软件。

(3) 自动控制与配置软件根据业务项目完成相关配置工作。导航模拟器根据项目需要,通过数学仿真产生导航中频信号。这些中频信号在发射信道设备中经过合路,上变频和放大处理形成导航射频信号,再通过发射天线发射出去。

(4) 监测接收机通过接收天线收到来自导航信号模拟器的射频信号,经过下变

频器，转换为相应的导航中频信号，这些信号送入解调终端进行数据处理。

（5）数据处理的结果返回性能测试评估软件，再通过以太网传输给任务管理中心，用户通过任务管理中心的交互界面得到标校结果。

7）抗干扰无线测试模式

如图6.20所示，抗干扰无线测试模式与无线标校模式相比，增加了干扰源模块。此外，接收对象也发生了变化，在标校模式下接收对象为监测接收机；而在测试模式下，接收对象为被测接收机/用户终端。

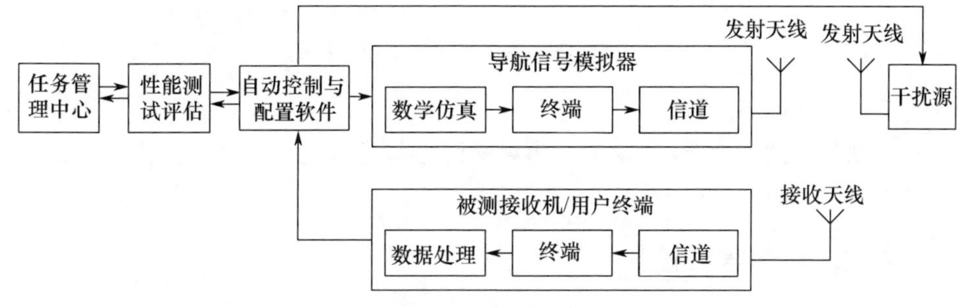

图6.20　抗干扰无线测试模式框图

（1）用户将测试任务录入任务管理中心。

（2）任务管理中心接收测试任务，对测试任务分类规划，生成相应的测试流程，并按照测试流程将测试项目依次分发给自动控制与配置软件。

（3）自动控制与配置软件根据测试项目完成相关测试。导航模拟器根据测试项目需要，通过数学仿真产生卫星导航中频信号。这些中频信号在发射信道设备中经过合路，上变频和放大处理形成导航射频信号，再通过天线发射出去。

（4）为了实现抗干扰测试，在发射模拟导航信号的同时，也需要发射干扰信号，干扰信号由计算机控制的信号源产生，也通过天线发射给被测接收机/用户终端。

（5）被测接收机/用户终端接收到模拟导航信号与干扰信号叠加的射频信号，经过下变频器，转换为相应的导航中频信号，这些信号送入解调终端，进行数据处理。

（6）数据处理的结果返回性能测试评估软件，再通过以太网传输给任务管理中心，用户通过任务管理中心的交互界面得到测试结果。

8）非抗干扰无线测试模式

如图6.21所示，非抗干扰无线测试模式与无线标校模式相比，只是接收对象发生了变化，在标校模式下接收对象为监测接收机；而在测试模式下，接收对象为被测接收机/用户终端。其运行模式与无线标校模式相同。

9）其他性能测试模式

其他性能测试模式包括对于电缆、天线等独立设备的性能测试。室内无线抗干扰测试系统可以对传输电缆、射频部件、天线等设备进行性能测试。这是由于试验系统是基于微波暗室的，可以防止空间已存在无线电信号对被测设备的干扰，尽可能保

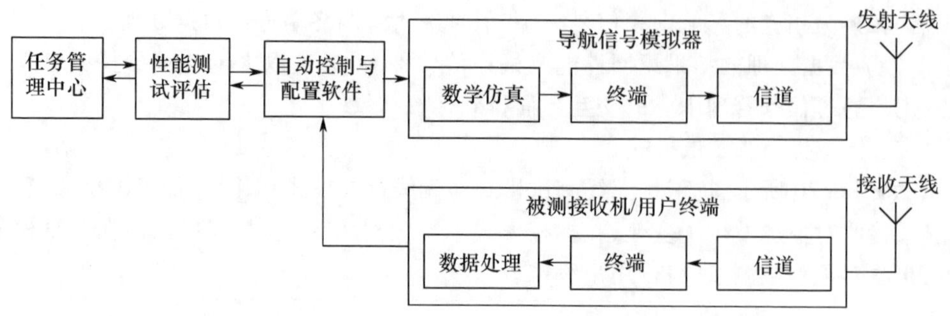

图 6.21 非抗干扰无线测试模式框图

证各类设备测试的精度。

独立设备测试的性能指标不同,其测试设备与流程也各不相同。由于这部分超越导航终端测试范畴,本书对此不再展开描述。

6.4.3 系统接口设计

室内无线抗干扰测试系统接口关系如图 6.22 所示。

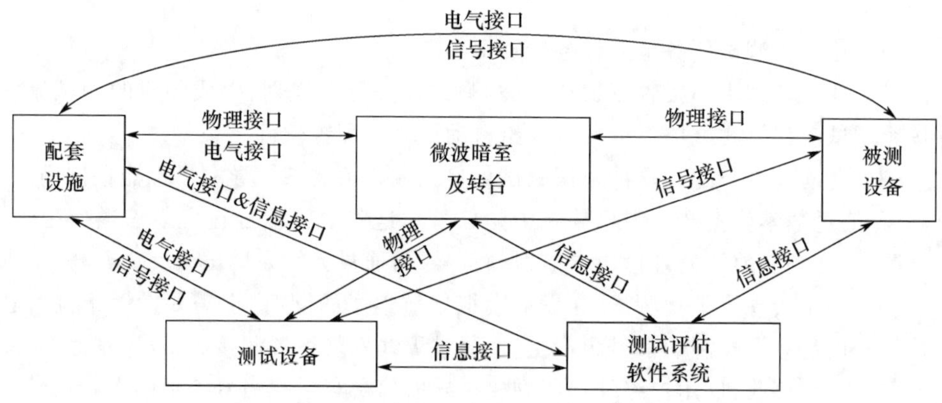

图 6.22 室内终端抗干扰测试环境接口关系示意图

测试设备与被测设备间存在信号接口以完成被测设备的抗干扰测试试验。同时测试设备和被测设备均与测试评估软件系统间存在信息接口,对外接口协议如表 6.8 所列。

表 6.8 测试系统对外接口及协议设计

序号	接口类型	接口描述	信号协议	数量	接口形式	备注
1	信息接口	上报外部系统监控信息	待定	多路	串口/标准网口/USB 接口	自通信设施
2		被测设备监控信息	待定	多路	串口/标准网口/USB 接口	给软件系统

（续）

序号	接口类型	接口描述	信号协议	数量	接口形式	备注
3	信号接口	被测设备时频信号	待定	多路	同轴接口:SMA/BNC	自时频设施
4		导航信号接口	待定	多路	待定	给被测设备
5		干扰信号接口	待定	多路	待定	给被测设备
6	物理接口	被测设备安装接口	待定	待定	待定	转台
7	电气接口	被测设备供配电接口	待定	多路	待定	给被测设备
注:USB—通用串行总线;SMA—微型 A 版连接器;BNC—刺刀螺母连接器						

系统内部,微波暗室及转台作为干扰天线、信号天线、被测设备的安装平台,与测试设备和被测设备间存在物理接口,转台的供配电以及监控信息由配套设施的电气接口和测试评估软件系统的信息接口传输。

配套设施包括时频设施、通信设施以及供配电设施,因此与测试设备、被测设备、测试评估软件系统间均存在电气接口;同时与测试设备和被测设备间存在时频信号传输,归置于信号接口;系统的所有监控信息通过通信设施与地面试验验证系统连接传输,因此配套设施与测试评估软件系统间、配套设施与地面试验验证系统间均存在信息接口。

通过研究,给出室内无线抗干扰测试系统各组成部分之间的内部接口如表 6.9 所列。

表 6.9 测试系统内部接口及协议设计

序号	接口类型	接口描述	数量	接口形式	备注
1	信息接口	测试设备监控信息	多路	串口/网口/USB 接口	软件系统
2		暗室转台监控信息	单路	串口/网口/USB 接口	软件系统
3		上报外部系统监控信息	多路	串口/网口/USB 接口	软件系统
4	信号接口	测试设备时频信号	多路	同轴接口:SMA/BNC	配套系统
5		测试设备内部接口	多路	GPIB、以太网等	频率、功率等参数的控制
6	物理接口	供配电设施安装接口	多个	待定	微波暗室
7		固定干扰天线安装接口	多个	待定	微波暗室
8		动态干扰天线安装接口	多个	待定	微波暗室
9		信号天线安装接口	多个	待定	微波暗室
10	电气接口	测试设备供配电接口	多路	待定	给测试设备
11		暗室及转台供配电接口	多路	待定	给测试设备
12		计算机供配电接口	多路	待定	给测试评估软件系统

鉴于系统框架设计提出的集中式、链路分布式、功能分布式 3 种架构设计,系统对外接口协议以及系统内部接口协议的设计可能分别为一个或多个表格。

以上给出的是接口定义的规范格式，随着研究的进展，系统的接口及其参数信息将逐步被详细定义。但是接口体系中有很多内容要到建设阶段才能最终清楚，因此接口文件是需要随着工程的进行不断进行升级的。

6.4.4 组成设备建设要求

6.4.4.1 导航信号模拟器建设要求

卫星导航信号模拟器是室内无线抗干扰测试系统的一个主要设备，用于产生卫星导航系统中的各种信号。一般来说，导航信号模拟在整个系统中是一个独立的分系统，需要由多台卫星导航信号模拟器组成。它能够实现包括北斗、GPS、Galileo、GLONASS 等卫星导航系统发播导航信号的模拟。

目前，卫星导航信号模拟器的技术较为成熟，相关技术研究及选型建议可参考本书第 8 章，导航信号模拟器在工作实施中主要以定制或采购的方式完成。

6.4.4.2 干扰信号模拟器建设要求

一般来说，干扰信号模拟在整个系统中是一个独立的分系统，由多个干扰信号模拟器组成。干扰信号模拟器是室内无线抗干扰测试系统的主要设备，一般抗干扰测试环境对干扰模拟分系统的指标要求如下：

（1）干扰类型：单频、脉冲、扫频、窄带、宽带、多址、多径、欺骗及其组合干扰等。

（2）干扰源动态指标：干信比不低于 80dB。

（3）控制参数：频率、带宽、电平、扫频速率、起止时刻、脉冲占空比、脉冲周期等参数程序可控。

（4）每频段单频、脉冲、扫频、窄带、宽带干扰的组合数量最多可至 8 个。

（5）多址干扰数量最多可至 40 个。

（6）具有外同步能力。

干扰信号模拟器可采用“数仿软件 + 矢量信号源”半实物仿真技术和多频段复杂干扰信号模拟源技术两种技术方案进行设计。基带数仿软件与标准通用仪器联合工作的半实物仿真技术已较为成熟，大型仪器厂商的矢量信号源产品，结合数仿软件，均可产生出简单和较为复杂的干扰信号。连续波、扫频信号、调幅、噪声等信号的产生及频率和信号功率可直接通过局域网（LAN）或 GPIB 设置产生。

6.4.4.3 标校设备建设要求

标校部分由高精度时间同步测试设备组成，它是室内终端抗干扰测试环境的辅助设备，其系统原理如图 6.23 所示。

标校设备包括信号模拟器标校导航终端、干扰模拟器标校接收设备、标校计算机、标校接收天线等。一般抗干扰测试环境对标校部分的指标分配如下：

（1）高精度时间同步标定精度：优于 0.3ns。

（2）具有外同步能力。信号模拟器标校接收设备负责接收各 RNSS 和 RDSS 链路信号模拟设备发出的模拟信号，完成对信号模拟源的有线、无线的标校功能。该设

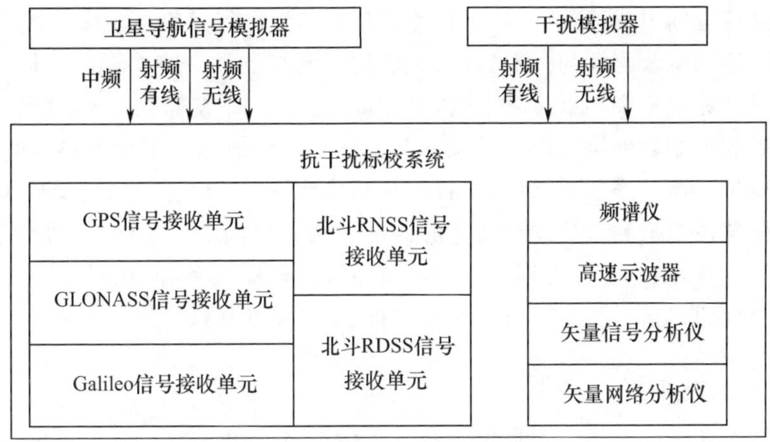

图 6.23　抗干扰标校原理图

备主要以各导航系统接收设备为基础,可采用采购或定制的方式实现。

干扰模拟器标校接收设备通过有线、无线环路接收干扰信号,对干扰信号的频率、功率、带宽、占空比等信号特性进行标校。该设备通过采购标准仪器,对其进行软件编程控制,以实现标校的自动化。预计主要的仪器有:频谱仪、高速示波器、矢量信号分析仪等,这些仪器也可以支持信号模拟器的设备时延、信号电平等参数的标校工作。

6.4.4.4　数仿与测评设备建设要求

数仿与测评设备是室内终端抗干扰测试系统的控制核心,包括任务管理软件、抗干扰评估软件、试验配置与控制软件、系统监控软件和数学仿真软件,各个软件的关系如图 6.24 所示。

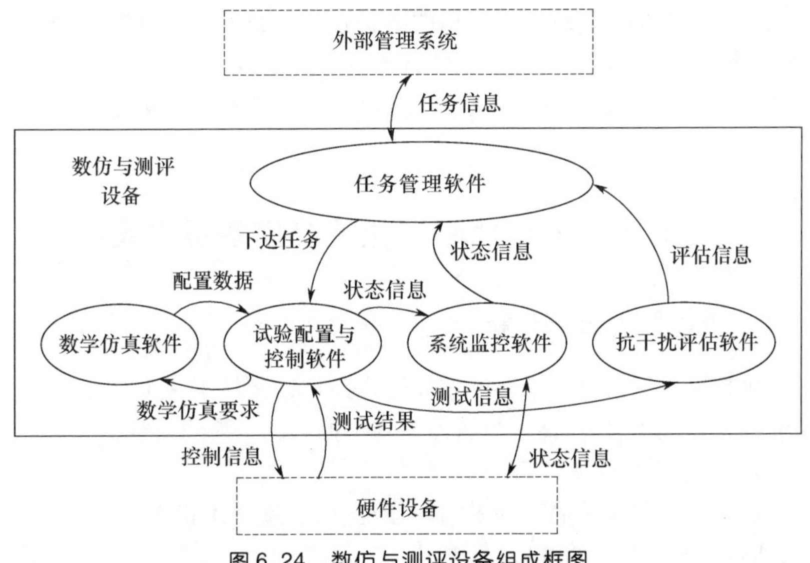

图 6.24　数仿与测评设备组成框图

其信息流程简要描述如下:抗干扰测试任务信息送到任务管理软件,任务管理软件将任务下达到试验配置与控制软件,试验配置与控制软件将协调各个硬件设备和数学仿真软件完成整个测试过程,并将状态信息上报到系统监控软件,系统监控软件将试验配置与控制软件以及硬件系统的状态信息显示给测试管理人员,同时上报到任务管理软件。测试完成后,试验配置与控制软件将测试信息送到抗干扰评估软件,抗干扰评估软件根据测试数据和相应的评估方法完成抗干扰评估,并将评估结果上报任务管理软件,最后任务管理软件对测试过程的测试任务、测试过程状态信息、测试数据、评估结果进行记录并存档,并输出抗干扰测试的测试报告。

6.4.5 系统特性说明

室内抗干扰测试系统需要模拟复杂电磁环境,复杂电磁环境是多种不同类型、不同干扰参数的多路单一干扰信号在时间域、空间域和频域上组合形成的,模拟的复杂电磁环境是重复可控的。

卫星导航终端的室内抗干扰测试就是要针对卫星导航各种接收设备所处的不同的空间位置、不同的时间阶段、不同的载波频段,形成一系列具有典型特点的有意干扰、无意干扰组合的复杂电磁环境。

此外,导航信号在空间中传输所引入的自由空间衰落、电离层散射、多普勒效应、多径效应等也属于复杂电磁环境模拟的组成部分,应由一台或多台导航信号模拟器模拟生成。

复杂电磁环境下的室内抗干扰测试系统具备以下特点。

(1) 具有较完备的卫星导航终端干扰类型模拟功能,包括各种有意干扰、无意干扰等。

(2) 能够针对卫星导航终端所采用的各种抗干扰技术进行测试,包括空域抗干扰、频域抗干扰、空时二维抗干扰、欺骗式抗干扰等。

(3) 能够反映复杂战场环境下电子对抗对接收设备的干扰效果,包括干扰方式、干扰策略、干扰平台等因素。

6.5 抗干扰测试微波暗室建设方案

6.5.1 暗室使用要求分析

为了精确控制干扰造成的复杂电磁环境,应当在与外界隔绝的空间内产生干扰,且干扰信号的传播应当可控,能模拟自然条件下的状况。因此,测试必须在微波暗室内进行,对微波暗室的要求如下:

(1) 微波暗室必须有效隔绝外界电磁环境,避免室外干扰对测试造成的不良影响,屏蔽效能:1 ~40GHz, >80dB。

(2) 微波暗室必须足够大,测量区域的尺寸满足干扰发射、模拟导航信号发射的远场条件。

(3) 微波暗室地面和墙壁的信号反射不应当对试验造成影响,应铺设吸波材料。根据测试频率范围和静区的要求,吸波材料的反射损耗应满足:800MHz ~ 40GHz,大于 60dB。

(4) 微波暗室内附属设备的电磁发射得到控制,按照 GJB2926—97 的要求,暗室自身的环境电平应比测试电平低 6dB 以上。一般地,辐射环境电平比 GJB151A 中 RE102 的极限值低 6dB,且传导环境电平比 GJB151A 中 CE102 的极限值低 6dB 即可。

为构建无线干扰环境,应当按照要求生成特定的电磁信号,并通过天线辐射产生。辐射干扰信号必须满足特定方向要求,因此对天线的使用应当满足以下要求。

(1) 辐射天线频率覆盖干扰信号频率范围。

(2) 辐射天线数量满足组合干扰数量要求:8(有意干扰) + 1(无意干扰)。

(3) 至少 1 付干扰天线能够受控,与被试品之间相对运动。

6.5.2　暗室建设实施原则方案

该建设方案需要依托我国已有大型微波暗室环境来实施改造。系统中需要配置的设备尽量选用通用仪器,对于各类导航信号模拟源、干扰源则尽量采用货架产品。

对暗室进行抗干扰测试改造时,建议遵循如下原则:

(1) 主要考虑依托已有天线转台和暗室条件,实现终端的抗干扰等性能测试需求。

(2) 同时考虑在暗室其他位置批量放置导航终端,满足试验时的抗干扰等测试需求。

(3) 需要考虑暗室固有结构,如暗室的支撑框架、通风管道等。

(4) 所有干扰源与信号源开孔旁留有仪器设备放置位置和电源插座,并有网线接口与控制室相连。

因为微波暗室改造后并不影响其原有的功能与性能,所以室内无线抗干扰测试环境可以与微波暗室的其他业务兼容运行。抗干扰测试也与其他测试项目,如天线方向图测试、导航终端性能测试等,可以统一安排任务调度。

6.5.3　暗室建设条件

6.5.3.1　微波暗室组成

本节以已有的微波暗室 40m × 25m × 20m(长 × 宽 × 高)屏蔽净尺寸为例,说明暗室建设改造方案。该暗室内部分为近场测试区、小天线远场测试区两个区,为了降低静区反射电平,特在暗室的中部设计吸波隔墙,留有 6m × 6m 远场测试洞口,同时可以降低近场测量系统对暗室性能的影响。这样,当开启测试洞口形成大天线远场测试区,可增加进行第三种用途的测量;关闭测试洞口可以同时进行天线近场和小天线远场测试,提高了暗室的使用效率。

6.5.3.2 微波暗室性能指标

微波暗室的屏蔽频率范围为 14kHz～40GHz,满足 GJBz20219—94《军用电磁屏蔽室通用技术要求和检验方法》。屏蔽微波暗室性能如下:

(1) 测试区尺寸:19m×25m×20m。

(2) 暗室静区尺寸:≥3m×3m×3m(长×宽×高,在远场测试区中轴线距后墙5m处)。测试距离 20m。

(3) 暗室静区反射电平:

0.8～1GHz,优于 -35dB;

1～3GHz,优于 -45dB;

3～40GHz,优于 -50dB。

(4) 场强幅值均匀性(扣除路径损耗):用标准天线收发测试。

横向:不大于 0.5dB。

纵向:不大于 0.5dB。

交叉极化:优于 25dB。

路径损耗均匀性:优于 0.5dB。

(5) 屏蔽性能,如表 6.10 所列。

工作频率范围:0.8～40GHz。

屏蔽微波暗室及屏蔽测控室的屏蔽频率范围为 14kHz～40GHz。

表 6.10 屏蔽性能指标表

频率	屏蔽效能	场源
14kHz	≥70dB	磁场
100kHz	≥90dB	磁场
10MHz	≥90dB	磁场
400MHz～20GHz	≥100dB	平面波
21～40GHz	≥80dB	微波

屏蔽体任意两点间电阻≤10mΩ。

6.5.4 暗室改造要求

微波暗室分别由屏蔽主体、各类电磁屏蔽门、信号转接板、配供电与照明系统、通风与空调系统、视频监控与话音传输系统、火警与消防系统、接地系统及配套设施的内部装修等组成,微波暗室内设置天线测试转台,3T 行走吊车,转台行走导轨等设备和设施。这些设备为微波暗室已有设备,本改造方案需要在微波暗室已有屏蔽体上

开洞,安装发射天线,并在屏蔽体外进行布线。

6.5.4.1 设计依据

- 《军用电磁屏蔽室通用技术要求和检验方法》GJBz 20219—94。
- 《电磁屏蔽室屏蔽效能的测量方法》GB/T 12190—2006。
- 《建筑结构可靠性设计统一标准》GB 50068—2018。
- 《建筑结构荷载规范》GB 50009—2012。
- 《钢结构设计规范》GB 50017—2017。
- 《数据中心设计规范》GB 50174—2017。
- 《建筑设计防火规范》GB 50016—2014。

6.5.4.2 改造后性能指标要求

- 工作频率范围:0.8~40GHz。
- 屏蔽暗室及屏蔽测控室的屏蔽频率范围为14kHz~40GHz。
- 静区大小:3m×3m×3m。
- 暗室静区反射电平与暗室屏蔽性能不降低。
- 新增干扰和信号窗口数量:不少于40个。

吸波材料应符合以下要求:

- 耐受功率:大于5kW。
- 垂直入射反射电平:大于40dB。
- 防火要求:氧指数大于40。
- 环保要求:符合环保标准,不能有难闻的气味。

材料的选择综合考虑其环保性、安全性(防火性能)以及采光性等。

吸波材料的选取是根据工作频率、电性能要求、暗室大小、天线与被测物间距离、静区大小、测试用途等来选取的。

根据本暗室的要求,$\Gamma=-40$dB,暂定选取主要的吸波材料的高度为1m,其他次要部位选取700mm和500mm高的吸波材料。

根据本暗室消防安全和环保的要求,选取高功率难燃型吸波材料。

此种吸波材料采用一定的安装方式可达到满足人体健康环境符合GB50325—2020标准规定的Ⅱ类民用建筑工程室内环境污染物浓度限量规定的要求。考虑到暗室内铺设有大量吸波材料及贵重仪器设备,此暗室的防火性能要求较高。应以预防为主,灭火为辅的原则进行消防报警系统的设计。严格执行国家有关消防和火灾报警方面的设计规范。

1)电性能指标

吸波材料的电性能应能保证满足暗室的整体技术指标,且垂直入射最大反射率优于表6.11要求。

表 6.11 吸波材料电性能

序号	吸波材料	垂直入射最大反射率/(-dB)			
		0.8GHz	2GHz	4GHz	6~40GHz
1	$H=1000$	40	50	50	50
2	$H=700$	35	45	50	50
3	$H=500$	30	40	45	50

说明:吸波材料斜入射性能:入射角小于等于45°,每增加10°,变差0.1dB;入射角大于45°,每增加10°,变差0.2dB。

2)阻燃性能(表6.12)

表 6.12 吸波材料阻燃性能

指标项目	检验依据	性能
氧指数	GB/T 2046.1—2008	≥50%
难燃性	GB 8624—2012	B1 级

3)耐功率

吸波材料平均耐功率≥5kW/m^2。

4)物理性能

外形色泽:浅蓝色或蓝色,角锥饱满挺拔,尺寸一致、无弯头、裂痕、污物,色泽均匀,无色差。

环保性能:采光良好,无毒、无异味,无外渗,无粉尘脱落。不吸潮,暗室人体健康环境符合有关实验室标准。

使用寿命:吸波体长期使用顶尖不弯曲、不垂头,使用寿命大于10年。

6.5.5 微波暗室的开窗设计方法

模拟设计的导航定位系统是在赤道平面上设置2颗地球同步卫星,2颗卫星的赤道角距约60°。覆盖范围是由东经70°至东经145°,北纬5°到北纬55°之间。

未来的导航定位系统可能由多达30~35颗卫星组成,其中:中轨卫星网络,由9颗星组成,赤道角距约120°,轨道高度是22000km;高轨卫星网络,由12颗星组成,赤道角距约90°,轨道高度是36000km;静止卫星网络,由4颗星组成,轨位分别是58.75E、80E、110.5E、140E。其余为备用星。

根据卫星数量和轨道特性,考虑到微波屏蔽暗室的结构特点和使用维护的便利性,主要在屏蔽暗室内侧高度10m、14m、18m和顶部的位置开设各种窗口,因为此位置暗室外部设有维护平台,人员可以便利到达。以远场暗室的中轴线两侧进行分布。如在10m高度按间距120°设置2个或3个模拟卫星窗口用来模拟中轨卫星网络;在

14m 高度按间距 90°设置 3 个或 4 个模拟卫星窗口用来模拟高轨卫星网络；和在 18m 高度按间距 21.25°、30.5°、29.5°设置 3 个或 4 个模拟卫星窗口用来模拟静止轨道卫星网络。以卫星窗口与转台的连线间距 10°、22°、30°和 60°处不均匀分布干扰发射窗口，这些窗口经优化后的位置见图 6.26。该布置方案使转台位置在任何角度都能同时观测到 6～9 颗卫星（实际上最多能观测到 11 颗）。为开展地面伪卫星及干扰试验，还可以在转台的横截面的侧、顶面布置 6 个伪卫星模拟窗口，以便形成一套完整的伪卫星运行方向图，此窗口还可以模拟地面对导航终端的干扰特征。每处窗口处都安装有低反射天线支架及 N 型射频转接头；所有连接的器件都隐蔽在吸波材料后面，以防止影响其他项目在远场屏蔽暗室的测试性能。具体位置及结构如图 6.25 所示。

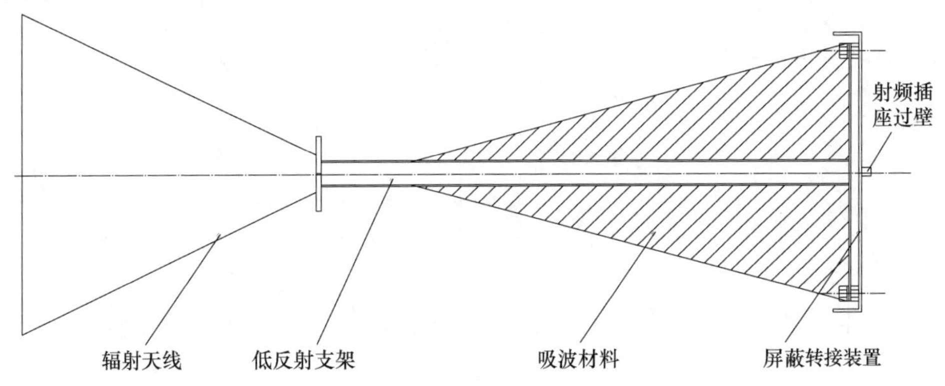

图 6.25 微波暗室开窗发射框图

每个窗口或干扰舱外部铺设有 GPIB 或 LAN 总线控制接口，在控制机房内部就可以控制预先放置在窗口或干扰舱外部位置的任意一台模拟信号源，释放不同频率和幅值的信号，使导航终端在星载高稳定度的原子钟支持下快速接收卫星信号，实现单向测距，完成自我定位，以准确地区分卫星与干扰源信号，使其接收天线能快速捕捉到频率在运动中的变化；在未来的攻防对抗中，充分掌握干扰波形成的规律，能准确地定位其中的某一个干扰源（防御），排除假定外界（攻击）对抗干扰源。

导航终端产品在正式投入应用之前需要在暗室内对其功能、性能进行测试和校准，因此需要在微波暗室内建立模拟空间导航卫星星座发播信号的测试环境，并通过导航信号模拟器来发射类导航卫星信号。通过对测试环境中 DOP 值进行仿真研究，兼顾考虑测试环境的建造成本，可以得到最优化的配置方案。在工程中通过实例分析和验证，可得出预期的结论。

为了保证导航终端抗干扰测试不受到其他因素影响，使得测试具有可重复性，要求导航终端的所有抗干扰测试项目均应在微波屏蔽暗室内完成。设计的模拟卫星在微波屏蔽暗室内，不同的经纬度及轨道面与赤道的倾角、角距对导航卫星进行干扰，模拟测试的目的是验证抗干扰导航终端的输入端接收到干扰信号时持续正常工作的能力。干扰源自身位置精确可达到几厘米的尺度以内。

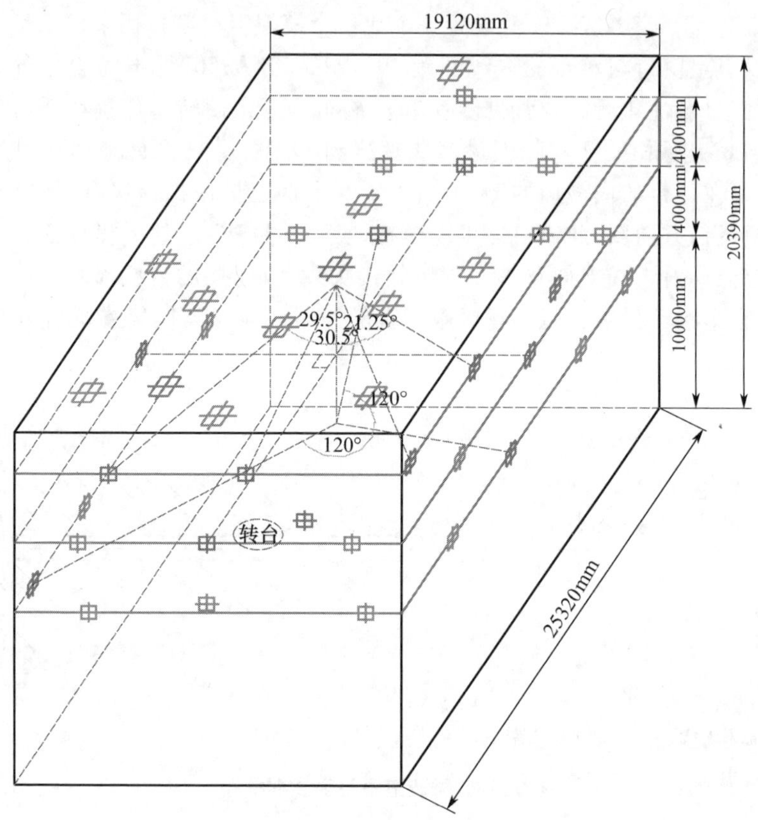

图6.26 微波暗室开窗设计框图(见彩图)

6.5.6 微波暗室的抗干扰测试设计

微波暗室是室内终端抗干扰测试系统的基础条件,根据抗干扰导航终端需求分析,对微波暗室的指标分配如下:

(1)覆盖频段:导航终端应用信号所有频段。

(2)信号屏蔽:不低于80dB。

(3)信号反射电平:优于-40dB。

在微波暗室抗干扰测试系统中要实现对抗干扰导航终端的测试需要多通道卫星信号模拟源,将每个卫星的信号通过单独的天线发出。同时,还需要多种不同的干扰信号源,在不同位置放置这些干扰源就可实现对CRPA天线的测试。

北斗全球卫星导航定位系统全部部署完成后可能由多达30~35颗卫星组成,它是由同步轨道卫星、倾斜轨道卫星、中轨卫星组成。在设计抗干扰测试环境时,需要

考虑这些不同轨位卫星可能的分布情况，建成的抗干扰测试环境能够尽可能真实地模拟典型空间卫星分布情况。

以现有微波暗室为例，根据卫星数量和轨道特性，考虑到微波屏蔽暗室的结构特点和使用维护的便利性，图 6.27 所示计划主要在屏蔽暗室内侧高度 10m、14m、18m 和顶部的位置开设各种窗口。各窗口可以根据测试需要，发播导航卫星信号（如图中绿色波束），也可以发播干扰信号（如图中红色波束）。

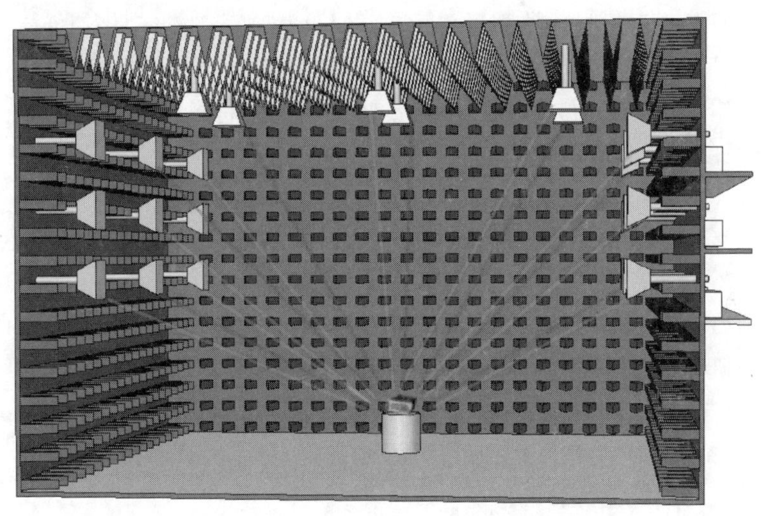

图 6.27　微波暗室抗干扰设计示意图（见彩图）

每处窗口处都安装有低反射天线支架及 N 型射频转接头；如图 6.28 所示，所有连接的器件都隐蔽在吸波材料后面，以防止影响其他信号在屏蔽暗室的测试性能。

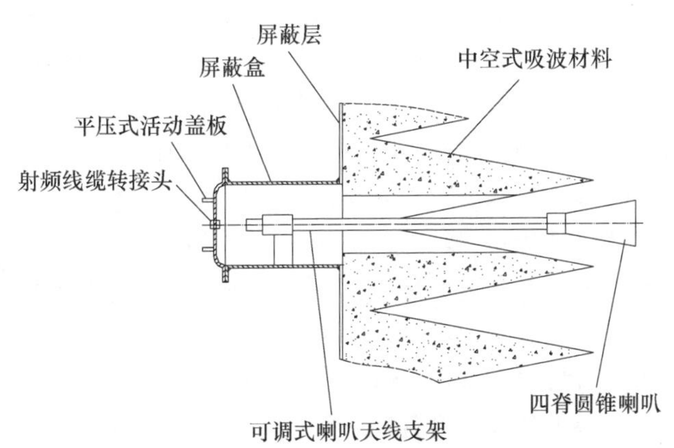

图 6.28　暗室中低反射天线支架设计方案

由于微波暗室的建设成本比较昂贵，本室内抗干扰测试系统方案主要依托国内

已有的微波暗室来改造建设,这就要求当前的微波暗室具备以下特点:

(1) 通过对天线孔径的范围进行分析,按照测试满足接收天线远场测量的标准选择,微波暗室的体积需要满足卫星导航终端对频段、天线类型等特性的要求。

(2) 通过对微波暗室的体积、结构进行实地考察,结合暗室的分布特性进行分析与暗室中转台的精度、移动天线滑轨的设计等因素要求,微波暗室应具备增加所需数量信号源、干扰源的布设能力。

(3) 针对各类卫星导航终端设备,综合分析微波暗室的可利用程度后,进一步确认微波暗室是否具备所需改造的条件。

(4) 根据测试对象的频率范围对微波暗室的吸波材料、探头等测试设备进行评估,确认微波暗室已具有试验频段的吸波材料。

6.6 抗干扰试验评估方法研究

当前国内外对卫星导航终端的抗干扰技术研究较多,但是与之相关的抗干扰试验评估方法研究报道较少。本书采取对比法作为导航终端抗干扰能力的基本评估方法,即将被测试导航终端在干扰环境下的性能(捕获概率、跟踪精度、定位精度、接收误码率、授时精度等)与无干扰环境下的性能进行对比分析,通过对比可评估不同干扰模式对导航终端性能的影响情况。

6.6.1 抗干扰试验评估原则

科学合理地评估接收终端的抗干扰性能是决定无线抗干扰测试系统建设成败的关键。由于室内抗干扰测试的过程表现在各种复杂电磁环境加载到不同类型的抗干扰终端上,因此抗干扰评估方法的确定可看作一个需综合考虑的系统工程。在进行抗干扰试验评估方法研究时,考虑如下原则:

(1) 充分参考国内外已有测试评估环境的抗干扰评估方法。

(2) 充分考虑不同类型接收终端抗干扰评估方法的差异。

(3) 通过抗干扰基本指标来评估终端抗干扰性能。

(4) 通过终端其他性能指标辅助评价其抗干扰性能。

(5) 单一电磁环境与复杂电磁环境应采取不同的抗干扰评估方法。

(6) 参考国内外相关测试标准进行抗干扰评估。

综合上述分析,在讨论复杂电磁环境下的卫星导航终端抗干扰测试评估方法前,先对终端的单个抗干扰评估算法进行研究。

6.6.2 终端抗干扰性能测试评估算法

目前,卫星导航终端抗干扰评估体系尚未建立,因此对于抗干扰导航终端的抗干

扰能力还没有统一的评价指标来评估，考虑到评估方法对测试方法的引导和制约作用，因此首先讨论并确定抗干扰能力评估方法。

本节拟采取对比法作为导航终端抗干扰能力的基本评估方法，通过对比评估干扰环境对用户终端性能的影响程度[21]。

$$\eta = \frac{\lambda_i'}{\lambda_i} \tag{6.12}$$

式中：η 为恶化因子；λ_i'为加载干扰后测试系统性能；λ_i 为加载干扰前测试系统性能；i 分别为捕获概率、跟踪精度、定位精度、接收误码率、授时精度。

同时对定位精度进行重点评估，在测试评估恶化因子的同时，将其再划分为 5 个等级进行评估，分别为“<10m”、“10～20m”、“20～50m”、“>50m”以及“无法定位”五级。

在评估方法上还可借鉴雷达、通信等部分抗干扰评价指标，将导航终端抗干扰性能评估方法按照以下指标来表征。

干扰抑制度：在只有导航信号没有干扰信号的测试环境中，使被测导航终端的性能满足一定要求（例如：输出信噪比大于最小值或定位精度满足一定指标）；测试环境中再调整输入端的干扰信号强度，使被测导航终端的输出信噪比为最小值时或无法满足定位精度，此时所对应的输入端的干信比就是干扰抑制度。

定位精度改变因子，计算公式如下：

$$\text{定位精度改变因子} = \frac{\text{加载干扰后定位精度/未加载干扰时定位精度}}{\text{干信比}}$$

授时精度改变因子，计算公式如下：

$$\text{授时精度改变因子} = \frac{\text{加载干扰后授时精度/未加载干扰时授时精度}}{\text{干信比}}$$

识别概率与欺骗概率：识别概率 = 1 − 欺骗概率，欺骗概率为在某一段时间内，欺骗式干扰发挥作用，使测试系统受到欺骗的概率；识别概率为测试系统继续发挥效能的概率，识别概率与定位精度相关，是在一定精度前提下的识别概率。

干扰抑制度，定位、授时精度改变因子从不同的角度反映系统的抗干扰能力，干扰抑制度从干扰功率抑制的角度反映系统抗干扰能力，而定位、授时精度改变因子则从干扰功率对定位、授时精度影响的角度反映系统的抗干扰能力，可作为系统抗压制干扰的评价指标。识别概率与欺骗概率从测试系统可用性方面对系统抗干扰性能进行了评估，可作为系统欺骗式干扰抑制的评价指标。

以上是针对单个终端抗干扰性能的测试评估方法，在抗干扰测试进行过程中，还需要研究针对多种干扰信号时，各抗干扰终端的综合测试评估方法，以全面反映导航终端的抗干扰能力。

6.6.3 导航终端抗干扰测试评估方法

6.6.3.1 单一电磁环境的终端抗干扰测试评估方法

单一电磁环境下的抗干扰测试评估可以通过详细的设定电磁环境参数,给出终端定量化的测试评估结果,其评估流程如图6.29所示。单一电磁环境下的抗干扰测试评估结果可以为复杂电磁环境下的抗干扰测试评估方法提供依据。

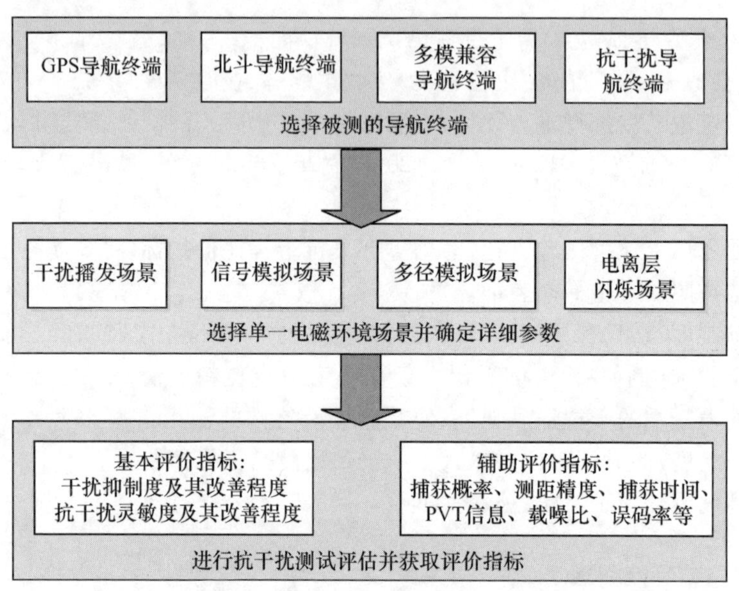

图6.29 单一电磁环境下的抗干扰测试评估流程

6.6.3.2 复杂电磁环境定性抗干扰测试评估

由于复杂电磁环境种类繁多,在进行抗干扰测试评估时很难进行量化分析,因此可考虑采取定性分析的方法。定性抗干扰评估可给出不同类型的抗干扰接收终端在不同类型的复杂电磁环境下的抗干扰能力的定性评价和对比评价。

图6.30中按照6种不同的方式将复杂电磁环境进行分类,每种分类方式分成两类,通过测试接收终端在这两种电磁环境下的抗干扰能力,并进行比对,从而定性评估接收终端的抗干扰能力。

复杂电磁环境实用性构建案例:在卫星导航地面终端实际工作时,其受到的干扰信号有可能为宽带或窄带信号;有可能为调制信号或单频信号;有可能为自相关的多径信号或其他码族的互相关信号;有可能在空间静止或运动;有可能带有多普勒效应;有可能带有衰落效应。综合以上实用性环境,表6.13分别给出每种分类方法的依据和测试目的。

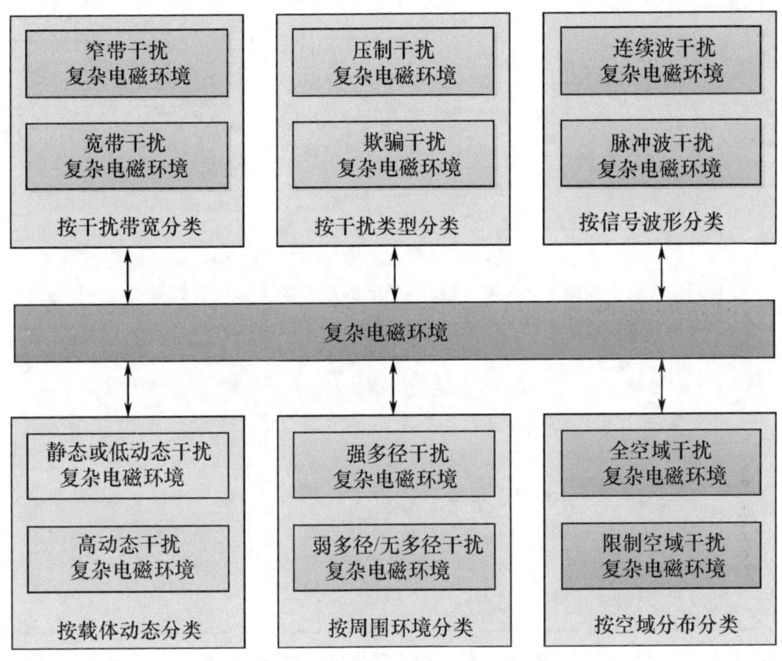

图 6.30　定性抗干扰评估的复杂电磁环境分类方式

表 6.13　复杂电磁环境分类

分类方法	分类依据	测试目的
按干扰信号带宽分类	不同的接收终端及不同的抗干扰方法对窄带干扰和宽带干扰的干扰抑制能力不同，如时域滤波能有效抑制窄带干扰，空时滤波能有效抑制窄带、宽带干扰等	测试和评估接收终端对窄带干扰信号和宽带干扰信号的抗干扰能力定性分析结果和对比结果
按干扰信号类型分类	不同的接收终端及不同的抗干扰方法对压制干扰和欺骗干扰的干扰抑制能力不同，如自适应调零能有效抑制压制干扰，接收后处理能有效抑制欺骗干扰等	测试和评估接收终端对压制干扰和欺骗干扰的抗干扰能力定性分析结果和对比结果
按干扰信号波形分类	不同的干扰信号波形对接收终端会产生不同的影响，如接收终端的载噪比对连续波干扰比较敏感，而接收终端的自动增益控制（AGC）对脉冲波干扰比较敏感等	测试和评估接收终端对连续波干扰和脉冲波干扰的抗干扰能力定性分析结果和对比结果

（续）

分类方法	分类依据	测试目的
按载体动态分类	根据国内已经开展的抗干扰测试评估经验来看，载体的动态性对终端抗干扰能力具有很大影响，高动态环境从某种程度上可能降低终端的抗干扰能力	测试和评估静态/低动态接收终端与高动态接收终端的抗干扰能力定性分析结果和对比结果
按载体周围环境分类	星上接收终端和旷野环境下的地面接收终端面临着弱多径的电磁环境，城镇环境下的地面接收终端面临着强多径的电磁环境	测试和评估具备不同抗干扰、抗多径方法的测试终端在强多径与弱多径条件下的抗干扰能力
按干扰源空域分布分类	星上导航终端的复杂电磁环境大多数来自于地球，站在接收终端的位置上来看，干扰空域分布相对集中；而地面导航终端的干扰源的空域分布较广，干扰源基本分布在全空域。另外不同的抗干扰方法具有不同的空域适应能力，例如基于多波束的抗干扰方法则要求干扰和信号的空域分布应较为广泛等	测试和评估不同接收终端和不同抗干扰方法对电磁环境空域分布的适应能力及对比结果

定性抗干扰测试评估方法为首先选取一种接收终端，然后将该终端置于两种不同的复杂电磁环境中，通过一系列测试给出该被测终端的定性分析结果。该模式的优点在于可对各种接收终端的抗干扰能力进行定性分析评估，测试方法简单，缺点是无法给出定量分析结果。

6.6.3.3 典型复杂电磁环境的加权抗干扰测试评估

典型复杂电磁环境的加权抗干扰测试评估是一种量化的评估方法。由于复杂电磁环境的配置类型可以有无穷多种，我们无法对其中的每一种逐个进行测试，来评估终端在每种电磁环境下的抗干扰能力。但是可以定义几种典型的复杂电磁环境，每种典型复杂电磁环境具有一定的特征，每种终端需在所有典型的复杂电磁环境下进行测试，并分别得到测试结果。同时，我们对每种典型复杂电磁环境赋以一定的权值，当终端在所有典型电磁环境下测试完毕后，将所有典型电磁环境下的测试结果进行综合加权，得到一个综合的抗干扰量化结果。使用该模式进行测试评估需注意如下问题：

（1）基本抗干扰指标和辅助的抗干扰评价指标均可参与该模式的加权计算。

（2）每种典型复杂电磁环境中的各种干扰信号的功率可以均匀分配或者加权进行。

（3）典型复杂电磁环境的分类方法参照图 6.30，并可采取以其中一种电磁环境为主，其他电磁环境为辅的配置方式。

（4）具体权值可按照不同种类终端的特点进行划分，例如，对于星上载体全空域

的干扰分布场景可以设置较低的权值。

加权抗干扰测试评估的指标计算公式为

$$Z = \sum_{i=1}^{n} q_i \cdot z_i \tag{6.13}$$

式中:Z 为加权后的综合指标;q_i 为第 i 个典型电磁环境场景的权值,且有 $\sum_{i=1}^{n} q_i = 1$;n 为典型电磁环境场景的数目;z_i 为第 i 个典型电磁环境场景下所测得的抗干扰指标。

典型复杂电磁环境的加权抗干扰测试评估可以给出各种接收终端在复杂电磁环境下的综合抗干扰评价指标,该评价指标仅在一定范围的典型电磁环境种类中具备意义,因此该评价指标可视为一种粗略的量化评价结果。

6.6.3.4　多复杂电磁环境的抽样抗干扰测试评估

多复杂电磁环境的抽样抗干扰测试评估是另一种量化评估方法,该评估方法的实施过程是:测试评估之前首先需建立一个“复杂电磁环境场景库”,该库含有适用于若干种类接收终端的复杂电磁环境子库,每个子库中含有丰富的复杂电磁环境场景(不少于 100 个)。对任意的接收终端进行抗干扰测试时,首先选择适合该终端的子库,并在该子库中随机选择若干(例如 10 个)复杂电磁环境场景,在每个场景下进行抗干扰测试,测试的结果只有两种:通过或不通过,将所选择的电磁环境场景全部测试完毕后,可以得到通过测试的次数,该次数在所选择电磁环境场景数目中所占的比例作为该接收终端的复杂电磁环境抗干扰评价指标。该指标通过众多复杂电磁环境抽样的原理实现接收终端抗干扰能力的粗略定量评估。使用该模式进行测试评估时,需注意如下几点:

(1) 子库的分类可以按照接收终端的种类进行。

(2) 每次测试所做出的通过或不通过的评价,其评价依据应是一个基本抗干扰指标(如干扰抑制度及其改善程度)的门限,门限的选取是本评估模式的关键。

(3) 为了降低测试评估结果的随机性,每个子库的选择原则是对于该类接收终端,子库中每个复杂电磁环境场景的通过难度应尽量均匀。

对比法特别适用于导航终端对单一干扰的抗干扰能力评估;对于复杂干扰的综合性评估,使用对比法由于难以遍历各种干扰组合情况,更难以针对不同干扰情况下导航终端的不同表现给以定性结论,因此该方法在复杂干扰的综合性评估中难以实施。

针对对比法难以在复杂电磁环境下进行抗干扰测试评估的情况,这里给出 3 种适用于复杂电磁环境的导航终端抗干扰测试评估方法。

(1) 定性抗干扰测试评估方法,首先选取一种接收终端,然后将该终端置于两种不同的复杂电磁环境中,通过一系列测试给出该被测终端的定性分析结果。该模式的优点在于可对各种接收终端的抗干扰能力进行定性分析评估,测试方法简单,缺点是无法给出定量分析结果。

(2)典型复杂电磁环境的加权抗干扰测试评估方法是一种量化的评估方法。通过定义几种典型的复杂电磁环境,对每种典型环境赋以一定的权值,测试各终端在这些复杂电磁环境下的结果,得到一个综合的抗干扰量化结果。

(3)多复杂电磁环境的抽样抗干扰测试评估方法是另一种量化评估方法。通过建立一个含有适用于若干种类接收终端的"复杂电磁环境场景库",对接收终端进行多次随机复杂电磁环境场景抗干扰测试,通过测试的次数反映了接收终端复杂电磁环境抗干扰评价指标。

6.6.4 抗干扰测试流程与方法设计

6.6.4.1 操作过程分析

根据卫星导航终端室内无线抗干扰测试系统所需完成的任务,本节对系统操作进行详细分析。重点对操作过程进行详细定义。"导航终端抗干扰试验"和"导航终端抗干扰测试"两种服务在操作过程上是基本类似的,都包括如下几个过程:

(1)任务接收。

(2)任务规划。

(3)任务分发。

(4)任务执行。

(5)任务汇总。

(6)任务汇报。

其操作过程框图如图6.31所示,"导航终端抗干扰试验"服务对象是高校、研究院/所、生产厂家等,其目的是对其开发的产品进行全面的试验,因此测试项目和相应的参数是由用户制定的,相对灵活。

"导航终端抗干扰测试"的服务对象是国家质量监督部门或者北斗权威机关。目的在于对导航终端/用户终端进行测试评估,其测试项目由相应的北斗导航测试标准确定的。

对于"导航终端抗干扰试验",测试报告包括各个测试项目详细的测试数据;而对于"导航终端抗干扰测试",需要将测试数据与相应的标准进行比对,得到合格与否的结论,测试报告中不需要详细的测试数据,而只需要输出测试合格与否的结论即可。

6.6.4.2 测试流程分析

在抗干扰测试或试验过程中,参试设备包括RNSS多模导航信号模拟源、RDSS模拟源、静态/动态信号与干扰发射天线、RNSS终端、RDSS用户终端、干扰信号模拟源、测试控制设备、支撑环境。

这些设备用于完成卫星导航信号及干扰信号的产生、传播与接收处理,从而实现

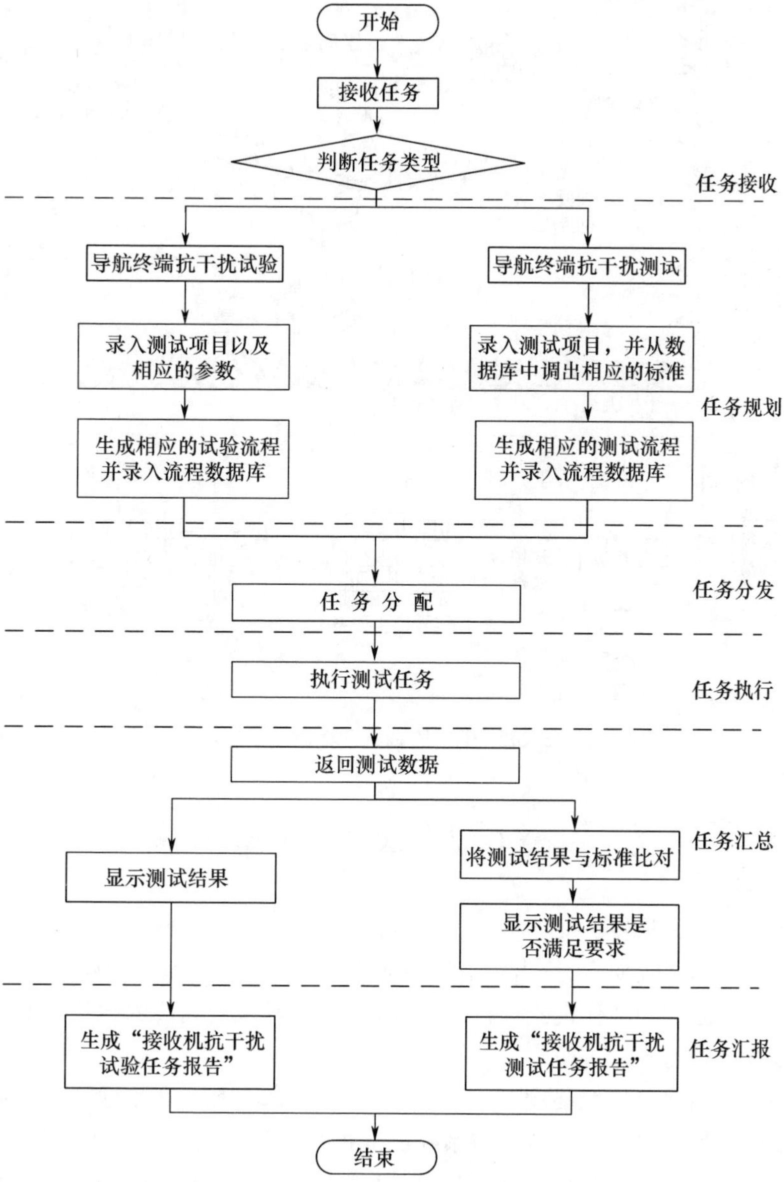

开始
接收任务
判断任务类型
任务接收
导航终端抗干扰试验
导航终端抗干扰测试
录入测试项目以及相应的参数
录入测试项目，并从数据库中调出相应的标准
任务规划
生成相应的试验流程并录入流程数据库
生成相应的测试流程并录入流程数据库
任 务 分 配
任务分发
执行测试任务
任务执行
返回测试数据
任务汇总
显示测试结果
将测试结果与标准比对
显示测试结果是否满足要求
生成“接收机抗干扰试验任务报告”
生成“接收机抗干扰测试任务报告”
任务汇报
结束

图 6.31　操作过程框图

导航用户终端抗干扰的评估。试验布局图 6.32 所示。

试验时，RNSS 导航信号模拟源、RDSS 模拟源、干扰信号模拟源分别产生导航信号和干扰信号，通过静态/动态信号与干扰发射天线辐射到 RDSS 用户导航终端和导航终端等被试装备区域，形成相对均匀的干扰信号环境，检验在此干扰信号环境下，用户终端的抗干扰性能。

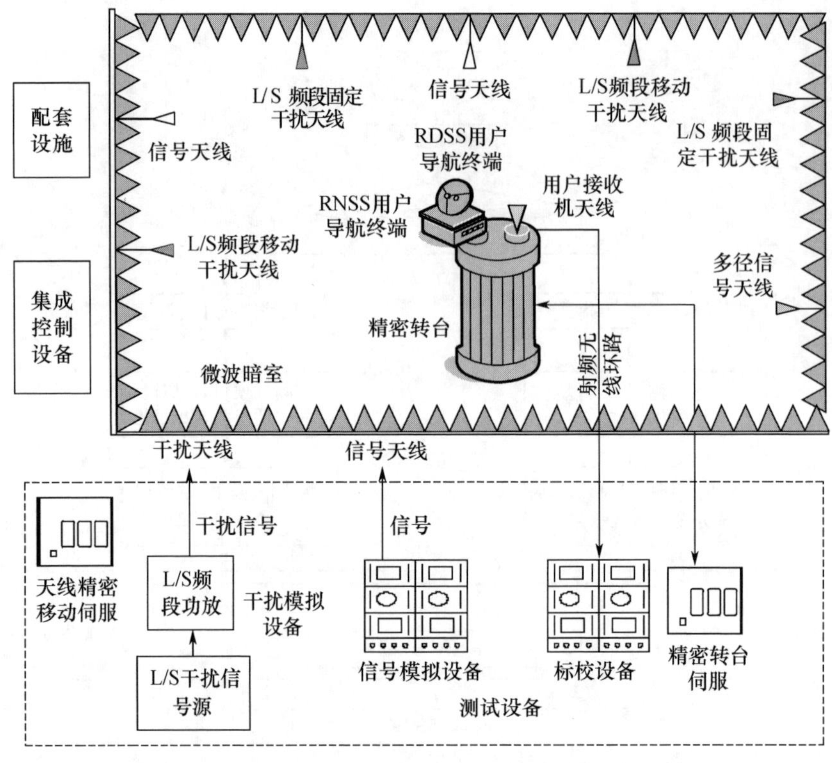

图 6.32　用户终端抗干扰测试示意图

6.7　本 章 小 结

本章通过对卫星导航终端抗干扰测试的复杂电磁环境分析，明确了室内无线抗干扰测试系统的建设要求，给出了卫星导航终端抗干扰测试系统的建设方法，同时对该系统的工作原理和工作模式进行了详细说明，并对与之相关的建模仿真和测试评估等关键技术进行了分析研究。

本章对我国卫星导航终端室内无线抗干扰测试环境构建进行了总体研究与探索。本章内容虽然对其总体架构与系统组成进行了详细的分析与说明，但具体的抗干扰测试系统建设还需要与最终的应用目标与具体环境相结合，还有很多具体的工作需要细化。例如：理论分析的开孔位置是否能够具体实现，不同频段的信号使用电缆的选型，多通道导航信号模拟器的实现方法，干扰信号模拟器的落实与到位安装方式等。这些工作涉及因素复杂，与导航系统体制与信号研究也有密切关系，同时需要考虑引进和吸收国外的先进经验，特别是要与具体的实施单位进行多次详细的研讨与分析，因此本章内容对卫星导航终端室内无线抗干扰测试系统的研究仅仅是一个开始，未来还需要逐步地、循序渐进地进行细化，并且相信随着抗干扰导航终端的深

入研发,会有越来越多的问题需要探索和解决。

未来还需要在已有成果的基础上,进一步丰富抗干扰测试相关研究,争取建设的抗干扰测试系统能够容纳更多的导航信号、干扰信号,并努力提高其性能指标,在此基础上完成更多的导航终端抗干扰测试试验任务,为我国卫星导航终端的抗干扰性能提升提供支撑。

参考文献

[1] 闫肃, 刘海洋. 卫星频段常见干扰类型及其监测、查找方法[J]. 中国无线电, 2010(11):52-55.

[2] 刘尚合, 孙国至. 复杂电磁环境内涵及效应分析[J]. 装备学院学报, 2008, 19(1):1-5.

[3] Anon . Joint doctrine for electronic w arfare[EB/ OL] . (2000-04-07)[2007-12-11] . http:// www. dtic. mil/ doctrine/ jel/new puba/ jp 3-51. pdf .

[4] 李琳, 刘淳, 谭述森. 导航终端复杂电磁环境适应性指标体系探讨[J]. 导航定位学报,2018. 6(01): 1-4.

[5] 刘尚合,武占成,张希军. 电磁环境效应及其发展趋势[J]. 国防科技,2008(01):1-6.

[6] 工业和信息化部无线电管理局. 中华人民共和国无线电频率划分规定[R/OL]. (2018-02-07)[2019-12-30]. http://www. srrc. org. cn/article23480. aspx.

[7] GILMORE S W, DELANEY W. Jamming of GPS Receivers: A Stylized Analysis[R]. Lincoln Laboratory, Lexington, April 1994.

[8] 周义, 王自焰. GPS 干扰与反干扰-电子战新焦点[J]. 飞航导弹, 2001(4): 37-41.

[9] GREEN G L, HULBERT B. An overview of the global positioning system interference and navigation tool(GIANT)[C]//Proceedings of International Technical Meeting of the Satellite Division of the Institute of Navigation, Salt Lake City,2000:499-511.

[10] LUECK T, HEINRICHS G, HORNBOSTEL A. Adaptively steered antenna array and receiver testing with multi-RF output[C]//27th International Technical Meeting of the Satellite Division of the Institute of Navigation(ION GNSS 2014),Tampa,Florida,USA,2014:363-371.

[11] GIRALO V, AMICO S D. Development of the Stanford GNSS Navigation Testbed for Distributed Space Systems[C]//Reston, Virginia: Institute of Navigation International Technical Meeting, 2018:837-856.

[12] 卢昕,等. 基于 DSP 技术的 GPS 接收机天线自适应抗干扰模块的设计与实现[J]. 武汉大学学报(信息科学版), 2005(7): 654-657.

[13] 艾余雄, 寇艳红, 马忠志. 卫星导航接收机抗干扰前端的设计与验证[J]. 微计算机信息, 2010. 26(32): 96-98.

[14] 郭艺. GPS 接收机空时抗干扰理论与实现关键技术研究[D]. 长沙:国防科技大学: 2007.

[15] WU R B, et al. Adaptive interference mitigation in GNSS[M]. Singerpor: Springer,2018.

[16] 邓志鑫. 导航终端空时二维联合抗干扰实现方法[J]. 无线电工程, 2012. 42(05): 30-33.

[17] 郑晓冬. 卫星导航系统复杂干扰信号模拟源设计[D]. 成都:电子科技大学, 2012.

[18] 易卿武，郑晓冬．基于半实物仿真的复杂信号生成设计[J]．无线电工程，2012，42(10)：30-32.

[19] 邵康，刘姜玲．基于半实物平台的战场复杂电磁环境信号生成与实现[J]．中国电子科学研究院学报，2017,12(2):176-180.

[20] 李隽，王振华．基于DOP值的暗室天线组合优选设计[J]．无线电工程，2012(01)：24-26.

[21] 王宏兵，原亮，楚恒林．卫星导航系统抗干扰性能测试方法研究[C]// 第三届中国卫星导航学术年会电子文集,广州,2012.

第7章　室外测试系统

室外真实导航环境受多种条件影响，信号环境复杂，不可预测，室内测试环境无法对这些情况进行模拟，在室外对导航终端的这些功能性能进行检测，结合室内的测试结果，可准确、全面地对导航终端的综合性能、功能进行评估[1]。

本章首先对室外静态检测系统、室外动态检测系统和室外抗干扰检测系统进行了原理介绍；随后在此基础上，以中国伽利略测试场（CGTR）室外测试环境（OTE）为例，给出了一般室外导航终端测试系统的建设方案实例，以指导读者未来能够设计符合自身测试试验要求的室外测试系统。

7.1　对天静态检测系统

对天静态检测系统用于测试被测导航终端在实际接收信号条件下的静态定位性能，并能评价接收终端的精度和差分定位性能[2]。对天静态测试方法包括3种测试方法：导航终端对天测试、转发信号室内测试和差分信号测试。

（1）导航终端对天测试：通过使用测量型天线、基准点、射频信号多功能处理器、控制测试评估笔记本电脑等各种便携式检测仪器及辅助设施实现真实导航卫星信号下对天静态测试。

（2）转发信号室内测试：将真实导航卫星信号转发、放大，输出至暗室，对待测终端进行无线条件下性能测试，转发式无线测试无须更改待测终端的状态（即不需要断开天线与射频间的接口），更能反映终端的真实性能。

（3）差分信号测试：根据测试需求将基准站和流动站导航终端天线分别架设到预设位置（超短基线、短基线、长基线、超长基线），确保基准站和流动站导航终端之间通信正常的情况下测试两台待测终端的差分定位应用性能。

典型对天静态测试平台详细的设备组成如图7.1所示。

对天静态检测平台可分为信号转发分系统、检测基线场分系统、数据处理与监控分系统3部分，各分系统设备组成及功能如下：

7.1.1　信号转发分系统

信号转发分系统是由室外接收天线、信号转发器、室内发射天线等组成。

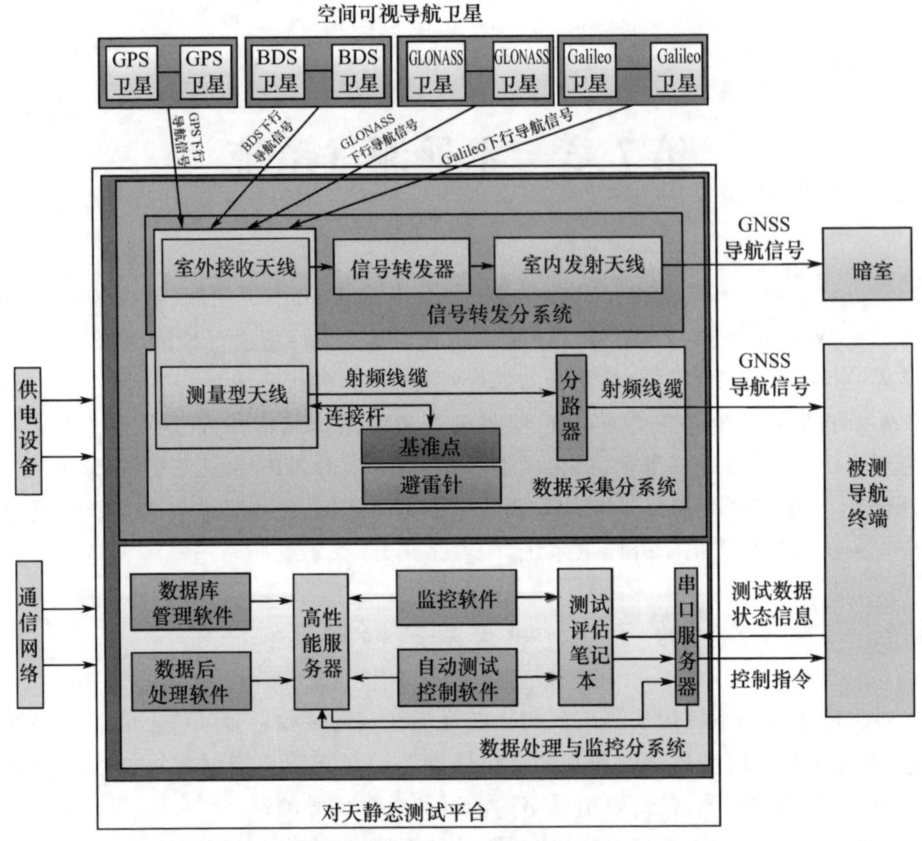

图 7.1　对天静态检测平台详细设备组成与工作原理(见彩图)

(1) 室外接收天线。室外接收天线(包含低噪放)实现空间北斗、GPS 下行导航信号的接收,并将信号传输至信号转发器。

(2) 信号转发器。信号转发器接收室外接收天线传输的北斗、GPS 下行导航信号,并将信号放大后转发给室内发射天线。

(3) 室内发射天线。室内发射天线将转发、放大的室外北斗、GPS 导航信号输出至暗室,并具有增益控制功能,支持多路输出。

7.1.2　数据采集分系统

数据采集分系统主要包括基准点、测量型天线、避雷针、射频分路器、天线基座、电池、电源适配器等设备。

(1) 基准点。基准点为导航设备检测提供高精度坐标基准。对天静态检测平台共建设 9 个基准点构成检测基线场,基线类型包括零基线、超短基线、短基线、中长基

线、长基线,另外选择1个已有的国家GPS A、B级网点、参考跟踪站或其他省市计量部门的检测场网点组成超长基线。基准点的分布如图7.2所示。

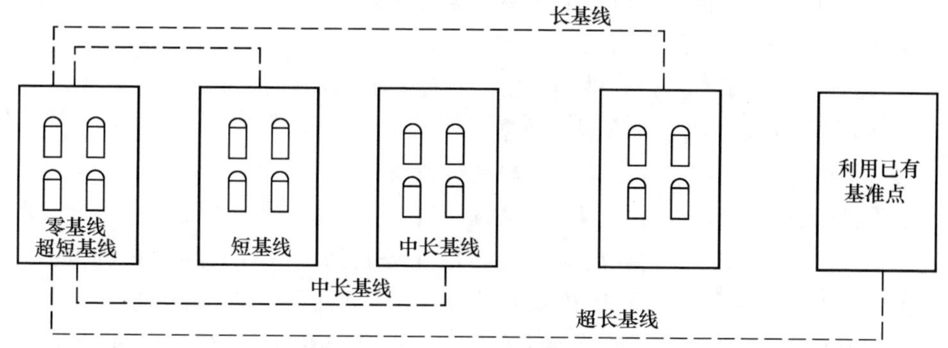

图7.2　对天检测基线场布局图

(2) 测量型天线。测量型天线为全系统全频点宽带扼流圈天线,接收空间GNSS下行导航信号。

(3) 避雷针。避雷针实现对基准点及天线的保护,防止雷击损坏。在每个基准点区域均安装一套避雷针设备。

(4) 射频分路器。射频分路器将测量型天线接收的下行导航信号分路输出,最多可8路输出,支持多台导航设备的同时测试。

(5) 天线基座。天线基座用于在基准点上安装测量型天线,并将天线调至水平。旋转式天线基座用于天线相位中心稳定性测试。

(6) 电池。在进行野外对天测试时,需要携带便携式电池,为射频分路器、通信电台等设备供电。

(7) 电源适配器。电源适配器主要为射频分路器供电。

7.1.3　数据处理与监控分系统

数据处理与监控分系统包括测试评估计算机、高性能服务器、串口服务器、SR620、交换机、射频分路器、时频分路器、电源指标测试设备以及配套数据后处理软件、自动测试与监控软件、数据库管理软件等。

(1) 测试评估计算机。测试评估计算机上运行各种测试与处理软件,实现测试数据的接收、存储、处理等功能,主要用于野外测试任务,具体如下:

① 测试评估计算机与串口服务连接,可以接收并存储被测导航终端采集上报的测试数据。

② 运行自动测试与监控软件,实现测试任务的自动执行;对测试任务状态进行监视与控制,并可实时评估分析测试数据。

③ 运行数据后处理软件对测试数据进行处理与评估。

(2) 高性能服务器。高性能服务器上运行各种测试与处理软件,实现测试数据的接收、存储、管理、处理等功能,具体如下:

① 测试评估计算机与串口服务连接,可以接收并存储被测导航终端采集上报的测试数据。

② 运行自动测试与监控软件,实现测试任务的自动执行;对测试任务状态进行监视与控制,并可实时评估分析测试数据。

③ 运行数据后处理软件对测试数据进行处理与评估。

④ 运行数据库管理软件,对业务数据进行管理。

(3) 串口服务器。被测导航设备上报的业务数据(GNSS 观测数据、时频数据等)通过串口服务器转换为网口,转发给测试评估计算机或高性能服务器。

(4) SR620。对授时型导航终端进行性能测试时,SR620 接收授时导航终端和外部时标的时频信号,并将信号进行处理生成测试数据。

(5) 交换机。交换机用于高性能服务器、测试评估计算机等设备相互连接组成内部局域网。

(6) 射频分路器。射频分路器将测量型天线接收的下行导航信号分路输出至综合测试台位,最多可 8 路输出,支持多台导航设备的同时测试。

(7) 时频分路器。时频分路器将参考时标的时频信号分路后输出至测试台各个时频接口。

(8) 电源指标测试设备。电源指标测试设备对各项电源指标进行测试,具有电源输出、电压电流测量、任意波形发生器、示波器以及数据记录仪等功能,具有交流源、直流源以及功率分析仪等功能,具备卫星导航终端交/直流电源指标的自动化测试能力。

(9) 数据后处理软件。数据后处理软件对各种测试任务保存的测试数据进行事后处理,分析与评估被测导航设备的性能。

(10) 自动测试与监控软件。自动测试与监控软件根据已经配置好的测试项,根据测试流程,自动对被测样品进行控制,根据测试计划自动顺序完成各测试项的测试。软件具备对测试任务的编辑功能,包括测试任务的载入、保存,测试项的增加、删除、替换、顺序变更等功能;测试计划配置好以后,开始测试过程,测试完成之后测试信息存入数据库;测试过程中,系统自动对各种外设进行参数设置并实时控制。自动测试与监控软件能够显示当前测试状态和被测设备数据等内容。其中,显示当前测试状态与外设状态包括测试项进度状态、实时分析评估结果;对被测设备输出数据进行解析后显示,包括伪距测量数据、导航电文数据、定位测速数据、接收载噪比状态、故障卫星信息、大地坐标定位信息、用户设备信息等。

(11) 数据库管理软件。数据库管理软件具备测试记录入库、测试记录查询、测试记录分析评估、测试记录导出、测试记录管理、用户管理,证书报告生成等功能。

7.2　对天动态检测系统

对天动态检测平台用于测试被测导航终端在 GNSS 真实信号(GPS/BDS/GLONASS/Galileo)接收条件下的定位性能,并能对接收终端的精密定位性能和差分定位性能进行评估。动态检测平台具备典型场景采集回放能力、采集惯导与卫星导航差分定位组合定位作为基准数据,具备同步采集导航数据场景视频的能力[3]。

对天动态检测平台用于测试被测导航终端在真实信号接收条件下的定位性能,并能对接收终端的精密定位性能和差分定位性能进行评估。

根据系统需求,将对天动态检测平台划分为以下几个分系统:基准站分系统、GNSS/INS 组合导航分系统、导航信号分发分系统、导航信号采集回放分系统、数据采集处理与监控分系统和动态测试试验车分系统,系统设备组成框图如图 7.3 所示。

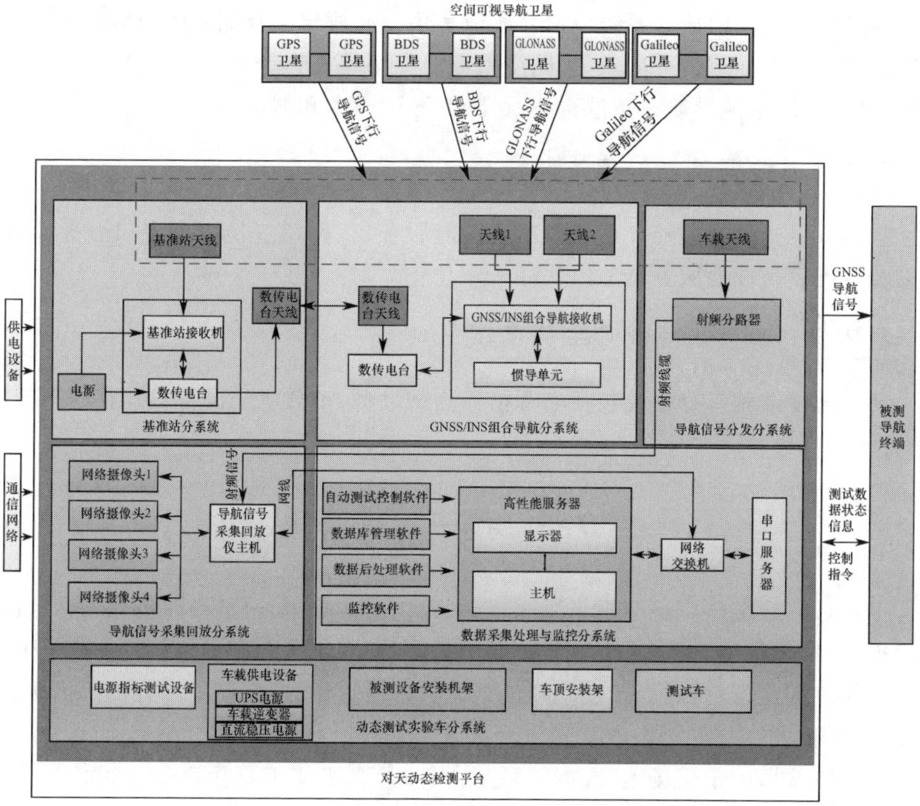

图 7.3　对天动态检测平台设备组成图(见彩图)

7.2.1 基准站分系统

基准站分系统用于结合 GNSS/INS 组合导航分系统实现高精度动态测量基准的建立,设备组成包括基准站天线、基准站导航终端、数传电台、数传电台天线和锂电池。

7.2.2 GNSS/INS 组合导航分系统

GNSS/INS 组合导航分系统包括两个高精度零相位中心天线、GNSS/INS 组合卫星导航终端、惯性测量单元、数传电台及天线和高精度组合导航后处理软件。

通过接收基准站发送的差分信息以及运行于导航信号采集回放分系统中高性能服务器上的组合导航后处理软件,可以实现松、紧耦合算法,获得实时以及后处理的高精度位置、速度、姿态基准。

7.2.3 导航信号采集回放分系统

导航信号采集回放分系统包括导航信号采集回放仪以及配套的网络摄像头。可以实现对天动态导航信号的采集,同步采集动态场景视频影像,可以在事后进行导航信号的回放,对被测导航设备进行测试,降低测试成本和测试时间。

7.2.4 数据采集处理与监控分系统

数据采集处理与监控分系统包括高性能服务器、网络交换机和串口服务器等设备以及运行于高性能服务器上的软件。

7.2.5 动态测试试验车分系统

动态测试试验车分系统包括电源指标测试设备、车载供电设备、被测设备安装机架、天线安装架等。

7.3 抗干扰试验场

卫星导航终端已广泛应用于海洋、陆地和空中运输中,卫星导航信号到达地面的功率很弱,抗干扰能力差,在现代复杂的电磁环境下容易受到无意干扰或恶意干扰,导致导航终端定位、授时等精度下降甚至无法正常工作,这促使了具有抗干扰能力的导航终端的发展[4]。

室内测试场由于受场地、成本等限制,无法仿真真实卫星星座和干扰信号分布,抗干扰测试具有一定的局限性。抗干扰试验场使用真实的 GNSS 卫星星座(GPS/BDS/GLONASS/Galileo)信号环境,可布置任意数量干扰信号源,可生成真实的干扰信号环境,对导航终端的测试具有更强的说服力。如图 7.4 所示,抗干扰试验场由试

验场地、供配电、通信网、参考导航终端、移动平台、已知路径、干扰信号产生器、测试评估系统等组成。

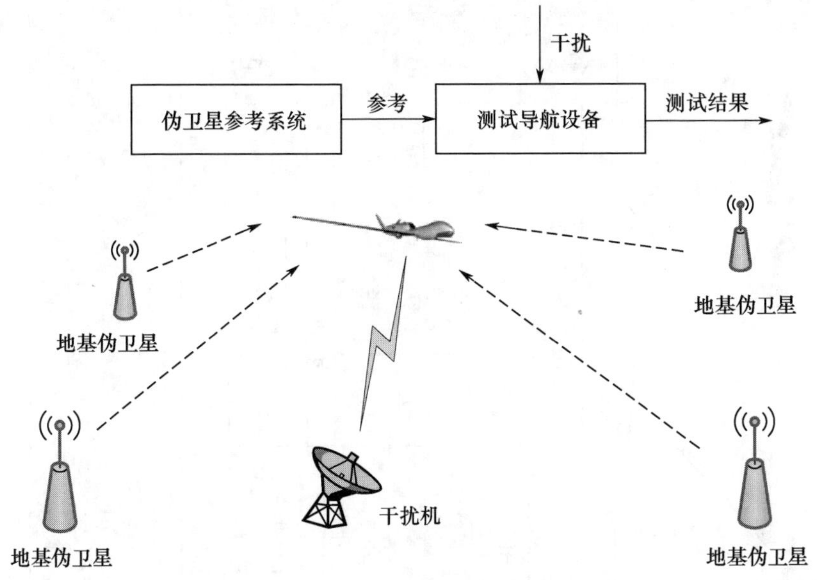

图7.4　抗干扰试验场组成

7.4　CGTR 室外测试系统

7.4.1　系统组成及工作原理

7.4.1.1　系统组成

OTE 是一种无线电导航系统，本书以中欧伽利略测试系统为例，介绍系统的基本构成。伽利略 OTE 系统通过地面发射器提供伽利略开放服务空间信号。它的主要任务不是在某一领域取代伽利略，而是在伽利略系统可用时评估用户的响应能力。该系统实现了伽利略原型卫星 Giove-A、伽利略在轨验证(IOV)和现有 GPS 的集成[5]。该系统也可扩展北斗伪卫星，支持北斗卫星导航抗干扰测试。

图7.5说明了 OTE 的主要组成部分：

(1) OTE 授时设施(OTF)。

(2) OTE 存档和数据服务设施(OAF)。

(3) OTE 用户终端(OUT)。

(4) OTE 任务规划系统(OMPS)。

(5) OTE 通信网络(OCN)。

(6) 6个 OTE 信号发射机(OST)，OST1，…，OST6。

(7) OTE 处理设施(OPF)。

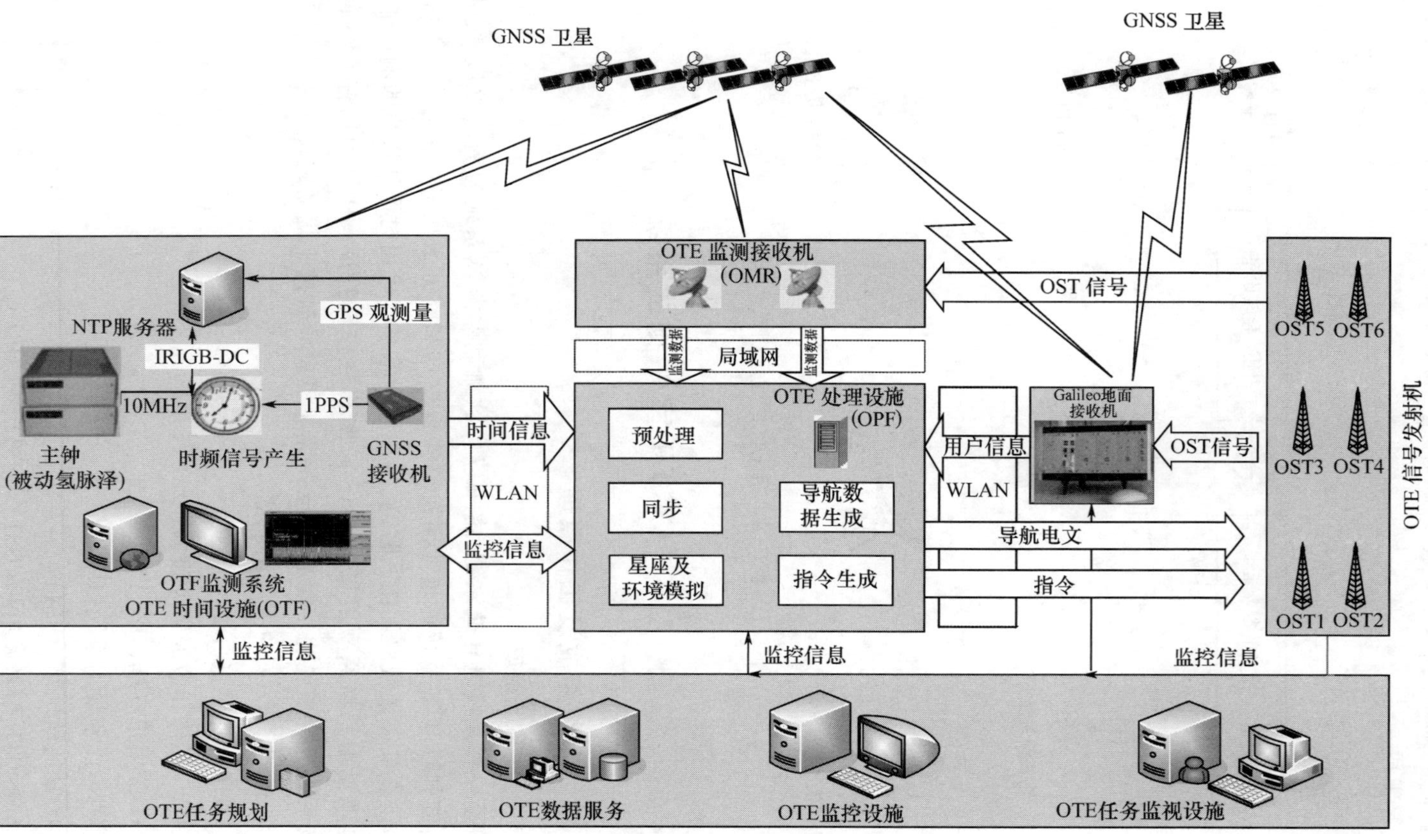
GNSS 卫星
GNSS 卫星
OTE 监测接收机
(OMR)
OST 信号
监测数据
局域网
监测数据
NTP服务器
GPS 观测量
IRIGB-DC
10MHz
1PPS
主钟
(被动氢脉泽)
时频信号产生
GNSS
接收机
OTF监测系统
OTE 时间设施(OTF)
时间信息
WLAN
监控信息
OTE 处理设施
(OPF)
预处理
同步
星座及
环境模拟
导航数
据生成
指令生成
用户信息
WLAN
Galileo地面
接收机
OST信号
导航电文
指令
OST5 OST6
OST3 OST4
OST1 OST2
OTE 信号发射机
监控信息
监控信息
监控信息
OTE任务规划
OTE数据服务
OTE监控设施
OTE任务监视设施

图 7.5 OTE 系统结构

(8) 2 个监测接收机(OMR)。

(9) OTE 监控设施(OMCF)。

测试床区域(TBA)表示由外围(标明周角的)信号发射器和它们之间的虚拟连接定义的地理区域。OTE 的一个重要特点是它可以移动,以便在满足条件的不同场馆部署。

用户服务区(USA)是在测试床区域中为合理试验选择的一部分区域。具体来说,OTE 用户服务区可以定义为至少同时接收 4 个发射平台的信号以实现全三维定位能力的区域。

当 OTE 工作时,OST 在所有 3 个伽利略频率上传输一个类似伽利略的测距代码和一个类似伽利略导航信息的测距信号。测试区中的伽利略接收器如果能够接收来自 6 个 OST 中至少 4 个的信号,就可以计算其位置。这是 OTE 的基本功能。

在高仿真模式下,OTE 模拟了轨道信号资源的各种信号特征。这个模拟需要将用户的位置反馈到处理循环中,可以通过移动电话或无线数据链路完成。

OTE 系统在设计上是模块化的,可以通过额外的 OMR 进行控制,以运行更多的伪卫星(最多 12 颗)。

在选定的测试区域内发射点的选择决定了伪卫星信号的设计,特别是发射功率和脉冲方案。在选择特定区域配置时,仿真软件用于考虑干扰问题(在 OTE 系统内和卫星导航系统的外部用户)。

7.4.1.2 系统工作原理

整个 OTE 系统架构如图 7.5 所示。整个系统的工作原理如下[6]:

空间 GPS 卫星、伽利略卫星和地面 OST 伪卫星向试验场发射无线信号。

Galileo 地面用户接收器接收这些信号,完成导航和时间测量,并将其自己的 GPS 位置信息实时传输到 OTE 处理设施(OPF)。

同时,监测站接收这些空间信号,测量 OST 的信号,并将测量结果发送给 OPF 进行处理,以完成 6 个 OST 传输导航信号的时间同步;测量 GPS 信号,并将 GPS 时间输出给 OPF 进行处理。

OTF 使用两套热备氢钟,在远端(连同 ITE)保持一个 OTE 时间,通过定时服务器完成 OTE 定时;同时通过 OTF 本地 GPS 定时接收器和监测站接收 GPS 信号。OTF 通过通信网络简单的通信过程将本地 GPS 定时接收机与 OTE 氢钟之间的时差传输给 OPF,使 OPF 进行共视处理。

OPF 处理监测站发送的 GPS 时间和常用的 OTF 时差信号,并将监测站的时间与远程 OTE 氢钟时间同步;OPF 处理 6 个 OST 伪码和 6 个伪码的时间同步信号。卫星时间同步监测站、OST 伪卫星、监测站和远程 OTE 时间建立同步关系,同时 OPF 完成不同工作模式下的导航信息生成和控制信息,并通过无线网络发送,提供 OST 伪码。

OTE 监控中心完成对整个 OTE 系统的监控,并记录设备的状态和信息。整个

OTE 工作是根据用户的任务计划运行的,该计划规定了整个系统的操作任务。

7.4.1.3 伪卫星发射站

从系统角度看,各 OST 单元具有如下功能。

(1) 可以在 3 个频率中的任一个上发射携带了在 OTE 处理设施产生的并实时(或近实时)馈给至 OST 的导航电文的可配置 PRN 序列。

(2) 从一个非受控的原子钟(铷钟)频率标准产生所有的频率。

(3) 允许设置本地发射机时间偏差(离线)。

(4) 允许对各个频率(L1、E5、E6)分别实时调整 Doppler 频移。

(5) 允许对各个频率(L1、E5、E6)分别实时调整信号功率。

(6) 提供了通过发射脉冲调制的信号来缓解对导航卫星信号的干扰的可能。

OTE 发射分系统包括了 6 个相同的 OTE 信号发射机(OST)。下面以一个 OST 为例进行说明。如图 7.6 所示,一个 OST 单元可以进一步分解为下列设备或子系统。

(1) OTE 信号产生器(OSG)。

(2) 通过 OCN 与操作和任务中心接口的 OSG 控制计算机。

(3) 一个(至少)与 OSG 接口(高频电缆)的全频段发射天线与发射功率放大器。

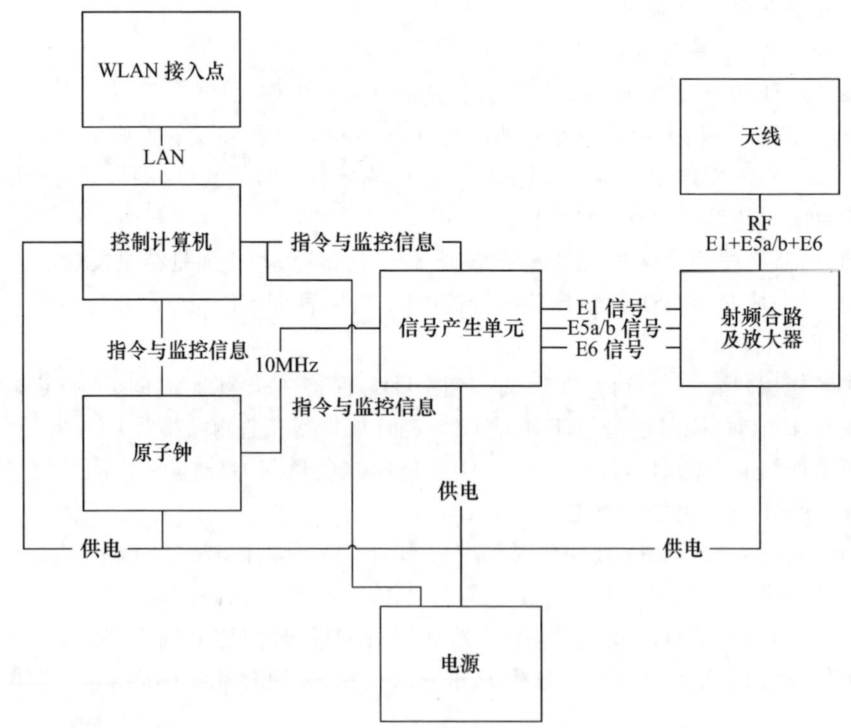

图 7.6 OTE 单元构成

(4) 一个足够稳定的参考时钟。

(5) OST 承载平台,即承载结构和必要的周边基础设施。此平台包含了容纳上述所有其他 OST 单元的全部基础设施(如天线杆、服务室),还要提供操作所需要的环境保护措施等。

7.4.1.4　任务中心

OTE 任务中心段的组成如下:

(1) 站点连接/管理设备。

(2) 2 个 OTE 监测接收机(OMR)。

(3) 1 个 OTE 处理设施(OPF)。

OMR 和 OPF 这两个子系统将位于各自的测试区域。设备是可运输的。所有室内设备集中在移动车辆上,通过强大的局域网连接。网络和带外通信链路将由现场管理计算机控制。两组 OMR 天线同时监测视线内的所有 OST。

7.4.1.5　监测接收机

如图 7.7 所示,监测接收机主要由天线、射频前端和下变频器、接收基带、嵌入式接收处理单元(ERPU)、控制计算机、控制软件、接收天线、原子钟组成。

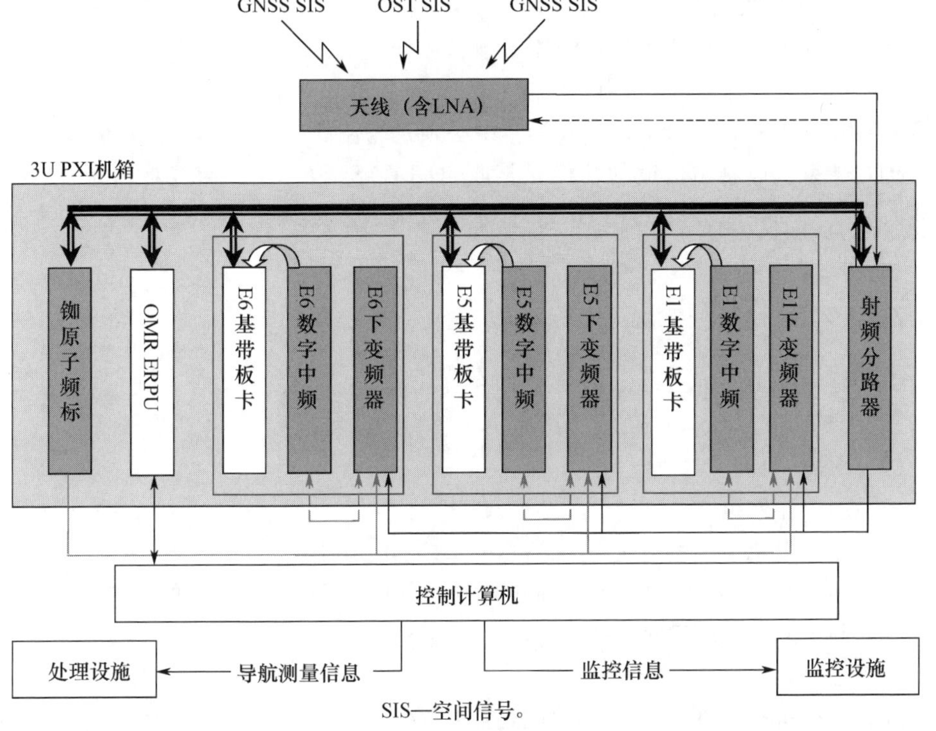

SIS—空间信号。

图 7.7　OMR 结构

从系统观点来看,每一 OMR 具有如下功能:

(1) 提供视线内的所有 OST 的测量(所有频率)。

① 伪距测量。

② 载波相位测量。

③ 导航电文数据流。

(2) 提供视线内多达 10 个伽利略卫星的测量(所有频率)。

① 伪距测量。

② 载波相位测量。

③ 导航电文数据流。

(3) 提供 GIOVE-A 卫星的测量,如果在视线内(所有频率)。

① 代码范围,包含假设 GIOVE-A 信号至少携带一个空的导航电文,该电文内有一个时间标志。否则,接收机只提供代码范围的小数部分。

② 载波相位测量。

③ 导航电文数据流(即使是空的)。

(4) 提供视线内多达 10 个 GPS 卫星的测量(仅 L1)。

① C/A 代码范围测量。

② 载波相位测量。

③ 导航电文数据流。

上述所有测量都参照非指定的原子频率标准。

说明:OMR 同时跟踪多达 10 个信号源及每个源的多达 3 个不同频率信号。接收到的 GNSS 卫星以及 OST 数目在操作中必须是轮流的。

OTE 子系统监测站信道的功能是接收空间 GNSS 和 GNSS 伪卫星信号,然后分别放大和分割成导航频段的信号,分别进行滤波、变频、A/D 采样和数字下变频处理,然后发送 I-Q 正交信号到基带处理板。

7.4.1.6 处理设施

OPF 是 OTE 的中心单元。从系统级角度出发,它可以提供如下功能:

(1) GSTB-V2(Galileo 系统测试床第 2 版)系统时间。

(2) GNSS 时间。

(3) 产生导航电文。

(4) 以虚拟轨道频率时钟跳变(VFOC)方式仿真虚拟环境。

(5) 同步,即计算所有 OST 时钟和 OMR 时钟与 OTE 系统时间的偏差。

(6) 确定 OTE 系统时间(OSYT)的时间偏差。

(7) GPS 时间。

(8) 计算所有 OST 的控制参数(根据方式)。

原则上,OPF 执行实际卫星任务的地面部分通常执行的所有计算。此外,还必须

VFOC 模式下发射机的虚拟环境和控制参数。

OPF 是一台具有可选用户终端和 LAN 连接的计算机。所有处理都是通过 OPF 处理软件完成的,该软件在开机后自动启动,就像 Linux 操作系统下运行的实时应用程序一样。

专用的 TCP/IP 报文协议为 OMCF 监控提供必要的数据交换。OMR、OST 和 OUT 的实时接口将使用用户数据报协议(UDP)实现。

在工作中,OPF 在 OMCF 的远程控制下工作,配置文件通常通过 OMCF 上传,默认操作中不需要本地操作员。但是,有一个可选的基于文件的本地用户界面,可用于浏览 OPF 内部数据。OPF 使用一台高性能工业计算机来运行。该计算机安装在物理操作控制台上。

OPF 的物理结构是基于商用货架产品硬件的。

(1) Intel PC:3GHz 双处理器、2GB RAM、150GB 硬盘。

(2) 100BaseT 快速 Ethernet。

(3) 外围设备(键盘、监视器、鼠标)。

如果打算在 OTE 系统(扩展)中使用多个 OPF,必须额外安装同一类型的计算机。

OPF 计算机以及 OTE 操作中心(OOC)和 OMR 设备安装在大型车辆上,便于设备运输。由于考虑到系统设备的量很大,由大型汽车改装为设备车,将具有很好的工作环境并且适于车辆中操作人员的工作,车辆中设备的安放考虑到人机工程问题,便于操作和维护,同时由于考虑到演示要求,设备将能够容易从车中搬出,如果需要,可以在地面上快速建立演示平台。

7.4.1.7　操作中心

OTE 操作中心(OOC)由以下设备组成:

(1) 1 个 OTE 任务规划设施(OMPF)。

(2) 1 个 OTE 授时设施(OTF)。

(3) 1 个气象观测站。

(4) 1 个 OTE 监控设施(OMCF)。

(5) 1 个数据存档设施。

其他 OTF 安装在同一可移动载体上,并与 OTE 监控中心(OMC)一起部署在测试现场。所有 OOC 设备都通过强大的局域网连接。OTF 将与 CGTR ITE 共同定位并共享原子钟。OTF 和 OOC 的其他设施将通过有线公共网络(如 ISDN)连接,用于任务和监测信息传输。OOC 通过不同的物理通信网络连接到 OTE 所属的其他子系统:

(1) 通过无线局域网(WLAN)与各 OST 相连。

(2) 通过甚高频(VHF)通信链路连接至 OUT。

(3) 通过局域网络与 OMC 相连。

图 7.8 所示为 OOC 各单元的连接关系和数据的流向。

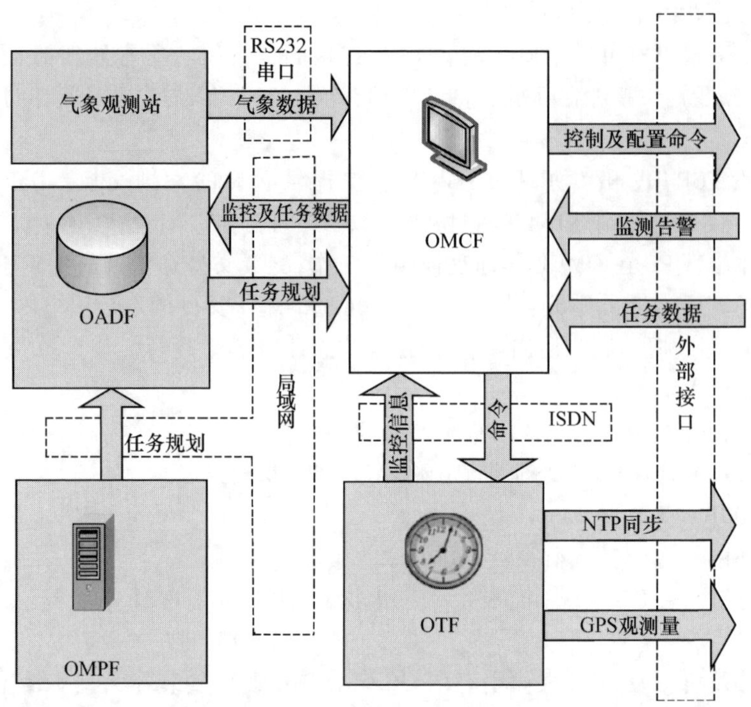

图 7.8　OTE 操作中心

OOC 由 5 个设施组成:OTE 监控设施(OMCF)、OTE 授时设施(OTF)、OTE 存档和数据服务设施(OAF)、OTE 任务规划设施(OMPF)和 OTE 气象站(Meteo)。

(1) OTE 监控设施(OMCF)监控整个 OTE 系统的运行。

(2) OTE 授时设施(OTF)可以生成 OTE 系统时间,并为其他 OTE 设备提供对 OTE 系统时间和 GPS 时间的访问。

(3) OTE 存档和数据服务设施(OAF)负责存档所有相关的 OTE 数据,并永久存储所有与 OTE 相关的数据,以便进行离线分析和后处理。

(4) OTE 任务规划设施(OMPF)一方面是一个交通模拟器,使用 OGM、附加的 3 维目标数据、带参数的发射器(位置、天线参数、等级……)、带参数的伽利略 IOV/GPS 卫星、带参数的监测站等,以计算能见度地图、DOP 值、仰角和等级。另一方面,它可以提供一个计划任务工具。这允许你配置特定于 OTE 的系统参数、计划 OTE 任务,并使用 OMP 模拟计划任务。

(5) OTE 气象站定期收集每个传感器的测量数据,并通过 RS232 将其传输给 OMCF。

7.4.2　OTE 系统关键技术

OTE 系统的建设和运行,需要一系列的关键技术设计与攻关,以下从该系统明

显区别于其他室内测试系统及非导航室外测试系统方面,对几个关键技术问题进行分析说明。

7.4.2.1 频率配置

接收机频率配置时选择各频段的接收中频相同,在确定接收中频时,除考虑交调产物的有效滤除外,还考虑到系统各部分的硬件实现难度。

由于监测站接收机是一个单收系统,没有收发干扰影响,因此在系统频率配置时只考虑接收影响即可。由于各接收频段的设备分布在不同的印制电路板上,设备研制时通过电磁兼容设计,可将板间干扰有效抑制,所以对于接收设备来说,这里主要考虑每个频段内部的干扰影响。

7.4.2.2 脉冲调制方案

在不干扰(对卫星信号的干扰太大)的情况下实现对不同伪卫星信号的同时访问的最佳方案就是时分多址(TDMA)。在使用 TDMA 方式时,伪卫星不是发射连续的信号,而是只发射脉冲。

使用脉冲调制,期待的结果与一系列特性参数有关,它们是:

(1) 扩展码。

(2) 脉冲占空因数。

(3) 脉冲时间与位置。

(4) 饱和度。

(5) 消隐。

(6) 伪卫星数目。

(7) 信号强度。

为了自脉冲调制方案上获得最大的灵活度,预计脉冲方案不通过硬件移位寄存器产生,而是产生达到必要的脉冲方案周期(0.5 ~ 1s)的脉冲序列,并将脉冲序列信息与码一起存储在信号产生器中。这意味着信号产生器需要一个接口来在其存储器中设置脉冲方案,与设置扩频码类似。

为了节省位数和存储器,图 7.9 提出了一种脉冲序列的编码方案。

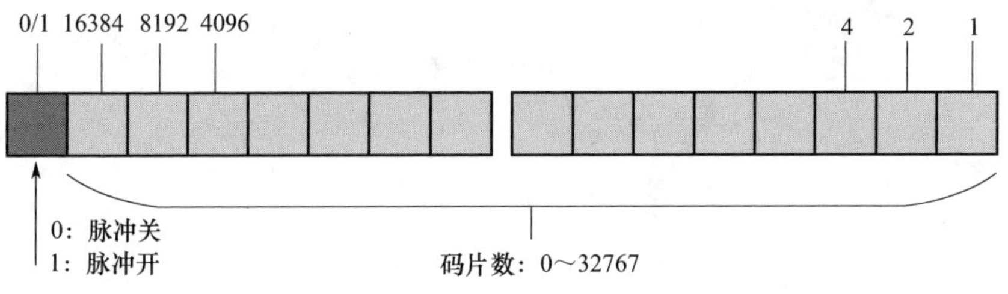

图 7.9　脉冲图案

2 字节的单元表示一个开始于相对于码周期起点的某个特定地址的脉冲是开还是关。第一比特表示脉冲应当是开还是关,而随后 15 比特表示相对地址。“脉冲开/关"信息直到信号生成过程中遇到下一个编码地址之前都是有效的。特殊值 0xffff 用于表示脉冲方案的终止。利用该方法即使一个长间隙亦可被一个 2 字节表示所覆盖,因为第一比特就清楚地表示了脉冲状态。

假设一个脉冲方案由单个周期内的一个脉冲构成,进一步假设一种最糟糕的情况,即需要 4 个编码来覆盖一个码周期,这样大概需要 4000 个 2 字节编码来覆盖一个 1s 的时间间隔,这等于约 8KB 的内存。当然,当要传送的脉冲更小和更频繁时,所需的内存将相应地增加。

在 OTE 项目中生成具有 1% ~20% 之间占空比的几组脉冲方案,从这几组脉冲方案中选出了大小为 2 ~12 的一些子集以用于具有这些数量的伪卫星的系统中,并对这一算法进行验证。OTE 项目是选择基于脉冲冲突的标准进行的,并且已证明这一多伪卫星系统中的干扰影响是完全可以容忍的。

7.4.2.3 OTE 通信网络

室外测试环境(OTE)是 CGTR 项目的组成部分。它主要包括 1 个中心控制站,6 个 OTE 伪卫星发射站和 1 个伽利略测试接收机(OTE 用户接收机)。在控制中心的控制下,这些部分需要组网并相互交换信息。此处选择 OTE 无线本地局域网以获得 OTE 伪卫星网。OTE 无线本地局域网的组成如图 7.10 所示。

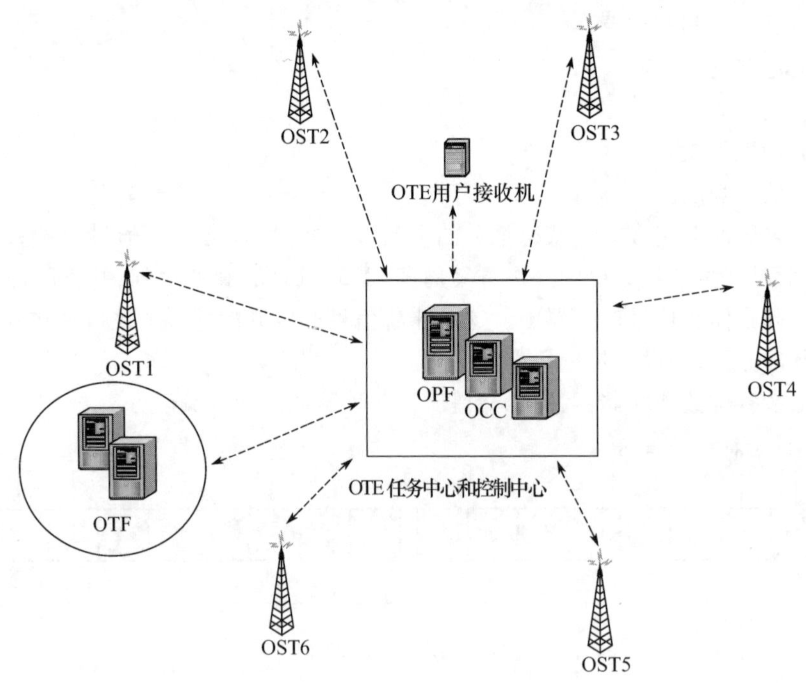

图 7.10 OTE 系统结构

(1) 通信距离:大于 10km。

(2) 每个站点传输速率:大于 64kbit/s。

(3) 网络拓扑:有中心的一点对多点。

（4）业务传输时延要求如表7.1所列。

表7.1　业务传输时延要求

传输对象	处理时间/ms	注释
OTE用户终端至OPF	<200	通过无线通信技术 信息传输为单向
OPF至OST	<200	通过WLAN 信息传输为单向

（5）监控信息时延要求如表7.2所列。

表7.2　监控信息传输时延要求

传输对象	处理时间/s	注释
OTE监控中心和用户终端	<1	通过无线通信技术 信息交换伪双向
OTE监控中心和OST	<1	通过WLAN 信息交换伪双向

覆盖区域的半径为10km，控制中心和各个伪卫星发射站分别设立1套无线访问接入点（AP）。在该区域内，移动中测试接收机就会与控制中心进行通信。测试接收机也可以直接与控制中心通信，图7.11展示了详细的拓扑结构。

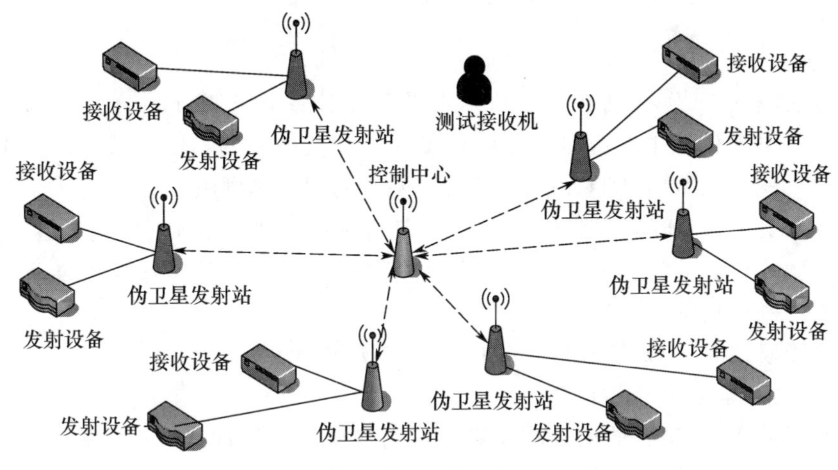

图7.11　无线网络拓扑

控制中心可以考虑使用方向天线。控制中心使用多套AP设备（3或6套）来满足全域覆盖的需要。

当使用多套AP设备时，通过控制中心的开关将它们连接起来并由控制台进行控制。例如，3套AP设备分别使用120°的方向天线，这3套AP设备组成的无线网覆盖360°的范围，这样就可以确保伪卫星发射站能够与控制中心正常通信。

控制中心和测试接收机之间采用VHF频段数传电台进行无线通信,可以保证半径10km覆盖范围的无线传输。

7.4.2.4 系统操作模式

OTE可以在5种"工作模式"下运行。初始化后,可以直接从一种操作模式切换到另一种操作模式。然而,在转换过程中,时间上会有不连续性(注:组合模式不是独立模式,通常通过与其他系统组合扩展系统模式BM、EBM和VFOC)。下面列出各种模式[6]。

1)初始化模式(IM)

IM用于"初始化"OTE系统。必须首先运行此模式,才能随后运行各种操作模式。IM的主要任务是将OMR时钟和所有OST时钟同步到OSYT。此模式不向需要执行接收器测试的用户提供OTE信号,只为启动OTE系统。

首先,OMR时钟必须与OSYT同步。因此,OPF必须根据接收到的OTF和OMR之间的共同视图测量值计算时钟参数。

然后,OST与OMR同步。OST在恒定功率水平下传输不受调节的信号。导航消息为空并标记为无效,但包含时间戳。观察并过滤每个OST和OMR之间的时钟偏差。

同时,还观测到GPS的偏差和伽利略的偏差。如果GSTB-V2卫星可用,也会观察到与卫星的时间偏差。

当所有系统时钟的估计参数完全收敛且伪Lite初始化完成后,系统显示下一个模式已就绪。

2)基本模式(BM)

在这种模式下,发射站在恒定功率水平下发射一个未调节(相位和多普勒)的OTE信号。导航信息中发送的位置是OST天线相位中心的实际位置。只要用户在一个定义的服务区域内,OTE就可以为任何数量的用户提供服务。

初始化完成后,OST根据指令向代码周期整数的时间戳添加一个偏移值,并减小时钟偏差大小以适应导航消息。指令完成的"虚拟时钟跳变"也添加到准备在导航消息中加入和广播的估计参数中。

在BM模式下,OTE信号只能由OTE用户接收器使用。

3)扩展基本模式(EBM)

在该模式下,发射台的信号功率级根据用户位置进行动态调整(调节),以补偿近远效应,并扩展上述基本模式。OTE只能服务于一个用户。

4)虚拟轨道模式(VFOC)

在这个模式阶段,多普勒频移以及载波和编码的信号功率级被调制成与来自空间的真实卫星的信号功率级基本相同。这就需要对OPF中的卫星运动、信号路径延迟等进行高精度模拟。导航信息广播包括虚拟卫星的星历表。

伪卫星初始化完成后,OST根据指令在码周期整数的时间戳上增加一个偏移值,并根据虚拟卫星轨道位置设置时钟偏差大小等于几何延迟。指令完成的"虚拟时钟

跳变”也添加到准备在导航消息中加入和广播的估计参数中。其余部分必须适合导航消息大小。因此,使用多普勒频移(这相当于航天器在虚拟卫星轨道上运行时用户获得的多普勒频移)。这个“虚拟时钟跳变”和由指令完成的多普勒跳变被添加到准备在导航信息中加入和广播的估计参数中。

信号调节必须考虑自由空间传播虚拟偏移和大气效应对不同频率码和载波相位以及衰减的影响。

使用多普勒频率获得的附加码偏移率被控制,以便在任何时候尽可能匹配用户位置。

5) 脉冲模式(PM)

此模式类似于基本模式 BM。信号发送器也以恒定功率水平传输信号,但将采取措施(如脉冲调制)以避免 OST 伪卫星与其他真实卫星之间的远近效应问题。OTE 可以为定义的 OTE 服务区域内的任意数量的用户提供服务。

6) 混合模式

在混合模式的任何一种模式下(这些模式不是单独实现的 OTE 模式,而是只更改时间参考),OTE 都充当其他系统的增强系统。这主要是通过将广播时钟参数更改为所需的值(OPF 的功能)来完成的。在 IM 模式完成后,将观察到的系统(将被 OTE 增强)添加到时钟估计参数中。在此期间,导航消息为空并设置为无效。

7.4.2.5　站点选择和仿真

1) 场地选择和仿真

OTE 站址选择、勘测和布局是一个复杂的问题,必须要考虑某些地域范围和地形因素。例如,那里应有复杂的地形,如山脉、斜坡、平原以及河流等,同时还有铁路、公路、航线;有障碍的环境和畅通无阻、多径环境都要进行测试。

为了对场地选择和布站提供理论指导,首先对 OTE 伪卫星布站位置进行优化设计,提供一些备选优化方案,然后仿真分析其相应的 HDOP、VDOP 指标性能。实际布站时依据所得结论,并结合场地的地形和所要求的性能,确定最终方案。

2) 伪卫星部署

在大多数情况下,OST 部署在测试场的山顶上。通常需要小型的方舱和可伸缩天线杆。另外,设备还需具备一定的可运输能力。除了山顶,还需考虑车辆以及其他示范地点。伪卫星应能拆卸装到方舱中以便运输。伪卫星应能在建筑物屋顶正常工作。

虽然部署环境是不同的,但是基础设施的设计主要涉及以下因素:

(1) 设计安装平台。

(2) 设计避雷装置。

OST 的主要设备要部署在一个小型方舱中(或城市建筑中的一个房间内)。射频(RF)设备的输出信号通过电缆送往室外发射天线。发射天线固定在建筑物的侧面。避雷针安置在天线旁,并与设备的避雷网相连。

CGTR 伪卫星的部署示意图如图 7.12 所示。

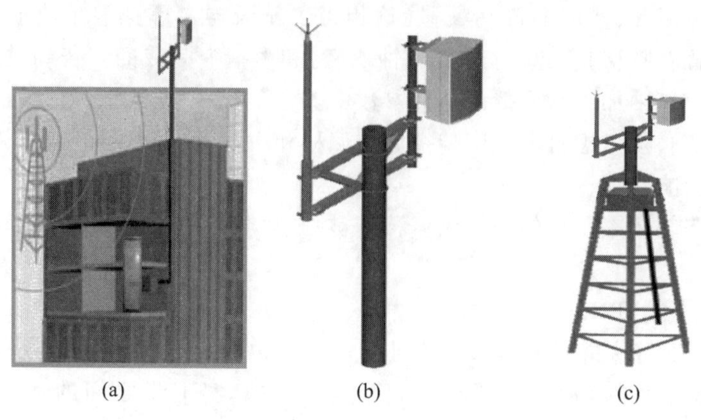

(a) (b) (c)

图 7.12 OST 固定配置示意图

当天线很难部署在城市建筑物的侧面时,可以考虑使用一个支撑装置把天线安装在建筑顶部。

3) 任务中心的部署

两个 OMR 都要能从物理上独立于它们的硬件(带有控制计算机、参考时钟、天线等的接收机)而实现,但它们要配置在一个单独站点中。

为保证 OTE 的性能指标,OMR 提供"足够多"的独立测量(测量冗余性)是非常重要的,是 OPF 中的误差估计过程所必需的。至于性能方面,还需要充分确定多径效应,并尽可能降低该效应。这不可能只依靠一个监测站来实现,因此至少需要两个 OMR,天线安装位置要分开足够远以处理多径效应。OMR 天线的最小分开距离大约为垂直 10m 或水平 30m 就足够了。

7.5 本章小结

室外测试系统是卫星导航终端测试的一类重要测试系统,与有线测试和室内测试依赖于导航信号模拟器模拟产生导航信号不同,室内测试主要是直接使用真实导航卫星信号或模拟产生的伪卫星信号来完成测试。由于在真实环境使用真实信号进行测试验证,因此室外测试也往往是用户所要求必不可少的一类导航终端测试任务。

本章介绍了对天静态检测系统、对天动态检测系统、抗干扰测试场等几类室外测试系统。重点是通过室外测试系统的方案设计、分系统组成等内容进行了较为详细的描述,为读者构建室外测试系统、开展相关测试验证活动提供参考。

针对卫星导航终端的室外测试技术虽然原理比较简单、应用起步比较早,但由于不能实现准确的定量测试,曾经长期发展缓慢。近年来随着各类导航终端精度越来越高、组合化应用越来越广泛、在平台测试要求越来越多,室外测试技术正在快速发

展,特别是在高精度、高动态等终端测试应用场合;未来随着导航终端与通信、惯导等多源传感融合,综合性的终端测试将更多地依赖室外测试系统。

参考文献

[1] 蔚保国,叶红军,李隽,等. 中国伽利略测试场总体及其关键技术研究进展[J]. 数字通信世界, 2012,08:43-46.

[2] 叶红军. 卫星导航测试环境及其关键技术研究[C]//第二届中国卫星导航学术年会电子文集,上海,2011:711.

[3] 黄建生,王晓玲,王敬艳,等. GPS 导航定位设备测试技术研究[J]. 电子技术与软件工程, 2013(11):36-37.

[4] 赵新曙,王前. GNSS 抗干扰接收机外场并行测试方法研究[J]. 现代导航, 2014,5(6): 391-396.

[5] 蔚保国, 李隽, 王振岭,等. 中国伽利略测试场研究进展[J]. 中国科学:物理学力学天文学, 2011(5):528-538.

[6] 支春阳, 邢兆栋, 李隽. CGTR 室外测试环境的系统设计与最新进展[C]//第五届中国卫星导航学术年会,南京,2014:32-36.

第 8 章　导航信号模拟器

8.1　导航信号模拟器分类

卫星导航信号模拟器在测试系统层面属于标准仪器，能够充当自定义输出导航信号的高精度信号源。根据不同行业用户的场景需求，产生 GNSS 四大导航系统（BDS、GPS、GLONASS、Galileo 系统）的卫星导航信号，能够辅助相应卫星导航终端接收模块、平台的开发研制，在接收模块的捕获跟踪处理算法的调试上，可以利用导航信号模拟器产生相应工作场景的卫星导航信号，从而完成对接收处理算法的验证，除此之外，利用导航信号模拟器作为基准，可以验证接收模块测量方案的动态测量精度[1]。

考虑到 GPS 导航系统的成熟性，对应的 GPS 导航信号模拟器也已经取得了广泛的应用。考虑到导航信号以及导航信号发射场景的复杂程度，导航信号模拟器的造价往往比较昂贵，而且从市场上看，只有研制导航终端接收模块、平台的厂家才有导航信号模拟器的使用需求，因为在接收模块、平台的调试阶段，需要模拟器完成各种 GNSS 导航信号场景的仿真。

8.1.1　模拟器技术分类

下面以较为成熟的 GPS 信号模拟器为例，从导航信号模拟器的实现架构形式上对模拟器进行分类[1]。

1）软件模拟产生信号与信息

计算机软件根据用户在界面软件上完成的配置，计算并仿真用户需求情境下的各种导航卫星电文、信号调制方式等，并将要发射的信号调制幅度存储到硬件存储器中，由硬件板卡的 D/A 完成存储的数据转换为输出的仿真导航信号（包括中频或射频）。比较常见的信号模拟器如 Welnavigate GS 600。

2）软件模拟产生信息硬件模拟产生信号

与前面一种类型不同，软件只负责产生低速率的导航电文信息，并根据场景完成相应信号仿真必要的参数（信噪比、多普勒、时延等），将这些参数传输至硬件板卡，由硬件板卡完成输出信号的模拟。例如北京航空航天大学开发的 GPS 卫星信号模拟器就是基于这种架构设计的。

下面对不同架构类型的模拟器进行优劣分析。

对于全部由软件模拟产生信号与信息的架构,模拟器的组成简单。模拟器内部的软件与硬件相对独立,仅仅依靠存储器建立联系,当硬件实时播发仿真信号时,软件可以同步进行场景仿真,且软件层面的信号仿真可以利用较高的数据位数,因此产生的信号精度高。一般伪距精度可以达到 10mm 量级,而伪距变化率也可以达到 1mm/s,相比之下,硬件产生信号的架构,由于硬件运算资源的限制,信号产生位数受有效字长效应影响,因此伪距精度在 80mm 量级左右,伪距变化率精度在 5mm/s 量级。

然而,这种架构也有一定的局限性,由于软件向存储器传输接口的速度限制,造成产生的信号数据不能及时传输至存储器,此外,所有信号数据也会受到软件运行速度的影响,因此难以保障测试数据的实时产生。而且数据存储卡的空间有限,造成模拟场景的时长严重受限,一般很难超过 12h,造成了这类模拟器不能支持长时间的终端连续接收试验。

对于导航信号由硬件产生的架构,硬件需要软件产生相应参数的仿真结果,并利用硬件板卡完成相应类型信号产生,这样使得硬件的一些参数配置受软件影响,这样的架构会更加复杂。此外,信号全部由硬件板卡产生,硬件各通道间的时延受到硬件板卡布线的影响,可能会产生偏差,而且对于日趋复杂的 GNSS 现代化信号调制方式,利用硬件平台实现也要比软件仿真复杂很多。

但是这种架构却可以完美地弥补软件产生信号架构的场景时长短的缺点,由于软件只仿真低速率的导航电文、场景参数和信号参数,因此产生时间较短,而硬件采用并行架构进行实时产生信号,能够保证信号的实时产生,从而支持终端的长时间连续接收测试。

8.1.2 RNSS 导航信号模拟器

模拟器从具体实现的角度来看,典型的技术特性包括支持的导航系统、通道数、频点数、信号精度、模拟的场景类型等,主要分为单体制和多体制两种[2]。

1)单体制信号模拟器

国外单体制的卫星导航模拟器产品有多种,典型代表公司为 Spirent 公司的各种系列模拟器,如表 8.1 所列。

表 8.1　Spirent 公司模拟器系列型谱及其特性

产品型号	GPS				SBAS	GLONASS	Galileo 系统	通道数	频点数
	L1 C/A	L1P	L2 P	L5	L1	G1	E1/E5/E6		
GSS4100	√				√			1	1
GSS4200	√							6	1
GSS4500	√				√			12	1
GSS4730	√		√					4	1

（续）

产品型号	GPS				SBAS	GLONASS	Galileo 系统	通道数	频点数
	L1 C/A	L1P	L2 P	L5	L1	G1	E1/E5/E6		
STR4780					√			4~12	1
GSS6560	√				√			12	1-4
GSS7600						√		4-32	1-4
GSS7700	√	√	√	√	√			4-32	1-7
GSS7790		√	√	√	√	√		4-32	12-36
GSS7800							√	4-32	1-7
GSS8000	√	√	√	√	√	√	√	48	1-3

2）GPS 模拟器

GPS 作为最早投入使用的卫星导航系统，相应的 GPS 模拟器厂家也较多，比较主流的是 Agilent 公司、Litepoint 公司、Spirent 公司、Naviva 公司和 Aeroflex 公司等。不过大部分模拟器都是以产生信号为主，而不具备场景仿真，例如 Aeroflex 公司的 GPS-101 模拟器和 Naviva 公司的 GSG-L1 模拟器。Spirent 公司生产的模拟器则具备场景仿真功能，包括模拟大气效应、地形障碍、差分改正数据，模拟车辆、航空等载体的轨迹等。

3）Galileo 信号模拟器

Galileo 信号模拟器主要有 Spirent 公司和 Thales Research&Technology 公司开发相应高性能的 Galileo 信号模拟器，具备仿真 Galileo 信号的 3 个 BOC 调制信号（E5，E6，E1）的能力，并可以仿真相应场景参数，包括多路径仿真、天线增益及相位图、电离层模型等。

GSVF 是英国 Thales Research&Technology 公司开发的伽利略导航终端测试设备，能仿真 Galileo 信号的 3 个载波（E5、E6、E1），16 通道信号，5 个信号（1 个 LOS 信号，4 个多径信号），能实现多种 BOC 调制策略，另外，GSVF 还具有完善精确的误差模型（电离层模型、对流层模型、多径模型等）。

4）GLONASS 模拟器

由于在卫星导航应用产业领域，GLONASS 一般与 GPS 等导航系统组合来使用，因此单一的 GNLONASS 模拟器较少，一般以模拟器支持 GLONASS 的形式出现，目前常见的主要是 Spirent 公司和 Aeroflex 公司的 GLONASS 信号模拟器。

5）北斗模拟器

由于此前我国北斗全球导航系统的 ICD 尚未正式公开，因此国外尚没有相关产品，但是 SPIRENT、CRS 等公司在当前的高级模拟器宣传时，已宣布能够在未来通过软硬件扩展来支持北斗信号。国内参与北斗导航系统建设的单位及公司，在开发北斗用户测试系统及模拟器时已经依托掌握的北斗 ICD 资料进行了设计与实现，如 CETC54、华力创通公司等，CETC54 研制的北斗用户机测试系统已交付卫星定位总站，

同时相关的模拟器产品已通过我国举办的导航年会进行了一定范围内的推广[3]。

6）多体制信号模拟器

随着各大卫星导航系统的民用信号逐渐步入现代化阶段，系统间逐渐开展兼容互操作，如何在兼容互操作信号间提升导航服务性能是目前主流的研究趋势，市场上出现了各种兼容多种导航系统的信号模拟器，其中的代表是Spirent公司的GSS8000系列模拟器，可以同时防止输出GPS/Galileo/GLONASS/SBAS信号，且支持可扩展性，支持新体制的导航信号。

除此之外，还有ifEN公司和Work公司生产的Nav® NCS、Stanford Telecom生产的STEL-9200，以及3S公司生产的S1000等，均可以支持多体制信号产生。

EADS公司的NSG5100可支持Galileo系统、GPS、EGNOS和WAAS信号的生成，是一种灵活和具有标准组件的信号产生单元，其通过发射GNSS伪卫星信号可用于实验室及室外多种环境下的GNSS设备测试。其可支持：导航芯片和导航设备的开发；大规模卫星导航终端产品的开发、测试；GNSS信号分析任务；提供导航系统的地基增强信号。NSG5100具有完整可控性，包括PRN码，信号功率电平，多普勒偏移，导航信息内容，导航信息数据率等。对于用户感兴趣的Galileo/GPS局域增强伪卫星可支持高功率信号发射和脉冲调制信号方式。

卫星导航信号模拟器关键功能性能指标如下：

1）功能

（1）具有组合的卫星导航系统（Galileo系统/GPS/GLONASS/地基增强系统（GBAS）/欧洲静地轨道卫星导航重叠服务（EGNOS）/准天顶卫星系统（QZSS）等）RF信号产生能力；

（2）最大RF信号通道数108；

（3）最大输出频点数9个；

（4）具有内部噪声信号生成能力；

（5）具有可升级及灵活的可配置能力；

（6）仿真配置与内部控制通过上位机软件实现。

2）性能

（1）支持频率及带宽：

- GPS L1　1575.42MHz　带宽　20.46MHz
- GPS L2　1227.60MHz　带宽　20.46MHz
- GPS L5　1176.45MHz　带宽　24.00MHz
- Galileo E1　1575.42MHz　带宽　40.92MHz
- Galileo E5ab　1191.795MHz　带宽　92.07MHz
- Galileo E6　1278.75MHz　带宽　40.92MHz
- GLONASS G1　$1602 + 0.5625k$（MHz）（k为卫星号）

  GLONASS G2　$1246 + 0.4375k$（MHz）

(2) 调制方式:

- BPSK　　GPS L1/L2/L5 和 GLONASS G1/G2
- MBOC　　Galileo E1
- AltBOC　　Galileo E5

(3) 信号动态:

- 最大速度　22800m/s
- 最大加速度　780m/s^2
- 最大加加速度　15600m/s^3

(4) 信号精度:

- 伪距不确定度　<0.01m(RMS)
- 伪距变化率不确定度　<0.005m/s(RMS)
- 模块间偏差　<0.05m(RSS)

(5) 信号质量:

- 杂波(最大)　< -70dBc
- 谐波(最大)　< -40dBc
- 相噪(最大)　0.015rad(RMS)
- 频率稳定性(天稳)　$<5\times10^{-10}$

(6) 信号功率:

- 射频输出功率范围　-90.0 ~ -170dBm
- 步进　0.1dB

8.1.3 阵列导航信号模拟器

在越来越多的场合,GNSS 导航终端与各种传感器的结合成为发展趋势,对其测试除能够提供 GNSS 模拟器信号之外,还应能提供其他传感器的模拟输入或相应的测试环境[3]。目前的典型测试如下:

面向自适应调零、空时二维联合抗干扰的测试需求,提供具有阵列天线特性输出的导航模拟信号,并结合其他干扰源设备完成导航终端的抗干扰性能指标的精确测试。其通用功能如下:

(1) 需要具有多通道的导航信号输出能力,多通道代表不同阵元的接收信号。

(2) 可以配合阵列天线完成接收设备的无线测试。

8.1.4 组合导航信号模拟器

GNSS 与惯导的组合导航目前也应用广泛,由于惯导的自主导航和隐蔽特性,在军用领域应用广泛,并衍生出松耦合、紧耦合、超紧耦合等类型,其对测试的需求也分为与惯导转台结合和惯导加表数据等。

当前支持组合导航测试的模拟器厂商主要以军用为主,典型代表有 Spirent 公司。

其中 CAST 公司产品包括 CAST-2000/3000/4000/5000 系列模拟器,除支持一般的导航终端测试外,其主要特点如下:

(1) 支持紧耦合的 GPS/MEMS 的组合导航测试。

(2) 支持军用码的测试。

1) A-GNSS 测试

随着移动通信对 GPS 辅助技术的发展,面向 A-GPS/A-GNSS 的测试设备逐渐发展起来,主要针对 GSM/GPRS/UMTS/CDMA/WCDMA 等手机的 A-GPS 性能测试系统,Spirent 公司利用专有的 CDMA PLTS 的经验,整合自有的 12 通道 GPS 仿真器及专有的自动测试软件,提供给使用者一个完整自动的测试环境,可以实现 A-GPS 一致性和出厂证明测试,对带有 A-GPS 模块的设备和芯片集的研究与开发测试,A-GPS射频性能测试,对支持 GSM 和 WCDMA 终端的控制平面的验证测试,对用户平面的由 OMA 制定的 SUPL(Security User Plane Location)的验证测试,对带有A-GPS 模块的产品、平台和芯片集的评估和标准测试。其余的 A-GPS 测试厂商还包括 AGILENT、R&S、Anite 公司。2010 年,Agilent 公司与 Spirent 以及 Motorola 等手机厂商组成了位置服务测试与应用联盟来推进位置服务测试。

2) IVNS 测试

车辆导航测试(IVNS)是当前民用导航测试领域重要的发展方向,Spirent 通过 SimAUTO 工具提供了测试包含 GPS 和递推传感器(如陀螺和车轮计数器)的集成车辆导航系统的完整解决方案。SimAUTO 支持将车辆几何特征和里程计脉冲速率设置并存储于车辆特征文件中以备使用。

8.2 导航信号模拟器数学仿真组成

8.2.1 空间导航星座运行模拟与仿真

8.2.1.1 高精度导航星座动力学模型分析

导航卫星以及其他卫星都将受到宇宙空间各种摄动影响,使得其轨道运行情况变得尤为复杂,通用的轨道六根数并不是常数,而是时变的,通用的计算公式不能精确地仿真其轨道运行状况。

卫星自由空间的受力主要包括中心力和非中心力两种[4]。中心力是假设地球为一均质刚性球体对人造卫星产生的吸引力,主宰卫星运动之基本规律及特征,此卫星轨道即所谓二体轨道;非中心力是指卫星绕地球运行时所受到的摄动力,会使得卫星运动偏离二体轨道。

非中心力一般又称为摄动力(也称扰动力),摄动力依来源又可分为引力及非引力两部分,引力部分为保守摄动力,这种力存在位函数,并且不会使运行的卫星能量损失,一般可以利用固定的模型进行精确仿真。但是非引力部分一般都是随机的,影响其因素较多，因此这种力一般被称为非保守摄动力，这些力一般不能使用通用的数学模型完成仿真，随机因素的影响研究也没有得到精确的逼近模型。

因此非保守力一般需要针对外界环境的情况建立特殊的模型，包括卫星重心分布、外壳材料、运行轨道等因素。保守摄动力分为地球非球体引力位摄动、N体摄动、因日月引力引起的地球固体潮摄动及海潮摄动、大气潮摄动、地球自转形变摄动、因相对论效应引起的摄动。而非保守摄动力则包括大气阻力摄动、太阳直射辐射压摄动、地球反照辐射压摄动。在高精度的卫星定轨中，利用前面介绍的各种力的摄动，并不能精准地完成卫星轨道的运动仿真，主要原因有两点：一是一些摄动力还不能模型化；二是对模型的描述越精确，参数的描述就越复杂，还会引入额外的计算量，造成仿真的实时性下降。因此实际场景仿真时一般使用经验值作为模型仿真的输入参数。各种摄动力模型是卫星运动方程的详细表现形式，而运动方程又是精密动力学定轨的最核心内容，所以本章将对轨道摄动力进行精细分析。内容包括：摄动力的数学模型化，面向实际定轨任务时摄动力的选取问题，以及摄动力对卫星影响大小的数值分析。

根据卫星不同高度计算的各种摄动力数量级如图 8.1 所示，温度取值为 500 ~ 2000K 之间。

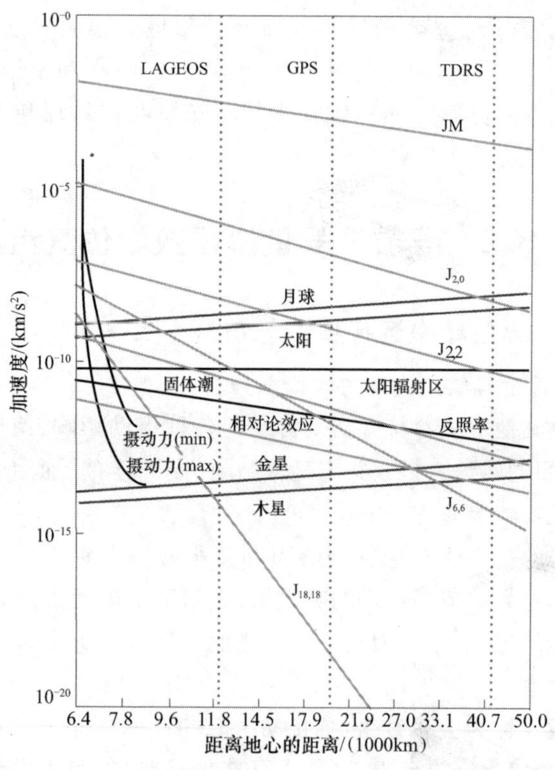

图 8.1　卫星轨道摄动力与卫星高度的关系

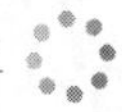

轨道高度为900km时摄动力最大的就是地球引力二体作用力,第二大的是非球形引力的J2谐项系数引起的摄动力,第三大的就是日月引力,再往后就是太阳辐射压和地球反照辐射压,最小的则是火星引力。一般 10 ~ 11km/s^2 的加速度能使卫星的轨道面半长轴改变1m左右(径向加速度恒定),对应的大气阻尼量级约为 1.0×10^{-7}。

卫星运动的摄动力对轨道精度的影响,关键是这些摄动力模型是否精确,对于二体作用、广义相对论,固体潮汐等摄动力可以使用较为精确的模型进行描述而不需要估计;对于N体摄动最主要的因素是日月、行星星历是否精确,这就看星历表是否精确;对于太阳光压、地球反照射压等非保守力模型是基于卫星表面积分的受力模型,也比较精密,有些参数模型精度不高,需要引入参数估计;这里影响比较大的就是地球重力场模型和大气阻尼模型的精确度。下面重点介绍地球重力场模型和大气阻尼模型的选择和优化。

8.2.1.2 重力场模型分析

有3种因素影响引力场模型确定,一是陆地重力测定法,二是利用高度计数据确定引力场模型,三是卫星轨道的连续跟踪观测。

考虑到高度计数据对卫星轨道的影响最大,因此人们对重力场模型的研究是最深入的,从最早的 J_2 项系数,到后来先后有 GEM-9、GEM-10B、Kozai、Itzsak、Kaula、Rapp、Gaposchkin、JGM-3、EGM96S、GRIM3-L1、GRIM4-2S2、GEM-T3 等多种模型。其中JGM-3S是在发射T/P时由JGM-1和JGM-2发展而来,由T/P上最新的SLR、DORIS和第一次的GPS跟踪数据组成,另外还包含了LAGEOS1、LAGEOS2和Stella的激光跟踪数据和SPOT2卫星的DORIS跟踪数据。

JGM3是70阶70次的模型,属于比较精确的重力场模型。为了进一步提高精度,相关研究人员利用了40颗卫星的连续轨道跟踪数据,进一步提升了引力场模型的精度,并提出了70阶70次的EGM96S和360阶360次的EGM96模型。

一般的模拟源仿真都使用JGM-3、EGM96S和EGM96模型来计算卫星轨道来达到用户需求的轨道仿真精度。图8.2为CHAMP和GRACE(1)卫星非球形引力摄动影响。

8.2.1.3 太阳光压摄动

卫星在太阳光的照射之下会产生压力,该压力与太阳辐射强度和卫星表面积成正比,也与卫星表面材料的反射、吸收、折射、热辐射等性质相关。卫星的形状不同对应不同的方法计算太阳光压摄动,后者一般把卫星分成多个平面分别计算,公式描述为

$$\boldsymbol{a}_{\mathrm{sr}} = -p\frac{\gamma}{m}\sum_i a_i A_i\cos\theta_i\left[2\left(\frac{\delta_i}{3}+\rho_i\cos\theta_i\right)\hat{\boldsymbol{n}}_i+(1-\rho_i)\,\hat{\boldsymbol{s}}_i\right] \tag{8.1}$$

式中:a_i 为平面 i 的方向因子,$\cos\theta_i<0$ 时为0,$\cos\theta_i>0$ 时为1;$\hat{\boldsymbol{n}}_i$ 和 $\hat{\boldsymbol{s}}_i$ 分别为平面 i 的法向矢量和卫星到太阳的方向矢量;A_i 为平面 i 的面积;p 为卫星处的太阳辐射流量;θ_i 为平面 i 的法向与卫星到太阳方向之间的夹角;ρ_i 和 δ_i 分别为平面 i 的反射系

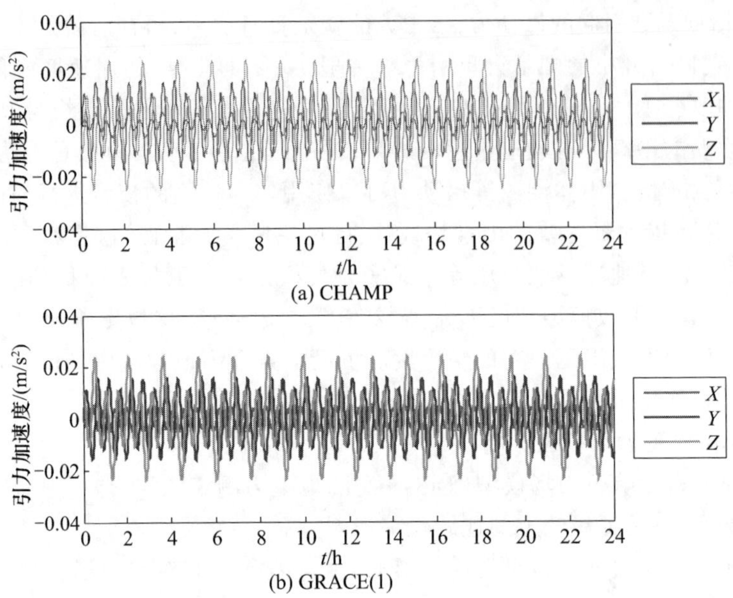

图 8.2 CHAMP 和 GRACE(1)卫星所受地球非球形引力摄动加速度(2003-08-20)(见彩图)

数和散射系数;γ 为卫星的蚀因子,它有如下关系:

$$\gamma = 1 - \frac{\text{太阳被蚀的视面积}}{\text{太阳视面积}} = \begin{cases} 1 & \text{卫星在日光中} \\ 0 & \text{卫星在本影中} \\ 0 < \lambda < 1 & \text{卫星在半影与伪本影之中} \end{cases} \tag{8.2}$$

计算 γ 的方法有圆柱阴影模型和圆锥阴影模型,具体描述可参见。GRACE 和 CHAMP(1)卫星太阳光压摄动如图 8.3 所示。

8.2.1.4 *N* 体摄动的影响

对于 N 体摄动模型是很精确的,但日月和行星的位置精确程度直接影响到 N 体摄动的精确度,为了保证 N 体摄动力的精确,要求日月、行星位置精确值,一般用 Chebyshev 多项式表示能够满足这一要求。

JPL(Jet Propulsion Laboratory)能够提供一系列 Chebyshev 多项式形式的太阳系星历。

DE(Development Ephemerides)公开可以获得并已经作为高精度行星和日月坐标的标准(Standish 1998)。

目前 DE200 和 DE405 星历广泛用于一般的应用。覆盖范围从 1600 到 2170 年共约 600 年时间。作为 DE406 的扩展版本将覆盖从 -3000 到 +3000 年的时间跨度。

对于 DE118 使用的是 B1950 年参考系,而 DE200 使用的是 J2000 的动力赤道和春分点(EME2000)。

在最近的 DE400 系列中所有数据参照国际天球参考框架(ICRF),在动力 J2000

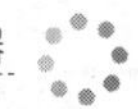

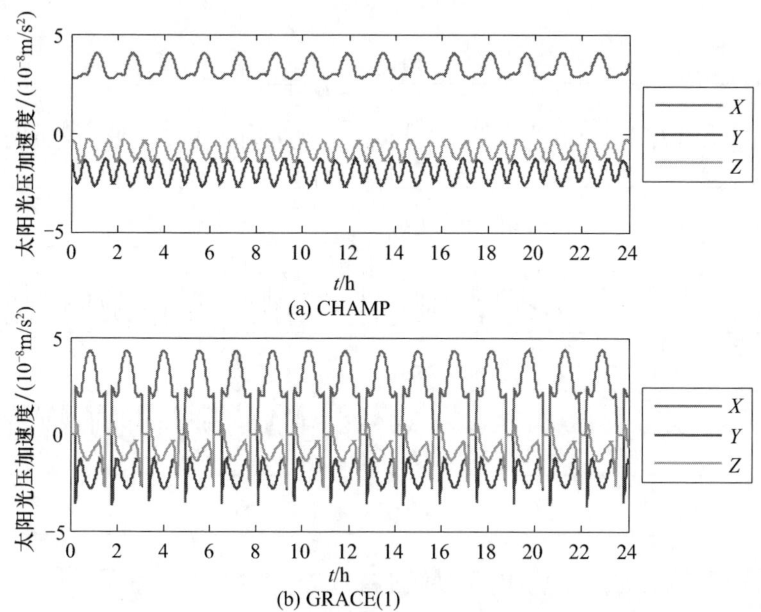

图 8.3　CHAMP 和 GRACE(1)卫星所受太阳光压摄动加速度(2003-08-20)(见彩图)

参考框架和 ICRF 的区别为 0.01″,精度为 0.003″。表 8.2 为 DE200 和 DE405 的比较。

表 8.2　卫星星历表 DE200 和 DE405 比较

星体	DE200			DE405		
	n	k	Δt	n	k	Δt
水星	12	4	8	14	4	8
金星	12	1	32	10	2	16
火星	10	1	32	11	1	32
木星	9	1	32	8	1	32
土星	8	1	32	8	1	32
天王星	8	1	32	7	1	32
海王星	6	1	32	6	1	32
冥王星	6	1	32	6	1	32
月球	12	8	4	13	8	4
太阳	15	1	32	11	2	16
章动	10	4	8	10	4	8
平动				10	4	8

在卫星定轨应用中,我们拟采用的是 JPL DE405 星历表。图 8.4 为 CHAMP 卫星 N 体摄动影响。

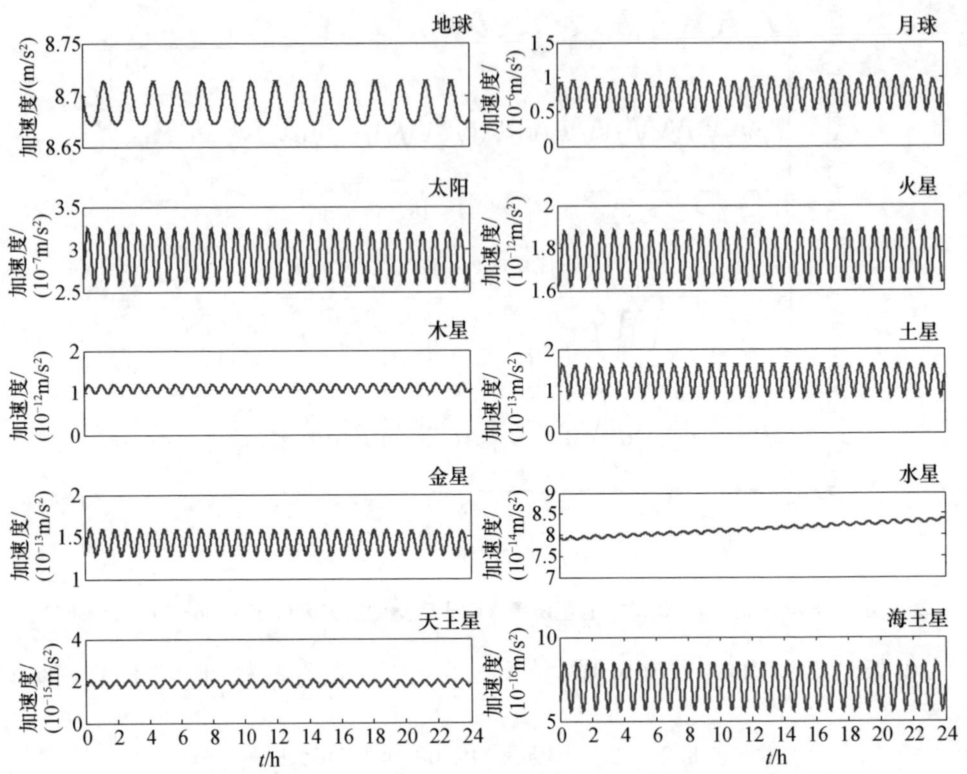

图 8.4　CHAMP 卫星 N 体摄动加速度(2003-08-20)(见彩图)

通过重力卫星 CHAMP、GRACE 的实测数据,分析各种摄动力对卫星产生的加速度数值大小,总的来说,地球重力场、大气阻力、太阳光压这三者是影响卫星精密轨道确定的最为关键的因素,它们模型的正确性、可靠性将直接影响最终定轨精度。

8.2.1.5　轨道仿真流程

轨道积分器主要完成对四大导航系统卫星和其他卫星的轨道积分工作。

积分器的主要作用是通过已知的卫星初始历元和相关摄动力的基本参数计算得到轨道动力参数的偏导数[4]。

积分器的最常用的算法是 RKF(Runge-Kutta-Fehlberg)算法,从工程数学的角度可以看作是一种迭代式的 Runge-Kutta 算法,这种算法的优势是精度满足轨道仿真要求,且方便在软件上实现,在长时间的仿真中也具备良好的稳定性,在具体运算时,还要使用显式 Adams-Bashfort 公式、隐式 Adams-Moulton 公式、Cowell 公式进行数值积分。

但是需要注意的是,由于受力状况比较复杂,一般分析轨道都采用分段估计,避免误差积累,避免产生模型参数突变的问题。数据仿真技术流程图如图 8.5 所示。

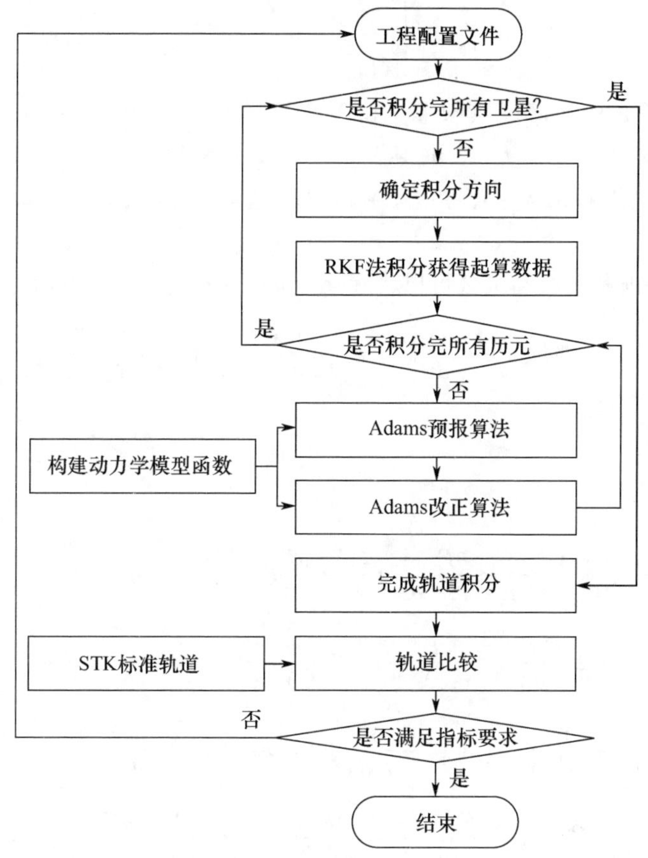

图 8.5　轨道积分器模块流程图

8.2.1.6　高稳定轨道积分方法研究

积分器的设计与卫星力模型的运动方程息息相关,通过相应积分可以得到卫星的位置和速度矢量,除此之外,积分器还需要输入卫星的实时仿真轨道参数和相应力模型偏导数对运算结果进行不断修正。因此相应轨道仿真软件运行时间 90% 都是集中在轨道高精度精密定轨的积分运算中。

目前比较成熟的高稳定轨道积分器算法有以下几种:

(1) Runge-Kutta 算法;

(2) Adams 算法;

(3) Cowell 算法;

(4) Krogh-Shampine-Gordon(KSG)算法。

8.2.1.7　Runge-Kutta 算法

Runge-Kutta 方法在工程数学层面属于较为常见的算法,可以用来解决如下微分方程的初值问题:

$$\begin{cases}\dfrac{\mathrm{d}X}{\mathrm{d}t}=F(t,X)\\ X(t_0)=X_0\end{cases}\tag{8.3}$$

式中：X_0 是变量 X 的初值；F 是变量 t 和 X 的函数。如果步长为 h，则 Runge-Kutta算法可以用来计算变量 X 在 t_0+h 的值 $X(t_0+h)$。重复以上步骤进行迭代，就可以获得对应每次迭代的解 $X(t_0+h)$，$X(t_0+2h)$，$X(t_0+3h)$，$\cdots$，$X(t_0+nh)$，这里 n 是一个整数。

记 t_0+nh，则利用泰勒级数可以将 $X(t_n+nh)$ 在点 t_n 处展开如下：

$$X(t_n+nh)=X(t_n)+h\frac{\mathrm{d}X}{\mathrm{d}t}\bigg|_{t=t_n}+\frac{h^2}{2}\frac{\mathrm{d}^2X}{\mathrm{d}t^2}\bigg|_{t=t_n}+\cdots+\frac{h^n}{n!}\frac{\mathrm{d}^nX}{\mathrm{d}t^n}\bigg|_{t=t_n}+\cdots\tag{8.4}$$

式中

$$\begin{cases}\dfrac{\mathrm{d}X}{\mathrm{d}t}=F\\ \dfrac{\mathrm{d}^2X}{\mathrm{d}t^2}=\dfrac{\mathrm{d}F(t,X)}{\mathrm{d}t}=\dfrac{\partial F}{\partial t}+\dfrac{\partial F}{\partial X}\dfrac{\partial X}{\partial t}=\dfrac{\partial F}{\partial t}+\dfrac{\partial F}{\partial X}F\\ \dfrac{\mathrm{d}^3X}{\mathrm{d}t^3}=\dfrac{\partial^2F}{\partial t^2}+2\dfrac{\partial^2F}{\partial t\partial X}F+\dfrac{\partial^2F}{\partial t\partial X}+\dfrac{\partial^2F}{\partial X^2}F^2+\left(\dfrac{\partial F}{\partial X}\right)^2F\\ \dfrac{\mathrm{d}^4X}{\mathrm{d}t^4}=\dfrac{\partial^3F}{\partial t^3}+\dfrac{\partial^3F}{\partial t^2\partial X}(3F+1)+\dfrac{\partial^3F}{\partial t\partial X^2}(5F^2+2F)+2\dfrac{\partial^2F}{\partial t\partial X}\dfrac{\partial F}{\partial t}+4\dfrac{\partial^3F}{\partial X^3}F^3+\\ \qquad 2\dfrac{\partial^2F}{\partial X^2}\dfrac{\partial F}{\partial t}F+4\dfrac{\partial F}{\partial X}\dfrac{\partial^2F}{\partial t\partial X}+6\dfrac{\partial F}{\partial X}\dfrac{\partial^2F}{\partial X^2}F^2+\left(\dfrac{\partial F}{\partial X}\right)^2\dfrac{\partial F}{\partial t}+\left(\dfrac{\partial F}{\partial X}\right)^2\dfrac{\partial F}{\partial X}F\\ \vdots\end{cases}\tag{8.5}$$

Runge-Kutta 的原理就是使用一组在点$(t_n,X(t_n))$处一阶偏导数的组合来逼近其高阶导数，即

$$X(t_{n+1})=X(t_n)+\sum_{i=1}^{L}w_iK_i\tag{8.6}$$

式中

$$\begin{cases}K_1=hF(t_n,X(t_n))\\ K_i=hF\left(t_n+\alpha_ih,X(t_n)+\displaystyle\sum_{j=1}^{i-1}\beta_{ij}K_j\right)\qquad i=2,3,\cdots\end{cases}\tag{8.7}$$

式中：w_i、α_i 和 β_{ij}是待定的常数；L 是整数，为 Runge-Kutta 算法的阶数。将 K_i 在$(t_n,X(t_n))$进行泰勒展开至一阶，有

$$K_i=hF(t_n,X(t_n))+h^2\alpha_i\frac{\partial F}{\partial t}+h\frac{\partial F}{\partial X}\sum_{j=1}^{i-1}\beta_{ij}K_j\tag{8.8}$$

或者

$$
\begin{cases}
K_2 = hF(t_n, X(t_n)) + h^2\left(\alpha_2 \dfrac{\partial F}{\partial t} + \beta_{21}\dfrac{\partial F}{\partial X}F\right) \\
K_3 = hF + h^2\left(\alpha_3 \dfrac{\partial F}{\partial t} + (\beta_{31} + \beta_{32})\dfrac{\partial F}{\partial X}F\right) + h^3\beta_{32}\dfrac{\partial F}{\partial X}\left(\alpha_2 \dfrac{\partial F}{\partial t} + \beta_{21}\dfrac{\partial F}{\partial X}F\right) \\
K_4 = hF + h^2\left(\alpha_4 \dfrac{\partial F}{\partial t} + (\beta_{41} + \beta_{42} + \beta_{43})\dfrac{\partial F}{\partial X}F\right) + \\
\qquad h^3\left[(\beta_{42}\alpha_2 + \beta_{43}\alpha_3)\dfrac{\partial F}{\partial X}\dfrac{\partial F}{\partial t} + (\beta_{42}\beta_{21} + \beta_{43}(\beta_{31} + \beta_{32}))\dfrac{\partial F}{\partial X}\dfrac{\partial F}{\partial X}F\right] + \\
\qquad h^4\beta_{43}\beta_{32}\dfrac{\partial F}{\partial X}\dfrac{\partial F}{\partial X}\left(\alpha_2 \dfrac{\partial F}{\partial t} + \beta_{21}\dfrac{\partial F}{\partial X}F\right) \\
K_5 = hF + h^2\left(\alpha_5 \dfrac{\partial F}{\partial t} + (\beta_{51} + \beta_{52} + \beta_{53} + \beta_{54})\dfrac{\partial F}{\partial X}F\right) + \\
\qquad h^3\dfrac{\partial F}{\partial X}\left(\begin{array}{l}\alpha_2 \dfrac{\partial F}{\partial t} + \beta_{21}\dfrac{\partial F}{\partial X}F + \beta_{53}\left(\alpha_3 \dfrac{\partial F}{\partial t} + (\beta_{31} + \beta_{32})\dfrac{\partial F}{\partial X}F\right) \\ + \beta_{54}\left(\alpha_4 \dfrac{\partial F}{\partial t} + (\beta_{41} + \beta_{42} + \beta_{43})\dfrac{\partial F}{\partial X}F\right)\end{array}\right) + \\
\qquad h^4\dfrac{\partial F}{\partial X}\left(\begin{array}{l}(\beta_{53}\beta_{32}\alpha_2 + \beta_{54}(\beta_{42}\alpha_2 + \beta_{43}\alpha_3))\dfrac{\partial F}{\partial X}\dfrac{\partial F}{\partial t} \\ + (\beta_{54}(\beta_{42}\beta_{21} + \beta_{43}(\beta_{31} + \beta_{32})) + \beta_{32}\beta_{21})\dfrac{\partial F}{\partial X}\dfrac{\partial F}{\partial X}F\end{array}\right) + \\
\qquad h^5\dfrac{\partial F}{\partial X}\beta_{54}\left(\beta_{43}\beta_{32}\dfrac{\partial F}{\partial X}\dfrac{\partial F}{\partial X}\left(\alpha_2 \dfrac{\partial F}{\partial t} + \beta_{21}\dfrac{\partial F}{\partial X}F\right)\right) \\
\vdots
\end{cases}
\tag{8.9}
$$

这里，F 即相应的偏导数在点$(t_n, X(t_n))$处的值。将式(8.9)代入式(8.8)并比较 h^n 的系数$\left(\dfrac{1}{n!}\right)$，就可以获得关于 w_i、α_i 和 β_{ij}的一组方程，解方程组就可以获得常数 w_i、α_i 和 β_{ij}。这里，我们以 $L=4$ 为例，则有如下方程组：

$$
\begin{cases}
w_1 + w_2 + w_3 + w_4 = 1 \\
w_2\alpha_2 + w_3\alpha_3 + w_4\alpha_4 = \dfrac{1}{2} \\
w_2\beta_{21} + w_3(\beta_{31} + \beta_{32}) + w_4(\beta_{41} + \beta_{42} + \beta_{43}) = \dfrac{1}{2} \\
w_3\alpha_2\beta_{32} + w_4(\alpha_2\beta_{42} + \alpha_3\beta_{43}) = \dfrac{1}{6} \\
w_3\beta_{21}\beta_{32} + w_4(\beta_{21}\beta_{42} + \beta_{31}\beta_{43} + \beta_{32}\beta_{43}) = \dfrac{1}{6} \\
w_4\alpha_2\beta_{43}\beta_{32} = \dfrac{1}{24} \\
w_4\beta_{21}\beta_{43}\beta_{32} = \dfrac{1}{24}
\end{cases}
\tag{8.10}
$$

在本问题中共有 7 个方程 13 个系数，因此，要想获得方程组(8.10)的解还需要其他的限制条件。如果赋予系数 w_i 以权的意义，可以考虑赋等权，即 $w_1 = w_2 = w_3 =$

$w_4=\dfrac{1}{4}$,并代入 $\alpha_2=\dfrac{1}{3},\alpha_3=\dfrac{2}{3},\alpha_4=1$,则可以获得方程组如下:

$$\begin{cases}\beta_{21}+\beta_{31}+\beta_{32}+\beta_{41}+\beta_{42}+\beta_{43}=2\\ \beta_{32}+\beta_{42}+2\beta_{43}=2\\ \beta_{21}\beta_{32}+\beta_{21}\beta_{42}+\beta_{31}\beta_{43}+\beta_{32}\beta_{43}=2/3\\ \beta_{43}\beta_{32}=1/2\\ \beta_{21}\beta_{43}\beta_{32}=1/6\end{cases} \tag{8.11}$$

如果 $\beta_{32}=1$,则有 $\beta_{42}=0$ 和 $\beta_{41}=1/4$。因此,4 阶 Runge-Kutta 公式为

$$X(t_{n+1}) = X(t_n) + \frac{1}{4}\sum_{i=1}^{4}K_i \tag{8.12}$$

且

$$\begin{cases}K_1=hF(t_n,X(t_n))\\ K_2=hF\left(t_n+\frac{1}{3}h,X(t_n)+\frac{1}{3}K_1\right)\\ K_3=hF\left(t_n+\frac{2}{3}h,X(t_n)-\frac{1}{3}K_1+K_2\right)\\ K_4=hF\left(t_n,X(t_n)+\frac{1}{2}K_1+\frac{1}{2}K_3\right)\end{cases} \tag{8.13}$$

同理,可以推导出 8 阶 Runge-Kutta 公式如下:

$$X(t_{n+1})=X(t_n)+\frac{1}{840}(41K_1+27K_4+272K_5+27K_6+216K_7+216K_9+41K_{10}) \tag{8.14}$$

且

$$\begin{cases}K_1=hF(t_n,X_n),X_n=X(t_n)\\ K_2=hF\left(t_n+\frac{4}{27}h,X_n+\frac{4}{27}K_1\right)\\ K_3=hF\left(t_n+\frac{2}{9}h,X_n+\frac{1}{18}K_1+\frac{1}{6}K_2\right)\\ K_4=hF\left(t_n+\frac{1}{3}h,X_n+\frac{1}{12}K_1+\frac{1}{4}K_3\right)\\ K_5=hF\left(t_n+\frac{1}{2}h,X_n+\frac{1}{8}K_1+\frac{3}{8}K_4\right)\\ K_6=hF\left(t_n+\frac{2}{3}h,X_n+\frac{1}{54}(13K_1-27K_3+42K_4+8K_5)\right)\\ K_7=hF\left(t_n+\frac{1}{6}h,X_n+\frac{1}{4320}(389K_1-54K_3+996K_4-824K_5+243K_6)\right)\\ K_8=hF\left(t_n+h,X_n+\frac{1}{20}(-231K_1+81K_3-1164K_4+656K_5-112K_6+800K_7)\right)\\ K_9=hF\left(t_n+\frac{5}{6}h,X_n+\frac{1}{288}(-127K_1+18K_3-678K_4+456K_5-9K_6+576K_7+4K_8)\right)\\ K_{10}=hF\left(t_n+h,X_n+\frac{1}{820}(1481K_1-81K_3+7104K_4-3376K_5+72K_6-5040K_7-60K_8+720K_9)\right)\end{cases} \tag{8.15}$$

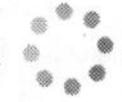

Runge-Kutta 算法只进行一次，因此在实际计算中只用做其实初值的计算，它的运算过程类似泰勒展开级数的逼近，多次使用计算量极大，不利于轨道仿真的实时进行，因此在计算完初值后，不再使用这种方法。

通用的轨道仿真计算软件中，一般配备自适应控制积分步长的机制，尤其是针对一些特殊的轨道周期，这样可以保证轨道积分达到合理的精度。

为了应用上述算法，需对轨道运动的初值问题进行改化，可以重新写为

$$\begin{cases}\dfrac{\mathrm{d}X_k}{\mathrm{d}t}=\dot{X}_k(t,X)\\[2ex]\dfrac{\mathrm{d}\,\dot{X}_k}{\mathrm{d}t}=f_k(t,X)/m\end{cases}\tag{8.16}$$

其初值条件为：$X_k(t_0)=X_{k0}$，$\dot{X}_k(t_0)=\dot{X}_{k0}$，$k=1,2,3$，而原问题中 $X=(X_1,X_2,X_3,\dot{X}_1,\dot{X}_2,\dot{X}_3)$。

8.2.1.8 Adams 算法

对初值问题：

$$\begin{cases}\dfrac{\mathrm{d}X}{\mathrm{d}t}=F(t,X)\\[1ex]X(t_0)=X_0\end{cases}\tag{8.17}$$

其解为

$$X(t_{n+1})=X(t_n)+\int_{t_n}^{t_{n+1}}F(t,X)\,\mathrm{d}t\tag{8.18}$$

Adams 算法使用牛顿向后差分算法来拟合函数 F，表达式如下：

$$F(t,X)=F_n+\frac{t-t_n}{h}\nabla F_n+\frac{(t-t_n)(t-t_{n-1})}{2!\ h^2}\nabla^2F_n+\cdots+\frac{(t-t_n)(t-t_{n-1})\cdots(t-t_{n-k+1})}{k!\ h^k}\nabla^kF_n\tag{8.19}$$

式中：F_n 是函数在 t_n 处的取值；h 是步长；∇^kF 为函数 F 的 n 阶向后差分，定义如下：

$$\begin{cases}\nabla F_n=F_n-F_{n-1}\\ \nabla^2F_n=\nabla F_n-\nabla F_{n-1}=F_n-2F_{n-1}+F_{n-2}\\ \vdots\\ \nabla^mF_n=\displaystyle\sum_{j=0}^{m}(-1)^jC_m^jF_{n-j},\ C_m^j=\frac{m!}{j!(m-j)!}\end{cases}\tag{8.20}$$

此处，C_m^j 为二项式系数。令 $s=(t-t_n)/h$，那么有 $\mathrm{d}t=h\mathrm{d}s$，且 $t=t_n$ 时 $s=0$，$t=t_{n+1}$时 $s=1$。这样，方程式(8.19)和式(8.20)可以化为

$$\begin{cases} F(t,X) = \sum_{m=0}^{k} C_{s+m-1}^{m} \nabla^{m} F_{n} \\ X(t_{n+1}) = X(t_{n}) + \int_{t_{n}}^{t_{n+1}} \sum_{m=0}^{k} C_{s+m-1}^{m} \sum_{j=0}^{m} (-1)^{j} C_{m}^{j} F_{n-j} h \mathrm{d}s \end{cases} \tag{8.21}$$

如果记

$$\begin{cases} \gamma_{m} = \int_{0}^{1} C_{s+m-1}^{m} \, \mathrm{d}s \\ \beta_{j} = \sum_{m=j}^{k} (-1)^{j} C_{m}^{j} \gamma_{m} \mathrm{d}s \end{cases} \tag{8.22}$$

则初值问题的解可以写为

$$X(t_{n+1}) = X(t_{n}) + h \sum_{j=0}^{k} \beta_{j} F_{n-j} \tag{8.23}$$

式(8.23)的推导是通过交换两个求和顺序后获得的。对方程式(8.21)有下式成立:

$$\gamma_{0} = 1, \quad \gamma_{m} = 1 - \sum_{j=1}^{m} \frac{1}{j+1} \gamma_{m-j} \qquad m \geqslant 1 \tag{8.24}$$

式(8.19)也称为 Adams-Bashforth 公式。它利用了函数值$\{F_{n-j}, j=0,1,\cdots,k\}$来计算 X_{n+1};当确定了该方法的阶数后,则系数 β_j 也随之确定,这样,就使得利用式(8.24)描述的算法解初值问题非常简单;而且,在每次积分过程中,只有函数在 t_n 处的值 F_n 需要计算。但是,Adams 算法需要函数值$\{F_{n-j}, j=0,1,\cdots,k\}$来起步,也就是说,Adams 算法是不能自起步的,它需要有初值。一般我们采用 Runge-Kutta 算法来计算这些初始函数值。

在 Adams 中,计算 X_{n+1}时并没有考虑函数在 t_{n+1}点的值 F_{n+1},Adams-Moulton 方法顾及了这一点;与上面 Adams 算法的推导思路类似函数 F 可以表示为

$$F(t,X) = F_{n+1} + \frac{t-t_{n+1}}{h} \nabla F_{n+1} + \frac{(t-t_{n+1})(t-t_{n})}{2!\ h^{2}} \nabla^{2} F_{n+1} + \cdots + \frac{(t-t_{n+1})(t-t_{n})\cdots(t-t_{n-k+2})}{k!\ h^{k}} \nabla^{k} F_{n+1} \tag{8.25}$$

类似地,有 $\nabla^{m} F_{n+1} = \sum_{j=0}^{m} (-1)^{j} C_{m}^{j} F_{n+1-j}$。

同理,令 $s=(t-t_{n+1})/h$,那么有 $\mathrm{d}t = h\mathrm{d}s$;且 $t=t_n$ 时 $s=-1$,$t=t_{n+1}$时 $s=0$。这样,与方程式(8.17)的推导思路类似,有

$$X(t_{n+1}) = X(t_{n}) + h \sum_{j=0}^{k} \beta_{j}^{*} F_{n+1-j} \tag{8.26}$$

和

$$\beta_j^* = \sum_{m=j}^{k} (-1)^j C_m^j \gamma_m^*$$

$$\gamma_m^* = \int_{-1}^{0} C_{s+m-1}^m \mathrm{d}s \tag{8.27}$$

且

$$\gamma_0^* = 1, \gamma_m^* = -\sum_{j=1}^{m} \frac{1}{j+1}\gamma_{m-j}^* \qquad m \geqslant 1 \tag{8.28}$$

由于在逼近函数 F 的过程中使用了 F_{n+1}，因此，在多数情况下 Adams-Moulton 方法要比 Adams-Bashforth 方法的精度更高；但是，在计算函数值 F_{n+1} 前必须要有 X_{n+1}，因此，Adams-Moulton 方法采用迭代递归的方式完成计算。一般的具体实现方式是利用 Adams-Bashforth 方法计算 X_{n+1} 的近似值，然后利用 X_{n+1} 的近似值继续计算。

8.2.1.9　Cowell 算法

对以下微分方程的初值问题：

$$\begin{cases} \dfrac{\mathrm{d}^2 X}{\mathrm{d}t^2} = F(t,X) \\ \dot{X}(t_0) = \dot{X}_0 \\ X(t_0) = X_0 \end{cases} \tag{8.29}$$

其解可以写为

$$\dot{X}(t) = \dot{X}(t_n) + \int_{t_n}^{t} F(t,X)\,\mathrm{d}t \tag{8.30}$$

注意，此处，X 指卫星的位置向量。或者说，函数 F 只是问题的函数而与速度无关。对式(8.30)分别在区间 $[t_n, t_{n+1}]$ 和 $[t_n, t_{n-1}]$ 上积分，可得

$$\begin{cases} X(t_{n+1}) - X(t_n) - \dot{X}(t_n)(t_{n+1} - t_n) = \displaystyle\int_{t_n}^{t_{n+1}}\int_{t_n}^{t} F(t,X)\,\mathrm{d}t\mathrm{d}t \\ X(t_{n-1}) - X(t_n) - \dot{X}(t_n)(t_{n+1} - t_n) = \displaystyle\int_{t_n}^{t_{n-1}}\int_{t_n}^{t} F(t,X)\,\mathrm{d}t\mathrm{d}t \end{cases} \tag{8.31}$$

这里有 $t_n - t_{n-1} = t_{n+1} - t_n = h$。将方程式(8.31)中的两式相加有

$$X(t_{n+1}) - 2X(t_n) + X(t_{n-1}) = \int_{t_n}^{t_{n+1}}\int_{t_n}^{t} F(t,X)\,\mathrm{d}t\mathrm{d}t + \int_{t_n}^{t_{n-1}}\int_{t_n}^{t} F(t,X)\,\mathrm{d}t\mathrm{d}t \tag{8.32}$$

与 Adams-Bashforth 方法类似，函数 F 由下式拟合：

$$F(t,X) = F_n + \frac{t-t_n}{h}\nabla F_n + \frac{(t-t_n)(t-t_{n-1})}{2!\ h^2}\nabla^2 F_n + \cdots + \frac{(t-t_n)(t-t_{n-1})\cdots(t-t_{n-k+1})}{k!\ h^k}\nabla^k F_n \tag{8.33}$$

将式(8.33)代入式(8.32)可得

$$X(t_{n+1}) = 2X(t_n) - X(t_{n-1}) + h^2 \sum_{j=0}^{k} \beta_j F_{n-j} \tag{8.34}$$

这里

$$\begin{cases} \beta_j = \sum_{m=j}^{k} (-1)^j C_m^j \sigma_m \\ \sigma_0 = 1,\ \sigma_m = 1 - \sum_{j=1}^{m} \dfrac{2}{j+2} b_{j+1} \sigma_{m-j} \quad m \geqslant 1 \\ b_j = \sum_{i=1}^{i} \dfrac{1}{i} \end{cases} \tag{8.35}$$

方程式(8.29)称为 Stormer 公式。与在 Adams 算法中的讨论相似,如果考虑 F_{n+1},则有

$$F(t,X) = F_{n+1} + \frac{t-t_{n+1}}{h} \nabla F_{n+1} + \frac{(t-t_{n+1})(t-t_n)}{2!\ h^2} \nabla^2 F_{n+1} + \cdots + \frac{(t-t_{n+1})(t-t_n)\cdots(t-t_{n-k+2})}{k!\ h^k} \nabla^k F_{n+1} \tag{8.36}$$

且

$$X(t_{n+1}) = 2X(t_n) - X(t_{n-1}) + h^2 \sum_{j=0}^{k} \beta_j^* F_{n+1-j} \tag{8.37}$$

式中

$$\beta_j^* = \sum_{m=j}^{k} (-1)^j C_m^j \sigma_{m-j}^* \quad m \geqslant 1 \tag{8.38}$$

$$\sigma_0^* = 1,\ \sigma_m^* = -\sum_{j=1}^{m} \frac{2}{j+2} b_{j+1} \sigma_{m-j}^* \quad m \geqslant 1$$

$$b_j = \sum_{i=1}^{i} \frac{1}{i}$$

方程式(8.30)称为 Cowell 方法。由于使用了 F_{n+1}来拟合函数,Cowell 与 Stormer 轨道仿真精度几乎完全一致。计算 F_{n+1}需要 X_{n+1}上的值,所以需要进行进一步迭代,利用 Stormer 方法计算初始值,然后利用初始值进行迭代。

8.2.1.10 积分算法小结

根据前面的介绍,Runge-Kutta 算法在实际计算中只用作其实初值的计算,它的运算过程类似泰勒展开级数的逼近,多次使用计算量极大,不利于轨道仿真的实时进行,因此在计算完初值后,不再使用这种方法,只用作多迭代算法的起步算法。

Adams 算法是一种多步算法。由于其系数间存在简单的关系,因此提高该算法的阶数很方便。该算法是不能自起步的,在起步后,每次积分都只需要计算一次函数值,因此,特别对那些具有复杂关系的初值问题具有很高的计算效率。右函数是时间

和卫星状态的函数,因此,在卫星定轨问题中使用 Adams 算法不会产生与右函数有关的任何问题。一般使用 Adams-Bashforth 和 Adams-Moulton 方法获得更高的轨道仿真精度。

Cowell 算法也是一种多部迭代算法,且比同阶 Adams 算法有更高的精度,但是,这种算法只适用于时间和卫星位置向量的函数这种特殊情况,其他情况下,这种方法并不适用。

综上,在初值由 Runge-Kutta 算法计算得到后,当与卫星位置和时间有关的参量,使用 Cowell 方法,而其他与时间和位置无关的参量则使用 Adam 算法完成计算。

在积分算法的设计上,还有两个关键因素就是积分步长和积分器的阶数,在实际软件仿真实现时都是自适应可调整的,比较常用的阶数初值是 8(Runge-Kutta 方法)或者 12(Adams 方法),但是考虑到运算量,阶数并不是越高越好。对于步长也一样,并非步长越小越好。

通过对表 8.3 所列几种常用的积分器进行对比,从运算的迭代次数的角度,可以将积分器分为单步法和多步法两类;从积分步长的调整机制的角度,可以分为固定步长法和自适应步长法两类;从差分算子的使用角度,可以分为求和型和非求和型两类;从微分方程的阶数的角度,可以分为一次型和二次型。根据积分算法的数学推导可得,多步法性能优于单步法,因为迭代次数的增加可以提升计算右函数的次数,而右函数较为复杂,多次计算可以达到更高的精度,代价是需要更长的计算时长;其次,变步长法性能优于固定步长法,尤其是对于椭圆轨道;再次,求和型性能优于非求和型,原因是求和型有更小的省略误差;最后,二次型性能优于一次型,原因是二阶方程的求解所需步长要更长。

表 8.3　数值积分方法特征

数值积分方法	单步法/多步法	变步长/固定步长	求和型/非求和型	一次型/二次型
RK(Runge-Kutta)方法	单步法	固定步长	NA	一次型
RKF(Runge-Kutta-Fehlberg)方法	单步法	变步长	NA	一次型
Adams 方法	多步法	固定步长	非求和型	一次型
Cowell 方法	多步法	固定步长	非求和型	二次型
Shampine-Gordon 方法	多步法	变步长	非求和型	一次型
KSG(Krogh-Shampine-Gordon)方法	多步法	固定步长	非求和型	二次型
Gauss-Jackson 方法	多步法	固定步长	求和型	二次型

在实际应用中,还要根据实际软硬件平台的情况,选择适当的积分算法,在精度、稳定收敛性和计算耗费资源量间做折中考虑。

8.2.2 导航信号大气传播影响模型与仿真

通过前面介绍我们知道大气阻尼模型受各种因素的影响较大,所以有较强的随机性,很难通过数学模型精确建立。通用的几种大气模型也存在较大差异。很明显经验阻尼模型的精度在过去20年里没有明显的提高。轨道仿真经常使用的大气模型有 Harris - Priester、Jacchia 71、Jacchia - Roberts 等[5]。

Harris - Priester 模型是在详细和复杂的大气模型建立之前于1962年建立起来的,它现在仍然是大气阻力标准模型之一,并且也能够满足许多方面的应用。

J71 模型包含了密度随时间的变化,覆盖了高度范围为 90 ~ 2500km,与1972年被空间研究协会工作组采纳作为国际参考大气模式,高度为 1100 ~ 2000km。J71 模型(图 8.6)是应用最广泛的精密定轨的大气密度模型,这种模型重复考虑了各种卫星观测跟踪的参数以及太阳效应。

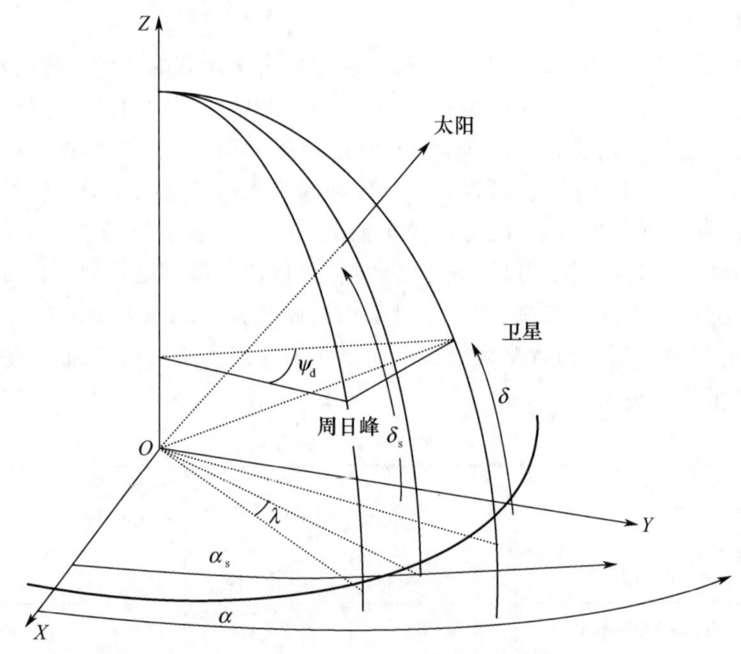

图 8.6 J71 大气阻尼模型

大气密度被表示为

$$\rho = \rho'(h)\frac{F_{10.7}}{100}\left\{1 + 0.19\left[\mathrm{e}^{0.005h} - 1.9\right]\cos^6\left(\frac{\psi_d}{2}\right)\right\} \tag{8.39}$$

$$\ln\rho'(h) = -16.021 - 1.985 \times 10^{-3}h + 6.383\mathrm{e}^{-0.0026h} \tag{8.40}$$

式中:$F_{10.7}$是 10.7cm 太阳辐射流量;角度 ψ_d 为

$$\cos\psi_d = \sin\delta\sin\delta_s + \cos\delta\cos\delta_s(\alpha - \alpha_s - \overline{\lambda}) \tag{8.41}$$

式中：α 和 δ 是卫星的瞬时赤经和瞬时赤纬（真坐标系）；α_s 和 δ_s 是太阳的赤经和赤纬；$\bar{\lambda}$是相位角。

给出大气密度 ρ，根据前面给出的参数得到卫星的大气阻尼加速度的计算公式为

$$\ddot{\vec{R}}_D = -\frac{1}{2}C_D\frac{A}{m}\rho\vec{v}_r^2 \tag{8.42}$$

除了 J71 模型，还有多种大气密度模型，表 8.4 是以 J71 模型作为比较基准的其他大气密度模型对应的软件计算量以及平均大气密度和最大大气密度。

表 8.4　各种大气密度模型比较表

模型	CPU	$\Delta\rho_{mean}$	$\Delta\rho_{max}$
Jacchia 71	1.00	—	—
Jacchia-Roberts	0.22	0.01	0.03
Jacchia-Lineberry	0.43	0.13	0.35
Jacchia-Gill	0.11	0.12	0.08
Jacchia 77	10.69	0.13	0.35
Jacchia-Lafontaine	0.86	0.13	0.36
MSIS 77	0.06	0.18	0.53
MSIS 86	0.32	0.21	1.45
TD88	0.01	0.91	7.49
DTM	0.03	0.40	1.22
注：DTM—阻尼温度模型			

Jacchia – Roberts 模型来源于 J70，后来按照 J71 进行了修改。原始的 Jacchia70 温度模型用于 90 ~ 125km 之间，高于 125km 温度谱差异进行了假设，产生了可以积分的扩散方程，Roberts 方法以大气压力和扩散方程的解析解为基础，其结果在 990 ~ 125km 高度上与 Jacchia 非常接近，尤其在 125km 高度上，与 J71 平均密度差和最大密度差为 1% ~ 3% 之间。CPU 计算性能是 J71 的 5 倍左右，Roberts 避免了数值积分，降低了不必要的大量系数的储存，计算速度也加快了。

Jacchia – Lineberry 模型假设密度对数可以计算，作为温度和高度的截断劳伦展开系列。高度分成 9 个区间，模型中必要的系数约 100 个，然而季节性的纬度方向的氦变化没有考虑。与 J71 的密度差典型的为 13%，计算速度提高了。

Jacchia – Gill 模型利用了 J71 标准密度模型的两个多项式近似，以温度 4 阶和高度 5 级多项式为基础，温度间隔 500 ~ 1900K，高度间隔为 90 ~ 2500km，分成 8 个区间，在这几个区间使用最小二乘法拟和确保它们之间的连续转换。氦密度也以同样

的方法获得，在 Jacchia – Gill 模型需要的全部系数为 330 个。与 J71 典型的差异为 2%，最大差异为 8%。计算时间降低 90%。

在 1997 年 Jacchia 发表了 J77 模型，此模型以卫星加速度和质量分光仪数据分析为基础。关于卫星阻尼的向上大气密度是积分大气压和扩散方程。然而为了解释清楚在一天内不同的时间里不同尖峰密度引入了非常复杂的独立的准温度谱，而且太阳密度谱使用了加权平均值，最后针对卫星位置的地磁纬度指数进行修正。模型增加了这些扩展变得非常复杂。结果 CPU 计算时间比原来慢了 10 倍，并且从精度上也没有改变。

与 J70 和 J71 相比较，在低高度上温度谱的改变使得 Roberts 方法不能应用了。由 de Lafontaine 和 Hughes 转变了这种形势。他们修改了低于 125km 的 Jacchia 温度谱，扩展了 Roberts 外延高于 125km 的温度谱，获得了 J77 模型分析版本。这些方法比 Roberts 方法更普遍并且并不限于 J77 模型，也可以应用于 J70 和 J71 模型。与原来的 J77 模型相比计算效率提高了，与 Roberts 模型相比密度对所有温度连续性有了保证。与 J71 模型相比密度差分别为 13% 和 36%。

另一种不同的模型是由 A. E. Hedin 发表的，这些模型根据来自卫星和探空火箭的现场测量数据以及非相关的散射测量数据。第一个模型是由 Hedin 等人于 1977 年发表的，称为 MSIS77（Mass Spectrmeter and Incoherent Scatter 77）。当使用了更多的数据后，此模型升级为 MSIS-83（Hedin 1983）和 MSIS-86（Hedin 1987）模型。最后的模型用来作为 1986 CIRA 参考大气模型。MSIS-86 依据的是用于计算大气密度和其他大气参数的复杂的函数，需要提供 850 系数，但反过来此模型提供大气复杂特性的详细模型。

Barlier 等人于 1978 年提出了阻尼温度模型（DTM），它是根据来自卫星阻尼观测的密度数据。其中球谐项是按照外大气层温度和主要大气成分氦、氧原子和氮的密度来展开的。以一种简单的分析，整体密度与高度有关，通过积分扩散方程可以获得整体密度，扩散方程中包含经验温度谱。为计算此模型需要 150 个参数，计算时间极短。但是此模型与 J71 有很大的差异，典型差为 40%，最大密度差为 122%。

由 Sehnal 和 Pospisilova 于 1988 年从 DTM 推导的一个简单的大气模型 TD88，此模型仅仅需要 40 个参数，应用高度为 150 ~ 750km，与 J71 相比，计算性能提高了，密度差没有达到预期的那么高，平均值为 91%。最大值为 749%，此高度为 130km，超出 Sehnal 所定的范围。

许多报道分析了各种密度模型的差异，如 Gaposchkin、Coster 和 Marcos 等人。结论是这些模型统计精度为 15%，近 20 年的时间里密度模型没有明显的进步。利用这些复杂的密度模型来精密定轨的益处还是个问题。目前似乎都以模型是否复杂作为选择模型的依据，目的是尽量降低计算量和系数需求。

根据目前大气模型的发展状况，选择 J71 和 DTM 来定轨，以后再开发使用 MSIS77 和 MSIS86。图 8.7 为采用 DTM94 计算的 CHAMP 和 GRACE(1) 卫星大气阻

力摄动加速度。

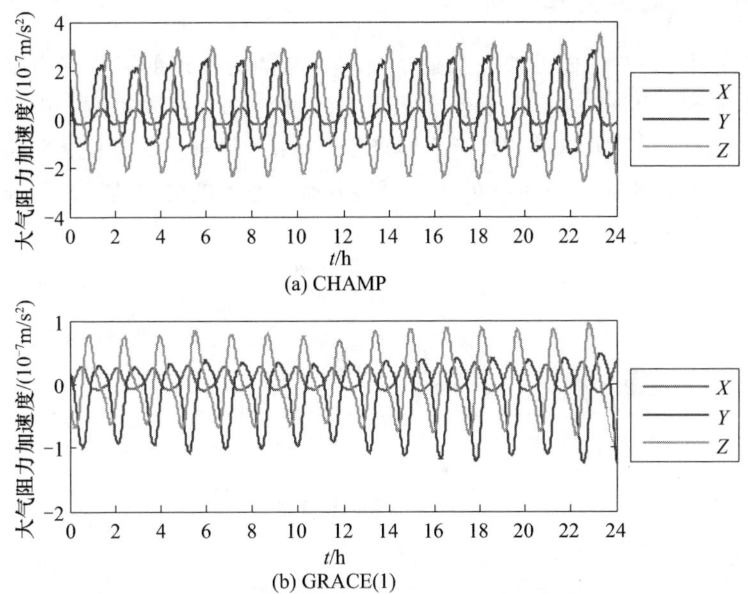

图8.7　CHAMP和GRACE(1)卫星所受大气阻力摄动加速度(2003-08-20)(见彩图)

8.2.3　用户载体动力学特性对导航信号的影响与仿真

载体在特定坐标下会受到复杂的外力作用而使其空间运动极其复杂。描述载体的轨迹点需3维位置和相对于坐标系三轴的旋转欧拉角共6自由度参数。通常情况下,某一时刻的位置信息由载体携带的卫星导航终端给出,姿态信息由载体携带的MEMS传感器内陀螺仪给出,速度信息由载体携带的MEMS传感器内加速度计给出。本书通过仿真建模的方式研究载体在运动时6自由度情况下的动力学特性,包括动力学运动过程的场景创建、场景编辑和场景保存等。

卫星导航终端给出的位置信息是卫星导航接收天线相位中心所在的位置,而陀螺仪和加速度计给出的姿态信息和速度信息是MEMS传感器所在之处的信息。一般情况下,卫星导航接收天线相位中心和MEMS传感器在载体中的安装位置并不重合,但两个设备的质心通常由一个连接杆相连,两质心之间的位置差异在载体的运动过程中会产生所谓的“杆臂效应”。本项目以仿真建模的方式研究天线相位中心与载体质心之间的几何关系,通过坐标转换,在运动场景中实时计算出这种影响关系随时间的变化。

复杂的载体运动轨迹可以分解为匀速直线运动、匀加速直线运动、匀速圆周运动。难点在于:在载体从一种状态切换到另一种状态时,需要研究运动载体在最大动态限定值的条件下的平滑过渡(偏差曲线没有跳变点出现),以及如何将站心坐标系轨迹转换为WGS-84下的3维位置轨迹。

8.2.4 高逼真力学分析

在自然界中,一个物体的状态总是受到它周围的力作用的影响。力是改变物体状态的根本原因。因此,在高逼真运动轨迹建模精度与对载体的受力理解的深度密切相关:载体的综合受力建模约接近真实环境,其积分得到的3维位置轨迹就与真实轨迹越逼近。图8.8通过一辆小车在不同的运动状态下的受力情况对其速度和位置的影响做一简单的分析。

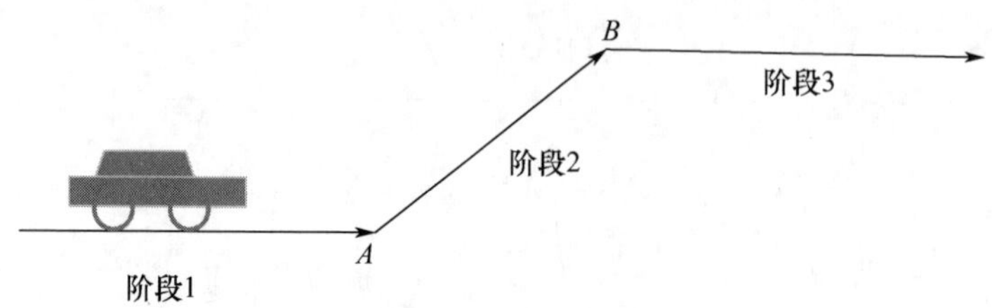

图8.8 场景示意图

1) 场景定义

阶段1:小车在水平面上A点(配合Spirent算例,这里设置初始状态为$E=0\text{m}$, $N=0\text{m}$, $U=48\text{m}$),如图8.9所示。

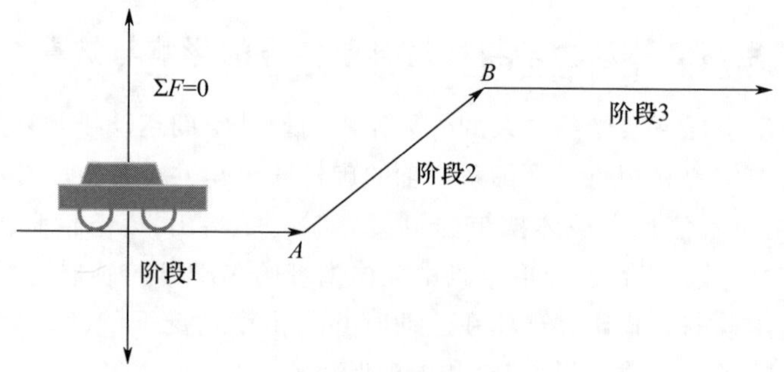

图8.9 阶段1受力情况

阶段2:小车从静止状态爬上高程为100的B点($E=100\text{m}$, $N=0\text{m}$, $U=100\text{m}$),如图8.10所示。

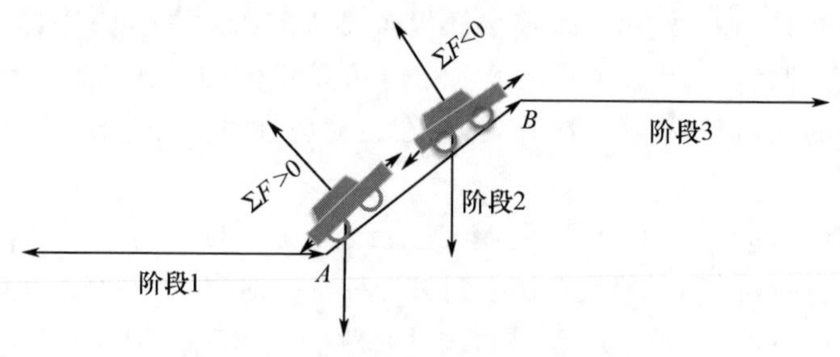

图8.10 阶段2受力情况

阶段3:小车爬上 B 点后,做水平面内的匀速直线运动,如图8.11所示。

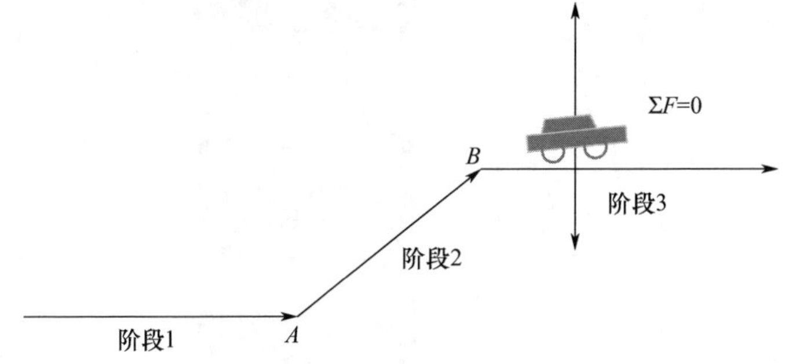

图8.11 阶段3受力情况

2)受力分析

(1)阶段1中,小车虽然同时受到了重力和支持力,但两者的合力为零(图8.9),因此,其静止的初始状态不会改变,小车依然静止在原地。随时间的变化,其理论位置为初始位置,速度和加速度均为零。

(2)阶段2中,小车开始爬坡,这个阶段的小车受力比较复杂,它将受到牵引力、摩擦力、风的阻力、重力的影响,但其合力必须与小车的前进方向一致才能顺利爬坡,快到坡面时为了平稳到达顶点此时小车需要制动(解除牵引力)让小车的综合力为零才能将上升过程平滑过渡到水平面运动过程,亦即阶段2过程经历了先加大牵引力(合力加大),进行加速爬升,然后减小牵引力(合力逐渐减小为0),经历一段匀速爬升过程,然后快到顶面时,进一步减小牵引力(在多种作用力下,合力为负)做减速运动。

(3)到达顶面后,小车以刚到达顶点的速度继续做匀速运动,如图8.11所示。

3)场景总结

总之,尽管现实生活中运动载体的受力纷繁复杂,但影响运动载体的状态的主要原因是载体的综合受力,惯性测量单元测量得到的就是这种3维方向上的综合受力值,要想得到十分逼真的运动轨迹,就必须了解实现这一过程中载体的分阶段受力情况,我们需要针对不同的运动场景进行仔细分析,分别建模,通过分析建立模型,与Spirent输出的参数进行比对,发现偏差,找出原因再建模,其基本研究思路如图8.12所示。

实际上,用Spirent模拟物理场景1得到的3维运动信息如图8.13所示,可以清楚地看到加速度的加速、减速、零加速的物理过程,此过程中速度出现快速切换,但没有出现突然跳跃,做到了平滑过渡。

8.2.5 运动载体运动学建模

现实环境中,运动载体的3维位置是复杂多变的,但我们可以将这种复杂的运动方式分解为几种简单运动方式的组合形式,这些公式可以采用已知的运动学规律来

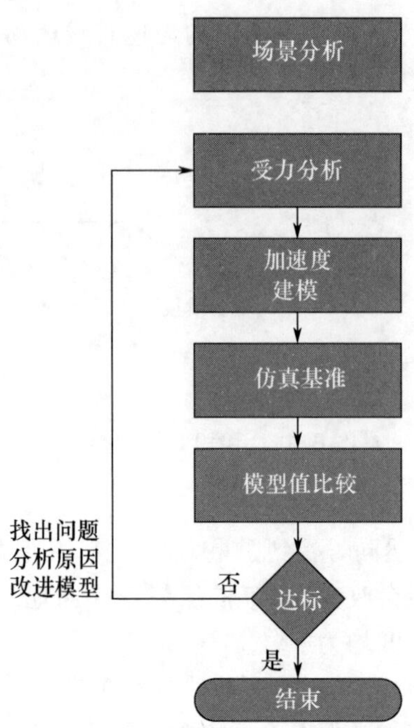

图 8.12　高逼真受力分析途径

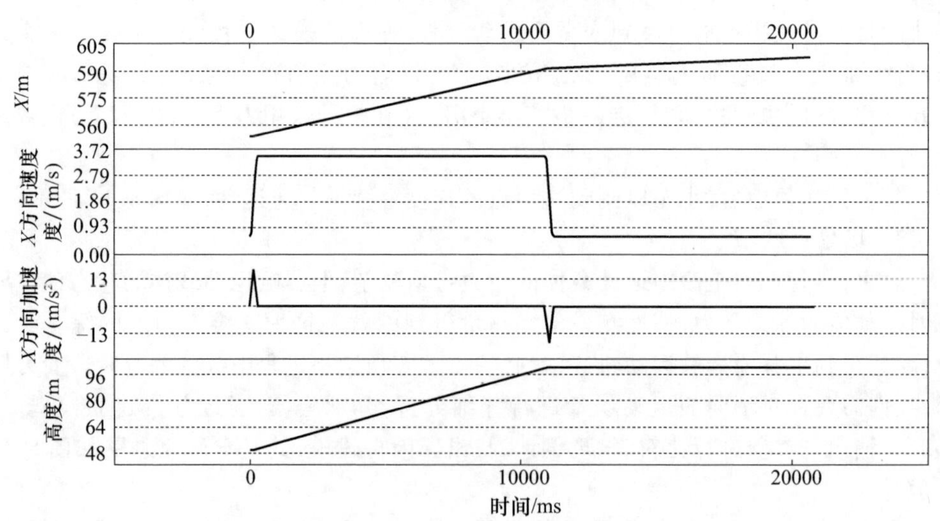

图 8.13　Spirent 输出的物理场景 1 的参数信息

进行量化。

1）静止或者匀速直线运动（为方便起见，但不失一般性，设为 1 维）

$$t = t_0$$

$$a = 0$$

$$\boldsymbol{v} = \boldsymbol{v}_0$$

$$x = x_0$$

静止或匀速行驶的小车、舰船等都可以采用这种模式。在时刻 t 经过 dt 以后其状态唯一确定为

$$t = t_0 + \Delta t$$
$$a = 0$$
$$\boldsymbol{v} = \boldsymbol{v}_0$$
$$x = x_0 + \boldsymbol{v}_0 \cdot \Delta t$$

2）匀加速直线运动

$$t = t_0$$
$$a = a_0$$
$$\boldsymbol{v} = \boldsymbol{v}_0$$
$$x = x_0$$

在高速路起步行驶的小车可以采用这种模式。在时刻 t 经过 dt 以后其状态唯一确定为

$$t = t_0 + \Delta t$$
$$a = a_0$$
$$\boldsymbol{v} = \boldsymbol{v}_0 + a_0 \cdot \Delta t$$
$$x = x_0 + \boldsymbol{v}_0 \Delta t + 5 \cdot a_0 \cdot \Delta t^2$$

3）匀速圆周运动

初始状态:已知原点和半径以及初始速度。

$$t = t_0$$
$$\boldsymbol{v} = \boldsymbol{v}_0$$
$$x = x_0$$

半径:r。

已知原点和半径以及初始速度后,在 2 维坐标系中的位置和速度以及加速度都可以唯一确定。

$$\omega = \frac{\| \boldsymbol{v}_0 \|}{r}$$
$$t = t_0 + \Delta t$$
$$\theta = \theta_0 + \omega \cdot \Delta t$$
$$x = r \cdot \cos\theta$$
$$y = r \cdot \sin\theta$$
$$\boldsymbol{v}_x = -r\omega\sin\theta$$
$$\boldsymbol{v}_y = r\omega\cos\theta$$
$$a_x = -r\omega^2\cos\theta$$
$$a_y = -r\omega^2\sin\theta$$

4）变加速直线运动

对于平面内的变加速的曲线运动，可以将曲线进行微分处理，在很短的时间间隔内，可以认为载体是在做匀加速直线运动，在建立好力模型的情况下，若已知变加速度值：

$$a = f(t)$$

则对整个曲线积分可得速度和位置信息：

$$v = \int a\mathrm{d}t = \int f(t)\mathrm{d}t \approx \sum (v_0 + f(t) \cdot \mathrm{d}t)$$

$$x = \int v\mathrm{d}t = \int (v_0 + f(t) \cdot \mathrm{d}t)\mathrm{d}t \approx \sum (v_0\mathrm{d}t + 5 \cdot f(t) \cdot \mathrm{d}t^2)$$

显然，3 维位置和速度的逼真程度跟加速度的逼真程度直接相关，而加速度的变化可能有矩形、线性、梯形模型可选。

5）2 维运动轨迹到 3 维运动轨迹的实现

地球是球体。尽管现实生活中的物体在地固系下是 3 维的复杂曲线运动。当我们在测量其 3 维方位时往往先选择一个参考点，然后以该点建立站心坐标系，实际上可以认为地心坐标系为经过其站心原点并且与球面相切的平面，这个平面在小区域 $100\mathrm{km}^2$ 范围内可以近似认为地表面就是水平面。在水平面上讨论载体的运动在大多数情况下是合理的，其 2 维运动轨迹比较方便地确定。在确定好 2 维轨迹以后通过坐标转换转换到地心地固系，从而实现 2 维到 3 维的轨迹确定。其姿态角的确定与此类似。

8.3 导航信号模拟器的设计与实现技术

8.3.1 多系统导航信号模拟器总体设计

可以看出，模拟器的应用需求众多，具有一定的定制性特性，难以采用一种模拟器来满足所有的使用要求，必须进行针对性的设计形成系列化的模拟器。因此，模拟器系列产品整体规划中整个软硬件设计应充分考虑模块化，需遵循以下总体设计原则：

（1）系统架构上考虑统一设计，基于核心相同的软硬件能够派生出成系列的导航模拟器，但其核心应一致而无需每次进行重新软硬件开发。

（2）系统具有可扩展性，模拟器增加软硬件扩展后能够实现扩展频点数、干扰、组合导航、实时闭环评估、甚至能扩展 SBAS、RDSS、GBAS（地基增强系统）、A-GNSS等。

（3）硬件上不因输出导航系统频点组合的不同而需做大量的重新设计，即硬件上整个机箱在板卡数量确定的情况下，其可输出的导航系统及频点数可任意组合。

（4）软件设计上统一考虑，即可根据用户的选购类型自动对数仿及硬件做出相应的配置，这要求软件在设计架构上充分进行考虑，不因去掉或增加某个频点而需要软件重新设计。

（5）系统支持自动化测试，即与外部有良好的接口，能够与其他测试设备构成测试系统，在设计上充分考虑以及借鉴知名测试厂商在软硬件设计方面的经验，在软硬件方面充分设计好接口。具备支持测试流程脚本化，并充分保证实时性。

8.3.2 总体方案设计

在系统总体方案的设计上，充分考虑不同产品的各种需求，并进行归类合并，以实现整个软硬件核心最大程度的复用，包括系统框架的划分、接口的定义、硬件平台的选择与设计、软件体系结构定义与模块划分等。

系统架构在设计上采用软件无线电思想，尽量降低射频设计的复杂性，提高系统的灵活性。

如图8.14所示，GNSS模拟器采用软件无线电设计思想构建。在模拟器主机结构上采用了PXI标准底盘结构。这些电路板是通用的、模块化的、标准化的，因此它们可以更灵活地使用，并且易于扩展。本设计基于"数据仿真主机 PXI 总线 DSP FPGA DAC 正交上转换射频合路器闭环标定"的架构，在一个机箱中完成GNSS高精度导航信号生成功能。

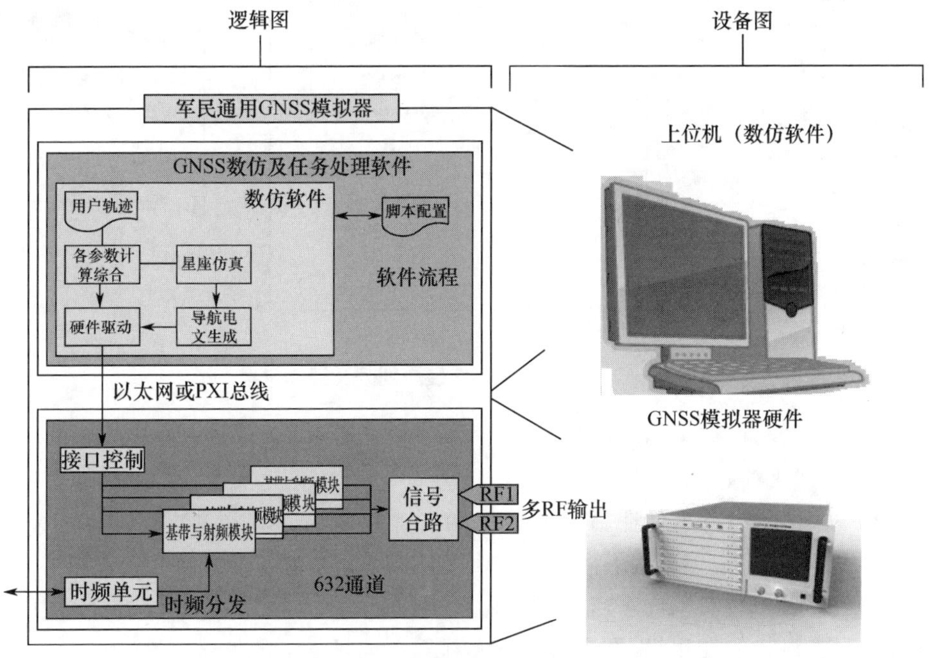

图8.14 GNSS模拟器逻辑及设备组成图（见彩图）

8.3.3 多模动态导航信号协同模拟技术

1）实际复杂应用场景建模与仿真

在越来越多的场合，GNSS导航终端与各种传感器的结合应用成为发展趋势。

在组合应用测试系统的研发与认证中，模拟其他传感器的信号并保证其他信号与GNSS信号的协同复现就十分重要，是模拟器能够支持逼真场景模拟及组合应用测试的基础。

不同于导航终端的一般典型性能测试，在解决多GNSS的时空统一仿真、多径、卫星发射天线方向图、信号两次穿越大气层、杆臂效应的基础上，当前卫星导航测试向着能够模拟实际环境的应用场景发展，需要对各种复杂场景进行逼真的建模，但其几乎没有可供直接参考的经过验证的模型，不同模型之间又相互影响涉及复杂的参数传递过程，对模拟器的仿真建模能力提出了很高的要求。

特别对于步行、车载、舰船、飞机、弹载和航天器等典型应用的仿真，需要首先研究分析各典型应用的特征，并结合被测设备的特性进行针对性涉及，同时考虑周围环境以及载体姿态等影响，以能够在建模仿真中逼真地全覆盖运动中的各种运动特性、信号环境、周围环境的影响等。典型场景系统模块划分及工作流程如图8.15所示。

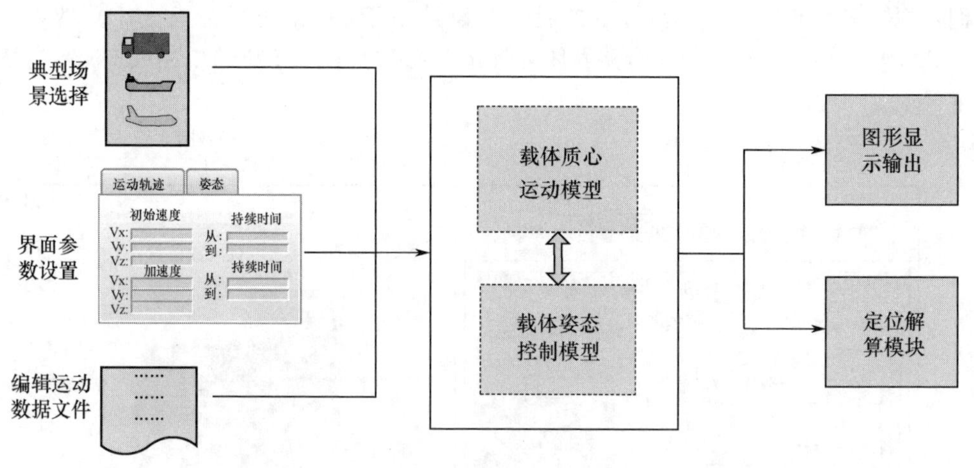

图8.15 典型场景系统模块划分及工作流程

对上述问题，可以采用不同典型应用场景分析、分解、建模，部分实际信号采集对比分析的方式来改进完善设计。

(1) 步行场景：考虑低速情况下，用户在城市街道、景区、室内外切换等场景下的信号特征(信号电平、多径等)。

(2) 车载场景：考虑汽车启动、加速、减速、刹车时速度的变化，行驶过程中方向的变化，高度海拔的变化等，城市、山区、乡村等不同场景下的信号特性。

(3) 舰船场景：考虑舰船航行过程中，随水面波浪高度的起伏变化，俯仰角和横滚角等因转向和波浪颠簸而发生的变化，航行路线的设计，水面信号反射等。

(4) 弹载场景：考虑载体在发射、飞行和下落各个阶段的高度、速度变化，俯仰角和横滚角的变化，加速度、重力加速度和空气阻力的变化，进行弹道轨迹的设计。

(5) 航天器场景：考虑飞行过程中起飞、航行中和着陆各个阶段的高度变化，俯

仰角和横滚角的变化,重力加速度和空气阻力引起的速度和加速度的变化,进行飞行路线的设计。

可以通过以下方式来进行被测设备的仿真测试。

(1) 选择预先预定义好的典型场景。

(2) 用户自定义:用户可以通过编写运动数据文件和天线方向图等来定制用户需要的运动场景。

(3) 典型场景运动的定义:对于运动场景的定义,采用脚本场景,采取层级式结构,逐层定义。既可以在每个文件中给出其所定义的参数值,也可以给出相应的下一级文件名,在下一级文件进一步定义。运动场景中一些常用到的文件及其组成结构如图 8.16 所示。

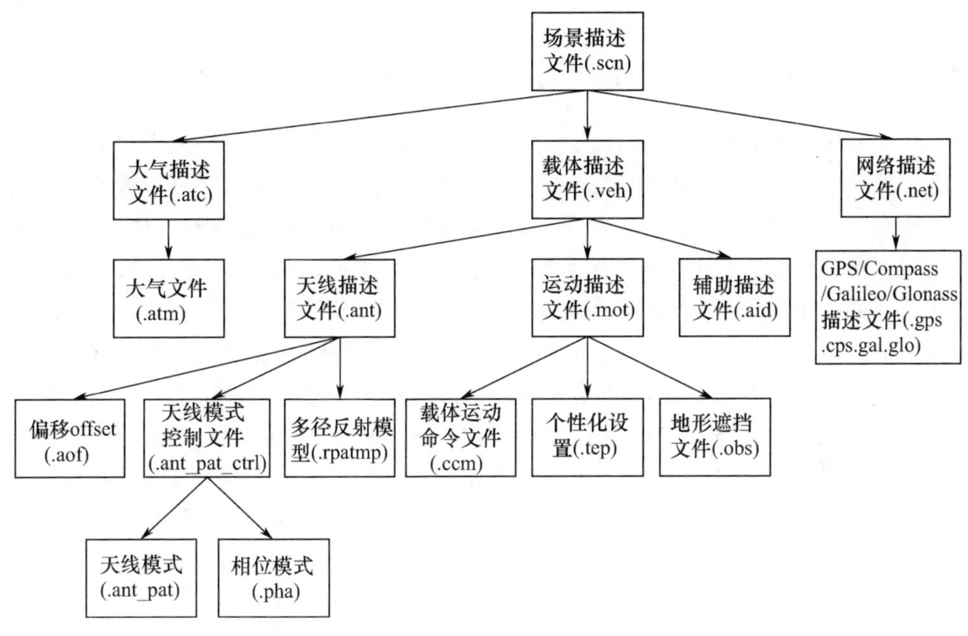

图 8.16　典型场景定义所涉及模块及工作流程

(4) 用户自定义运动场景:用户根据需要定义自己的运动场景。主要是通过编写运动数据文件和天线方向图来实现。在运动数据文件中,需按时间顺序给出各采样时间点的如下参数值:时间段 t、速度、加速度、加加速度、姿态(方向角/俯仰角/横滚角)、周围环境参数等。

2) 高精度轨道及空时环境参数建模与仿真技术

导航卫星作为中轨道高度卫星,其所受的作用力除二体引力外,还需考虑地球非球形摄动、太阳光压摄动、地球潮汐摄动、机动变轨推力、经验加速度、大气阻尼摄动、日月引力摄动、相对论效应摄动等,这些作用计算的准确度和精度是数学仿真的关键。其中地球非球形摄动、日月等第三体引力摄动、广义相对论效应、潮汐摄动等均为保守力,已有成熟的经过验证的模型。而太阳光压为面力,其余卫星几何形状和结构、卫星姿态、卫星表面材料的光学特性(反射率和镜面率等)以及太阳活动等密切相关,难以精确建模。而对于高度在20000km以上的MEO、GEO和IGSO卫星,太阳光压是影响轨道计算精度的关键因素,其量级约为10^{-7}左右,一天内的影响可以达到300m左右。需要对太阳光压进行精确分析与建模,以使中高轨卫星轨道计算精度能达到预期精度。

多导航系统的时空一致性和协同仿真是完成BDS、GPS、GLONASS和Galileo同时模拟的基础,涉及众多因素,在坐标系统间的转换技术上涉及地心惯性系和地球固联坐标系,包括WGS-84、北斗系统的CGS2000、GLONASS的JZ坐标系、Galileo系统的坐标系等,两者之间的坐标转换不但要考虑岁差和章动,还涉及地球极移和格林尼治恒星时等因素。

8.3.4 多目标高精度载体系与导航系统坐标转换技术

在研究天线相位中心与载体质心间的动力学影响关系以及高精度载体系与导航系坐标关系时,均是以高精度坐标转换技术作为技术基础。仿真过程中涉及的各种坐标系有:载体本体空间直角坐标系,天线本体坐标系,MEMS传感器本体坐标系,地球空间直角坐标系,地心大地坐标系等,各个坐标系之间均存在转换关系,均可以进行相互之间的坐标转换。因此,高精度坐标转换技术是用户轨迹仿真的关键技术,很大程度上决定了用户仿真软件的功能完善性和仿真结果的精度水平。本节简单介绍卫星轨道确定和用户空间运动涉及的各种坐标系及相互之间转换。

为了降低牵连运动引起的附加速度,使卫星运动方程相对简单,一般在惯性坐标系中建立和求解卫星运动方程。地球对卫星的引力(地球引力场模型)是在地球的固体坐标系中定义的。另外,卫星摄动分析计算涉及卫星轨道坐标系,加速度转换为惯性坐标系或地面固体坐标系涉及仪器的固定坐标系和卫星的固定坐标系。因此,建立卫星运动方程和参数的观测方程,必须给出这些坐标系的定义及其相互转换关系。

除了航天器,包括卫星的轨迹仿真环境需要复杂的坐标转换外,近地用户的3维位置运动轨迹仿真需要在WGS-84下给定初始状态,即初始位置、速度和加速度以及它们的姿态,并以该初始状态为参考点建立站心坐标系。首先在站心坐标系内进行载体运动轨迹的确定,然后将站心坐标系下的载体状态转换到WGS-84下得到最终的3维空间轨迹成果。

8.3.4.1 坐标系统定义描述

1) 协议惯性坐标系(CIS)

具有绝对意义的惯性坐标系是无法获得的,人类只能根据科学任务的需要和一些约定建立相应精度的惯性坐标系。通常使用的惯性坐标系是协议惯性坐标系(CIS),其具体实现就是国际天球参考框架(ICRF)。在CIS下,物体的运动可以以很

高的精度满足牛顿力学定理,这对于动力学定轨相关研究十分重要。CIS 的基准定义如表 8.5 所列。

表 8.5 坐标系统的定义描述

坐标系统	坐标原点	参考平面	基准方向定义	
协议惯性坐标系	地球质心	J2000.0 历元地球赤道面	X_{CIS}	J2000.0 历元平春分点
			Y_{CIS}	与 X_{CIS} 和 Z_{CIS} 构成右手系
			Z_{CIS}	J2000.0 历元平天极
协议地球坐标系	地球质心	平地球赤道面	X_{CTS}	位于平赤道面内,指向起始子午线
			Y_{CTS}	与 X_{CTS} 和 Z_{CTS} 构成右手系
			Z_{CTS}	平北极
卫星轨道坐标系	卫星质心	卫星轨道平面	R	径向,背向地球质心
			T	切向,也称沿轨向
			N	法向与径向和切向构成右手系
卫星固定坐标系	卫星质心	卫星设计的主平面	X_{SBF}	沿滚动轴(卫星运动方向)
			Y_{SBF}	沿俯仰轴(俯仰方向)
			Z_{SBF}	沿偏航轴(偏行方向)
仪器固定坐标系	仪器质心	加速度仪参考面	X_{IFX}	与卫星的 Z_{SBF} 轴平行,但反向
			Y_{IFX}	平行于卫星的 X_{SBF} 轴
			Z_{IFX}	与 X_{IFX} 和 Y_{IFX} 构成右手系

2) 协议地球坐标系(CTS)

协议地球坐标系(CTS)是为了描述地面观测站位置所建立的与地球体联结的坐标系统,依表达方式又可分为直角坐标系及大地坐标系。CTS 是使用起来最直观的坐标系统,它以特定的协议与地球固联,并由一组全球参考站维持。地球参考系有几种不同的实现,例如 IER 实现的国际地球参考框架(ITRF)和美国 DMA 站坐标实现的 WGS-84。不同参考帧的实现适合不同的目的,它们之间的关系由转换参数决定。CTS 的基准定义见表 8.5。

3) 卫星轨道坐标系(RTN)

为了便于分析具体的扰动(如大气阻力主要集中在 T 方向),在卫星精确定轨中,作用于卫星的力往往分解为卫星轨道坐标系(RTN)进行了分析。此外,在 RTN 系统下,还可以方便地分析各种误差。例如,当采用高轨卫星对低轨卫星跟踪模式研究地球引力场的恢复时,径向(R 方向)轨道误差是非常重要的。RTN 的基准定义见表 8.5。

4) 卫星固定坐标系(SBF)

卫星固定坐标系(SBF)的主要功能是确定卫星在惯性空间中的姿态,建立各相关传感器的坐标系与惯性系统之间的关系。例如,星载加速度计固定在卫星的质心,其轴系相应地平行于卫星的固定坐标系。将加速度计转换为 CIS 或 CTS 时，SBF 用作中间过渡坐标系。SBF 的基线定义如表 8.5 所列。

5）仪器固定坐标系（IFX）

卫星上搭载的一些关键传感器，如星载加速度计在实施观测时以及搭载惯性导航设备的地面用户，其观测量是基于该传感器的仪器固定坐标系（IFX）。IFX 的基准定义见表 8.5。

星载加速度仪观测量和惯性导航观测值是基于 IFX 系统来量测作用于设备本体的非保守力加速度。

对卫星而言则经由卫星的设计参数可以转换为 SBF 下各方向的加速度分量，再联合恒星敏感器的姿态测量数据可以化算到 CIS 下各方向的加速度分量，进而分解为 RTN 系统下之数据，得到 RTN 各方向的非保守力加速度分量。这样就可以方便地分析轨道径向误差或各非保守扰动力对卫星的影响，从而得到比较直接的分析结果。

8.3.4.2 坐标系统的相互转换

在进行卫星精密轨道计算时，所有的计算和结果的比较都必须归化到相同坐标系统中。通过图 8.17 所示，可以对上述所涉及的坐标系统之间的相互转换有一个总体的认识。

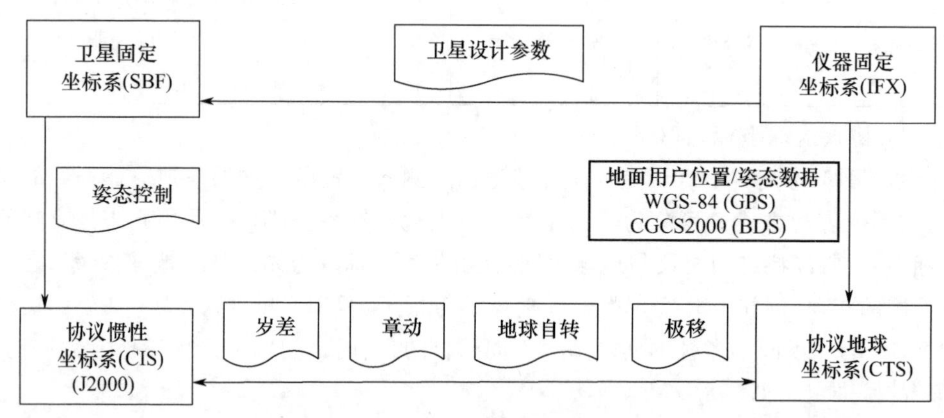

图 8.17　坐标系统的相互转换关系

卫星定轨需要相关传感器的观测，如车载加速度计观测和车载 GPS 观测。这些观测是基于特定的仪器固定坐标系（IFX）；IFX 和 SBF 之间的关系由卫星设计参数决定。这些观测结果可转换为 SBF。一方面，SBF 的观测可以用于传感器的性能分析，另一方面，可以通过姿态控制数据转换成 CIS。基于 CIS 的数据可用于轨道确定、重力场确定等。初始地球重力场模型、潮汐模型等均基于 CTS。轨道应用需要在 CIS 和 CTS 之间转换数据。

下面针对定轨应用中常用的几种坐标转换进行公式描述。

1）协议地球坐标系到协议惯性坐标系的转换

如果以 R_{CIS} 表示某点在历元 J2000.0 对应的 CIS 中的坐标，以 R_{CTS} 表示协议地球坐标系（CTS）中的坐标，则有

$$R_{\text{CIS}} = P(t)N(t)S(t)P_m(t)R_{\text{CTS}} \tag{8.43}$$

式中：$P(t)$、$N(t)$、$S(t)$、$P_m(t)$ 为进动矩阵，章动矩阵，星期日旋转矩阵或极移矩阵。极移矩阵将时协议地球坐标系（CTS）转换为瞬时极地地球坐标系；地球旋转矩阵将瞬时极地地球坐标系转换为真正的天体坐标系；章动矩阵将真正的天体坐标系转换为瞬时天球坐标系；进动矩阵将瞬时天体坐标系转换为 CIS［J2000.0］。根据 IERS 规范（McCarthy，1996），有：

$$\begin{cases} P(t) = R_Z(\xi_{\text{A}})R_Y(-\theta_{\text{A}})R_Z(Z_{\text{A}}) \\ N(t) = R_X(-\varepsilon_{\text{A}})R_Z(\Delta\varphi)R_X(\varepsilon_{\text{A}} + \Delta\varepsilon) \\ S(t) = R_Z(\text{GAST}) \\ P_m(t) = R_X(y_{\text{p}})R_Y(x_{\text{p}}) \end{cases} \tag{8.44}$$

式中：$\varepsilon_{\text{A}} = \varepsilon_0 + \Delta\varepsilon$ 为真黄赤交角，ε_0 为平黄赤交角，$\Delta\varepsilon$ 和 $\Delta\varphi$ 为倾角章动和黄经章动角元素，它们的合称为地球极坐标；GAST 为格林尼治真恒星时，由 J. wahr 和 H. Kinoshita 给出的章动理论公式计算；Z_{A}、θ_{A} 和 ξ_{A} 为岁差量，其具体表达为

$$\begin{aligned} \boldsymbol{R}_X(\alpha) &= \begin{bmatrix} 1 & 0 & 0 \\ 0 & \cos\alpha & \sin\alpha \\ 0 & -\sin\alpha & \cos\alpha \end{bmatrix} \\ \boldsymbol{R}_Y(\beta) &= \begin{bmatrix} \cos\beta & 0 & -\sin\beta \\ 0 & 1 & 0 \\ \sin\beta & 0 & \cos\beta \end{bmatrix} \\ \boldsymbol{R}_Z(\gamma) &= \begin{bmatrix} \cos\gamma & \sin\gamma & 0 \\ -\sin\gamma & \cos\gamma & 0 \\ 0 & 0 & 1 \end{bmatrix} \end{aligned} \tag{8.45}$$

2）协议惯性坐标系到卫星轨道坐标系的转换

卫星轨道坐标系（RTN）的 3 个坐标轴在 CIS 下的单位向量为

$$\hat{\boldsymbol{R}} = \frac{\boldsymbol{R}}{R}, \quad \hat{\boldsymbol{T}} = \hat{\boldsymbol{N}} \times \hat{\boldsymbol{R}}, \quad \hat{\boldsymbol{N}} = \frac{\boldsymbol{R} \times \dot{\boldsymbol{R}}}{|\boldsymbol{R} \times \dot{\boldsymbol{R}}|} \tag{8.46}$$

由 RTN 的定义可得从 CIS 到 RTN 的转换矩阵为

$$\boldsymbol{M} = \begin{bmatrix} \hat{\boldsymbol{R}} \\ \hat{\boldsymbol{T}} \\ \hat{\boldsymbol{N}} \end{bmatrix} = \begin{bmatrix} \dfrac{\boldsymbol{R}}{R} \\ \hat{\boldsymbol{N}} \times \hat{\boldsymbol{R}} \\ \dfrac{\boldsymbol{R} \times \dot{\boldsymbol{R}}}{|\boldsymbol{R} \times \dot{\boldsymbol{R}}|} \end{bmatrix} \tag{8.47}$$

所以将 CIS 下的向量 R_{CIS} 转换到 RTN 下的向量 R_{RTN} 的公式为

$$R_{RTN} = MR_{CIS} \tag{8.48}$$

3）卫星固定坐标系到协议惯性坐标系的转换

卫星固定坐标系(SBF)到 CIS 的转换可以通过协议惯性坐标系中太阳和卫星的位置矢量实现。更高精度的转换通常需要使用卫星姿态数据。姿态数据给出了从恒星固定坐标系到协议惯性系的四元数(或欧拉参数) q_1、q_2、q_3、q_4。由四元数表示的坐标转换矩阵为

$$Q = \begin{bmatrix} q_1^2 - q_2^2 - q_3^2 + q_4^2 & 2(q_1q_2 + q_3q_4) & 2(q_1q_3 - q_2q_4) \\ 2(q_1q_2 - q_3q_4) & -q_1^2 + q_2^2 - q_3^2 + q_4^2 & 2(q_2q_3 + q_1q_4) \\ 2(q_1q_3 + q_2q_4) & 2(q_2q_3 - q_1q_4) & -q_1^2 - q_2^2 + q_3^2 + q_4^2 \end{bmatrix} \tag{8.49}$$

所以将 SBF 下的向量转换到 CIS 下的向量的公式为

$$R_{CIS} = QR_{SBF} \tag{8.50}$$

4）用户坐标系(仪器本体/固定坐标系)到协议地球坐标系的转换

考虑到用户所搭载的某些测量仪器输出的测量值是基于仪器本体的坐标系,例如惯性导航输出的速度、加速度、姿态角(偏航角、俯仰角、横滚角)等。为了方便将这种仪器本体坐标系转换到其他导航系统的坐标系中,需要考虑仪器本体坐标系与常见的 GPS 地固系 WGS-84、北斗系统坐标系 CGCS2000 或者 GLONASS 的 PZ-90 坐标系之间的转换。

如图 8.18 所示,假设通过其他惯性导航设备已经测量得到仪器固定坐标下的姿态角,以及 GNSS 卫星导航终端计算得到导航终端天线处的载体位置,同时假设安装导航终端的平台与惯性设备具有相同的姿态角,则通过式(8.45)计算旋转参数矩阵将仪器固定坐标系与 GNSS 导航终端天线处的站心坐标系连续起来,再进一步通过站心坐标转换至指定的 WGS-84 或者 CGCS2000。

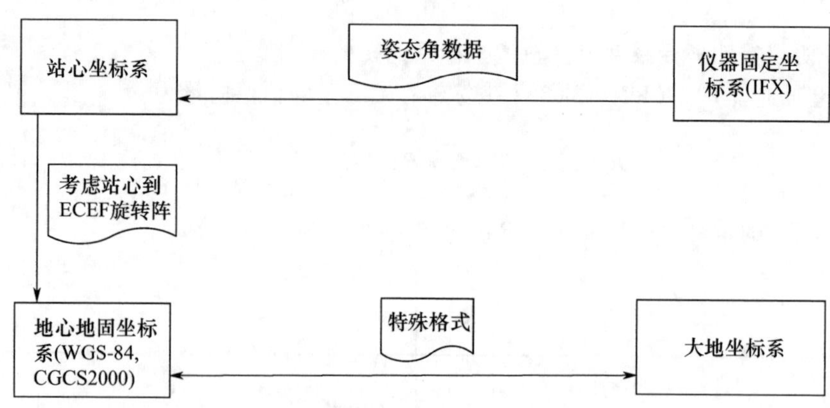

图 8.18　固定坐标系到地球地固系的转换流程

8.4 本章小结

导航信号模拟器是开展卫星导航终端有线测试、室内无线测试等测试任务的核心装备。本章首先对导航信号模拟器进行了分类介绍，介绍了国内外主要的导航信号模拟器厂商及产品，特别是介绍了针对高端应用的阵列导航信号模拟器、组合导航信号模拟器，对从事导航终端测试系统建设的技术人员有较高参考价值。

本章重点是在作者已有研发导航信号模拟器的工程经验上，全面介绍与之相关的工程实现技术。该介绍主要分为两部分，其一是通过介绍导航信号模拟的理论与方法，给出导航信号模拟器数学仿真软件的主要设计技术，这一部分包括：空间导航星座运行的模拟与仿真、导航信号大气传播影响模型与仿真、用户载体动力学特性对导航信号的影响与仿真、高逼真力学分析及运动载体运动学建模。另一部分是具体介绍导航信号模拟器的设计与实现技术，包括方案设计、坐标转换、多模信号协同等内容。这些内容对从事模拟器开发与应用的技术人员具有参考价值。

参考文献

[1] 李隽．卫星导航信号模拟器体系结构分析[J].测控遥感与导航定位，2006，36.8：30-31.

[2] 刘丽丽，王可东．卫星信号模拟器研究现状及发展趋势[J]．全球定位系统，2010(3)：58-61.

[3] 何晓峰，聂祖国，于慧颖，等．基于 GNSS/INS 信号模拟器的北斗/INS 组合导航实验研究[C]//第二届中国卫星导航学术年会电子文集，上海，2011：1183-1186.

[4] 张硕．多功能 GNSS 信号模拟器中频信号源的设计与实现[D]．北京：北京航空航天大学，2006.

[5] 叶红军，潘峰，李笛．卫星导航模拟器星座轨道外推方法研究[J].无线电工程，2018，48(2)：126-131.

第9章　导航终端测试方法

本章对导航终端的共性功能指标给出测试方法。

9.1　RNSS测试项目

9.1.1　误码率测试

1）测试项目描述

误码率是指在规定的天线接收角度和信号功率电平条件下，导航终端恢复卫星导航电文的错误概率[1]。

2）测试方法

导航终端接入测试系统。

测试系统播发卫星导航模拟信号，仿真场景设置为所有卫星可见。

测试系统设置导航终端待测频点各通道捕获跟踪不同卫星信号，并通过串口实时输出导航电文，进行误码率统计。

3）分析评估方法

要求导航终端各通道测试码元总数之和不少于10^7。误码率按下式计算：

$$误码率=\frac{各通道数据误码总数}{各通道数据码元总数} \tag{9.1}$$

误码率统计结果满足指标要求，则判定导航终端该频点接收误码率指标合格；否则，判为不合格。

9.1.2　测距精度测试

1）测试项目描述

测距精度指标通过统计导航终端伪距测量值与真值之差的均方根进行衡量[2]。

2）测试方法

导航终端接入测试系统。

测试系统播发卫星导航模拟信号，仿真场景设置为所有卫星可见。

测试系统设置导航终端待测频点各通道捕获跟踪不同卫星信号，并通过串口实时输出伪距观测值。

3）分析评估方法

统计待测频点各通道的伪据测量精度。如果各通道伪距测量精度的最大值满足指标要求的规定,则判定导航终端该指标合格;否则,判为不合格。

各通道的伪据测量精度统计方法如下:

设导航终端输出的伪距观测值为 $x_{i,j}$,i 为通道号,j 为采样时刻。

以任一通道的伪距值为基准(如以一通道数据为基准)。相同采样时刻的其他各通道的观测值分别与基准通道值相减,得出的结果再减去系统仿真的通道间伪距差值。

$$\Delta_{i,j} = (x_{i,j} - x_{1,j}) - (x'_{i,j} - x'_{1,j}) \qquad i \neq 1 \tag{9.2}$$

式中:$x'_{i,j}$为试验系统仿真的第 i 通道锁定的卫星在 j 时刻的伪距值。

求各通道的伪距测量精度 δ_i:

$$\delta_i = \sqrt{\frac{\sum_{j=1}^{n} \Delta_{ij}^2}{2(n-1)}} \tag{9.3}$$

式中:n 为第 i 通道和一通道伪距采样时刻相同的数量。

9.1.3 通道时延一致性测试

1）测试项目描述

通道时延一致性是指同一频点卫星信号经过导航终端各通道所需时间的差异程度[2]。

2）测试方法

导航终端接入测试系统。

测试系统播发卫星导航模拟信号,仿真场景设置为所有卫星可见。

测试系统设置导航终端待测频点各通道捕获跟踪不同卫星信号,并通过串口实时输出伪距观测值。

3）分析评估方法

统计各通道的通道时延一致性。统计方法如下:

设导航终端输出的伪距观测值为 $x_{i,j}$,i 为通道号,j 为采样时刻。

以任一通道的伪距值为基准(如以一通道数据为基准)。相同采样时刻的其他各通道的观测值分别与基准通道值相减,得出的结果再减去试验系统仿真的通道间伪距差值。

$$\Delta_{i,j} = (x_{i,j} - x_{1,j}) - (x'_{i,j} - x'_{1,j}) \qquad i \neq 1 \tag{9.4}$$

式中:$x'_{i,j}$为试验系统仿真的第 i 通道锁定的卫星在 j 时刻的伪距值。

求通道间的时延一致性 Δ。方法如下:

当 $\max\{\overline{\Delta}_i\} \geqslant 0$ 且 $\min\{\overline{\Delta}_i\} \leqslant 0$ 时,有

$$\Delta = \max\{\overline{\Delta}_i\} - \min\{\overline{\Delta}_i\} \tag{9.5}$$

当 $\min\{\overline{\Delta}_i\}\geqslant 0$ 时,有

$$\Delta = \max\{\overline{\Delta}_i\} \tag{9.6}$$

当 $\max\{\overline{\Delta}_i\}\leqslant 0$ 时,有

$$\Delta = -\min\{\overline{\Delta}_i\} \tag{9.7}$$

式中

$$\overline{\Delta}_i = \frac{\sum_{j=1}^{n}\Delta_{i,j}}{n} \tag{9.8}$$

式中:n 为第 i 通道和基准通道伪距采样时刻相同的数量。Δ 小于指标规定时,判定导航终端该频点通道一致性合格;否则,判为不合格。

9.1.4 首次定位时间测试

1）测试项目描述

首次定位时间是指导航终端从开机到获得满足定位精度要求所需要的时间[3]。根据导航终端开机前的初始化条件,可分为冷启动条件下首次定位时间、温启动条件下首次定位时间和热启动条件下首次定位时间,分别为:

（1）冷启动:指导航终端开机时,没有当前有效的历书、星历和本机概略位置等信息。

（2）温启动:指导航终端开机时,没有当前有效的星历信息,但是有当前有效的历书和本机概略位置信息。

（3）热启动:指导航终端开机时,有当前有效历书、星历和本机概略位置等信息[4]。

2）测试方法

导航终端接入测试系统。

测试系统播发卫星导航模拟信号,仿真场景设置为正常定位场景。

测试系统接收到导航终端输出的定位结果后,复位导航终端。

测试系统更换测试场景,并按冷启动要求的时间不确定度播发导航信号。

测试系统打开导航终端并开始计时,等待接收导航终端自动输出的定位信息。如果在 300s 内导航终端没有上报定位结果,则终止本次测试。

3）分析评估方法

在某一次试验导航终端上报的定位数据中查找满足以下条件的首次连续 20 个定位结果:首次连续 20 个结果的水平位置误差和高程位置误差均满足定位精度指标要求;水平位置误差和高程位置误差统计方法同定位精度。以第一个结果上报的时间作为导航终端完成首次定位的时刻。该时刻与本次测试中系统开始播发导航信号的时刻之差,即为本次测试的首次定位时间。

进行 n 次($n\geqslant 20$)测量,并对每次测量结果按从小到大的顺序进行排序。取第

[$n \times 95\%$]个值为首次定位时间。该值小于指标要求的规定，则判定导航终端首次定位时间指标合格；否则，判为不合格。

9.1.5　定位精度及更新率测试

1）测试项目描述

定位精度是指导航终端接收卫星导航信号进行定位解算得到的位置与真实位置的接近程度，一般表示为水平定位精度和高程定位精度[4]。

定位更新率是指导航终端定位结果的输出频率。

2）测试方法

导航终端接入测试系统。

测试系统播发卫星导航模拟信号，仿真场景设置为正常定位场景。

测试系统设置导航终端按指定频度输出定位信息。

3）分析评估方法

系统将导航终端上报的定位信息与系统仿真的已知位置信息进行比较，计算位置误差。位置误差有两种表示方式：空间位置误差，水平误差和高程误差。水平误差计算方法如下：

$$\Delta_r = \sqrt{\Delta_E^2 + \Delta_N^2} \tag{9.9}$$

式中：Δ_r 为水平误差；Δ_E 为东向位置误差分量；Δ_N 为北向位置误差分量。空间位置误差计算方法如下：

$$\Delta_P = \sqrt{\Delta_r^2 + \Delta_H^2} \tag{9.10}$$

式中：Δ_H 为高程位置误差。东向位置误差分量、北向位置误差分量、高程位置误差分量计算方法如下：

$$\Delta_i = \sqrt{\frac{\sum_{j=1}^{n} (x'_{i,j} - x_{i,j})^2}{n-1}} \tag{9.11}$$

式中：j 为参加统计的定位信息样本序号；n 为样本总数；$x'_{i,j}$ 为导航终端解算出的位置分量值；$x_{i,j}$ 为系统仿真的已知位置分量值，i 取值 E（东向）、N（北向）或 H（高程）。

试验系统对 n 个测量结果按从小到大的顺序进行排序。取第[$n \times 95\%$]个结果为本次检定的定位精度。如该值小于指标要求的规定，则判定导航终端定位精度指标合格；否则，判为不合格。[$n \times 95\%$]表示不超过 $n \times 95\%$ 的最大整数。

定位更新率（Ratio）的评估计算公式如下：

$$\text{Ratio} = n_p / t \tag{9.12}$$

式中：n_p 为导航终端输出的与 BDT 对齐的定位结果数据个数；t 为导航终端采集 n_p 个测试数据所用的时间。

9.1.6 测速精度及更新率测试

1）测试项目描述

测速精度是指导航终端接收卫星导航信号进行速度解算得到的速度与真实速度的接近程度[2]。

测速更新率是指导航终端测速结果的输出频率。

2）测试方法

导航终端接入测试系统。

测试系统播发卫星导航模拟信号，仿真场景设置为正常定位场景。

测试系统设置导航终端按指定频度输出测速信息。

3）分析评估方法

系统将导航终端上报的测速结果与测试系统仿真的已知速度值进行比较，计算测量误差。误差计算方法如下：

$$\Delta_i = \sqrt{\Delta_{ix}^2 + \Delta_{iy}^2 + \Delta_{iz}^2} \tag{9.13}$$

系统对测量结果按从小到大的顺序进行排序。取第[$n \times 95\%$]个结果为本次检定的测速精度。如该值小于指标要求的规定，则判定导航终端测速精度指标合格；否则，判为不合格。[$n \times 95\%$]表示不超过 $n \times 95\%$ 的最大整数。

测速更新率(Ratio)的评估计算公式如下：

$$\text{Ratio} = n_v / t \tag{9.14}$$

式中：n_v 为导航终端输出的与 BDT 对齐的测速结果数据个数；t 为导航终端采集 n_v 个测试数据所用的时间[1]。

9.1.7 失锁重捕时间测试

1）测试项目描述

失锁重捕时间是指导航终端在正常工作状态下，出现信号功率低于最低接收信号功率时，从接收信号功率恢复到最低接收功率开始，至导航终端输出锁定指示时所需时间。

2）测试方法

导航终端接入测试系统。

测试系统播发卫星导航模拟信号，仿真场景设置为正常定位场景。

待导航终端正常锁定出站信号后，系统中断信号播发。

出站信号中断 10s 后恢复，测试系统测量从恢复出站信号开始到导航终端正确输出锁定指示所用时间。

3）分析评估方法

在某一次试验导航终端上报的定位数据中查找满足以下条件的首次连续 20 个定位结果：首次连续 20 个结果的水平位置误差和高程位置误差均满足定位精度指标

要求;水平位置误差和高程位置误差统计方法同定位精度。以第一个结果上报的时间作为导航终端失锁重捕的时刻。该时刻与本次测试中恢复出站信号的时刻之差,即为本次测试的失锁重捕时间。

多次测量,测得的 n 组结果中,最大值不大于指标要求时,则判定导航终端该指标合格;否则,判为不合格。

9.1.8　自主完好性测试

1)测试项目描述

要求导航终端在接收到故障卫星发射的信号时,对故障情况能够正确识别:如5颗可见卫星中仅有1颗发生故障,则导航终端能够进行告警;如可见卫星数多于5颗,导航终端能自主分辨出1颗故障卫星并不受其影响,依然能够解算出正确的定位结果。

2)测试方法

导航终端接入测试系统。

测试系统播发卫星导航模拟信号,仿真场景分别设置为5颗可见星1颗偶尔有故障场景和6颗可见星1颗偶尔有故障场景。

测试系统设置导航终端按指定频度输出定位信息和故障卫星检测信息。

3)分析评估方法

5颗可见星1颗偶尔有故障场景中,卫星有故障时导航终端上报卫星故障信息正确,并且卫星无故障时定位结果要满足定位精度要求,导航终端该场景测试成功,否则失败。6颗可见星1颗偶尔有故障场景中,卫星有故障时导航终端上报故障卫星号正确,并且该场景下定位结果要满足定位精度要求,导航终端该场景测试成功,否则失败。两个场景导航终端测试均成功则判定导航终端该功能成功,否则失败[5]。

9.1.9　授时精度测试

1)测试项目描述

授时精度指标是指导航终端在正常工作情况下输出的本地时间秒脉冲与测试系统时间基准秒脉冲之差。

2)测试方法

如图9.1所示,将导航终端接入授时精度测试系统。

测试系统播发卫星导航模拟信号,仿真场景设置为正常定位场景。

导航终端正常定位后,测量导航终端输出的1PPS上升沿与系统时间基准1PPS上升沿时刻的差值。

3)分析评估方法

数据处理要求如下:

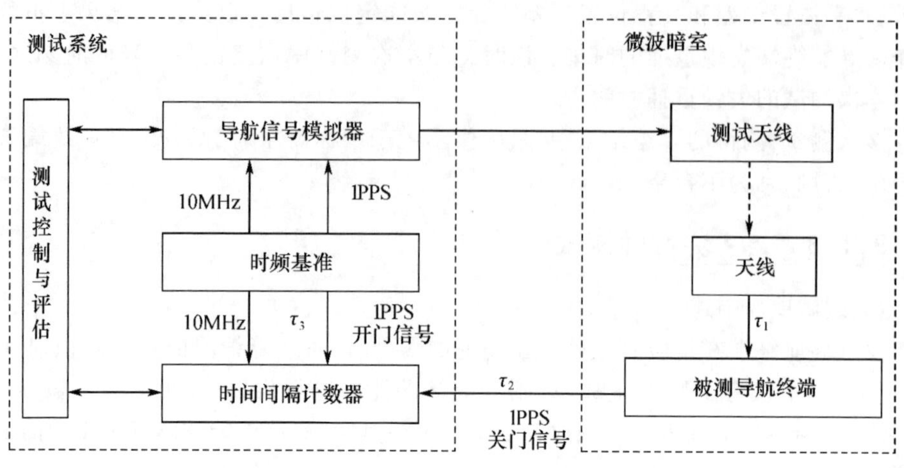

图 9.1　授时精度测试系统连接图

(1) 按照式(9.15)计算平均值:

$$\Delta = \overline{\Delta} - \tau_1 - \tau_2 + \tau_3 + \Delta_{ts},\quad \overline{\Delta} = \frac{1}{m}\sum_{i=1}^{m}\Delta_i \tag{9.15}$$

式中:Δ 为被测终端经过时延修正后的定时偏差平均值(ns);$\overline{\Delta}$ 为被测终端未经时延修正的定时偏差平均值(ns);Δ_i 为被测终端与标定终端在时刻 i 的相对偏差,(ns);Δ_{ts}为时频基准与导航信号模拟器输出 UTC(或北斗时)的偏差(ns);m 为观测次数;τ_1 为被测导航终端天线电缆时延(ns);τ_2 为被测导航终端 1PPS 输出电缆时延(ns);τ_3 为时频基准 1PPS 输出电缆时延(ns)。

(2) 按照式(9.16)计算标准偏差:

$$S_{\Delta} = \sqrt{\frac{1}{m-1}\sum_{i=1}^{m}(\Delta_i - \overline{\Delta})^2} \tag{9.16}$$

式中:S_{Δ} 为定时标准偏差(ns)。

(3) 按照式(9.17)计算定时总偏差:

$$B_{\gamma} = 2S_{\Delta} + |\Delta| \tag{9.17}$$

式中:B_{γ} 为定时总偏差(ns)。

9.1.10　输出秒信号精度测试

1) 测试项目描述

输出秒信号精度是指导航终端 1PPS 信号的极性、周期、脉冲宽度、振幅、前沿抖动。

2) 测试方法

导航终端接入测试系统。

测试系统测量导航终端输出 1PPS 信号的极性、周期、脉冲宽度、振幅、前沿抖动。

3）分析评估方法

导航终端各物理量均值和均方根统计值均满足指标要求时，判定导航终端该指标合格；否则，判为不合格。

9.2　RDSS 测试项目

RDSS 是我国北斗卫星导航系统特有的一种工作模式，是其他全球卫星导航系统所不具备的。具有 RDSS 功能的北斗导航终端，已广泛应用于我国各种导航系统和装备中。我国对其性能指标、测试方法及其判据也制定有相关标准[6]。

9.2.1　自检与初始化功能测试

北斗 RDSS 导航终端自检和初始化功能测试程序如下：

（1）北斗 RDSS 导航终端的数据端口与测试计算机相连接，加电开机后检查自检功能，通过测试计算机检查输出用户信息是否与注册的用户信息一致。

（2）在实际北斗卫星信号下，北斗 RDSS 导航终端的数据端口与测试计算机相连接，将其设置为关机状态，设置另一台终端设备向其发送报文通信，开机后检查是否收到终端发送的报文通信。

9.2.2　状态检测功能测试

在实际北斗卫星信号下，北斗 RDSS 导航终端的数据端口与测试计算机相连接，待被测导航终端进入正常工作状态后，检查其工作状态的实时显示或指示的正确性。检测的主要内容包括：接收信号电平、卫星信号锁定状态、抑制状态、智能卡工作状态、发射状态、供电状态等。

9.2.3　RDSS 业务服务功能测试

在实际北斗卫星信号下，北斗 RDSS 导航终端的数据端口与测试计算机相连接，待被测导航终端进入正常工作状态后，检查其获得入网注册的北斗 RDSS 导航终端提供的定位、通信、定时或位置报告等相应 RDSS 功能是否正常。

9.2.4　永久关闭响应功能测试

北斗 RDSS 导航终端和北斗 RDSS 信号模拟源连接，信号模拟源发送永久关闭指令并检测到终端发送的关闭确认信息后，对该导航终端进行通信功能与定位功能测量，检测其能否工作，同时检查智能卡和单元内敏感信息是否删除。

9.2.5 抑制响应功能测试

北斗 RDSS 导航终端和北斗 RDSS 信号模拟源连接,信号模拟源发送抑制指令后,控制单元按注册的最高频度发射入站申请,检测其是否有入站信号,如有入站信号该功能项目不合格。信号源发送解除抑制指令,检测样机是否有入站信号,如有入站信号该项目合格。

9.2.6 服务频度控制功能测试

在实际北斗卫星信号下,北斗 RDSS 导航终端的数据端口与测试计算机相连接,分别设置服务频度大于、小于、等于注册的服务频度,测试其入站频度是否受注册的智能卡的服务频度的限制。

9.2.7 通信等级控制功能测试

在实际北斗卫星信号下,北斗 RDSS 导航终端的数据端口与测试计算机相连接,分别编辑不同长度的电文,检查报文通信申请是否正常,给出的提示是否正确。

9.2.8 系统 RDSS 完好性信息接收与处理功能测试

北斗 RDSS 导航终端和信号模拟源连接,设定信号模拟源发送"系统完好性指示"信息,检查北斗 RDSS 导航终端能否正确接收、显示或输出。

9.2.9 导航终端双向设备时延修正功能测试

将北斗 RDSS 导航终端连接收发天线后,以无线方式接入测试系统,调整测试信号到达样机天线口面功率为 -127dBm,天线仰角为 50°。测试系统播放测试信号,控制样机发送连续定位申请,测试系统接收样机的入站信号,从中恢复出时间标志信号 32PPS 信号,并测量其与测试系统时间基准信号 32PPS 之间的时间差值。测试系统记录该值扣除系统零值后的结果 T_i,并解算出样机几次入站时刻所对应的 BDT,统计设备双向零值。测试次数 $n=50$ 次,统计方法如下:

设 T_i 所对应时刻出站信号伪距对 31.25ms 取余后值为 T_0,则该时刻用户终端双向设备时延测量值 T_i'按式(9.18)计算:

$$T_i' = T_i - T_0 \tag{9.18}$$

式中:T_i'为用户终端双向设备时延测量值;T_i 为时间差值;i 为样本序号。

则用户机双向设备时延 T 按式(9.19)计算:

$$T = \frac{\sum_{i=1}^{n} T_i'}{n} \tag{9.19}$$

式中:T 为用户机双向设备时延。

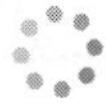

若双向设备时延为 1ms ±10ns 时,则该指标合格。

9.2.10　接收灵敏度测试

将北斗 RDSS 导航终端和信号模拟源连接,信号模拟源播发 S 频点北斗卫星模拟信号,测试次数按照仰角 10°、30°、50°、75°,共测 4 次。终端在不同仰角下接收测试信号。单次测试采集的电文总和为 106,将北斗 RDSS 导航终端的出站信息与信号源播发的原始信息进行比较,统计误码率应不大于 1×10^{-5}。

9.2.11　接收通道数测试

测试系统通过 10 个波束向被测北斗 RDSS 导航终端发送定位和通信数据,测试信号到达被测终端天线口面功率为 -127dBm,天线仰角为 50°。通过串口检测被测终端的信息接收情况,判断并记录被测终端的接收通道数。

9.2.12　首次捕获时间测试

将北斗 RDSS 导航终端和信号模拟源连接,测试信号到达被测终端天线口面功率为 -127dBm,天线仰角为 50°。统计被测终端从开机到正确输出出站电文信息所用的时间,试验次数 $n(n=10)$ 次。

9.2.13　重捕获时间测试

将北斗 RDSS 导航终端和信号模拟源连接,测试信号到达被测终端天线口面功率为 -127dBm,天线仰角为 50°。待被测终端正确锁定信号后,关闭信号,10s 后恢复信号,统计从恢复信号到被测终端正确锁定信号时间,试验次数 $n(n=10)$ 次。其重新捕获北斗卫星 RDSS 信号的时间应不大于 1s,具备指挥功能的北斗 RDSS 终端重捕获时间应不大于 2s。

9.2.14　任意两通道时差测量误差测试

北斗 RDSS 导航终端和信号模拟源连接,信号模拟源随机播放两通道测试信号,控制被测终端发送连续定位申请,统计两个通道时差测量误差,试验次数 100 次,统计时差测量误差按式(9.20)计算:

$$\delta = \sqrt{\frac{\sum_{i=1}^{n}(A_i - A)^2}{n-1}} \tag{9.20}$$

式中:δ 为任意两通道时差测量误差(ns);A 为时差测量值;A_i 为时差设置值。

若时差测量误差满足任意两个接收通道捕获不同 GEO 卫星的任一波束时,其两通道时差测量误差应不大于 5ns(1δ),则该指标合格。

9.2.15 定时精度测试

一般厂商对北斗 RDSS 导航终端进行测试的环境，无法直接获取准确的 UTC 或北斗时作为定时精度测试的比对基准，此时可采用比较法。

1）测试方法

比较法测试的条件是需要一台经过测试标定过的定时型终端，测试步骤如下：

（1）按照图 9.2 所示连接设备。

（2）按照要求预热被测导航终端。

（3）测量已经标定过的定时型终端定时单元的 1PPS 信号与被测终端定时单元的 1PPS 信号之间的时差。

（4）每 1s 测量一次，连续测量 24h，记录测量值 Δ_i。

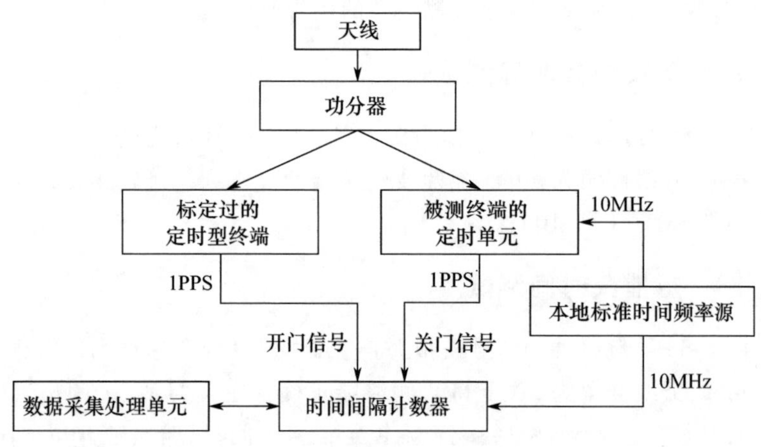

图 9.2 比较法测试设备连接图

2）分析评估方法

数据处理要求如下：

（1）按照式(9.21)计算平均值：

$$\Delta = \left(\frac{1}{m}\sum_{i=1}^{m}\Delta_i\right) - \tau_2 + \tau_4 + \Delta_{ts}, \quad \overline{\Delta} = \frac{1}{m}\sum_{i=1}^{m}\Delta_i \tag{9.21}$$

式中：τ_4 为标定终端定时单元 1PPS 输出电缆时延(ns)。

（2）按照式(9.16)计算标准偏差。

（3）按照式(9.17)计算定时总偏差。

该测试可结合北斗 RDSS 导航终端双向设备时延修正功能进行测试。

9.2.16 发射信号时间同步误差测试

该测试可结合北斗 RDSS 导航终端双向设备时延修正功能进行测试。

1）测试方法

测试信号到被测终端天线口面功率为 -127dBm，天线仰角50°，信号模拟源播发北斗卫星S频点某个波束的卫星信号。

通过串口控制被测终端连续发射入站定位申请信号。

测试50次，测试系统接收被测终端的入站信号，从中恢复出时间标志信号32PPS信号，并测量其与测试系统时间基准信号32PPS之间的时间差值。

测试系统记录该值减扣系统零值后的结果 $T_i(i=50)$，并解算出被测终端本次入站时刻所对应的BDT，统计发射信号时间同步误差。

2）分析评估方法

设 T_i 所对应时刻出站信号伪距为31.25ms取余后值为 T_0，则该时刻终端双向设备时延测量值 T'_i 按式(9.22)计算：

$$T'_i = |T_i - T_0| \tag{9.22}$$

i 为样本序号。则发射信号时间同步误差按式(9.23)计算：

$$\sigma = \sqrt{\frac{\sum_{i=1}^{n}(T'_i - \overline{T})^2}{n-1}} \tag{9.23}$$

式中：σ 为发射信号时间同步误差。

$$\overline{T} = \frac{\sum_{i=1}^{n} T'_i}{n} \tag{9.24}$$

被测终端解调出的出站信号时间标志和发射入站信号时间标志的同步误差不大于5ns(1σ)，则该指标合格。

9.2.17 功放输出功率测试

北斗RDSS导航终端的天线端接口通过衰减器连接到功率计，单元设置为最大功率输出，在单元带宽上测量3次，其输出功率都在5～10dBW之间，则应满足指标要求。

9.2.18 发射信号载波相位调制偏差测试

将被测北斗RDSS导航终端和信号模拟源连接，模拟源播发I支路S频点的北斗导航卫星模拟信号；控制北斗RDSS单元发送定位申请，利用矢量信号分析仪器测量BPSK相位调制误差，测量5次，取平均值，所得结果应不大于3°。

9.2.19 发射信号频率准确度测试

将北斗RDSS导航终端和信号模拟源连接，模拟源播发I支路S频点的北斗导航卫星模拟信号；控制北斗RDSS单元发送连续定位申请，进行载波频率测量，测量

20 次，统计频率准确度，方法如下：

$$A = |f_0 - \overline{f_x}| / f_0 \tag{9.25}$$

式中：A 为发射信号频率准确度；$\overline{f_x}$ 为样机发射信号中心频率测量值的均值（Hz）；f_0 为样机发射信号的标称频率，$f_0 = 1615.68\text{MHz}$。

若被测终端发射信号中心频率准确度不大于 5×10^{-7}，则该指标合格。

9.2.20　发射信号带外辐射测试

北斗 RDSS 导航终端设置为最大功率输出，将被测终端射频输出端通过衰减器连接到功率计，确认被测终端达到最大输出功率值，将被测终端换接至频谱仪，测量并记录频谱仪的被测点的绝对功率，其结果符合该类产品规范规定，则合格。

9.2.21　功耗测试

北斗 RDSS 导航终端在正常工作状态下，用电流表测量工作电流，用数字电压表测量电压，根据测得的电压和电流值，计算功耗。对于普通型北斗 RDSS 终端，其功耗应不大于 1W；对于指挥型北斗 RDSS 终端，其功耗应不大于 5W。

9.2.22　安全性测试

通过适配器直接连接直流稳压电源向北斗 RDSS 导航终端供电，在外接电源正常工作情况下，增大或减小外接电源电压值，然后恢复至标称电压范围，观测单元是否能正常工作。反接单元供电电源的极性，恢复至正常连接，检测单元能否正常稳定工作。如能正常工作则合格。在天线接口处开路、短路的情况下，RDSS 单元连续处于发射状态，以 5s 一次的频度连续 3min，正常连接天线，检测 RDSS 单元定位、通信功能是否正常，如能正常工作，则该功能合格。

9.3　差分定位定向测试项目

9.3.1　差分定位精度

1）测试项目描述

系统播发 2 个频点基准站和流动站 2 路用户卫星导航信号，将 2 个频点基准站的导航信号送入基准站，并将基准站精确坐标通过串口送入基准站。基准站解算差分信息，并将差分信息送给流动站。同时系统将 2 个频点流动站的导航信号送入流动站，流动站根据导航信号和差分信息进行定位解算。系统考核导航终端是否具备差分定位工作能力。

2）测试方法

基准站接入测试系统基准站信号输出。同时将基准站串口接入测试系统基准站

串口输出。

流动站接入测试系统流动站信号输出。同时将流动站串口接入测试系统流动站串口输出。

测试系统基准站和流动站播发2个频点卫星导航模拟信号,保证两个站点间距离小于10km。

系统每隔约5s将基准站已知坐标通过串口服务器发送给基准站。

待流动站锁定卫星信号后,测试系统设置导航终端按指定频度输出定位信息。

3）分析评估方法

将流动站上报的大地坐标(BLH)数据转换为当地水平坐标数据,并计算水平和垂直定位精度:

$$\mathrm{RMS_h} = \sqrt{\frac{\sum_{i=1}^{n}(N_i - N_0)^2 + (E_i - E_0)^2}{n}} \tag{9.26}$$

$$\mathrm{RMS_v} = \sqrt{\frac{\sum_{i=1}^{n}(U_i - U_0)^2}{n}} \tag{9.27}$$

式中:$\mathrm{RMS_h}$ 为水平定位精度;$\mathrm{RMS_v}$ 为垂直定位精度;N_0、E_0、U_0:分别为已知点在当地水平坐标系下的平面北、平面东坐标和高程坐标;N_i、E_i、U_i:分别为被测设备的第 i 个结果在当地水平坐标系下平面北、平面东坐标和高程坐标;i 为样本序号;n 为样本总数。

9.3.2 差分定向精度

差分定向精度是指差分定向设备接收两路用户的双频卫星导航信号进行差分定向,定向解算得到的数据与仿真数据的接近程度。

1）测试方法

差分定向设备接入测试系统。

测试系统播发两路用户的双频卫星导航模拟信号,仿真场景设置为正常定向场景。

测试系统设置导航终端按指定频度输出定向信息。

2）分析评估方法

定向精度圆概率误差按照以下公式进行统计与处理:

$$\Delta\alpha = 0.6745\delta_\alpha \tag{9.28}$$

$$\delta_\alpha = \sqrt{\frac{\sum_{i=1}^{n}(\alpha_i - \alpha_0)^2}{n}} \tag{9.29}$$

式中:α_i 为导航终端定向的第 i 次测量值;α_0 为标准方位值;计算样机在每一时段的定向精度,公式中 $n=7$;i 为样本序号;n 为样本总数。

9.4 本章小结

本章描述的导航终端测试方法主要来源于国内外各类终端测试标准。导航终端测试方法既是测试系统的设计输入,也是测试系统的应用手册。本章针对北斗卫星导航终端测试系统研发与应用,主要介绍了北斗 RNSS 测试项目、RDSS 测试项目和差分定位定向测试项目。在北斗 RNSS 测试项目中,包括误码率测试、测距精度测试、通道时延一致性测试、首次定位时间测试、定位精度及更新率测试、测速精度及更新率测试、失锁重捕时间测试、自主完好性测试、单向定时精度测试、输出秒信号精度测试等方法介绍;在北斗 RDSS 测试项目中,包括自检与初始化功能测试、状态检测功能测试、RDSS 服务功能测试、永久关闭响应功能测试、抑制响应功能测试、服务频度控制功能测试、通信等级控制功能测试、系统 RDSS 完好性信息接收与处理功能测试、导航终端双向设备时延修正功能测试、接收灵敏度测试、接收通道数测试、首次捕获时间测试、重捕获时间测试、任意两通道时差测量误差测试、定时精度测试、发射信号时间同步误差测试、功放输出功率测试、发射信号载波相位调制偏差测试、发射信号频率准确度测试、发射信号带外辐射测试、功耗测试、安全性测试等方法介绍;在差分定位定向测试项目中,包括差分定位精度测试、差分定向精度测试等方法介绍。

虽然本章给出了北斗导航终端的一些常用的测试方法,但是针对各类导航终端的技术指标繁多,还有大量的测试方法不再一一列举。此外,由于导航终端与其他定位信息源的不断融合,新型终端也不断会带来新的需要测试的指标,并且常常也会对原有指标的测试方法做出更新的要求。因此,本章的测试方法仅为开展导航终端测试系统研发的一种参考,真实的测试系统建设往往需要详细了解用户对导航终端测试的具体要求。

参考文献

[1] 黄建生, 王晓玲, 王敬艳,等. GPS 导航定位设备测试技术研究[J]. 电子技术与软件工程, 2013(11):36-37.

[2] 陈宝林. 导航接收机的自动化测试控制与实时评估技术研究[D]. 西安:西安电子科技大学, 2014.

[3] 张钦娟, 李梦, 王娜,等. 北斗二号民用设备测试方法研究[J]. 现代电信科技, 2014(44):22-26.

[4] 信息产业部电子第二十研究所. GPS 导航型接收设备通用规范:SJ/T 11420—2010 [S]. 北京:中华人民共和国工业和信息化部,2005.

[5] 杨俊,等. 卫星导航终端测试评估技术与应用[M]. 北京:国防工业出版社, 2015.

[6] 北京卫星导航中心,等. 北斗用户终端 RDSS 单元性能要求及测试方法:BD 420007—2015 [S]. 北京:中国卫星导航系统管理办公室,2015.

第10章　测试系统标校

为保证各个测试系统对同一台卫星导航终端测试结果的一致性，实现对测试系统全面校准和自动化监测是必不可少的一项工作。本章对导航终端室内测试系统的标校与溯源给出方法建议，其他各类测试系统的标校与溯源方法可参考制定。

需要校准的项目具体包括链路衰减校准、链路时延校准、模拟器零值校准、模拟器功率校准、入站导航终端零值校准、入站导航终端功率校准、时间间隔测量零值校准等。

10.1　链路衰减校准

10.1.1　校准仪器

系统链路衰减的标定主要采用频谱仪、标准天线、信号源等仪器进行标定。

10.1.2　校准方法与步骤

测试系统链路校准包括导航信号发射和入站信号接收两条链路，导航信号发射链路是指导航信号源射频信号出口到用户机接收天线口面之间的链路校准，入站信号接收链路是指用户机发射天线口面到入站信号接收设备之间的链路校准，如图10.1所示[1]。

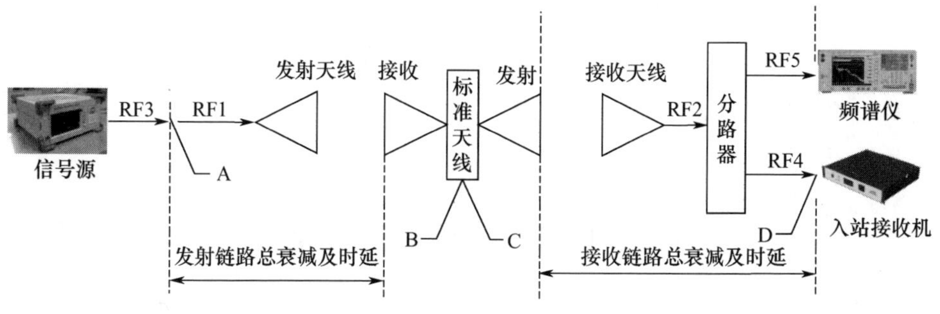

图10.1　系统设备连接图

发射链路标定过程如下：

（1）频谱仪和信号源的时频外参考同源，设置信号源频率为1561.098MHz（B1频点），频谱仪的中心频率与此对应，将信号源和频谱仪用测试线缆连接起来，通过控制信号源输出电平，使到达频谱仪的电平为0dBm。

(2) 信号源代替测试系统导航信号源输出电缆与系统发射天线连接,频谱仪通过测试线缆与标准天线连接。

(3) 设置信号源测量的频率为1561.098MHz,Span为0Hz,扫描时间60s,设置转台俯仰90°,方位角从0°转到360°,扫描方向图,记录频谱仪显示测量的最大值Max和最小值Min,通过公式:

$$ATT_{链路} = 10\log(10^{max/10} + 10^{min/10}) \tag{10.1}$$

计算出链路衰减真值。

(4) 将获得链路衰减真值与标准天线对应频率的增益值之和即为该频点发射链路的衰减:

$$JS_{PWR} = ATT_{链路} + ATT_{标准天线} \tag{10.2}$$

(5) 依次设置频率为1268.52MHz(B3频点)、1575.42MHz频点(L1)、2491.75MHz(S频点),重复上述测试步骤,完成其他频点的链路衰减测试。

接收链路标定时将连接信号源和频谱仪的电缆互换下,设置信号源和频谱仪的工作频点频率接收信号频率,测试步骤同(1)~(4)。

10.1.3 修订方法与步骤

(1) 将发射链路和接收链路衰减录入测试控制与评估软件的系统配置表中"x频点链路衰减"对应位置,单位为dB,如图10.2所示。

- <无线链路衰减参数>
<B1频点链路衰减 单位="dB">66.47</B1频点链路衰减>
<B2频点链路衰减 单位="dB">62.26</B2频点链路衰减>
<B3频点链路衰减 单位="dB">63.26</B3频点链路衰减>
<L1频点链路衰减 单位="dB">66.48</L1频点链路衰减>
<S频点链路衰减 单位="dB">75.76</S频点链路衰减>
<L频点链路衰减 单位="dB">63.91</L频点链路衰减>
</无线链路衰减参数>

图10.2 系统链路衰减修订图

(2) 将系统配置表导入系统中。

(3) 重新启动测试控制软件。

10.2 链路时延校准

10.2.1 校准仪器

系统的链路时延通过矢量网络分析仪和标准天线进行校准。

10.2.2 校准方法与步骤

导航信号发射链路时延标定:设置信号源需要测量的频率为2491.75MHz(S频

点)，Span10MHz，将测试线缆校零。将矢量网络分析仪 port1 与测试系统导航信号模拟器输出电缆、系统发射天线连接(图 10.1 中 A 点)，将矢量网络分析仪 port2 接口与测试线缆、标准天线接口连接(图 10.1 中 B 点)，矢量网络分析仪在 GroupDelay 模式下显示的 Marker 测量值即为出站链路时延[2]。

接收链路时延标定：设置信号源需要测量的频率为 1615.68MHz(L 频点)，Span10MHz，将测试线缆校零。将矢网 port1 接口与测试线缆、标准天线接口连接(图 10.1 中 C 点)，将矢网 port2 接口和入站导航终端接口连接(图 10.1 中 D 点)，矢网在 GroupDelay 模式下显示的 Marker 测量值即为入站链路时延。

10.2.3　修订方法与步骤

(1) 将链路时延录入测试控制与评估软件的系统配置表中的“x 频点链路时延”对应位置，如图 10.3 所示。

```
<S频点链路时延 单位="ns">84.25</S频点链路时延>
<L频点链路时延 单位="ns">75.85</L频点链路时延>
```

图 10.3　系统链路时延修订图

(2) 将系统配置表导入系统中。

(3) 重新启动测试控制软件。

10.3　模拟器零值校准

10.3.1　校准仪器

卫星导航终端测试系统导航信号模拟器零值校准主要使用高速采样示波器。

10.3.2　校准方法与步骤

按图 10.4 所示连接测试设备，将导航信号模拟器输出的 10MHz 与高速存储示波器的外同步 10MHz 相连接，调整示波器的参考频率为外 10MHz 参考；将导航信号模拟器的 1PPS 信号连接到高速采样示波器的通道 1，导航信号模拟器的射频输出端口连接到高速采样示波器的通道 2，示波器设置为通道 1 触发[3]。

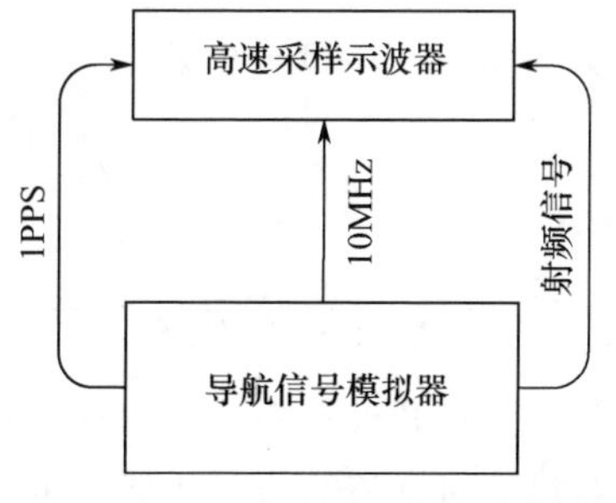

图 10.4　伪距控制精度测试框图

测试步骤如下：

(1) 将高速采样示波器和导航信号模拟器加电置于工作状态。高速采样示波器预热稳定 15min 以上，如果设备已经处于预热完成后状态，此操作可以省略。

(2) 操作模拟器监控程序,选择工作模式为伪距模式,选择待测星座、待测频点的 1 颗卫星信号,卫星功率最大,伪距设置为零,设置调制模式为 BPSK-I,单击“设置生效”。

(3) 在高速示波器显示界面可以看到此时模拟器输出波形,在 1PPS 触发的左侧,读出最近的一个翻转点的 x 轴坐标,将该翻转点坐标值填入零值标定软件:测试点位置值,并选择当前测试频点、卫星号等参数。图 10.5 所示为零值标定软件界面。

图 10.5 零值标定软件显示界面

(4) 再次操作模拟器监控程序,选择工作模式为伪距模式,选择待测星座、待测频点的 1 颗卫星信号,卫星功率最大,伪距设置为零,设置调制模式为 BPSK-I,勾选电文清零,单击“设置生效”。

(5) 单击零值标定软件界面运行按钮开始测试计算,完成后将输出此点准确位置及其 1PPS 的时延。

10.3.3 修订方法与步骤

(1) 打开模拟器监控程序参数设置→频点参数设置→伪距偏移,将零值标定软件测得的时延值写入各个频点的伪距偏移中,单位为 ps。

(2) 重新启动模拟器监控软件。

10.4　模拟器功率校准

10.4.1　校准仪器

卫星导航终端测试系统导航信号模拟器功率校准主要使用频谱分析仪。

10.4.2　校准方法与步骤

(1) 按照图 10.6 所示连接测试设备，操作模拟器监控软件，设置模拟器工作模式为伪距模式，打开伪距设置菜单，选定要标定的频点开始工作。打开参数设置→通道设置，勾选该频点 1 通道 I 支路，点击设置按钮，在频谱仪上读出该频点扩频功率，即为最大值 P_{MAX}。

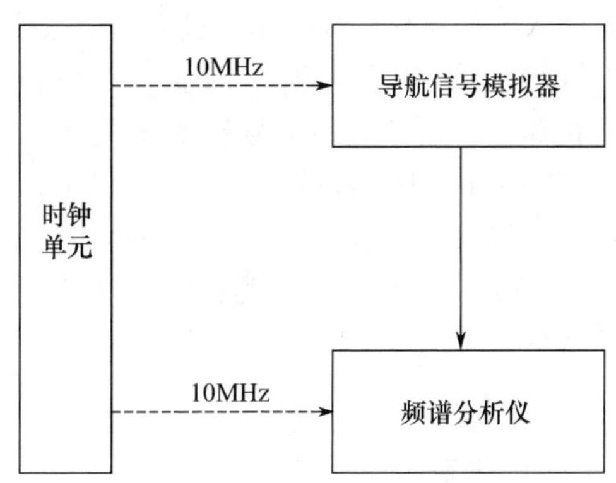

图 10.6　电平标称值测试连接图

(2) 再次打开参数设置→通道设置，勾选该频点 1 通道 I 支路单载波，单击设置按钮，在频谱仪上读出单载波电平，并记录 P_0。

(3) 打开参数设置→频点参数设置→链路衰减，在对应频点设置 -10 到 -60，步进为 10，分别读出频谱仪上单载波电平值，并记录 $P_1 \sim P_6$。

(4) 将记录值 $P_1 \sim P_6$ 分别与 P_0 做差，取绝对值。链路衰减设置值则分别对应 10、20、30、40、50、60。

10.4.3　修订方法与步骤

(1) 打开模拟器监控软件所在的文件夹→频点设置，打开要标定的频点配置文件，将最大值 P_{MAX} 填入对应位置，将 $(10, P_0 - P_1)$，$(20, P_0 - P_2)$，$(30, P_0 - P_3)$，$(40, P_0 - P_4)$，$(50, P_0 - P_5)$，$(60, P_0 - P_6)$ 数组填入对应位置。

(2) 保存并关闭配置文件。

(3) 重新启动模拟器监控软件。

10.5 入站导航终端零值校准

10.5.1 校准仪器

卫星导航终端测试系统入站导航终端零值校准主要使用高速示波器和入站信号源。

10.5.2 校准方法与步骤

(1) 首先,将入站信号源的10MHz、1PPS与测试系统的10MHz、1PPS同源,并控制其产生入站扩频信号,使其输出最大功率信号。

(2) 将入站信号源的入站射频信号以及测试系统基准1PPS信号接入高速示波器,测量基准1PPS信号与入站信号起点之间的时差值,记为Δt_{source}。

(3) 将入站信号源的入站射频信号代替用户机入站信号接入测试系统中的入站导航终端,调整入站信号源到合适的功率电平(模拟用户机到达入站导航终端的功率电平值),并根据实际链路衰减调整入站信号导航终端的衰减值(包括RF衰减和IF衰减值,小型化测试系统目前为手动调整)。

(4) 入站导航终端自动接收入站信号并统计入站信号的试验测量值,单击重新统计,统计不小于100次的入站导航终端时延测量值均值,记为Δt_{rec}。

(5) 入站导航终端的零值为二者之间的差值,$\Delta t_{\text{zero}} = \Delta t_{\text{rec}} - \Delta t_{\text{source}}$,精确到0.1ns。

10.5.3 修订方法与步骤

(1) 将Δt_{zero}录入测试控制与评估软件的系统配置表中'时延修正量'的对应位置,如图10.7所示。

(2) 将系统配置表导入系统中。


```
- <入站接收机参数>
    <频率修正量 单位="Hz">0</频率修正量>
    <时延修正量 单位="ns">3001033.5</时延修正量>
    <电平修正量 单位="dB">109.18</电平修正量>
    <下变频器增益 单位="dB">0</下变频器增益>
    <射频衰减量 单位="dB">30</射频衰减量>
    <中频衰减量 单位="dB">28</中频衰减量>
    <载波抑制修正量 单位="dB">-2</载波抑制修正量>
    <快捕门限量 单位="n">3500</快捕门限量>
  </入站接收机参数>
```


图10.7 入站导航终端零值修订图

(3) 重新启动测试控制软件。

10.6　入站导航终端功率校准

10.6.1　校准仪器

卫星导航终端测试系统入站导航终端功率校准主要使用频谱仪和入站信号源。

10.6.2　校准方法与步骤

对于入站导航终端功率的校准，首先要求知道导航终端接收功率的线性范围，以及入站导航终端下变频器的功率调整范围及步进值，接收功率的线性范围为80～104(导航终端量化值，无量纲)，入站导航终端下变频器衰减控制范围为0～60dB，步进为0.5dB[4]。

其次，对于入站信号功率的校准，还必须知道RDSS入站信号链路的衰减值，假设入站信号链路衰减值为60dB，根据RDSS用户机入站信号最大功率值为20dBW(50dBm)，则入站导航终端入口信号功率最大值为-10dBm。

校准方法与步骤如下：

(1) 将入站信号源的10MHz、1PPS与测试系统的10MHz、1PPS同源，并控制其产生入站扩频信号，调整入站信号的射频衰减及D/A数字衰减，通过频谱仪(通过测量扩频信号带内功率方法，MAX HOLD，VBW300Hz)测量其输出信号功率为-10～-34dBm中某一功率，本处假设功率值为-30dBm(P_{ref})，此时对应入站导航终端功率测量的原始值为84左右。

(2) 将入站信号源的入站射频信号代替用户机入站信号接入测试系统中的入站导航终端，调整入站导航终端的功率衰减值，使入站导航终端功率测量的原始值P_{rec}为84左右。

(3) 入站导航终端功率测量的零值$P_{zero}=P_{rec}-P_{ref}$，并记录此时入站导航终端下变频器的射频衰减值$ATT_{入站射频}$和中频衰减值$ATT_{入站中频}$，单位为dB。

10.6.3　修订方法与步骤

(1) 将$P_{入站零值}$录入测试控制与评估软件系统配置表的“电平修正量”中，将$ATT_{入站射频}$和$ATT_{入站中频}$录入测试控制与评估软件的系统配置表中的“射频衰减量”和“中频衰减量”的相应位置，如图10.8所示。

(2) 将系统配置表导入系统中。

(3) 重新启动测试控制与评估软件。

- <入站接收机参数>
<频率修正量 单位="Hz">0</频率修正量>
<时延修正量 单位="ns">3001033.5</时延修正量>
<电平修正量 单位="dB">109.18</电平修正量>
<下变频器增益 单位="dB">0</下变频器增益>
<射频衰减量 单位="dB">30</射频衰减量>
<中频衰减量 单位="dB">28</中频衰减量>
<载波抑制修正量 单位="dB">-2</载波抑制修正量>
<快捕门限量 单位="n">3500</快捕门限量>
</入站接收机参数>

图 10.8 入站导航终端功率修订图

10.7 时间间隔测量零值校准

时间间隔测量零值校准适应于测试系统本身具备时间间隔测量模块的测试系统校准，对于配备校准仪器可参照相关步骤[5]。

校准仪器委托具备相应资质的专业单位进行。

10.7.1 校准方法与步骤

(1) 将系统的基准 1PPS 信号代替用户机 1PPS 信号接入系统。

(2) 单击时间间隔测量开始，软件自动统计基准 1PPS 与时间间隔测量模块内部基准 1PPS 的时间间隔测量。

(3) 统计不小于 100 次时间间隔测量值均值，记为 Δt。

10.7.2 修订方法与步骤

(1) 将 Δt 录入测试控制与评估软件的系统配置表中零值修正量的位置，单位为 ns，如图 10.9 所示。

- <时间间隔计数器参数>
<零值修正量 单位="ns">999999931.9</零值修正量>
<PPS链路修正量 单位="ns">0</PPS链路修正量>
</时间间隔计数器参数>

图 10.9 时间间隔测量校准修订图

(2) 将系统配置表导入系统中。

(3) 重新启动测试控制软件。

10.8　PPS 链路校准

校准仪器委托具备相应资质的专业单位进行。

10.8.1　校准方法与步骤

（1）将系统的基准 1PPS 信号代替用户机 1PPS 信号接入系统。

（2）单击时间间隔测量开始，软件自动统计基准 1PPS 与时间间隔测量模块内部基准 1PPS 的时间间隔测量。

（3）统计不小于 100 次时间间隔测量值均值，记为 Δt_1。

（4）将用户机到时间间隔测量模块的传输电缆接到测量端，统计不小于 100 次时间间隔测量均值，记为 Δt_2。

（5）传输电缆的链路时延为 $\Delta t = \Delta t_2 - \Delta t_1$。

（6）或者直接通过矢量网络分析仪直接测量出该传输电缆的传输试验 Δt。

10.8.2　修订方法与步骤

（1）将 Δt 录入测试控制与评估软件的系统配置表中对应‘PPS 链路修正量’的位置，单位为 ns，如图 10.10 所示。

```
- <时间间隔计数器参数>
    <零值修正量 单位="ns">999999931.9</零值修正量>
    <PPS链路修正量 单位="ns">0</PPS链路修正量>
  </时间间隔计数器参数>
```

图 10.10　时间间隔测量链路校准修订图

（2）将系统配置表导入系统中。

（3）重新启动测试控制软件。

10.9　自动化检测校准系统

自动化检测校准系统的功能主要由检核导航终端完成。检核导航终端是对用户终端测试设备导航、定位和测速性能进行测试，以及对导航、定位模式进行评估的一种测试设备，能够全面检验测试设备的设计性能。

10.9.1　基本组成

检核导航终端主要由天线单元、接收处理终端组成，如图 10.11 所示。

天线单元主要完成导航射频信号的接收和 RDSS 入站信号的发射。接收处理终端由 RNSS/RDSS 信号处理模块、时钟模块、应用处理模块、电源模块等组成。RNSS/

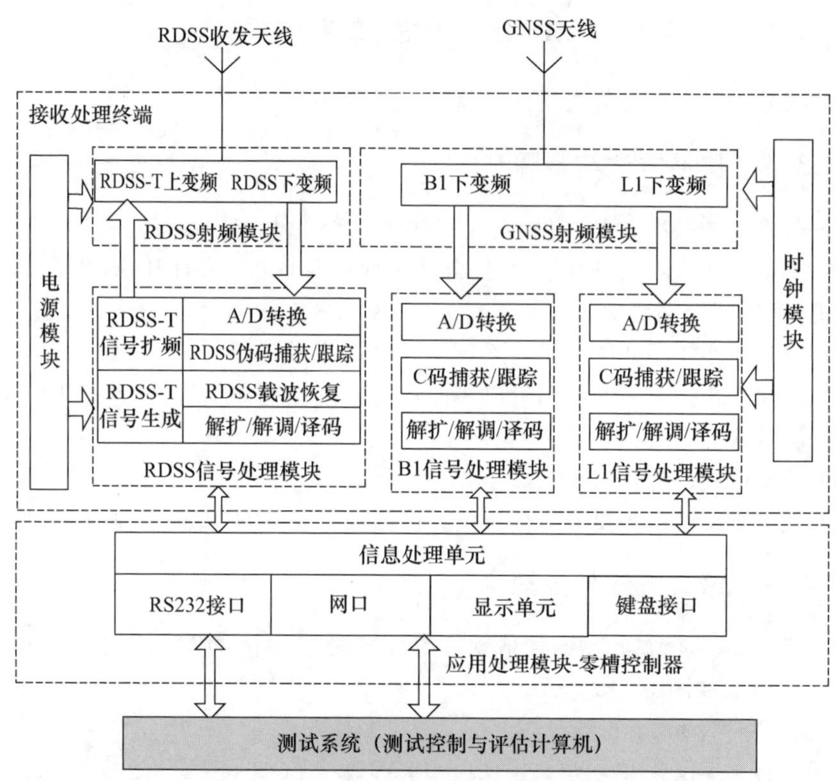

图 10.11 检核导航终端基本组成示意图

RDSS 信号处理模块主要完成经天线采集的导航射频信号的处理、信息处理与汇总，以及完成 RDSS 入站信号的发射。应用处理模块主体为检核导航终端应用处理软件，运行在零槽控制器上，通过标准网络协议或 RS232 串口与室内测试系统测试控制与评估分系统进行信息交互[6]。

10.9.2 工作原理

检核导航终端是一种高精度、性能稳定的、能够对用户终端测试设备关键性能进行在线检测评估的专用导航接收终端，能够对测试系统播发的导航信号进行实时闭环检核，实现对导航电文、信号电平及伪距、测试场景的正确性进行检核，确保测试系统信号播发的正确性。同时检核导航终端还能够实现对测试系统测试流程进行正确性验证的功能，满足测试系统的检核验证需求。图 10.12 所示是检核导航终端接入室内测试系统后的组成示意图。

在性能检核工作模式下，检核导航终端接收导航信号模拟器播发的导航射频信号，并对导航射频信号进行接收处理，完成捕获、跟踪、解扩、解调及译码等，实现定位解算与速度测量，并将定位解算及速度测量结果，以及导航电文、多普勒、观测伪距等

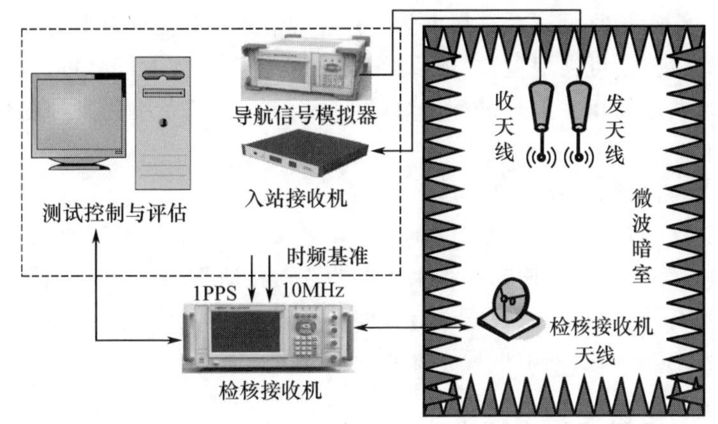

图 10.12 具有检核导航终端的测试系统组成示意图

观测量信息送测试系统测试控制与评估分系统，并与导航信号模拟器实际播发的信号进行检核比对。

在用户终端工作模式下，检核导航终端作为普通的导航终端进行测试流程的检核验证，包括定位、测速、报文通信、位置报告、指挥型用户机兼收、首次捕获、失锁重捕等测试流程的测试验证等。

在入站信号校准模式下，检核导航终端内的入站信号产生单元产生标准的入站信号，实现对室内测试系统中入站接收终端功率测量准确度、频率测量准确度、时延测量准确度等指标的验证。

10.9.3 性能检核工作模式

在该工作模式下，检核导航终端主要用来完成室内测试系统设备工作状态的实时在线监测，保证系统稳定可靠运行，分析评估结果可信。作为测试系统运行的一种可靠性保障手段，检核导航终端实现测试系统导航信号模拟器出站导航信号的闭环验证，便于测试结果的进一步分析排查和问题定位，主要通过以下几个方面实现。

1）导航电文的验证

检核导航终端通过接收解调出站导航信号，获得各个频点各个卫星导航电文信息，对获得的导航电文信息加时间戳后进行存储，并通过应用处理模块与测试控制与评估分系统发送过来的导航电文进行比对，完成对出站导航电文的比对验证。

2）定位性能的验证

检核导航终端支持多种定位方式。检核导航终端接收测试系统播发的导航信号进行解析，完成位置和速度的解算，并进行有效性判断，同时将获得的位置及速度信息与测试设备测试控制与评估分系统送来的位置及速度信息进行比对验证。

3）信号正确性验证

检核导航终端接收测试系统播发的导航出站信号，实现对卫星星座、导航电文、用户轨迹、测试场景、可视卫星数、观测量、仿真误差等信息进行解析，并与测试控制与评估分系统发送的相关信息进行比对验证，完成对测试系统播发导航信号正确性的检核验证。

4）数据存储管理与分析验证

检核导航终端具有接收原始观测量、原始电文信息、定位解算数据、完好性处理结果、告警提示等各类原始信息和结果信息的数据存储管理与分析验证功能，可根据事先选定的时间、类型对存储数据进行查询及分析，可对历史数据信息进行后处理回放分析，有利于对测试过程中出现异常时进行分析排查。

10.9.4 用户终端工作模式

在该工作模式下，检核导航终端模拟普通的导航终端，用以实现对测试系统测试流程、测试评估正确性以及 RDSS 入站信号性能指标的检核与验证。

1）测试流程检核与验证

检核导航终端支持用户设备标准数据接口协议，支持在测试系统测试控制与评估软件的控制下，按照测试流程完成相应项目的测试，此时检核导航终端不仅能够按照正常测试流程进行测试外，同时还能够模拟常见的测试流程中的异常现象，如指令响应超时、功率检测超时、测试数据中断等，达到对测试系统测试流程正确性的检核与验证。

2）评估正确性检核与验证

检核导航终端在测试控制与评估分系统的控制下，检核导航终端能够在测试过程中模拟定位/测速/测距超差数据、导航电文解调误码数据、模拟各种类型入站电文、模拟入站信号身份认证正确/错误信息等，实现对测试系统测试评估正确性的检核与验证。

10.9.5 RDSS 入站信号校准模式

在用户设备测试系统中，导航信号模拟器输出射频信号的功率、时延、频率等性能指标均可通过标准仪器进行直接测试标定，实现对信号模拟器的校准和计量。而 RDSS 入站接收终端负责接收 RDSS 用户机发射的短突发扩频入站信号，无法直接通过标准仪器获得相关的校准信息[6]，只能通过引入可校准的标准入站信号实现对 RDSS 入站接收终端的校准检核数据。

检核导航终端的标准入站信号产生模块，除具备配合 RDSS 用户终端进行相关性能指标的测试验证外，还具备接受上位机控制、产生系统校准所需标准入站信号的能力。RDSS 入站信号产生模块组成示意如图 10.13 所示。

首先，检核导航终端的时钟模块可与测试系统的时频基准进行同步，实现与系统

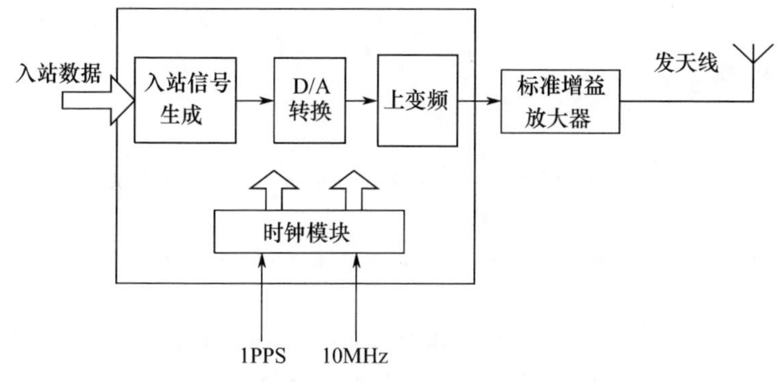

图 10.13 RDSS 入站信号产生模块组成示意图

的共源测试。

其次,RDSS 入站信号产生模块产生的信号功率、时延、频率等均步进可调,并能够通过标准仪器设备进行标定检核。

第三,标准增益放大器、发天线的信号增益可事先通过计量进行校准,测试使用的射频电缆衰减、时延等参数可通过标准仪器进行标定检核。

第四,RDSS 入站信号产生模块可产生发射与系统基准 1PPS 信号指定时延的 RDSS 入站信号,RDSS 入站接收终端接收入站信号并进行伪距测量,并将测量值上报到测试控制与评估分系统,即可完成系统入站信号零值测量准确度及精度的检核与校准。

第五,通过上位机控制 RDSS 入站信号产生模块产生发射不同功率及频率的 RDSS 入站信号,RDSS 入站接收终端接收入站信号并进行功率和频偏的参数测量,即可完成系统入站信号功率和频率测量准确度及精度的检核与校准。

10.10 本章小结

标定和校准是保障测试系统能够正常工作,测试结果准确有效的重要技术手段。本章针对导航终端测试系统,设计了链路衰减、链路时延、模拟器零值、模拟器功率、RDSS 入站终端零值、RDSS 入站终端功率、时间间隔测量零值、PPS 链路等关键参数的校准方法与步骤,并给出了对应的修订方法详细说明,对卫星导航终端测试系统的使用和维护提供了一种重要的参考,并为后续导航终端测试系统的建设、研发具有指导作用。

未来标定与校准工作将越来越多地依靠设备的自动化手段来实施,尽可能地解放生产力。本章还就作者在该方向已有研究成果进行了介绍,对自动化监测校准系统的工作原理、基本组成、工作模式等进行了简要介绍。读者可以在此基础上,未来开发完成更多的自动化监控、管理和校准任务,支持未来我国北斗导航终端测试的更好、更方便应用。

参考文献

[1] 陈锡春,谭志强. 北斗用户设备测试系统的测试与标定[J].信息工程大学学报,2015,16(3):318-320.

[2] 谢伟华,陈娉娉,孔敏. 北斗卫星导航系统用户终端时延标定方法[J].全球定位系统,2016,41(1):32-36.

[3] 李刚,魏海涛,孙叔良. 导航设备时延测量技术分析[J].无线电工程,2011,41(12):32-35.

[4] 石磊,李岩. 北斗卫星导航产品认证测试系统功率的校准[J].无线电工程,2017,47(7):55-57.

[5] 魏海涛,蔚保国,李刚,等. 卫星导航设备时延精密标定方法与测试技术研究[J].中国科学,2010,40(5):623-627.

[6] 李超,朱陵凤,张益青,等. 北斗区域卫星导航系统用户终端测试系统性能检核方法[J].全球卫星定位系统,2016,12(6):59-63.

第 11 章　导航终端测试系统展望

11.1　总　结

导航终端测试系统是导航终端研发与应用推广的重要基础，是对导航终端指标合格性的重要评价手段，建立完善的导航终端测试评估体制，对于卫星导航终端的产业化具有积极作用[1]。

结合多模导航终端发展趋势，本书对多模卫星导航终端测试系统开展了相关研究，其中部分研究成果来自于我国卫星导航终端测试系统建设及产业化的工作成果，可对卫星导航终端测试系统的论证设计提供参考。

多模导航终端兼容性、互操作性设计实现及其测评技术研究已成为当前 GNSS 领域热点研究课题，对于卫星导航终端的测试与评估技术，国内外已经有一些研究成果，但大多针对单一导航系统。本书对多模卫星导航终端测试系统进行了研究。主要结论如下：

1）多模导航终端测试仿真模型的建立

针对多模卫星导航终端的测试需求，本书从多模角度对各类指标对应的测试模型建立进行了系统研究；对卫星到接收机的轨道、星钟、电离层、对流层等完整链路进行了分类和建模，给出了不同误差影响的建模方法，同时给出了核心模拟仿真系统的信号生成方法，对于模拟测试系统的建立和分析影响接收机性能的因素具有一定的参考意义，可用于多模组合导航终端的优化设计，对于新的或改进的卫星导航系统的设计论证和性能评估有一定的参考作用。

2）多模导航终端自动测试平台的搭建

搭建基于大型微波暗室的导航终端无线测试与评估环境，是多模导航终端测试评估技术进步及产业化进程的关键。星地一体化仿真、试验和验证平台可为多模 GNSS 导航终端分析、评估、试验、测试和验证等提供服务，本书提出的多模导航终端自动测试平台能够支撑从理论分析和评估到测试、试验和验证的全方位（仿真、有线、无线、星地一体）、多层次（数据级、信号级、物理级、系统级）的仿真和试验验证，主要组成包括仿真软件平台、导航终端平台和星地一体化试验平台。

3）多模导航终端测试与评估方法的分析与优化

本书根据已知的导航信号特性参数，考虑轨道机动、HPA 效应、多普勒效应、时钟偏差、电离层和对流层畸变、多径以及卫星 - 导航终端天线方向影响，建立端到端高逼真度动态物理信号仿真模型，利用多模 GNSS 兼容性评估方法，定量分析动态环境下 L 波段频谱有重叠的任何两个信号的归一化谱分离系数，以及由此而带来的等效信噪比衰减，并根据兼容性评估准则给出这些信号的兼容性等级。另外，通过多系统互操作下的性能相对于单系统独立工作模式下性能的改善来测试导航终端的互操作性能，这些性能指标从系统级考虑，包括精度、可用性、完好性和连续性，其改善程度可以作为互操作导航终端性能评估的参考。其评估过程则涉及多系统信号兼容性分析、数据一致性检验、多系统组合定位技术、系统性能分析计算等一系列问题。当前，国内外对多模导航终端的测试与评估的研究还相对薄弱，本书在此方面开展了相关研究工作，并得到一些测试结果。试验结果表明，通过多模导航终端测试评估可提高卫星导航终端的使用性能。

综上所述，本书综合分析了国内外卫星导航终端相关测试与评估技术，系统研究了多模导航终端测试模型、测试方法及准则、测试平台建设及测试方案等。本书研究成果可为我国未来多模卫星导航终端测试与评估工作提供基础。本书基于微波暗室和室外的测试环境进行了导航终端多种测试与评估方法研究，设计了测试试验环境方案，并对真实的导航终端进行了试验验证。

11.2 建　　议

随着全球卫星导航系统建设越来越快、导航终端应用越来越多，我国已有的卫星导航终端测试系统将难以满足广大用户和厂商的使用需求。建议导航终端研发厂商与应用用户，特别是轻资产、小型化的创新型用户，逐步将自建导航终端测试系统的研发模式，转化到应用已有测试环境上来。

1）充分利用中国伽利略测试场（CGTR）等已有成果

中国伽利略测试场（CGTR）是中欧伽利略科技合作中最大项目，国际三大伽利略测试场之一，填补国内空白。用于 Galileo 导航终端及其应用系统在室内、室外的测试、试验与验证，同时演示和推广 Galileo 系统在中国的应用。如图 11.1 所示，CGTR 的室外测试环境（OTE）形成了系列测试车辆与装备；如图 11.2 所示，CGTR 的室内测试环境（ITE）也形成了基于微波暗室的导航终端成套测试系统。

2）更多利用外场测试环境服务于 GNSS 导航终端测试

如图 11.3 所示，作者单位已在石家庄构建了小区域外场导航系统抗干扰测试试验环境、信号收发试验环境、授时测试试验环境，能够完成对导航终端的多种功能、性能试验任务。系统性配置北斗导航信号模拟器、干扰信号模拟器等装备支持长期试验任务；后续通过增加无线干扰信号监测与导航信号监测分析设施，保障各类导航终端测试试验任务在良好条件下进行。

3）我国导航终端测试发展还需大型北斗外场测试环境

国外特别重视卫星导航测试试验环境的建设，出现了专门用于卫星导航专业的

图 11.1　CGTR 外场车辆与设备

图 11.2　CGTR 内场设备与导航终端测试环境

测试场，包括美国的"反向 GPS 测试场（IGR）"，德国的 GATE 和"海港伽利略测试环境"，意大利的 GTR 等[1]。依托 CGTR 项目，我国已在河北省野三坡建设了国内第一个卫星导航专用大型地面测试场，当前测试场能力包括：

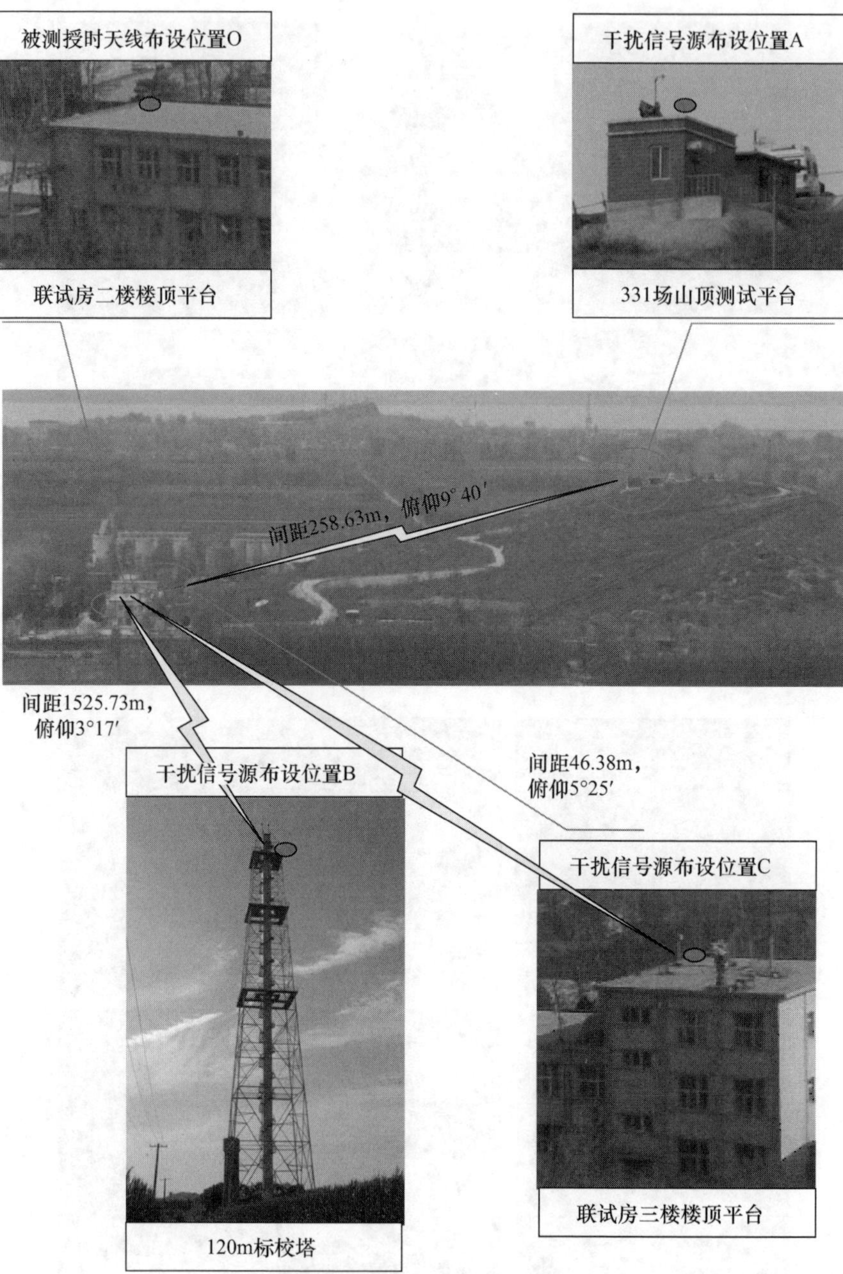

图 11.3 导航终端抗干扰测试环境

(1) 有 6 个布设于山顶的伪卫星站(未来可扩充到 10 个)和两个地面监测站,1 个任务管理中心,1 台移动测试车。

(2) 覆盖超过 20km^2,核心区 5km^2。

(3) 导航终端实测定位精度优于 5m。

(4) 支持GPS、Galileo卫星导航终端的开发与测试。

该测试场能够为各类卫星导航终端及应用商提供试验环境,并通过系统配置北斗伪卫星、导航终端等装备,支持北斗试验任务;依托该场地还能进一步研究北斗导航增强、导航行业应用及其测试验证技术。

11.3　展　望

本书虽然对卫星导航终端测试系统开展了相关研究,但展望未来,随着卫星导航终端技术的快速发展,导航终端测试技术也将紧密跟随卫星导航技术发展的脚步快速升级。导航终端测试领域已出现但本书尚有待深入研究的问题如下:

(1) 从GPS/Galileo/GLONASS/BDS这4个导航系统对多模导航终端的内涵进一步拓展,研究相关的导航终端性能测试与评估方法。Galileo系统在建设中,BDS、GPS、GLONASS在进行现代化建设,未来会出现四大导航系统共存的局面,届时会有近120颗导航卫星可供使用[2]。卫星数目的增多对导航终端测试系统的设计及性能指标均有重大影响,该方面内容需要进一步研究。

(2) 测试与评估场景中有待引入城市、郊区等环境影响因素。GNSS应用越来越广泛,但其实际可用性、连续性及性能受用户所处环境,如城市建筑物、郊区的复杂地形的影响,考虑这些因素后将使系统测试效果更贴近实际情况。

(3) 欺骗式干扰测试有待加强。卫星导航信号本身很弱,极易受到敌方信号的干扰。干扰可能是压制式干扰或者欺骗式干扰,其最终结果都将导致导航终端不能给出正确的结果,其中欺骗式干扰更是难以被导航终端发现,在此方面开展研究具有重要意义。

(4) 组合导航终端测试还要深入研究。随着卫星导航终端的广泛应用,其与惯导等传统导航设备之间的互补性越来越多地被发现,将若干种导航传感器信息进行组合应用,已经成为导航终端的发展趋势。特别是在航空等高端应用领域,卫导与惯导结合的组合导航是一种提高卫星导航性能的有效方法,结合两者优势进行互补,可以提供连续、高带宽、长时和短时精度均较高的、完整的导航参数[3],对应的组合导航终端完好性测试平台也必将成为近期的研究热点。

GPS现代化、Galileo计划以及我国的北斗全球卫星导航系统的建设,为我国在卫星导航终端测试系统方面的研发与应用提供了新机遇。目前已有不少科研单位开展了相关研究,推出一些产品与系统,但总体而言,我国导航终端测试系统产业与国际先进水平仍有一定的差距。当前国外多模卫星导航终端仍然在进行大量新技术的研究[4],与其对应的以信号模拟器为代表的各种测试设备和技术的开发也在不断深入进行[5]。此时,迫切需要我国加快对卫星导航终端测试系统的技术研发和产品升级,为我国自主知识产权的卫星导航终端关键技术研究提供平台,并为我国卫星导航终端的国际化应用推广提供基础。

参考文献

[1] 党亚民,秘金钟,成英燕. 全球导航卫星系统原理与应用[M]. 北京:测绘出版社,2007.

[2] AVILA-RODRIGUEZ J A, et al. GNSS signals and spectra[R]. Second meeting of the International Committee on Global Navigation Satellite System (ICG-02), India,2007.

[3] 匡杉. BDS/INS组合导航系统完好性监视性能测试评估平台仿真[D]. 天津:中国民航大学,2017.

[4] LUECK T, WINKEL J, BODENBACH M. A complex channel structure for generic GNSS signal tracking[C]//ION GNSS 2009, Savannah, USA, September 22-25, 2009:252-258.

[5] SCHUBERT F M, PRIETO-CERDEIRA R, FLEURY B H. SNACS-The satellite navigation radio channel signal simulator [C]//ION GNSS 2009, Savaannacl USA, September 22-25, 2009: 1982-1988.

缩　略　语

1PPS	1 Pulse Per Second	1 秒脉冲
A-BDS	Assisted BeiDou Positioning System	辅助北斗卫星导航系统
A-GNSS	Assisted Global Navigation Satellite System	辅助全球卫星导航系统
A-GPS	Assisted Global Positioning System	辅助全球定位系统
AGC	Automatic Gain Control	自动增益控制
AltBOC	Alternate Binary Offset Carrier	交替二进制偏移载波
AP	Wireless Access Point	无线访问接入点
ATC	Automatic Test Computer	自动测试计算机
BCS	Binary Coded Symbol	二进制符号码
BDS	BeiDou Navigation Satellite System	北斗卫星导航系统
BDT	BDS Time	北斗时
BM	Base Mode	基本模式
BNC	Bayonet Nut Connector	刺刀螺母连接器
BOC	Binary Offset Carrier	二进制偏移载波
BPSK	Binary Phase-Shift Keying	二进制相移键控
CBOC	Composite Binary Offset Carrier	复合二进制偏移载波
CETC54	China Electronics Technology Group Corporation 54	中国电子科技集团公司第五十四研究所
CGCS2000	China Geodetic Coordinate System 2000	2000 中国大地坐标系
CGTR	China Galileo Test Range	中国伽利略测试场
CIS	Conventional Inertial System	协议惯性坐标系
CRPA	Controlled Reception Pattern Antenna	阵列天线接收
CTS	Conventional Terrestrial System	协议地球坐标系
DAC	Digital to Analog Converter	数字模拟转换器
DLL	Delay Lock Loop	延迟锁定环
DOP	Dilution of Precision	精度衰减因子
DRMS	Distance Root Mean Square Error	距离均方根误差
DSP	Digital Signal Processing	数字信号处理器
EBM	Extencled Base Mode	扩展基本模式

ECEF	Earth Centered Earth Fixed	地心地固(坐标系)
EGNOS	European Geostationary Navigation Overlay Service	欧洲静地轨道卫星导航重叠服务
EIRP	Equivalent Isotropic Radiated Power	等效全向辐射功率
EMC	Electromagnetic Compatibility	电磁兼容性
ERPU	Embedded Receive Processing Unit	嵌入式接收处理单元
EUT	Equipment Under Test	被测设备
FFT	Fast Fourier Transformation	快速傅里叶变换
FPGA	Field-Programmable Gate Array	现场可编程门阵列
GATE	Galileo Test Environment	Galileo 测试环境
GBAS	Ground-Based Augmentation System	地基增强系统
GDOP	Geometric Dilution of Precision	几何精度衰减因子
GEO	Geostationary Earth Orbit	地球静止轨道
GIANT	GPS Interference and Navigation Tool	GPS 干扰与导航工具
GIS	Geographic Information System	地理信息系统
GLONASS	Global Navigation Satellite System	(俄罗斯)全球卫星导航系统
GNSS	Global Navigation Satellite System	全球卫星导航系统
GPIB	General Purpose Interface Bus	通用接口总线
GPS	Global Positioning System	全球定位系统
GPST	Global Positioning Syutem Time	GPS 时
GSSF	Galileo System Simulation Facility	Galileo 系统仿真设施
GST	Galileo System Time	Galileo 系统时
GTR	Galileo Test Range	Galileo 测试场
GTRF	Galileo Terrestrial Reference Frame	Galileo 系统坐标参考框架
HDOP	Horizontal Dilution of Precision	水平精度衰减因子
HPA	High-Power Amplifier	高功率放大器
ICD	Interface Control Document	接口控制文件
ICG	International Committee on GPS	全球卫星导航系统国际委员会
ICRF	International Conventional Reference Frame	国际天球参考框架
ID	Identity Document	身份标识号
IEC	International Electrotechnical Commission	国际电工委员会
IFX	Instrument Fixed System	仪器固定坐标系
IGR	Inverse GPS Range	反向 GPS 试验场
IGSO	Inclined Geosynchronous Orbit	倾斜地球同步轨道
IM	Initialization Mode	初始化模式
INS	Inertial Navigation System	惯性导航系统
ION	Institute of Navigation	导航协会

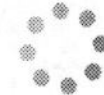

IOV	In Orbit Validation	在轨验证
ISG	Interference Signal Generator	干扰信号发生器
ITE	Indoor Test Environment	室内测试环境
ITRF	International Terrestrial Reference Frame	国际地球参考框架
ITU	International Telecommunication Union	国际电信联盟
IVNS	Inertial Vehicle Navigation Test	车辆导航测试
LAN	Local Area Network	局域网
LASS	Local Area Augmentation System	局域增强系统
LNA	Low Noise Amplifier	低噪声放大器
LVTTL	Low Voltage TTL	低电压 TTL
MBOC	Multiplexed Binary Offset Carrier	复用二进制偏移载波
MEMS	Micro-Electromechanical Systems	微机电系统
MEO	Medium Earth Orbit	中圆地球轨道
MIG	Measuring Instrument Group	测试仪器组
OAF	OTE Access-Database Facility	OTE 存档和数据服务设施
OCN	OTE Communication Network	OTE 通信网络
OMC	OTE Monitoring Center	OTE 监控中心
OMCF	OTE Monitoring and Control Facility	OTE 监控设施
OMPF	OTE Mission Planning Facility	OTE 任务规划设施
OMPS	OTE Mission Planning System	OTE 任务规划系统
OMR	OTE Monitoring Receiver	OTE 监测接收机
OOC	OTE Operations Center	OTE 操作中心
OPF	OTE Processing Facility	OTE 处理设施
OSG	OTE Signal Generator	OTE 信号产生器
OST	OTE Signal Transmitter	OTE 信号发射机
OSYT	OTE System Time	OTE 系统时间
OTE	Outdoor Test Environment	室外测试环境
OTF	OTE Timing Facility	OTE 授时设施
OUT	OTE User Terminal	OTE 用户终端
PDOP	Position Dilution of Precision	位置精度衰减因子
PLL	Phase Lock Loop	锁相环
PM	Pluse Mode	脉冲模式
PNT	Positioning, Navigation and Timing	定位、导航与授时
PPP	Precise Point Positioning	精密单点定位
PRN	Pseudo Random Noise	伪随机噪声
PTL	Performance Testing Laboratory	性能测试实验室

PTT	Performance Test Terminal	性能测试终端
PXI	PCI Extensions for Instrumentation	面向仪器系统的外部标准扩展
QZSS	Quasi-Zenith Satellite System	准天顶卫星系统
RDSS	Radio Determination Satellite Service	卫星无线电测定业务
RF	Radio Frequency	射频
RNSS	Radio Navigation Satellite Service	卫星无线电导航业务
RS232	Recommended Standard 232	串行通信标准接口 232
RTK	Real Time Kinematic	实时动态
RTN	Radial Tangential Normal	卫星轨道坐标系
RURAI	Regional User Range Accuracy Index	区域用户距离精度指数
SBAS	Satellite-Based Augmentation System	星基增强系统
SBF	Satellite Based Fixed System	卫星固定坐标系
SMA	Subminiature Version A	微型 A 版连接器
SQL	Structured Query Language	结构化查询语言
SSG	Standard Navigation Signal Generator	全功能导航信号模拟器
TAI	International Atomic Time	国际原子时
TBA	Test Bed Area	测试床区域
TDMA	Time Division Multiple Access	时分多址
TDOP	Time Dilution of Precision	时间精度衰减因子
TMBOC	Time-Multiplexed Binary Offset Carrier	时分复用二进制偏移载波
TRx	Test Receiver	测试接收机
TTFF	Time to First Fix	首次定位时间
UDP	User Datagram Protocol	用户数据报协议
URA	User Range Accuracy	用户距离精度
USA	User Service Area	用户服务区
USB	Universal Serial Bus	通用串行总线
UTC	Coordinated Universal Time	协调世界时
VDOP	Vertical Dilution of Precision	垂直精度衰减因子
VFOC	Virtual Frequency Orbit Clock	虚拟轨道频率时钟跳变
VHF	Very High Frequency	甚高频
WAAS	Wide Area Augmentation System	广域增强系统
WGS-84	World Geodetic System 1984	1984 世界大地坐标系
WLAN	Wireless Local Area Network	无线局域网
XML	Extensible Markup Language	可扩展标记语言